U0915910

中 国 国 家 标 准 汇 编

475

GB 25597～25617

（2010 年制定）

中国标准出版社　编

中国质检出版社
中国标准出版社

北　京

图书在版编目（CIP）数据

中国国家标准汇编：2010 年制定．475：GB 25597～25617/
中国标准出版社编．—北京：中国标准出版社，2012
ISBN 978-7-5066-6530-8

Ⅰ．①中…　Ⅱ．①中…　Ⅲ．①国家标准-汇编-中国-2010
Ⅳ．①T-652.1

中国版本图书馆 CIP 数据核字(2011)第 187832 号

中国质检出版社
中国标准出版社 出版发行
北京市朝阳区和平里西街甲 2 号(100013)
北京市西城区三里河北街 16 号(100045)
网址：www.spc.net.cn
总编室：(010)64275323　发行中心：(010)51780235
读者服务部：(010)68523946
中国标准出版社秦皇岛印刷厂印刷
各地新华书店经销
*
开本 880×1230　1/16　印张 25.75　字数 700　千字
2012 年 1 月第一版　　2012 年 1 月第一次印刷
*
定价 220.00 元

出 版 说 明

1.《中国国家标准汇编》是一部大型综合性国家标准全集。自1983年起，按国家标准顺序号以精装本、平装本两种装帧形式陆续分册汇编出版。它在一定程度上反映了我国建国以来标准化事业发展的基本情况和主要成就，是各级标准化管理机构，工矿企事业单位，农林牧副渔系统，科研、设计、教学等部门必不可少的工具书。

2.《中国国家标准汇编》收入我国每年正式发布的全部国家标准，分为“制定”卷和“修订”卷两种编辑版本。

“制定”卷收入上一年度我国发布的、新制定的国家标准，顺延前年度标准编号分成若干分册，封面和书脊上注明“20××年制定”字样及分册号，分册号一直连续。各分册中的标准是按照标准编号顺序连续排列的，如有标准顺序号缺号的，除特殊情况注明外，暂为空号。

“修订”卷收入上一年度我国发布的、修订的国家标准，视篇幅分设若干分册，但与“制定”卷分册号无关联，仅在封面和书脊上注明“20××年修订-1，-2，-3，……”字样。“修订”卷各分册中的标准，仍按标准编号顺序排列（但不连续）；如有遗漏的，均在当年最后一分册中补齐。需提请读者注意的是，个别非顺延前年度标准编号的新制定的国家标准没有收入在“制定”卷中，而是收入在“修订”卷中。

读者配套购买《中国国家标准汇编》“制定”卷和“修订”卷则可收齐上一年度我国制定和修订的全部国家标准。

3. 由于读者需求的变化，自1996年起，《中国国家标准汇编》仅出版精装本。

4. 2010年我国制修订国家标准共2846项。本分册为“2010年制定”卷第475分册，收入国家标准GB 25597～25617的最新版本。

中国标准出版社

2011年8月

目　　录

ICS 07.040;35.240.70
A 75

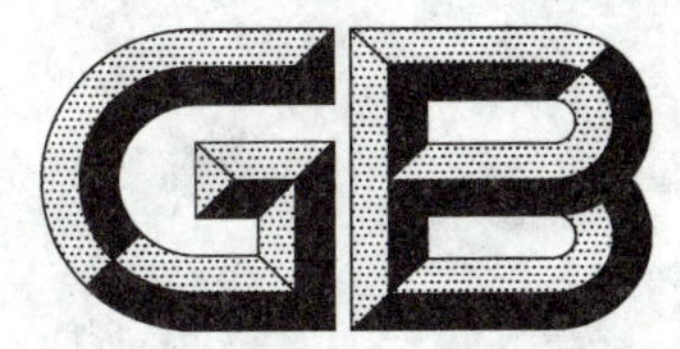

中华人民共和国国家标准

GB/T 25597—2010

地理信息 万维网地图服务接口

Geographic information—Web map server interface

(ISO 19128:2005,MOD)

2010-12-01 发布　　　　2011-03-01 实施

中华人民共和国国家质量监督检验检疫总局
中国国家标准化管理委员会　发布

前　言

本标准修改采用国际标准 ISO 19128:2005(E)《地理信息　万维网地图服务接口》,与 ISO 19128:2005 相比,主要技术内容作了如下修改:

——删除了原文 7.2.4.6.14 第 1 自然段的"FeatureListURL is not inherited by child layers.",因为这句话与第二自然段完全重复;

——在附录 B 中以 2000 中国大地坐标系(CGCS2000)、Beijing1954、Xi'an1980 坐标系代替了 WGS84 等其他坐标系用于定义 Layer CRS;并增加了 1956 黄海高程系和 1985 国家高程系作为可选的 Vertical CRS;

——在附录 G 中增加用中国数据制作的示例(G.4 和 G.5)。

本标准还做了下列编辑性修改:

——本标准的编写方法执行 GB/T 1.1—2000、GB/T 20000.2—2001《标准化工作指南　第 2 部分:采用国际标准的规则》的要求;

——"本国际标准"一词以及文档中的 ISO 19128 均改为"本标准";

——删除了原国际标准的封面和前言;

——本标准的引言采用了原标准的引言,但作了少量的修改;

——凡已被我国等同采用的国际标准,在本标准用国家标准的代号和名称取代相应的国际标准的代号和名称。

本标准的附录 A、附录 B、附录 C、附录 D、附录 E 和附录 F 是规范性附录,附录 G 和附录 H 是资料性附录。

本标准由国家测绘局提出。

本标准由全国地理信息标准化委员会(SAC/TC 230)归口。

本标准起草单位:武汉大学测绘遥感信息高程国家重点实验室、国土资源部信息中心、武汉大学资源与环境学院、武大吉奥信息技术有限公司。

本标准主要起草人:龚健雅、杜道生、高文秀、陈玉敏、贾文珏、邓跃进。

引　言

万维网地图服务接口(WMS)根据地理信息动态生成地理空间数据的地图。本标准将由地理信息图示表达的"地图"定义为计算机屏幕上显示的数字图像文件。地图本身并不是数据。WMS产生的地图一般以图像格式提供,如PNG、GIF或JPEG;或按SVG或WebCGM格式提供基于矢量的图形元素。

本标准定义了三个操作:一个操作是返回服务级元数据;另一个操作是返回一幅地图,其地理空间参数和维参数有明确定义;可选的第三个操作是返回显示在地图上的某些特定要素的信息。使用标准的万维网浏览器并以统一资源定位符(Uniform Resources Locators,URLs)的形式发出请求可以调用万维网地图服务的操作。URLs的内容取决于被请求的那些操作。特别是,当请求一幅地图时,URLs指出什么信息要显示在地图上、制图范围覆盖地球上的哪一部分、所需的空间参照系以及输出图像的宽度和高度。当利用同样的地理信息参数和外包矩形(Boundary Box,BBOX)产生两幅或多幅地图时,其结果可以准确地被叠置以便产生组合地图。使用支持透明背景的图像格式(如GIF或PNG)可以使下层的地图可见。此外,单个地图可以从不同的服务器请求得来。因此,万维网地图服务能够支持构建由分布式地图服务器组成的网络,客户可以从该网络定制符合自己要求的地图。地图请求URLs及其结果图的示例见附录G。

本标准适用于万维网地图服务实例,该实例具有发布和生成地图的功能,但不提供访问特定数据资源的功能。基本万维网地图服务将地理信息资源分为"图层"(Layers)并提供有限的预定义"样式"(Styles)来显示这些图层。本标准仅支持命名的图层和样式,不包括用户自定义要素数据符号化机制。

地理信息　万维网地图服务接口

1　范围

本标准规范了基于地理信息动态生成具有空间参照的地图的服务行为。它规定了从服务器获取地图所需要进行的各种操作,包括获取地图的描述信息、获取地图以及查询地图上要素信息的操作等。

本标准适用于以图片格式获取地图的图示表现,但不适用于获取实际要素数据或者覆盖数据。

2　一致性

2.1　一致性的类别和要求

本标准定义了两种一致性的类别:一种是用于基本万维网地图服务,另一种是用于可查询万维网地图服务。每一种级别都具有两个子类:一个用于客户,另一个用于服务器。

2.2　基本万维网地图服务

支持基本的服务元素(第6章),GetCapabilities(获取能力)操作(7.2),和GetMap(获取地图)操作(7.3)。为了与本标准一致,基本万维网地图服务应满足附录A中抽象测试套件A.1的要求。

2.3　可查询万维网地图服务

满足基本万维网地图服务的全部要求,同时也应支持GetFeatureinfo(获取要素信息)的操作(7.4)。为了与本标准一致,可查询万维网地图服务应满足附录A中抽象测试套件的全部要求。

3　规范性引用文件

下列文件中的条款通过本标准的引用成为本标准的条款。凡是注日期的引用文件,其随后所有的改动(不包括勘误的内容)或修订版均不适用于本标准。然而,鼓励根据本标准达成协议的各方研究是否可使用这些文件的最新版本。凡是不注日期的引用文件,其最新的版本适用于本标准。

GB/T 7408—2005　数据元和交换格式　信息交换　日期和时间表示法(ISO 8601:2000,IDT)

GB/T 19710—2005　地理信息　元数据(ISO 19115:2003,MOD)

ISO 19111:2007　地理信息　基于坐标的空间参照

EPSG (2003.2)　欧洲石油调查局大地测量参数

IETF RFC 2045—1996　多用途因特网邮件扩展　第一部分:因特网消息体格式

IETF RFC 2396—1998　统一资源标识符　通用句法

IETF RFC 2616—1999　超文本传输协议-HTTP/1.1

UCUM　度量单位的统一编码1.5版

XML 1.0　可扩展标记语言(XML)1.0

XML模式　第1部分:结构

4　术语和定义

本标准使用了下列术语和定义。

4.1

客户　client

能从服务器调用操作的软件组件。

4.2

坐标参照系　coordinate reference system

通过基准与现实世界相关联的坐标系。

[ISO 19111:2007]

4.3

坐标系　coordinate system

给点赋予坐标的数学规则集。

[ISO 19111:2007]

4.4

地理信息　geographic information

与地球上的位置直接或间接相关现象的信息。

[ISO 19101]

4.5

接口　interface

描述实体行为的命名操作集。

[ISO 19119:2005]

4.6

图层　layer

地理信息(4.4)的基本单元,它可以作为一幅地图从服务器端请求得到。

4.7

地图　map

适合于在计算机屏幕上显示的数字图像文件的**地理信息**(4.4)的图示表达。

4.8

操作　operation

转换和查询的规范,按照这个规范对象可以被调用执行。

[ISO 19119:2005]

4.9

图示表达　portrayal

人类对信息的表示。

[ISO 19117:2005]

4.10

请求　request

通过**客户**(4.1)对**操作**(4.8)的调用。

4.11

响应　response

由服务器端返回给客户的**操作**(4.8)结果。

4.12

服务器　server

服务的特定实例。

4.13

服务　service

实体通过**接口**(4.5)提供的功能性的独特角色。

[ISO/IEC 14252]

4.14

服务元数据　service metadata

描述服务器上可用的**操作**(4.8)和**地理信息**(4.4)的元数据。

5 缩略语

CDATA	XML 字符数据(XML Character Data)
CRS	坐标参照系(Coordinate Reference System)
CS	坐标系(Coordinate System)
DCP	分布式计算平台(Distributed Computing Platform)
DTD	文件类型定义(Document Type Definition)
EPSG	欧洲石油调查局(European Petroleum Survey Group)
GIF	图形交换格式(Graphics Interchange Format)
GIS	地理信息系统(Geographic Information System)
HTTP	超文本传输协议(Hypertext Transfer Protocol)
IANA	国际因特网地址分配委员会(Internet Assigned Numbers Authority)
IERS	国际地球自转服务局(International Earth Rotation service)
IETF	因特网工程任务组(Internet Engineering Task Force)
ITRF	国际陆地参考框架(Internatioanl Terrestrial Reference Frame)
ITRS	IERS 陆地参照系(IERS Terrestrial Reference System)
JPEG	联合图像专家组(Joint Photographic Experts Group)
MIME	多用途因特网邮件扩充协议(Multipurpose Internet Mail Extensions)
NAD	北美基准(North American Datum)
OGC	开放式地理空间协会(Open Geospatial Consortium)
PNG	可移植的网络图像文件(Portable Network Graphics)
RFC	征求意见(Request for Comments)
SVG	可伸缩的矢量图形(Scalable Vector Graphics)
UCUM	度量单位统一代码(Unified Code for Units of Measure)
URL	统一资源定位符(Uniform Resource Locator)
WebCGM	网络计算机图形元文件(Web Computer Graphics Metafile)
WCS	万维网覆盖服务(Web Coverage Service)
WFS	万维网要素服务(Web Feature Service)
WGS	世界大地坐标系(World Geodetic System)
WMS	万维网地图服务(Web Map Service)
XML	可扩展标记语言(Extensible Markup Language)

6 基本服务元素

6.1 概述

本条规定了万维网地图服务行为的某些方面,这些方面独立于特定操作或者是多个操作的通用部分。

6.2 版本号和协商

6.2.1 版本号的形式和值

WMS 定义一个协议版本号。该版本号适用于 XML 模式和本标准规定的请求编码。版本号包括三个正整数,它们用小数点分开,以“x.y.z”的形式出现,数字“y”和“z”不超过 99。

本标准的各个实现均使用值“1.3.0”作为协议版本号。

6.2.2 版本号的变化

协议版本号将随着本标准每个版本的变化而改变。版本号应单调增加,并应由不超过三个用小数点分隔的正整数组成,其中,第一个整数最为重要。在号码序列上可以出现中断。有些版本号表示草案的版本。服务器及其客户不需要支持所有已定义的版本,但应该遵守以下的协商规则。

6.2.3 在请求和服务元数据中的形式

版本号至少应出现在两个地方:在服务元数据中和在客户向服务器请求的参数表中。客户对一个特定服务进行请求时使用的版本号应是该服务已声明支持的版本号(除了正在进行协商外,如6.2.4所述)。服务器可以支持若干个版本,客户可以根据协商规则得到其具体的版本号。

6.2.4 版本号协商

一个 WMS 客户可以与服务器进行协商,以确定一个对双方都适合的版本号。版本号协商是依照以下规则由 GetCapabilities 操作(在7.2中描述)完成的。

所有的服务元数据都应包括一个协议版本号,并应遵守 XML 的 DTD(文件类型定义)或为该版本号定义的模式。在响应没有指定版本号的 GetCapabilities 请求时(此时 VERSION(版本)参数是可选的),服务器将以它支持的最高版本进行响应。在响应包含一个服务器实现的版本号的 GetCapabilities 请求时,服务器应按照请求版本进行响应。如果服务器不支持请求的版本号,服务器应以输出它支持的版本来响应,此版本按照如下规则进行确定:

——如果被请求的版本是服务器未知的版本且高于服务器所支持的最低版本,服务器将发送它所支持的低于被请求版本的最高版本;

——如果客户请求的版本低于服务器已知的任何版本,那么服务器将发送它所支持的最低版本;

——如果客户不支持服务器发送的版本,它可以停止与服务器交流,或是发送一个新的请求,新请求包含一个客户所支持的不同的版本号。

重复这个过程,直至找到一个相互认可的版本,或者直至客户确定不再或者不能和服务器交流为止。

例1:服务器理解1,2,4,5和8号版本,客户理解1,3,4,6和7号版本。客户请求7号版本。服务器发送5号版本。客户请求4号版本。服务器发送4号版本,这个版本客户能理解,这时交流成功地结束。

例2:服务器理解4,5和8号版本,客户理解3号版本。客户请求3号版本,服务器发送4号版本。客户不理解那个版本或是任何更高的版本,因此交流失败,客户停止与服务器的交流。

除了 GetCapabilities 外,其他请求中参数 VERSION 是必选的。

6.3 基本的 HTTP 请求规则

6.3.1 概述

本标准定义了 WMS 在分布式计算平台(DCP)上的实现,该分布式计算平台由支持 HTTP(超文本传输协议)(IETF RFC 2616—1999)的位于因特网的主机组成。因此,由服务器支持的每个操作的在线资源都是一个 HTTP URL(统一资源定位符)。按照服务提供者的描述,用于每个操作的 URL 可以不同,也可以相同。每个 URL 应符合 IETF RFC 2616—1999 中的描述(见3.2.2,"HTTP URL"),但具体实现另当别论;只有包括服务请求本身的查询部分是由本标准来规定的。

HTTP 支持两种请求方法:GET(获取)和 POST(上传)。服务器可以提供这些方法中的一个或两个,并且在每种方法中 Online Resource URL(在线资源定位符)的使用方法不同。对 GET 方法的支持是必选的,对 POST 方法的支持是可选的。

6.3.2 HTTP GET URL 中的保留字符

URL 规范[IETF RFC 2396—1998]保留了一些特定的字符并赋予它们特定的含义,并要求在可能与其定义的用途相冲突时避免使用它们。本标准明确地保留这些字符中的几个,用于 WMS 请求中的查询部分。当字符"?"、"&"、"="、","和"+"担当表1中所定义的一个角色时,它们应原封不动地出现在 URL 中。当这些字符出现在其他的地方时(例如,在参数值中),它们将按照 IETF RFC 2396—1998 所定义的那样进行编码。

服务器应准备以该方式对遗漏的字符进行解码,并将"+"字符作为空格进行解码。

表 1　WMS 请求中查询语句的保留字符

字　符	预定的用法
?	表明查询语句开始的分隔符
&	查询语句参数之间的分隔符
=	参数名称和参数值之间的分隔符
,	参数表中所列的多个参数值之间的分隔符(如在 GetMap 请求中的参数:BBOX(外包矩形),LAYERS(图层)和 STYLES(样式)
+	空格字符的速记表示

6.3.3　HTTP GET

WMS 应支持 HTTP 协议的“GET”方法(IETF RFC 2616—1999)。

用于 HTTP GET 请求的在线资源 URL 事实上只是 URL 的前缀,为了构成一个有效的操作请求需在该前缀上增加参数。根据 IETF RFC 2396,URL 前缀定义成一个字符串,依次包括模式(“http”或“https”)、因特网协议的主名或 IP 地址、可选的端口编号、路径、必选的问号“?”和可选字符串,该字符串由指定服务器的一个或多个参数组成并以“&”为结束符。该前缀规定了请求参数发送的网络地址,以便在特定服务器上进行特定操作。每个操作可能有不同的前缀,每个前缀完全由服务提供者来决定。

本标准规定如何构成附加在 URL 前缀后面的查询部分,以便形成一个完整的请求消息。每个 WMS 操作有若干个必选的或可选的请求参数。每个参数有一个规定的名称,可以有一个或多个合乎规定的值。这些参数由本标准规定,或由客户根据服务元数据选择。为了构成 URL 的查询部分,客户应添加必选的请求参数以及任意设置的可选参数,作为 name/value(名称/值)对,格式为“name=value&”(参数名称、等号、参数值和 &)。“&”是 name/value 对之间的分隔符,因此在请求字符串最后一个 name/value 对之后的“&”是可选的。

当使用 HTTP GET 时,客户构造的查询部分被添加到由服务器定义的 URL 前缀的后面,最后得到完整的可以被调用的 URL,就像 HTTP 协议(IETF RFC 2616—1999)规定的那样。

表 2 总结了使用 HTTP GET 时操作请求 URL 的各组成部分。

表 2　使用 HTTP GET 的 WMS 请求结构

URL 构件	描　述
http://host[:port]/path?{name[=value]&}	服务操作的 URL 前缀。[ ]表示可选部分出现 0 个或 1 个事件;{}表示可选部分出现 0 个或更多的事件
name=value&	一个或更多的标准请求参数的名/值对,就像本标准为每个操作定义的一样

6.3.4　HTTP POST

一个 WMS 可以支持 HTTP 协议的“POST”方法(IETF RFC 2616—1999)。

用于 HTTP POST 请求的在线资源 URL 是一个完整的有效的 URL(不仅仅是一个前缀,同 HTTP GET 一样)。根据 IETF RFC 2396—1998,客户将 POST 消息主体中的请求参数发送给它。为了给操作请求建立一个有效的目标,WMS 无需在该 URL 上添加额外的请求参数。当使用 POST 时,请求消息被格式化为一个 XML 文档。

6.4　基本的 HTTP 响应规则

在接收到有效请求时,服务器应按照本标准第 7 章的规定返回一个严格满足请求的响应,或者在未能准确地做出响应时抛出一个服务异常。只有在进行版本协商情况下(见 6.2.3),服务器才可以给出不同的结果。当接收到一个无效请求时,服务将抛出一个在 6.11 中描述的服务异常信息。

服务器可以将一个 HTTP Redirect(重定向)消息(使用 IETF RFC 2616—1999 定义的 HTTP 响应代码)发送到一个绝对的 URL 地址,该 URL 与从客户发送的有效请求的 URL 地址是不同的。HTTP Redirect 导致客户发出一个新的 HTTP 请求,以便定位到新的 URL 地址。从理论上讲,可能出现若干个 Redirect 消息,但事实上,当服务器返回一个 WMS 响应时,Redirect 便会终止。最终的响应结果必将是一个与原请求严格对应的 WMS 响应(或者是一个服务异常)。

响应对象应伴随一个适当的多用途因特网邮件扩展协议(MIME)类型(IETF RFC 2045—1996)。因特网上常用的 MIME 类型的目录由国际因特网地址分配委员会(IANA)负责维护。下面将论述所允许的操作响应类型和服务异常类型。一个 MIME 类型的基本结构是一个"类型/子类型"形式的字符串。MIME 允许在"类型/子类型;参数 1=值 1;参数 2=值 2"这种形式的字符串中附加其他参数。服务器可以在它所支持的输出格式列表中包括参数化的 MIME 类型,除了这些参数化的变量外,该服务器还应提供这种输出格式非参数化的版本。

响应对象还应尽可能地伴随其他合适的 HTTP 实体头信息。特别是,Expire(过期的)和 Last-Modified(最近被修改的)头信息为 caching(缓存)提供了重要信息;客户可以通过 Content-Length(内容长度)了解数据传输什么时候完成,并为结果有效地分配空间。为了正确地解释结果,Content-Encoding(内容编码)或 Content-Transfer-Encoding(内容—传输—编码)可能是必要的。

6.5 数值和布尔值

整(型)数应与 XML 模式数据类型([8],3.3.13)中整型数的声明方式相一致。本标准应明确地指明在什么地方整型值是必选的。

实(型)数应与 XML 模式数据类型([8],3.2.5)中双精度类型数的声明方式相一致,这种表达考虑到整数、小数和指数等表达式。在本标准中规定的全部的值域都可以使用实型值,除非这个值被严格地限定为整型。

除了明确地限制数据类型外,允许使用正值、负值和零。

布尔值应与 XML 模式数据类型([8],3.2.2)中布尔类型(Boolean)的声明方式相一致。值"0"等价于"false(假)";值"1"等价于"true(真)"。可选值的缺省等价于逻辑"假"。本标准应明确地指明在什么地方布尔值是必选的。

6.6 输出格式

对一个 WMS 服务请求的响应通常是一个从服务器到客户端通过因特网传输的文件。这个文件可能是文本形式,也可能是一幅地图图像文件。正如 6.4 声明的那样,返回的文件类型应在 MIME 类型的字符串中指明。

文本输出格式通常采用可扩展标记语言(XML;MIME 类型 text/xml)书写的文本格式。文本格式用于传递服务元数据、错误条件的描述或者对显示在地图上的要素信息查询的响应。

所允许的地图格式可以是"picture(图片)"格式,也可以是"graphic element (图形元素)"格式。图片格式构成了固定大小的矩形像元阵列。图片格式包括的文件类型有:图形交换格式(GIF;MIME 类型"image/gif"),可移植网络图形格式(PNG;MIME 类型"image/png"),联合图像专家组制定的格式(JPEG;MIME 类型"image/jpeg"),所有这些文件格式都可以在通用的 Web 浏览器上显示。一些文件类型比如标签图像文件格式(TIFF;MIME 类型"image/tiff")可能要求其他的软件(除了基本的 Web 浏览器外)来帮助显示。图形元素格式是一种使图形元素(包括点、线、弧段、文本和影像)不依比例显示的一种文件格式。因此,在保留图形元素的相关排列的同时,显示的大小可能会改变。图形元素格式包括可伸缩矢量图形格式(SVG;MIME 类型"image/svg+xml"),或者网络计算机图形元文件格式(WebCGM;MIME 类型"image/cgm";Version=4;ProfileId=WebCGM)等。

注 1:SVG 使用 XML 表达,因而被认为是文本输出格式,但就本标准的目的而言,SVG 被看作是一种地图格式。

注 2:WebCGM 是 ISO/IEC 8632 的专用标准。

服务器可以提供多种地图格式。它所提供的格式在服务元数据的〈Format〉(〈格式〉)元素中列举。

本标准不要求使用特定的格式,但对描述矢量要素的地图,服务器应至少提供一种支持透明的图像文件格式,以便被叠置的地图不会遮挡其下面的其他地图(见7.3.3.9关于“透明”的论述)。同时,为了便于使用,服务器应至少提供一种不需要其他软件支持就能被通用的Web浏览器显示的文件格式。基于这些考虑,服务器至少应提供PNG格式。

6.7 坐标系

6.7.1 概述

本标准使用两种主要类型的坐标系统:一是Map CS(地图坐标系),可用于由WMS生成的地图图示表达;二是Layer CRS(图层坐标参照系),用于定义源数据的Bounding BOX(外包矩形)。在进行地图图示表达的操作时,WMS将地理信息从Layer CRS转换到Map CS。此外,图层可能还有相应的垂直坐标系、时间坐标系或其他坐标系。

6.7.2 地图坐标系

Map CS是由WMS制作的地图的坐标参照系。一幅WMS地图是一组显示在计算机屏幕上的像元组成的矩形格网,或者是一个能以这样的方式显示的数字化文件。Map CS有两个轴:一个水平轴,记为 i;一个垂直轴,记为 j。i 和 j 应是正整数。原点 $(i,j)=(0,0)$ 在地图的左上角;i 向右递增且 j 向下递增。Map CS用附录B.2中ISO 19111:2007术语进行定义,用“CRS:1”标记来识别。

通常,Map CS的坐标轴方向是这样定义的:即 i 轴与Layer CRS的东-西向的轴平行并且向东递增,j 轴与Layer CRS的北-南的轴平行并且向南递增。在某些情况下,这种方向可能并不存在,比如南极上的正射投影。但是只要这种投影变换存在,那么变换所遵循的惯例便是:无论在什么情况下,东应指向Map CS的右边,北应指向Map CS的上边。

GetMap请求(见7.3.3.8)中使用的WIDTH(宽度)参数和HEIGHT(高度)参数以及包括在GetFeatureInfo请求中对应于 i 和 j 的参数如下:

——WIDTH指沿 i 轴并以像元为单位的地图图像的大小(也就是说,WIDTH-1是 i 的最大值);

——HEIGHT指沿 j 轴并以像元为单位的地图图像的大小(也就是说,HEIGHT-1是 j 的最大值);

在GetFeatureInfo请求(7.4.3.7)中使用的参数 i 和 j 分别指沿着Map CS的 i 轴和 j 轴的整型值。

6.7.3 图层坐标参照系

6.7.3.1 概述

Layer CRS是一种水平坐标参照系,用于定义作为地图来源的地理信息。正如下面将要论述的一样,可能有多个Layer CRS。Layer CRS出现在下列与WMS相关的实体中:

——服务元数据中的〈BoundingBox〉元素(7.2.4.6.8);

——GetMap请求中的CRS参数(7.3.3.5);

——GetFeatureInfo请求中地图请求部分的CRS参数(7.4.3.3)。

一个WMS应支持至少一种CRS。只有所有被选择的服务器都支持一种共同的CRS,来自多台服务器的地图才可能被叠置。本标准不要求支持任何特定的Layer CRS,而只是在本节和附录B中声明如何定义CRS并描述几个可选的Layer CRS。地图提供者为特定地理区域提供最有用和最适合的CRS。为了充分发挥服务器之间的互操作性,提供者还应通过地心坐标系,如“CGCS2000”或其他以ITRF为基础的各种系统来支持地理坐标。

每个Layer CRS都有一个字符串作为标识符。Layer CRS标识符允许“Label”和“URL”两种类型:

——Label:该标识符包括一个namespace(命名空间)前缀、一个冒号、一串数字或字符代码,并且在某些实例中还有一个逗号,其后跟随附加参数。本标准定义两种命名空间:CRS(坐标参照系)和CGCS2000(2000中国国家大地坐标系)。

——URL:该标识符是一个完全合法的URL,它指向一个可公开访问的包含CRS定义的文件,且与ISO 19111:2007一致。

Layer CRS 有两个轴，分别为 x 和 y。按 CRS 定义，x 轴是第一轴，y 轴是第二轴。x 轴是否是东-西方向，y 轴是否是南-北方向，这取决于特定的 CRS。当将地理信息由 Layer CRS 映射到 Map CS 时，WMS 的图示表达操必须考虑到 Layer CRS 中坐标轴的排列次序、坐标系的原点以及坐标轴方向。

坐标排列的次序必须依照 CRS 中定义坐标排列次序，并在投影操作时映射到相应的 Map CS 的 i 轴和 j 轴，在必要时交换坐标轴的次序。许多投影坐标参照系的坐标轴和坐标的排列并不一定是按照先东向坐标、再北向坐标的次序，例如，在芬兰使用的统一坐标系（EPSG：2393）采用的次序是先北向坐标、再东向坐标。EPSG 地理坐标参照系遵循 ISO 6709：1983，总是将纬度列在经度之前。

大多数坐标参照系的一个坐标轴向东为正，另一个坐标轴向北为正，很方便的映射为外包矩形的 i 轴和 j 轴。但是，有些 CRS 的坐标沿其他方向递增，例如，南非使用的 Hartebeesthoek94/Lo25 系统（EPSG：2051）中的坐标向西和向南递增。因此，检验外包矩形的有效区域必须要识别和考虑 CRS 坐标轴的正方向。

在地理坐标参照系中，纬度应在[－90°，90°]之间取值，经度应在[－180°，180°]之间取值，或者是在以其他单位定义的 CRS 的等效值中取值，7.3.5 描述了从地理坐标参照系的 Layer CRS 投影到 MapCS 的过程。当 CRS 定义中指定的 2-维地理坐标参照系的坐标轴使用其他单位而不是使用度为单位，或者使用度但不是以十进制的度表示时，必须转换成十进制度的表示。

注：将经度排在纬度之前的坐标轴排放次序的地理 CRS 不同于历史惯例。国际航空和航海部门的用户可能期望纬度在经度之前的排列顺序。这种不同的坐标排列出于安全的目的，特别是在处理紧急事件时作出响应。尽管本标准没有指定用户界面，但是 WMS 的用户界面开发者都应注意纬度和经度的引用顺序，例如，在用户的一个外包矩形输入或读取鼠标位置坐标时，都应将纬度显示在经度之前。

6.7.3.2 LayerCRS 的 CRS 命名空间

“CRS”的命名空间的前缀涉及到本标准附录 B 中定义的坐标参照系，这些定义采用了 ISO 19111：2007 规定的格式。

一个“CRS”的 CRS 标签格式的命名空间由“CRS”前缀、冒号和数字或字符串编码组成。

例：“CRS：CGCS2000”指基于 CGCS2000 大地坐标系定义的 Layer CRS 的命名空间。

6.7.3.3 定义 CRS 的地理信息

服务器可能提供并没有准确定义空间参照的 2-维地理信息。例如，一张手绘的历史地图可能代表一块地球区域但它并没有采用近代的空间参照系，而且航空像片可能没有引用精确的地理参照。这种类型的图片信息应该被看作图像，并且在为这样的对象描述 Layer CRS 时，就应使用图像 CS 的标签“CRS：1”。客户不能将一个“CRS＝CRS：1”的图层和另一个图层叠置。

6.7.4 外包矩形

外包矩形利用两对坐标值指定映射到特定 LayerCRS 上的地理区域范围。第一对坐标指定了 Layer CRS 中的最小坐标，第二对坐标指定了 Layer CRS 中的最大坐标。尽管对于大多数具有向东和向北递增的坐标轴的 CRS 而言，最大和最小坐标就是感兴趣区域的左下角坐标和右上角坐标，但是在某些实例中，最大和最小值往往是其他点的坐标值，比如说，当使用地理坐标来描述极点上方的区域时，或者当 Layer CRS 的坐标轴并不是向东和向西递增时就是如此。每个坐标对中的坐标排列次序应遵循 Layer CRS 的定义：x 对应于 Layer CRS 的第一轴，y 对应于 Layer CRS 的第二轴，这个坐标次序可能与 Map CS 的坐标次序 i，j 并不一致。外包矩形的坐标值必须采用 Layer CRS 中定义的尺度单位。

注：使用两个角点指定地图区域在理论上不是唯一可能的方法，其他可能性包括指定一个中心点和一条直径，或一个中心点和一个伸缩等级或比例尺。使用映射（基于位置的服务）的某些服务可以发现基于中心点的公式更适合。本标准不打算排除内部或客户机交互使用其他地图区域定义的其他服务类型。对多数坐标参照系来说，角点和中心点方法之间的转换是一个简单的数学操作。这样，例如当从实现本标准的 WMS 请求一幅地图时，用户输入的中心点和半径可变换为外包矩形的两个点。

外包矩形的值出现在下面的与 WMS 相关的要素中：

——服务元数据中的〈BoundingBox〉元素（7.2.4.6.8）；

——GetMap 请求中的 BBOX 参数(7.3.3.6);

——GetFeatureInfo 请求中地图请求部分的 BBOX 参数(7.4.3.3)。

外包矩形的范围一定不能为零。

6.7.5 垂直坐标参照系

有些地理信息可能要利用多个高度(例如,空气中不同高度的臭氧浓度)。一个 WMS 需要在它的服务元数据中声明可利用的高度信息,并且 GetMap 操作要包括一个用于请求特定高度信息的可选参数。单个高程或深度值是一个由 1 维 Vertical CRS(垂直坐标参照系)来指定其单位及纵坐标递增方向的数字。正如在附录 C 中规定的那样,高程可能是单个值,也可能是多个值的列表,或者是一段间隔,它出现的形式取决于它所在的上下文。

服务器最多可以为每一图层指定一个垂直坐标参照系。在本标准中,将水平坐标参照系和 Vertical CRS 看成互相独立的元数据元素和请求参数。

对一幅指定高程的地图请求应包括高程值,但不包括 Vertical CRS 标识符(与水平坐标参照系相比较,它随同水平外包矩形一起包含在请求参数中)。在提供高程信息时,服务器应在它的服务元数据中设定一个默认值,如果服务器已经设定了一个默认值并且在客户的请求中外包矩形没有包括该值,那么服务器应以默认值响应客户的请求。

允许使用两种类型的 Vertical CRS 标识符,即:“label(标签)”和“URL”标识符:

——Label:该标识符包括一个命名空间前缀、一个冒号、一个数字或字符代码。附录 B 定义了两个可选的垂直坐标系(高程坐标系):1956 黄海高程系(CRS:56)和 1985 国家高程基准(CRS:85)。

——URL:这个标识符是统一资源定位符的全称,它指向一个大家都能访问的包含 CRS 定义的文件,且与 ISO 19111:2007 一致。

如果高程是一个 3-维坐标参照系的垂直部分,Vertical CRS 的标识符就是该 3-维坐标参照系的标识符。

6.7.6 时间坐标系

有些地理信息可能使用多种时间(例如,每小时的气象图)。WMS 可以在其服务元数据中声明可利用的时间,并且 GetMap 操作应包括一个请求特定时间的参数。附录 D 规定了时间串的格式。根据上下文,时间值可以作为单个值、一列值或一个时间间隔出现,就像附录 C 中描述的一样。当提供时间信息时,服务器应在服务元数据中设定一个默认值。如果服务器已经设定了一个默认值并且在客户的请求中没有该值,那么服务器应以默认值响应客户的请求。

6.7.7 其他坐标系

有些地理信息可能适合其他维(如,不同波段的卫星影像)。除了 4 个时空维之外的其他维都被称为“样本维”。一个 WMS 可以在它的服务元数据中声明可利用的样本维,并且 GetMap 操作要包括一个请求维数值的机制。每个样本维应有一个名称及一个或多个有效值。附录 C.3.3 中规定了样本维的声明及用法。

6.8 请求参数规则

6.8.1 参数排序和大小写

参数名不区分大小写,但是参数值要区分大小写。在本标准里,参数名都以大写字母出现仅是为了印刷清晰,并非必须。

请求中的参数可以按任何顺序进行指定。

当请求参数的赋值发生冲突时,服务器的响应可能没有被明确定义。本标准不要求服务器确定应使用客户发送冲突值中的哪一个。

WMS 应该考虑不属于本标准中的额外请求参数,但就根据本标准产生的结果而言,WMS 不要求这些参数。

6.8.2 参数列表

由列表组成的参数(例如,在 WMS GetMap 中的 BBOX,LAYERS 和 STYLES)应使用逗号(“,”)作为列表中各个项之间的分隔符,不应使用另外的空格符来分隔列表中的各个项。如果参数值中包含了空格或逗号,应使用 URL 编码规则(见 6.3.2 和 IETF RFC 2396—1998)进行换码。

在某些列表中,个别实体可以为空,并应使用空字符串(“”)表示。因此,两个连续的引号(一个开始引号和一个结尾引号)表明一个空的项。一个空列表(“”)是表示一个不包括任何项目的列表还是表示一个只包含一个空项的列表,这取决于其上下文。

6.9 通用请求参数

6.9.1 版本(VERSION)

参数 VERSION 具体指定协议版本号。版本号格式和版本协商见 6.2。

6.9.2 请求(REQUEST)

参数 REQUEST 指明调用的是哪个服务操作,其值应是服务器提供的各种操作名称之一。

6.9.3 格式(FORMAT)

参数 FORMAT 规定对操作响应的输出格式。

WMS 可以只实现某种操作类型可识别格式的子集。服务器应在服务元数据中声明它所支持的格式,并且应接受对其已声明的每种格式的服务请求。服务器可以有选择性地提供此前其他服务实例没有提供过的新格式,但应认识到这并不意味着要求客户接受或处理这种未知的格式。如果一个请求包含指定的服务器所不提供的格式,此时有两种情况:若该服务器已经定义默认格式,那么该服务器将以默认格式响应;若该服务器未定义默认格式,则该服务器将抛出一个服务异常(采用代码“InvalidFormat”(“无效格式”))。

客户可以只接受某种操作类型已知格式的一个子集,如果客户和服务器不支持任何相互认可的格式,客户出于谨慎的考虑可能停止和那个服务器的通讯,或是寻找一个中间服务完成格式转换,或是允许用户选择其他处理方法(例如,保存到本地存储器或是转到辅助应用)。

在服务元数据和操作请求中表达的所有格式都要使用 MIME 类型。每个操作都具有它所支持格式的明晰列表。有些格式可以出现在多个操作中,于是根据需要应将这些格式重复写在每个操作的列表里。

6.9.4 异常(EXCEPTIONS)

参数 EXCEPTIONS 规定了报告错误的格式(见 6.11)。

6.9.5 扩展能力和操作

WMS 允许可选的扩展能力(capabilities)和操作。当需要附加功能(functionality)或专门化(specialization)时,在一个信息团体内可以定义各种扩展。一般的客户不需要也不希望使用这些扩展。当需要时,应使用附录 E 服务元数据模式中提供的抽象的〈_ExtendCapabilities〉(〈_扩展能力〉)或〈_ExtendOperations〉(〈_扩展操作〉)元素的实例来扩展功能或操作。扩展能力提供了关于服务的附加元数据,并且可选的新参数可包括也可不包括在操作请求中。扩展的操作允许使用已定义的附加操作。

即使扩展能力使用的参数丢失或者格式不正确(即,服务器应为任何所定义的扩展功能提供默认值),或者如果所提供的参数是服务器未知的参数,则服务器也应对这个标准中定义的操作提供有效的响应。

服务提供者应谨慎地选择扩展名以避免与标准元数据字段、参数和操作发生冲突。

6.10 服务结果

一个有效服务请求的返回值应符合 FORMAT(格式)参数中被请求的类型。在 HTTP 环境下,响应的 Content-type(内容类型)头信息应与有效请求中指定的 MIME 类型一致。

6.11 服务异常

当接收到不符合本标准的无效请求时,服务器应发布服务异常报告。该报告用于向客户应用程序和使用者声明请求无效的原因。请求中的 EXCEPTIONS 参数指出客户希望的服务异常报告的格式。

错误可能在实现 WMS 以外的其他软件模块中出现，并且可能导致除了本标准已定义的异常消息以外的其他异常消息。例如，当 WMS 服务实例的本地计算环境出现一个错误情况时(如：内存或磁盘空间溢出)，服务器不能处理这个 WMS 服务并发出一个错误消息；或者，当接收到根据使用的分布式计算平台(DCP)的规则是一个无效请求时，该服务可能发出一个在那个 DCP 规则中有效的一种类型的服务异常(如：如果 URL 前缀不正确，服务可能抛出 HTTP404 状态代码(IETF RFC 2616—1999))。

7 万维网地图服务操作

7.1 概述

WMS 定义了三个操作，分别是：GetCapabilities，GetMap 和 GetFeatureInfo。其中，GetFeatureInfo 是可选的。本条规定了在超文本传输协议(HTTP)分布式计算平台(DCP)上，这些 WMS 操作的执行和使用。

7.2 GetCapabilities

7.2.1 概述

必选操作 GetCapabilities 的目的是为了获得服务元数据，服务元数据是一些可以机读(或者人读)的关于服务器的信息内容以及可接收的请求参数值的描述。

7.2.2 GetCapabilities 请求的概述

GetCapabilities 请求的一般格式在 6.3.3 和 6.3.4 已经定义。当 WMS 服务器处理 GetCapabilities 请求时(该服务器还可能提供其他服务类型)，有必要特别指明客户要查找的是关于 WMS 的信息。因而，请求的参数 SERVICE(服务)必需具有值“WMS”，如表 3 所示。

表 3 GetCapabilities 请求 URL 的参数

请求参数	必选(M)/可选(O)	说明
VERSION=version	O	请求版本
SERVICE=WMS	M	服务类型
REQUEST=GetCapabilities	M	请求名称
FORMAT=MIME_type	O	服务元数据的输出格式
UPDATESEQUENCE=string	O	顺序号或适合于缓冲存储器控制的字符串

7.2.3 请求参数

7.2.3.1 格式(FORMAT)

可选参数 FORMAT 声明了服务元数据要求的格式。WMS 服务器实现的 GetCapabilities 请求所支持的 FORMAT 的值列在服务元数据的一个或多个〈Format〉(〈格式〉)元素中。每个服务器应支持附录 A 中定义的缺省格式 text/xml，对其他格式的支持是可选的。〈Format〉元素中完整的 MIME 类型字符串是参数 FORMAT(格式)的值。在 HTTP 环境中，MIME 类型应在返回对象的 HTTP Content-type 的实体头中设置。如果某个请求中包含了服务器不支持的格式，服务器应采用 text/xml 作出响应。

7.2.3.2 版本(VERSION)

可选参数 VERSION 及其在版本协商中的使用已在 6.2 中规定。

7.2.3.3 服务(SERVICE)

必选参数 SERVICE 指明向特定服务器正在调用哪个可用服务类型。在调用本标准当前版本或更新版本的实现的 WMS 中的 GetCapabilities 操作时，应使用“WMS”作为值。

7.2.3.4 请求(REQUEST)

必选参数 REQUEST 的含义在 6.9.2 作了规定。调用 GetCapabilities 操作时，参数 REQUEST 的取值为“GetCapabilities”

7.2.3.5 更新次序(UPDATESEQUENCE)

可选参数 UPDATESEQUENCE 用于保持缓存的一致性,其值可以是整型、或在 ISO 8602:2000 格式中代表时间戳的字符(见附录 B)、或其他任何字符。服务器可以在其服务元数据中包括一个 UpdateSequence 值。如果存在这样的值,在 Capabilities 发生变化时(如,当加入新地图时),该值应随之增加。客户可以在其 GetCapabilities 请求中包括该参数。服务器根据出现在客户请求中的 UpdateSequence 的相对值及服务器元数据进行响应,该响应应遵守表 4 所列的规定。

表 4 UpdateSequence 参数使用

客户请求 UpdateSequence 值	服务器元数据 UpdateSequence 值	服务器响应
none	any	最新的服务元数据
any	none	最新的服务元数据
equal	equal	异常:code=CurrentUpdateSequence
lower	higher	最新的服务元数据
higher	lower	异常:code=InvalidUpdateSequence

7.2.4 GetCapabilities 的响应

7.2.4.1 概述

"当调用 WMS 时,对 GetCapabilities 请求的响应应是一个 XML 文档,该文档中包含了符合附录 E 的 E.1 中 XML 模式格式的服务元数据"。这个模式规定了服务元数据中必选和可选的内容以及格式要求。XML 文档应包含"*http://www.opengis.net/wms*"命名空间中被命名为 WMS_Capabilities (WMS_能力)的根元素。该元素应包含 XML 模式实例的 SchemaLocation(模式地址)属性,该属性在 E.1 的模式中绑定在"*http://www.opengis.net/wms*"命名空间内。在模式的标准内容没有变化的情况下,被根属性绑定的模式可以是 E.1 中的模式的拷贝,而不是附录中声明的 URL 的原版拷贝。该附录中提供的所有模式的标准内容都没有改变。模式的拷贝位于完全符合要求的、可访问的 URL 地址上,以便允许 XML 有效性检查软件能访问它。GetCapabilities 请求的响应应符合 XML 模式有效性检查规则。

服务器可以采用其他已出版的或实验性的协议版本,在这种情况下,服务器应支持 6.2 所规定的版本协商规则。

7.2.4.2 名称和标题(Names and Titles)

许多元素具有〈Name〉(〈名称〉)和〈Title〉(〈标题〉)。一般情况下,Name 元素是文字字符串,用于机器间的通信,而 Title 则为人服务。例如,一个数据集可能具有 Title"Maximum Atmospheric Temperature"("最高气温")并用 Name 的缩写"ATMAX"请求。

7.2.4.3 通用服务元数据

服务元数据的第一部分是为服务提供完整的通用元数据的〈Service〉元素。通用元数据应包括 Name、Title 和 Online Resource URL 元素。可选服务元数据包括 Abstract(摘要)、Keyword List(关键字列表)、Contact Information(联系信息)、Fees(费用)、Access Constraints(访问限制)和请求中图层的数目或者输出地图大小的限制。

在 WMS 中,Service Name(服务名称)的取值应是"WMS"。

Service Title(服务标题)取决于数据提供者的描述,它应该是简洁的,同时又具有足够的描述信息,使其在菜单中与其他服务区分开来。

Abstract 元素可以包含一些描述性注解语句,以提供关于封装对象的更多信息。

Service 元素内的 OnlineResource(在线资源)元素可用于查阅服务提供者的 web 地址,还有其他用于每个所支持的操作的 URL 前缀的 OnlineResource 元素。

为了有助于目录检索，还应包括关键字列表或描述服务器的关键字短语列表。每个关键字连同一个“vocabulary”(“词汇”)属性用来指明定义该关键字的权威机构。本标准定义了一个“vocabulary”属性值：值“GB/T 19710—2005”引用 GB/T 19710—2005 的 B.5.27 中定义的元数据专题类型代码；信息团体可以定义其他的“vocabulary”属性值。本标准没有强制要求特定词汇。

应该包括联系信息。

服务元数据的可选元素〈LayerLimit〉(〈图层范围〉)是一个正整数，它代表 GetMap 请求中客户允许包括的图层的最大数目。如果该元素缺省，则声明服务器没有施加限制。

服务元数据的可选元素〈MaxWidth〉(〈最大宽度〉)和〈MaxHeight〉(〈最大高度〉)是正整数，它们表示允许客户端在 GetMap 请求中包含的最大的宽度和高度值。如果缺少这两个值的任何一个，则服务器对相应的参数不加限制。

如果服务器没有费用和访问限制，则可选元素〈Fees〉和〈AccessConstraints〉可以省略；如果服务器中出现两个元素者中的任何一个，即使没有费用和访问限制，应使用保留字“none”(不区分大小写)，例如，〈Fees〉none〈/Fees〉、〈AccessConstraints〉none〈/AccessConstraints〉。如果施加这些限制，本标准虽然没有为这些元素的文本内容规定确定的语法，但是客户的应用应能显示用户信息和用户行为的内容。

7.2.4.4 能力元数据(Capability metadata)

服务元数据的〈Capability〉(〈能力〉)元素指定服务器支持的实际操作、为这些操作提供的输出格式以及用于每个操作的 URL 前缀。XML 模式包括 HTTP 以外的分布式计算平台的占位符(placeholders)，但目前，基本万维网地图服务只定义了 HTTP 平台。

7.2.4.5 图层和样式(Layers and Styles)

WMS 服务元数据最关键的部分是它所定义的 Layers 和 Styles。一个 WMS 服务器将图示表达的地理信息内容组织成“layers”：关于这些内容的元数据又被细分为每个图层的描述以及对一个图层或多个图层地图名称的请求。在第 4 章定义了术语“layer”(“图层”)和“map”(“地图”)；在本标准的上下文中，“layer”和“map”之间的关系是，map 是请求的结果，它图示表达由 layer 表示的信息。

WMS 提供者决定在每个图层中应该包括、排除或聚集哪些信息。但是，每个图层应有与 GB/T 19710—2005 或 FGDC-STD-001-1998[1]相一致的文档，并且在下面定义的〈MetadataURL〉(〈元数据 URL〉)元素中提供一个元数据的链接。

在服务元数据中，每个可利用的地图都有一个〈Layer〉(〈图层〉)元素。从概念上讲，每个图层是一个明确的实体。但是，作为对图层分类和组织的方式，以及作为减少服务元数据大小的方式，一个父图层可以包含任意数量的附加图层，在需要时它们可以分级嵌套。父图层中定义的一些特性可以被它包含的子图层继承。这些被继承的特性可以在子图层中重新定义，也可以被添加到子图层中。7.2.4.8 简要声明了每个属性是否被继承及如何被继承。

对于提供的每个图层，地图服务器应包含至少一个〈Layer〉元素。如果需要，相关的图层可以在不同目录(category)中重复出现(即，包含在多于一个的父〈Layer〉中)。

为了有助于目录搜索，服务元数据中应包括用于描述每个图层的关键字或关键短语的列表。每个关键字可以用一个“vocabulary”属性来指明定义该关键字的权威机构(见 7.2.4.3)。

本标准没有定义 Layer 和 Style Names 或 Title 的限定词表，因而，它们可以按服务提供者组织或信息团体的判断力进行选择。

7.2.4.6 图层特性(Layer properties)

7.2.4.6.1 概述

〈Layer〉元素可以包含提供该图层元数据的子元素。这些元数据元素的意义在本条中规定。这些元素的某些值可以被 7.2.4.8 所定义的辅助图层继承。

一些元数据值以及附加的元数据值都可以使用下面定义的〈MetadataURL〉元素来参照GB/T 19710—2005或-FGDC-STD-001-1998[1]的格式。表5说明本标准的图层属性和GB/T 19710—2005元数据元素间的关系。当使用GB/T 19710—2005元数据编写图层的文档时，服务提供者应保证，表5"关系"列中为"等价"的字段在完整的GB/T 19710—2005元数据元素和摘要的本标准图层特性都应具有相同的值。

表5 本标准和GB/T 19710元数据字段的关系

本标准的图层特性	GB/T 19710的元数据元素	关　系
Title	CI_Citation. title	等价
Abstract	MD_DataIdentification. abstract	等价
KeywordList中的〈Keyword〉元素	MD_TopicCategoryCode	如果本标准中〈Keyword〉元素的"vocabulary"属性是"GB/T 19710—2005"，则两者等价；在本标准中允许使用其他词汇(vocabularies)
EX_GeographicBoundingBox	EX_GeographicBoundingBox	等价
CRS	MD_CRS	本标准中CRS的值是一个文本字符串，它声明由其他的权威机构定义的坐标参照系。在GB/T 19710中，MD_CRS的值是投影、椭球体及基准标识符的列表
BoundingBox	EX_BoundingPolygon	本标准中BoundingBox是一个规则的矩形范围(指定了左下角及右上角坐标)； GB/T 19710：EX_BoundingPolygon可能是一个多边形的边界
Attribution	CI_ResponsibleParty	本标准的Title元素：Attribution等价于GB/T 19710的organisationName元素：CI_ResponsibleParty； 本标准的其他元素：Attribution与GB/T 19710不等价
Identifier and AuthorityURL	CI_Citation. identifier	本标准的值：Identifier等价于GB/T 19710：CI_Citation. identifier. code；本标准：AuthorityURL仅包含为命名空间权威的URL，且等价于GB/T 19710： CI_ Citation. identifier. citation. citedResponsibleParty. contactInfo. onlineResource. GB/T 19710允许命名空间权威的较完整描述
DataURL	MD_metadata. dataSetURI	等价

7.2.4.6.2 标题(Title)

所有图层的标题〈Title〉都是必选的，在菜单中它是一个可理解的字符串。该标题不能被其子图层继承。

7.2.4.6.3 名称(Name)

当且仅当一个图层具有〈Name〉元素时，它才是用GetMap请求中LAYERS参数Name请求的地图图层。在本标准中，包含〈Name〉元素的图层被称作"命名的图层"。如果该图层有Title但没有Name，那么该图层只是嵌套在其中的所有图层的一个类别标题。如果地图服务器声明的图层包含Name元素，它应能够接受LAYERS参数为Name的GetMap请求，并返回相应的地图。不允许客户试图请求一个只有Title而无Name的图层。

如果请求一个无效图层，服务器应抛出服务异常(code="LayerNotDefined")。

包含(containing)的目录本身可以包括一个 Name,通过它,图示表达所有嵌套图层的地图能够同时被请求。例如,父图层“Roads”(“道路”)可能有子图层“Interstates”(“省际道路”)和“State Highways”(“省级道路”),用户可以分别请求其中的任何一个子图层,或是同时请求两个子图层。

子图层不能继承父图层的 Name。

7.2.4.6.4 摘要和关键字列表(Abstract 和 KeywordList)

〈Abstract〉和〈KeywordList〉元素是可选的,但是服务器应提供它们。Abstract 是地图图层的叙述性描述。KeywordList 包含零个或多个用于辅助目录查询的关键字。Abstract 和 KeywordList 元素不能被其子图层继承。

7.2.4.6.5 样式(Style)

通过使用〈Style〉元素来规定图层或图层集(collection of layers)的零或多个 Style。每个 Style 应具有〈Name〉和〈Title〉元素。Style 的 Name 在地图请求 STYLES 参数中使用。Title 是一个人们可阅读的字符串。如果只有一个有效 Style,则该 Style 作为“缺省”Style,且服务器不必声明它。

一个〈Style〉可能包含几个其他元素。〈Abstract〉提供叙述性的描述,而〈LegendURL〉包含与封装 Stytle 相应的一幅地图图例的图像位置。LegendURL(图例 URL)中的〈Format〉元素是指图例图像的 MIME 类型,可选属性 width 和 height 是指以像元为单位的图像大小。如果服务器在处理 GetCapabilities 请求时已知宽和高,服务器就应提供 width 和 height 属性。图例的图像应明确地声明用于图示表达一幅地图所需的符号、线型和颜色。图例的图像不必包含图层的 Title 副本,因为这些信息是客户已知的并且可以通过其他方法显示给用户。

Style 的声明可被子图层继承。子图层不能重新定义一个与从父图层处继承的具有相同 Name 的 Style,但可以用新的 Name 定义一个其父图层所不具备的新 Style。

7.2.4.6.6 EX_GeographicBoundingBox

每个已被命名的图层应有一个〈EX_GeographicBoundingBox〉(〈EX_地理外包矩形〉)元素,它既可以明确地规定,也可以从它的父图层继承。通过 westBoundLongitude(西边界经度)、eastBoundLongitude(东边界经度)、southBoundLatitude(南边界纬度)和 northBoundLatitude(北边界纬度)四个元素,EX_GeographicBoundingBox 表示了被图层覆盖的以十进制度为单位的最小的外包矩形范围。不管地图服务器支持哪个坐标参照系,它都应提供 EX_GeographicBoundingBox,但是如果没有地图数据的原始地理坐标,这个参数可以取近似值。使用 EX_GeographicBoundingBox 的目的是使搜索引擎不需要坐标转换就可以方便地进行地理搜索。

7.2.4.6.7 坐标参照系(CRS)

每个图层可使用一个或多个图层坐标参照系。在 6.7.3 已论述了 Layer CRS。为了声明可以利用的 Layer CRS,每个图层必须至少具有一个〈CRS〉元素,该元素的内容可以明确地被指定也可以直接从它的父图层继承。作为根元素的〈Layer〉必须包括零个或多个连续的 CRS 元素,列举对所有子图层都适用的所有坐标参照系。子图层可以选择性地添加坐标参照系到从它的父图层继承的 CRS 元素列表中,客户端将会忽略任何重复的坐标参照系定义。

当一个图层可用于多个坐标参照系时,则可用的 CRS 值的列表必须表示为一组连续的〈CRS〉元素,每个元素只能包含唯一的 CRS 名称。

例:〈CRS〉CRS:CGCS2000〈/CRS〉〈CRS〉CRS:Xian1980〈/CRS〉

7.2.4.6.8 外包矩形(BoundingBox)

WMS 服务元数据必须为每个图层声明一个或多个外包矩形(就像 6.7.4 定义的那样)。BoudingBox 元数据元素既可以明确地定义也可以从它的父层继承。在 XML 中,〈BoudingBox〉元数据元素包含下列属性:

——CRS 是指用于定义该外包矩形的 Layer CRS;

——min$x$,miny,max$x$,max$y$(最小 x,最小 y,最大 x,最大 y)是指用特定 CRS 的坐标轴的单位和

顺序来确定外包矩形的界限；

——res$x$(x 的分辨率)和 res$y$(y 的分辨率)(可选)是指数据的空间分辨率，这些数据按相同单位(unit)组成图层。

〈BoundingBox〉(〈外包矩形〉)元数据元素与 7.3.3.6 定义的 BBOX 请求参数的关系如下：〈BoundingBox〉元数据元素指定整个图层的坐标范围；而 BBOX 请求参数指定要在地图上绘制的区域范围。BBOX 区域可以与 BoundingBox 区域交叠、包含或被包含，也可以不存在上述关系。

一个图层可以有多个 BoudingBox 元素，但每个元素必须对应不同的 CRS。一个图层继承其父图层所定义的任何 BoudingBox 的值，从父图层继承的特定 CRS 下定义的 BoudingBox 将被子图层所声明的相同 CRS 下定义的 BoudingBox 代替。对父图层中没有声明的新 CRS 中定义的子图层的 BoudingBox 要被添加在子图层外包矩形的列表中。对同一个 CRS，一个 Layer 元素只能包含一个唯一的 BoudingBox。

注：对不相邻的外包矩形没有作规定。例如，当一个数据集覆盖两个分开一定距离的区域时，服务器不能在同一图层的同一个 CRS 中定义两个分离的外包矩形用来区别这两个区域。为了处理这类的情况，服务器既可以定义一个包含两个区域的大外包矩形，也可以定义两个独立的图层，它们分别有不同的图层名称(Name)和 BoundingBox 的值。

一个 Layer 不能提供它不支持的 CRS 中定义的 BoundingBox，相反，一个图层可以支持没有提供 BoudingBox 的 CRS：具备将数据转换到不同 CRS 能力的服务器可以选择不为每个图层可能的每个 CRS 都提供一个明确的 BoundingBox，但是该服务器至少应该提供图层原始 CRS 中定义的 BoundingBox 信息(图层的原始 CRS 指图层存储在该服务器数据库时采用的 CRS)。

如果 Layer CRS 是“CRS：1”(Map CS；见 B.2)，那么 BoudingBox 的单位是像元，原点在左上角，第一个(x)轴向右递增，第二个(y)轴向下递增。

7.2.4.6.9 比例尺分母

〈MinScaleDenominator〉(〈最小比例尺分母〉)和〈MaxScaleDenominator〉(〈最大比例尺分母〉元素定义了适用于生成一个 Layer 的地图比例尺的范围。因为来自 WMS 的地图可能在任意显示器上而不是在纸上浏览，所以采用的值实际上是相对于通用的浏览器像元大小的比例尺分母。比例尺分母不是为了在“实际”比例尺和完全准确的“标准”比例尺之间实施转换，而是为了降低图示表达在地图上的要素的混乱和拥挤的数量。比例尺分母的值可供客户参考，而不是严格地限制。当客户发出的地图请求没有指定恰当比例尺分母的范围时，服务器可能返回一张空白的地图，也可能返回一幅挤满了要素的图层的图片或不能很好地表示的图像；服务器不会发出服务异常的响应。

出于本标准的目的，通用的像元大小约定在 0.28 mm×0.28 mm。因为任意的客户可以从服务器请求地图，最终的渲染设备的真实像元大小对服务器来说是未知的。

例：比例尺分母为“10000000”意味着比例尺是 1：10000000。科学符号法也是允许的，因此更紧凑的值“10e6”也可以被用于比例尺分母。

顾名思义，MinScaleDenominator 和 MaxScaleDenominator 元素确定一个图层的地图比例尺分母的适当范围。例如下面的比例尺范围：

〈MinScaleDenominator〉1e3〈/MinScaleDenominator〉

〈MaxScaleDenominator〉1e6〈/MaxScaleDenominator〉

对应的逻辑条件是：

scale_denom$\geqslant 10^3$ AND scale_denom$<10^6$

这两个元素是可选的，没有 MinScaleDenominator 元素意味着没有最小比例尺限制或者逻辑上默认值是 0；没有 MaxScaleDenominator 元素意味着没有最大比例尺限制或者逻辑上默认值是无穷大。因此，下面的比例尺限制条件：

〈MinScaleDenominator〉1e3〈/MinScaleDenominator〉

与其对应的逻辑条件是：

scale_denom$\geqslant 10^3$

与单独的 MaxScaleDenominator 元素类似。如果 Layer 元数据中两个比例尺元素都没有，则意味着没有比例尺的限制，并且这个 Layer 适用于全部比例尺的地图。

因为可能要将多个服务器的输出叠合为一个唯一的显示结果，所以各个服务器在处理比例尺时具有一致的行为非常重要。只有这样，才能使所有各个服务器可以以相同的比例尺选择或取消 Later。为了确保行为的一致性，不同地图服务器之间必须采用一致的方式处理基于坐标空间的比例尺。对以角度为单位的地理坐标而言，应将一张地图覆盖(coverage)的角度转换成适用于比例尺计算的线性单位，方法是采用地球赤道的周长和假定完全正交的线性单位。对线性坐标系，直接使用坐标空间的大小而无需对真实地球形状有关的形变进行补偿。

例：要显示采用 CGCS2000 地理坐标系的一张覆盖地区为 2°×2°的地图。该地区的比例尺的线性变换是：

2°×(6 378 137m×2×π)÷360°=222 638.981 6 m。

因此，适合于计算该比例尺的地图范围大约是 222 639 m×222 639 m 的线性距离。如果该地图图像的大小是 600 * 600 像元，那么这张地图的标准比例尺分母是：

222 638.981 6 m÷600 pixels÷0.000 28 m/pixel=1 325 226.19。

在这些计算中还应使用浮点数四舍五入的误差(Floating-point roundoff-error)控制，以确保系统之间的一致性，因为在 Layer 元数据中使用的比例尺分母通常是“舍入”数字。例如，如果当前计算得到的比例尺结果值是 249 999.999 999 99，那么“舍入”值是 250 000。下面是一个与比例尺分母匹配的范围的合理测试：

scale≥(min_scale-epsilon) AND scale≤(max_scale+epsilon)

其中 epsilon 被定义成 1e-6。

比例尺分母可以被子图层继承。在子图层中声明的比例尺分母可以取代任何从父图层继承的比例尺分母。

7.2.4.6.10 样本维数(Sample dimensions)

可选元素〈Dimension〉(〈维数〉)包含多维数据的元数据。见 6.7.5～6.7.7 关于垂直、时间和其他坐标系的论述，以及附录 C 中对维数的轴和允许值的声明和要求。

维数的声明从父图层继承。如果任何子图层中新的维数声明与从父图层继承的维数声明具有同名属性，该维数声明的值要取代父图层声明的值。

7.2.4.6.11 元数据 URL(MetadataURL)

地图服务器应使用一个或多个〈MetadataURL〉元素，以提供关于特定图层中数据的详细的、标准化的元数据。“类型”属性指出元数据应遵循的标准。目前本标准定义了两个“类型”属性值：值“GB/T 19710—2005”是指 GB/T 19710—2005；值“FGDC：1998”是指 FGDC-STD-001-1988。信息团体可以为其他“类型”的属性值定义其意义。其中的〈Format〉元素指出了元数据记录文件格式 MIME 类型。

MetadataURL 元素不能被子图层继承。

7.2.4.6.12 属性(Attribution)

可选元素〈Attribution〉(〈属性〉)提供一种方法，用于标识在图层或图层集内使用的地理信息的来源。Attribution 包含几个可选元素：〈OnlineResource〉指明数据提供者的 URL；〈Title〉是一个人们易懂的指明数据提供者的字符串；〈LogoURL〉(〈徽标 URL〉)是徽标图像的 URL。客户应用程序可以选择一个或多个这些属性项进行显示。LogoURL 内的〈Format〉元素指明了徽标图像的 MIME 类型，属性 **width** 和 **height** 规定单位为像元的图像尺寸。

各子图层可以继承 Attribution 元素。一个子图层重新定义的任何 Attribution 值均可取代从父图层继承的 Attribution 值。

7.2.4.6.13　标识符和机构 URL(Identifier 和 AuthorityURL)

服务器可以使用零个或多个〈Identifier〉(〈标识符〉)元素,以便列出具体管理机构确定的 ID 码或标签。Identifier 元素的文本内容就是 ID 值,Identifier 元素的 **authority** 属性与另外一个〈AuthorityURL〉(〈管理机构 URL〉)元素的 name 属性相对应。AuthorityURL 包括一个〈OnlineResource〉元素,规定定义 Identifier 值含义的文档 URL。

注:管理机构如何定义标识符含义的语义还没有确切规定。这里提供 Identifier 和 AuthorityURL 元素,是为了便于服务提供者指明他们所提供的 WMS 图层与该服务运作机构定义的图层的分类之间的对应关系。

例:全球变化主目录(http://gcmd.gsfc.nasa.gov/)为它所编目的各数据集定义 DIF_ID 标签,提供这样数据集的 WMS 可能通过其 DIF_ID 与一个图层相联系,形式如下:

〈AuthorityURL name="gcmd"〉〈OnlineResource xlink:href="some_url"... /〉〈/AuthorityURL〉

〈Identifier authority="gcmd"〉id_value〈/Identifier〉

AuthorityURL 可被辅助图层所继承。子图层中不允许定义与从父图层处继承来的 AuthorityURL 具有同名属性的 AuthorityURL。Identifier 元素不能被继承。只有在声明了相应 AuthorityURL 或是从以前的服务元数据中里继承了 AuthorityURL 的时,一个图层才能够声明一个 Identifier。

7.2.4.6.14　要素列表 URL(FeatureListURL)

服务器可以使用〈FeatureListURL〉(要素列表 URL〉)元素指向 Layer 中表示的要素列表。被封装的 Format 元素指明要素列表的文件格式 MIME 类型。

FeatureListURL 不能被其子图层继承。

7.2.4.6.15　数据 URL(DataURL)

服务器可以使用 DataURL(数据 URL)来提供一个特定图层表示的潜在数据的链接。被封装的 Format 元素指明数据文件的格式 MIME 类型。

DataURL 不能被子图层继承。

7.2.4.7　图层属性(Layer attributes)

7.2.4.7.1　概述

一个〈Layer〉可以有零个或多个 XML 属性:queryable(可查询)、cascaded(级联)、opaque(不透明)、noSubsets(无子集)、fixedWidth(固定宽度)、fixedHeight(固定高度)。所有这些属性都是可选的,其缺省值为 0。每个属性都能被其子图层继承或替代。表 6 总结了各属性的含义,其详细声明见紧随其后的各子条。

表 6　Layer 属性

属性	允许值	含义(0 是缺省值)
Queryable	0,假;1,真	0,假:图层不可查询; 1,真:图层可查询
Cascaded	0,正整数	0:图层未被级联地图服务器(Cascading Map Server)转发; n:图层已被转发了 n 次
Opaque	0,假;1,真	0,假:地图数据表示的矢量要素可能未填满全部空间的矢量要素; 1,真:地图数据大部分或完全是不透明的
NoSubsets	0,假;1,真	0:WMS 可以映射整个外包矩形的一个子集; 1:WMS 只能映射整个外包矩形
FixedWidth	0,正整数	0:WMS 能产生任意宽度的地图; 非 0:WMS 不能改变的固定的地图宽度值
FixedHeight	0,正整数	0:WMS 能产生任意高度的地图; 非 0:WMS 不能改变的固定的地图高度值

7.2.4.7.2 **可查询的图层(Queryable layers)**

布尔属性**可查询(queryable)**是指服务器是否支持在某一图层上的 GetFeatureInfo。服务器可以在某些图层上而不是在所有图层上支持 GetFeatureInfo。如果在不可查询图层上请求 GetFeatureInfo,则服务器应抛出一个服务异常(code=“LayerNotQueryable”)。

7.2.4.7.3 **级联(Cascaded layers)**

如果一图层可以从源服务器上获取,且被包含在另一不同服务器的服务元数据内,则称该图层已被“级联”(Cascaded)。第二个服务器可以只是简单地为该图层提供另一个访问点,也可以通过增加额外的输出格式或重新投影到其他空间坐标系的方式,提供该图层的增值服务。

如果一个 WMS 级联另一个 WMS 的内容,那么被级联的图层的**级联**属性值应增加 1。如果起始的服务器的服务元数据中缺少该属性,那么级联 WMS 应插入该属性并将其赋值为 1。

7.2.4.7.4 **不透明图层与透明图层的比较(Opaque vs. transparent layers)**

如果可选的布尔属性 **opaque(不透明)**不存在或值为“0”(false),那么由该 Layer 制作的地图一般都有相当的“无数据”区域,客户可以将其显示为透明。矢量要素,如点和线,在这里被认为是透明的(即使在使用某些比例尺和符号尺寸时,要素集合可能填满整个地图区域)。属性 **opaque** 的值为“1”(真),表明该图层表达的是一个区域填充(area-filling)的覆盖(coverage)。例如,将地形和海洋深度表示为不同颜色区域的地图时就没有透明区域。**Opaque** 声明应看作是提示客户在进行地图叠置时把这样的图层放在最底部。

该属性只描述 Layer 的数据内容,不描述地图响应的图像格式。无论被列出的 layer 是透明还是不透明,服务器都应遵循 7.3.3.9 规定的 GetMap TRANSPARENT(透明)参数;这就是说,当且仅当客户请求 TRANSPARENT=TRUE 且图像 FORMAT 支持透明性时,服务器才需返回带透明背景的图像。

7.2.4.7.5 **可提取子集和可调整大小的图层(Subsettable and resizable layers)**

Layer 元数据也可以包括三个可选属性(**noSubsets**,**fixedWidth** 和 **fixedHeight**),它们指出功能弱于正规 WMS 的地图服务器,因为该服务器不能提取较大数据集的子集,或者该服务器只提供固定大小的地图,而不能调整它们的尺寸。例如,一个存储数字化的历史地图影像集,或存储经过预先处理的卫星数据浏览影像的 WMS,不可能提取这些影像的子集或调整它们的大小。但是,它仍能响应 GetMap 对原始尺寸整张地图的请求。

静态影像集可能没有明确的坐标系,在这种情况下,服务器应声明 CRS=CRS:1,如 6.7.2 所述。

当 **noSubsets(无子集)**的值设置为“真”时,说明服务器不能产生一个除图层外包矩形以外的地理区域的地图。

当 **fixedWidth(定宽)**和 **fixedHeight(定高)**存在且非零时,说明服务器只能按指定的固定尺寸产生该图层的地图。

7.2.4.8 **图层特性的继承**

表 7 总结了子〈layer〉元素如何继承封装在父〈Layer〉元素的特性。这些特性可能根本不被继承,或照原样继承,或在子图层重新定义它们时被取代,或继承并添加子图层另外定义的特性。

表 7 中,第 2 列规定 Layer 中每元素可能出现的次数,它不是明确地表示就是通过继承。这样,它比 E.1 中模式实施的约束更受限。其中各个值的含义如下:

——1:在每个图层恰好出现一次;

——0/1:不出现或出现一次;

——0+:出现零次或更多次;

——1+:出现一次或更多次。

表 7 中,第 3 列指出子图层是否或如何继承该元素。其中各个值的含义如下:

——no:不能被继承。如果该元素被本标准定义为强制的,那么每个图层元素应包括该元素。

——replace:该值能从父图层处继承且被子图层忽略,只有当子图层指定该值时,父图层的值才能被忽略。

——add:这些值能从父图层处继承且被子图层忽略。“Add”只能与多次出现的元素相关。子图层继承父图层支持的任何值并且将自己定义的每个值添加到列表中。子图层中任何重复定义的值都被忽略。

表 7 图层属性的继承

元素	次数	继承
Layer	0+	no
Name	0/1[a]	no
Title	1	no
Abstract	0/1	no
KeywordList	0/1	no
Style	0+	add
CRS	1+[b]	add
EX_GeographicBoundingBox	1+[b]	replace
BoundingBox	1+[b]	replace
Dimension	0+	replace
Attribution	0/1	replace
AuthorityURL	0+	add
Identifier	0+	no
MetadataURL	0+	no
DataURL	0/1	no
FeatureListURL	0/1	no
MinScaleDenominator, MaxScaleDenominator	0/1	replace
attributes listed in Table 6	0/1	replace

[a] 关于已被命名的和未被命名的图层之间的区别见 7.2.4.6.3。

[b] 只有从封装的图层元素继承的值才可能为 0,见 7.2.4.6.6~7.2.4.6.8。

7.2.5 格式标识符

服务元数据中多处会出现格式标识符:有的作为操作的有效输出格式,有的作为支持异常格式,有的作为外部 URL 内容的格式。输出格式在 6.6 已论述。

7.3 GetMap

7.3.1 概述

GetMap 操作返回一幅地图。当接收到一个 GetMap 请求时,WMS 应满足请求或产生服务异常。

7.3.2 GetMap 请求概述

表 8 描述了 GetMap 请求的查询部分。

表 8 **GetMap 请求的参数**

请求参数	必选的(M)/可选的(O)	说　明
VERSION＝1.3.0	M	请求版本
REQUEST＝GetMap	M	请求名称
LAYERS＝layer_list	M	以逗号隔开的一个或多个图层列表
STYLES＝style_list	M	以逗号隔开的请求图层的一个渲染样式的列表
CRS＝namespace:identifier	M	空间参照系
BBOX＝minx,miny,maxx,maxy	M	以 CRS 单位表示的外包矩形边角(左下角,右上角)
WIDTH＝output_width	M	以像元数表示的地图图像宽度
HEIGHT＝output_height	M	以像元数表示的地图图像高度
FORMAT＝output_format	M	地图输出格式
TRANSPARENT＝TRUE|FALSE	O	地图背景透明(default＝FALSE)
BGCOLOR＝color_value	O	以十六进制 RGB 颜色值表示的背景颜色(default＝0xFFFFFF)
EXCEPTIONS＝exception_format	O	WMS 报告异常的格式(default＝SE_XML)
TIME＝time	O	请求图层的时间值
ELEVATION＝elevation	O	请求图层的高程
Other sample dimension(s)	O	其他适当维度的值

7.3.3　请求参数

7.3.3.1　版本(VERSION)

必选参数 **VERSION** 在 6.9.1 已规定。遵循本标准的 GetMap 请求应使用值“1.3.0”。

7.3.3.2　请求(REQUEST)

必选参数 **REQUEST** 在 6.9.2 已规定。为了调用 GetMap 操作,应使用值“GetMap”。

7.3.3.3　图层(LAYERS)

必选参数 **LAYERS** 列出由 GetMap 请求返回的图层。LAYERS 参数的值是包含一个或多个以逗号分隔的有效图层名的列表。允许的图层名是服务元数据里任何〈Layer〉〈Name〉元素的字符数据内容。

WMS 应将请求列表最左边的图层绘在最底层,紧随其后的在其上,以此类推。

服务元数据中的可选〈LayerLimit〉元素是一个正整数,它是指允许客户在单个 GetMap 请求中所能包含的图层的最大数目。如果没有该元素,则表明服务器没有对此作限定。

7.3.3.4　样式(STYLES)

必选参数 **STYLES** 列出将要绘制的每个图层的样式。STYLES 参数值是一个包含了一个或多个以逗号分隔的有效样式名的列表。在 LAYERS 参数值和 STYLES 参数值之间存在着一一对应关系。在 LAYERS 列表中的每幅地图都是用 STYLES 列表中同一位置对应的样式绘出的。每个样式的 Name 应由〈Style〉元素中的〈Name〉元素定义,该元素要么直接包含在服务元数据中相应的〈Layer〉里,要么从服务元数据中相应的〈Layer〉继承得来(换句话说,客户不能用某个只在其他 Layer 里定义了的 Style 请求该 Layer)。如果所请求的是没有声明的 Style,服务器将抛出一个服务异常(code＝StyleNotDefined,代码＝未定义样式)。客户可以用空(NULL)值请求默认的样式(如“STYLES＝”)。如果同时请求几个图层,其样式是命名样式和缺省样式混在一起的,则 STYLES 参数就要包括逗号之间的空值(null value)(如"STYLES=style1,,style2,,");如果所有图层都采用默认的样式,则"STYLES="或者"STYLES=,,,"都是有效的。

如果服务器声明几个样式适合于一个图层,而且客户发出一个默认样式的请求,选择使用哪个样式作为默认值由服务器自行处理。样式在服务元数据中的排序,没有指出哪个是默认值。

7.3.3.5 **坐标参照系(CRS)**

请求参数 CRS 规定适用于 BBOX 请求参数的 Layer CRS(6.7.3)。对特定服务器请求中的 CRS 参数的值必须是服务器的服务元数据规定的〈CRS〉元素的值之一,或者是从被请求图层继承的值。在一个请求中所有的图层均采用相同的 CRS。

WMS 服务器并不要求支持所有可能的 CRS,但是 WMS 服务必须在其服务元数据中声明它确实可以提供的 CRS,并且必须接受对已声明的所有 CRS 的请求。对特定服务器所不提供的 CRS 的请求,服务器应抛出服务异常(code="InvalidCRS",代码=无效 CRS)。

客户端也不要求支持所有可能的 CRS。如果客户端和服务器不支持任何相互认可的 CRS,客户端可能将慎重地停止与服务器间的通信,或者搜索一个坐标转换的中间服务,或者让用户选择其他的部署方法。

本标准没有定义客户端明确地请求重新投影或坐标转换的能力,也就是说,只定义了单个 CRS 请求参数,因此,不可能在为选择的地理信息指定一个原始资料 CRS 的同时,又指定一个与原始资料 CRS 不同的、用于图示表达输出的目标 CRS。然而,如果服务器提供多个 CRS 支持而内部只按特定的 CRS 存储地理信息,则重新投影变换可能在后台进行。

如果 WMS 服务已经声明某图层的 CRS=CRS:1,那么该图层没有一个明确定义的坐标参照系,并且它也不能和其他图层叠置在一起。客户端在 GetMap 请求中必须指明 CRS=CRS:1;否则,服务器可能抛出服务异常。如果在请求中使用了这样的 CRS,BBOX 参数的单位必须是像元。

7.3.3.6 **BBOX(外包矩形)**

必选参数 BBOX 允许客户请求一个特定的外包矩形范围,外包矩形在 6.7.4 中已经定义。GetMap 请求中的 BBOX 参数值是一个用逗号分隔的实数列表,其形式为"min$x$,min$y$,max$x$,max$y$"。这些值指明在请求的 Layer CRS 的最小 X 值、最小 Y 值、最大 X 值、最大 Y 值限定的区域。单位、坐标顺序及 X 轴和 Y 轴的递增方向在 Layer CRS(见 6.7.3)中已定义。四个外包矩形的值限定了区域的外围界限。外包矩形与地图像元矩阵的关系是外包矩形环绕地图像元的"外围"走一圈而不是穿过地图边缘像元的中心。在本文中,单个像元代表地面的一块区域。

如果请求包含一个无效的 BBOX(比如,它的最小 X 值大于或等于最大 X 值,或者它的最小 Y 值大于或等于最大 Y 值),服务器将抛出一个服务异常。

如果请求包含的 BBOX 不完全与被请求图层的服务元数据中的〈BoudingBox〉元素重叠,服务器将返回一张空的地图(即:一张空白地图或没有元素的图形元素文件)。在 BoudingBox 中包含的部分或全部要素都会以合适的格式返回。

如果没有为给定的 CRS 定义 Bouding Box 值,服务器将为 CRS 有效范围之外的区域返回空的内容。

如果 WMS 服务器已声明一个图层不可以产生子集,如在 7.2.4.7.5 中描述的那样,那么客户在 GetMap 请求里应准确地指定被声明的外包矩形的值,否则服务器可能会抛出服务异常。

7.3.3.7 **格式(FORMAT)**

必选参数 FORMAT 规定想要得到的地图格式。在向 WMS 服务器发送 GetMap 请求所支持的值列举在服务元数据的一个或更多〈Request〉〈GetMap〉〈Format〉元素里。〈Format〉的全部 MIME 类型字符串就是 FORMAT 参数的值。这里没有默认格式。在 HTTP 环境下,应在返回的对象里用 Content-type 实体头设置 MIME 类型。如果请求指定了某服务器所不支持的格式,该服务器将抛出服务异常(code=InvalidFormat,代码=无效格式)。

7.3.3.8 宽、高(WIDTH,HEIGHT)

必选参数 **WIDTH** 和 **HEIGHT** 用整数形式的像元数规定要生成的地图大小。该地图采用该 Map CS(见 6.7.2 和 B.2)。Map CS 中 WIDTH-1 规定 i 轴的最大值,HEIGHT-1 规定 j 轴的最大值。

如果请求的是图片格式,则返回的图片不管它的 MIME 类型如何都应严格保持指定的像元宽和高。当 BBOX 的宽/高之比不同于返回图像的宽/高之比时,WMS 应对地图进行拉伸,改变像元本身的宽/高之比,使返回图片的比率与 BBOX 一致。换句话说,采用该定义可以为那些输出像元本身不是正方形的设备请求到一幅地图,或者说可能把一幅地图拉伸成具有不同 WIDTH/HEIGHT(宽/高比)的图片。

当 WIDTH/HEIGHT 与 X、Y 和像元的宽高比不一致时,就会产生地图变形。客户的应用程序开发者要尽可能地减少用户在无意中请求了或者在不知道的情况下收到一幅变形了的地图的可能性。

如果请求的是没有明确的宽和高的图形元素格式,客户应在请求中指明 WIDTH 和 HEIGHT 值,服务器可以将它们作为制作地图的有用信息。

服务元数据中的可选〈MaxWidth〉(〈最大宽度〉)和〈MaxHeight〉(〈最大高度〉元素是整型值,它们指定了客户允许包含在单个 GetMap 请求中最大宽度和高度值。如果缺少任何一个元素,服务器就没有对相应参数进行限制。

如果 WMS 服务已经声明了一个图层具有固定的宽和高,如 7.2.4.7.5 的描述的那样,那么,客户应在 GetMap 请求中明确地指定 WIDTH 和 HEIGHT 的值,否则服务器会抛出一个服务异常。

7.3.3.9 透明(TRANSPARENT)

可选参数 TRANSPARENT 规定地图背景是否透明。TRANSPARENT 可以取两个值,“TRUE”或“FALSE”,如果在请求中没有该参数,其默认值是 FALSE。

这种能够返回具有透明像元的图像的能力使不同的地图请求得到的结果能够相互叠置,形成复合地图。这里,强力推荐每个 WMS 服务为各个图层提供具有透明处理能力的格式,使它们在适当的情况下能够叠置在其他图层之上。

注:image/gif 格式已经提供了透明处理,并且可以在公用的网络浏览器上显示。image/png 格式提供了一系列透明选项,但对浏览应用的支持很有限。image/jpeg 格式根本不提供透明处理。

当 TRANSPARENT 设定为 TRUE 且 FORMAT 参数包含图片格式(如 image/gif)时,WMS 返回结果中所有不表示该图层要素或数据值的像元应设置为透明(在请求的格式允许的情况下)。例如,在“道路”图层中,任何没有道路的地方都可以显示成透明。如果图像格式不支持透明处理,那么服务器应以非透明图像的形式响应(换句话说,对客户而言,无论采用什么格式,客户的透明地图的请求都不会是错误的)。当 TRANSPARENT 设定为 FALSE 时,非数据像元应设定为 BGCOLOR(背景色)的值(见 7.3.3.10)。

正如 7.2.4.7.4 描述的那样,当该图层已被声明为“不透明”时,那么地图的相当一部分或全部将不能形成透明。客户的请求值可能仍然是 TRANSPARENT=true。

当 FORMAT 参数包含图形元素格式时,TRANSPARENT 参数可包含在请求里,但是 WMS 应忽略它的值。

7.3.3.10 背景色(BGCOLOR)

可选参数 BGCOLOR 是一个字符串,它规定地图背景像元的颜色。BGCOLOR 一般的格式是 RGB 值的十六进制编码,其中每个红色、绿色和蓝色的值用两个十六进制字符表示,这些值在 00 和 FF 之间(以十进制表示时在 0～255 之间),格式是 **0xRRGGBB**;对 RR、GG 和 BB 值来说,可用大写,也可用小写。前缀“0x”应使用小写的“x”。如果请求里没有该参数,其默认值是 **0xFFFFFF**(对应于白色)。

当 FORMAT 是一个图片格式时,WMS 应将背景像元设置成 BGCOLOR 规定的颜色。当 FORMAT 是一个图形元素格式(它没有明确的背景色)或者图片格式时,WMS 应该避免在前景要素中运用 BGCOLOR 值,因为它们在同样颜色的背景图片中显示不出来。

正如7.2.4.7.4描述的那样，当该图层已被声明为“不透明”时（或者，它是一个区域填充的覆盖，尽管没有“不透明”的声明），那么地图的相当一部分或全部将完全显示不出背景。

7.3.3.11 异常（EXCEPTIONS）

可选参数EXCEPTIONS（异常）已在6.9.4定义。如果请求中没有这个参数，则默认值是“XML”。

WMS应通过服务元数据的〈Exceptions〉（〈异常〉）元素内所包含的各个〈Format〉元素提供一个或是多个下列的异常报告格式。这些格式的第一个是所有的WMS都应提供的，其他则是可选的。

——**XML**（必选的）

正如E.3规定的那样，使用服务异常XML来报告错误。如果请求中没有做任何指定，则使用默认的异常。

其余的异常格式是可选的。如果请求指定了某服务器所不支持的其他的异常格式，那么该服务器将以默认的XML格式抛出服务异常。

——**INIMAGE**（可选的）

如果EXCEPTIONS参数设置为INIMAGE（图像），WMS根据检测的错误，将返回一个FORMAT参数指定的MIME类型的对象，该对象包含了描述错误本质的文本。如果是图片格式，错误消息将出现在返回的图像上；如果是图形元素格式，错误消息的文本将正常地以文本格式出现。

——**BLANK**（可选的）

如果EXCEPTIONS参数设置为BLANK（空白），WMS根据检测的错误，将返回一个FORMAT参数指定类型的对象，其内容一律是“off”。在图片格式情况下，则仅返回一种颜色（背景颜色）的图像。在支持透明图片格式的情况下，如果指定了TRANSPARENT＝TRUE，那么像元全部是透明的；在图形元素格式输出的情况下，在响应输出中没有任何可见的图形元素。

7.3.3.12 时间（TIME）

在6.7.6和附录C和附录D中规定了Time（时间）各个值的使用。

7.3.3.13 高程（ELEVATION）

在6.7.5和附录C中规定了Elevation（高程）各个值的使用。

7.3.3.14 其他样本维

在6.7.7和附录C中规定了样本维数值的使用。

7.3.4 GetMap的响应

对有效的GetMap请求的响应应是一张地图，它不仅是具有空间参照信息的符合指定样式的图层，并且采用了指定的坐标参照系、外包矩形、大小、格式和透明性。

无效的GetMap请求应产生一个按请求的Exceptions格式输出的错误信息（或在极端情况下响应一个网络协议错误）。

在HTTP环境下，返回值Content-type实体头的MIME类型应和返回值格式相匹配。

7.3.5 从地理空间参照系到地图坐标系的投影变换

当CRS参数指定了地理坐标参照系时（such as CRS:84 or EPSG:4326），要用Pseudo Plate Carrée坐标操作方法对空间数据进行中心投影，并变换到图像坐标参照系，其i轴与经度平行且成比例，j轴与纬度平行且成比例。通过这种方法可以直接在屏幕上显示地图。因为经度和纬度的增量两者的线性条件不一致，所以图像的坐标轴比例尺是可变的。如果在绘图时采用了等距离圆柱变换，地理信息的投影过程如下：

——被请求的经度和纬度的最小值和最大值（min_lon，min_lat，max_lon，max_lat）由BBOX参数决定，并且要考虑由CRS参数指定的x轴和y轴的顺序；

——以度为单位的角度距离（max_lon-min_lon）与WIDTH参数指定的像元数成比例；

——以度为单位的角度距离（max_lat-min_lat）与HEIGHT参数指定的像元数成比例；

——产生的地图具有平行于i轴的经度和平行于j轴的纬度。

7.4 GetFeatureInfo

7.4.1 概述

GetFeatureInfo 是一个可选的操作,它仅仅支持那些定义或继承了属性 queryable="1"(真)的那些图层。对于其他图层,客户不能发送 GetFeatureInfo 请求。如果 WMS 接到它不支持的 GetFeatureInfo 请求,则应该以适当格式化的服务异常(XML)响应(code=OperationNotSupported,代码=非支持的操作)。

GetFeatureInfo 操作用于向 WMS 客户提供此前地图请求操作返回的地图图像中要素的更多信息。GetFeatureInfo 的标准应用情形是用户先获取了地图请求的响应结果,然后选择结果地图上的某一点(I,J)来查询其更多的信息。基本操作可以使客户确定所要查询的像元、查询的是哪个或哪些图层以及返回信息需要何种格式。由于 WMS 协议是无状态的(stateless),通过包含原 GetMap 请求中几乎全部参数(除 VERSION 和 REQUEST 外),GetFeatureInfo 请求向 WMS 指明用户正在浏览的地图。根据 GetMap 请求中的空间的语境信息(BBOX,CRS,WIDTH,HEIGHT)以及用户选择的 I,J 位置,WMS 就可能返回关于该位置更多的信息。

WMS 如何决定所返回的更多信息是关于什么的,或返回的是什么信息的具体语义留给 WMS 提供者解决。

7.4.2 GetFeatureInfo 请求概述

表 9 列举了 GetFeatureInfo 请求参数。

表 9 GetFeatureInfo 请求参数

请求参数	必选(M)/可选(O)	描 述
VERSION=1.3.0	M	请求版本
REQUEST=GetFeatureInfo	M	请求名称
map request part	M	地图请求参数的部分拷贝,这些参数产生了需要查询其信息的地图
QUERY_LAYERS=layer_list	M	用逗号分隔的需要查询的一个或多个图层的列表
INFO_FORMAT=output_format	M	要素信息(MIME 类型)的返回格式
FEATURE_COUNT=number	O	需要返回其信息(default=1)的要素个数
I=pixel_column	M	Map CS 中用像元数表示的要素的 i 坐标
J=pixel_row	M	Map CS 中用像元数表示的要素的 j 坐标
EXCEPTIONS=exception_format	O	WMS 报告异常信息采用的格式(default=XML)

7.4.3 请求参数

7.4.3.1 版本(VERSION)

必选参数 VERSION 在 6.9.1 规定。与本标准一致的 GetFeatureInfo 请求的值是"1.3.0"。

7.4.3.2 请求(REQUEST)

必选参数 REQUEST 的含义在 6.9.2 规定。调用 GetCapabilities 操作时,参数 REQUEST 的取值应为"GetCapabilities"。

7.4.3.3 地图请求部分(map request part)

表 9 中的必选项"map request part"("地图请求部分")条目表示生成原始地图的 GetMap 请求的参数序列。因为 GetFeatureInfo 提供它自身的值:VERSION 和 REQUEST,所以 GetMap 请求的这两个参数都可以被省略。GetMap 请求的其他值可以连续地嵌入在 GetFeatureInfo 请求中。

7.4.3.4 查询_图层(QUERY_LAYERS)

必选参数 QUERY_LAYERS(查询_图层)声明希望从中获取要素信息的图层,其值是用逗号分隔的一个或多个图层的列表。该参数应包含至少一个图层名,但包含的图层的个数可以少于原 GetMap

请求中的图层的个数。

如果在 WMS 的服务元数据没有定义 QUERY_LAYER 参数中指定任何一个图层，那么服务器将抛出一个服务异常(code＝LayerNotDefined，代码＝未定义的图层)。

7.4.3.5 信息_格式(INFO_FORMAT)

必选参数 INFO_FORMAT(信息_格式)指出返回要素信息时使用什么格式。一个 WMS 服务器支持 GetFeatureInfo 请求的值是作为 MIME 类型列举在服务元数据的一个或多个〈Request〉〈FeatureInfo〉〈Format〉元素中。〈Format〉元素中整个 MIME 类型字符串就是 INFO_FORMAT 的参数值。在 HTTP 环境下，MIME 类型应采用 Content-type 实体头设置到返回对象中。如果请求的格式服务器不支持，服务器将抛出一个服务异常(code＝InvalidFormat)。

例：参数 INFO_FORMAT＝text/xml 请求要素信息按 XML 格式化。

7.4.3.6 要素_计数(FEATURE_COUNT)

可选参数 FEATURE_COUNT 规定每图层需要返回其要素信息的最大个数，其值是正整数。如果该参数被省略或者不是一个正整数，那么其缺省值为 1。

7.4.3.7 列号、行号(*I*,*J*)

必选的请求参数 I,J(列号，行号)是整型数，它们确定“map request part”(在 7.4.3.3 叙述)参数指定的地图上的一个兴趣点。该点(I,J)是 Map CS(见 6.7.2)定义的(i,j)空间上的一点。所以：

——I 值应在 0 和 i 轴的最大值之间取值；

——J 值应在 0 和 j 轴的最大值之间取值；

——点 $I=0$,$J=0$ 表示地图左上角的那一点的像元；

——I 向右递增，J 向下递增；

点(I,J)代表某一指定像元的中心。

如果 I 或 J 值无效，服务器将发布一个服务异常(code＝InvalidPoint)。

7.4.3.8 异常(EXCEPTIONS)

可选参数 EXCEPTIONS 在 6.9.4 规定。如果请求中没有该参数，默认值是“XML”。对于 WMS 的 GetFeatureInfo 请求，本标准没有规定其他值。

7.4.4 GetFeatureInfo 响应

如果请求有效，WMS 应根据请求的 INFO_FORMAT 返回一个响应，否则就抛出一个服务异常。响应的性质由服务提供者确定，但是它应是与(I,J)最接近的要素或要素群。

附 录 A
（规范性附录）
一致性测试

A.1 基本的WMS

A.1.1 基本的WMS客户

A.1.1.1 基本服务元素

a) 测试目的：确认WMS客户满足请求参数规则的要求。

b) 测试方法：生成客户请求的一个充足样本，而且确认每个请求都是有效请求。

c) 引用：6.3、6.5、6.6、6.7。

d) 测试类型：基本。

A.1.1.2 GetCapabilities请求

a) 测试目的：确认基本的WMS客户满足GetCapabilities请求的所有要求。

b) 测试方法：生成来自客户的一个GetCapabilities请求的充足样本，并确认每个样本都是有效请求。

c) 引用：7.2。

d) 测试类型：基本。

A.1.1.3 GetMap请求

a) 测试目的：确认基本的WMS客户满足GetMap请求的所有要求。

b) 测试方法：生成来自客户的一个GetMap请求的充足样本，而且确认每个请求都是有效请求。

c) 引用：7.3。

d) 测试类型：基本。

A.1.2 基本的WMS服务器

A.1.2.1 版本协商

a) 测试目的：确认基本的WMS服务器满足版本协商的要求。

b) 测试方法：发送请求，该请求包含版本号低于和高于服务器支持的版本号。确认服务器的响应与版本协商的规则一致。

c) 引用：6.2。

d) 测试类型：基本。

A.1.2.2 请求参数规则

a) 测试目的：确认基本的WMS服务器满足请求参数规则的要求。

b) 测试方法：产生来自客户的一个请求的样本。包括无效的请求和有效的请求，两者都在被规则允许的范围内变化。确认服务器在每个情况下提供一适当的响应。

c) 引用：6.3、6.4、6.5、6.6、6.7。

d) 测试类型：基本。

A.1.2.3 GetCapabilities响应

a) 测试目的：确认基本的WMS服务器满足所有GetCapabilities操作的要求。

b) 测试方法：使用多种输入参数进行若干次GetCapabilities请求，并确认在每种情况下服务器都能做出恰当的响应。

c) 引用：7.2。

d) 测试类型：基本。

A.1.2.4 GetMap 响应

a) 测试目的:确认基本的 WMS 客户满足所有 GetMap 操作的要求。

b) 测试方法:使用多种输入参数进行若干次 GetMap 请求,并确认服务器在每种情况下都能做出适当的响应。

c) 引用:7.3。

d) 测试类型:基本。

A.2 可查询的 WMS

A.2.1 用于为可查询的 WMS 客户——GetFeatureInfo 请求

a) 测试目的:确认基本的 WMS 客户满足 GetFeatureInfo 请求的所有要求。

b) 测试方法:产生来自客户的 GetFeatureInfo 请求的适当的样本,并确认每个请求是有效的。

c) 引用:7.4。

d) 测试类型:基本。

A.2.2 可查询的 WMS 服务器——GetFeatureInfo 响应

a) 测试目的:确认一个万维网地图服务接口满足操作 GetFeatureInfo 的所有要求。

b) 测试方法:使用多种输入参数进行若干次 GetFeatureInfo 请求,并确认在每个情况下都返回适当的响应。

c) 引用:7.4。

d) 测试类型:基本。

附 录 B
（规范性附录）
坐标参照系(CRS)的定义

B.1 概述

本附录定义了 Map CS(见 6.7.2)和若干个采用北京 1954 坐标系、西安 1980 坐标系、中国 2000 国家大地坐标系(CGCS2000)等定义 Layer CRS。

本附录定义的所有 Layer CRS 和 Vertical CRS 都是可选的；选择支持哪种 CRS 是由 WMS 服务提供者自行决定的。然而，支持在 B.2 中定义的 Map CS 是必选的，因为 CS 适用于由 WMS 产生的地图输出。

本附录的定义不是使用 ISO 19111:2007 的表格形式(表 B.1～B.5)就是使用 ISO 19125 的通用文本表示方法。

B.2 地图坐标系(CRS:1)(见表 B.1)

表 B.1 Map CS(地图坐标系)的定义

元素名	元素值	注释
坐标系标识符	CRS:1	见 6.7.2
坐标系类型	笛卡尔	
基准标识符	计算机显示	
基准类型	工程	
坐标系的维数	2	
坐标系的轴名	I	
坐标系的轴向	东	某些地图，特别是覆盖极点的地图可以没有一个明确定义的轴线方向
坐标系轴单位标识符	像元	
坐标系的轴名	J	
坐标系的轴向	南	某些地图，特别是覆盖极点的地图可以没有一个明确定义的轴线方向
坐标系轴单位标识符	像元	
坐标系标记	原点在左上方，轴的值是正整数	

B.3 用 CGCS2000 坐标系定义的 Layer CRS(见表 B.2)

表 B.2 使用 CGCS2000 坐标系定义 Layer CRS

元素名	元素值	注释
坐标参照系类码	1	单(不是复式)CRS
坐标参照系标识符	CRS:CGCS2000	
坐标参照系有效区域	中国	

表 B.2（续）

元素名	元素值	注释
基准标识符	CGCS2000	
基准类型	大地测量	
初始子午线标识符	格林尼治	
初始子午线格林威治经度	0 度	
椭球体标识符	CGCS2000	
椭球体长半轴	6 378 137 m	
椭球体形状	真形	
椭球体扁率	298.257 222 101	
坐标系标识符	大地坐标系	
坐标系类型	大地测量	
坐标系维数	2	
坐标系轴名	经度	在该 CRS 中第一轴(x)是经度
坐标系轴向	东	
坐标系轴单位标识符	度	
坐标轴最小值	－180 度	
坐标轴最大值	180 度	
坐标系统轴名	纬度	在该 CRS 中第二轴(y)是纬度
坐标系统轴向	北	
坐标系统轴单位标识符	度	
坐标轴最小值	－90 度	
坐标轴最大值	90 度	

B.4 用 Beijing 1954 坐标系定义的 Layer CRS(见表 B.3)

表 B.3 使用 Beijing 1954 经度—纬度定义 Layer CRS

元素名	元素值	注释
坐标参照系类码	1	单(不是复式)CRS
坐标参照系标识符	CRS:1954	
坐标参照系有效区域	中国	
基准标识符	Beijing 1954	
基准类型	大地测量	
初始子午线标识符	格林威治	
初始子午线格林威治经度	0 度	
椭球体标识符	Krassowsky 1940	
椭球体长半轴	6 378 245 m	
椭球体形状	真形	

表 B.3（续）

元素名	元素值	注释
椭球体扁率	298.3	
坐标系标识符	大地坐标系	
坐标系类型	大地测量	
坐标系维数	2	
坐标系轴名	经度	在该 CRS 中第一轴(x)是经度
坐标系轴向	东	
坐标系轴单位标识符	度	
坐标轴最小值	－180 度	
坐标轴最大值	180 度	
坐标系统轴名	纬度	在该 CRS 中第二轴(y)是纬度
坐标系统轴向	北	
坐标系统轴单位标识符	度	
坐标轴最小值	－90 度	
坐标轴最大值	90 度	
注：这是可选择的 Layer CRS。见上述的 CRS 有效区域。在这个区域里面，一些应用可能需要其他系统。		

B.5 用 Xian 1980 坐标系定义的 Layer CRS（见表 B.4）

表 B.4 使用 Xian 1980 经度—纬度定义 Layer CRS

元素名	元素值	注释
坐标参照系类码	1	单(不是复式)CRS
坐标参照系标识符	CRS:1980	
坐标参照系有效区域	中国	
基准标识符	Xian 1980	
基准类型	大地测量	
初始子午线标识符	格林威治	
初始子午线格林威治经度	0 度	
椭球体标识符	Xian 1980(IAG 197)	
椭球体长半轴	6 378 140 m	
椭球体形状	真形	
椭球体扁率	298.257	
坐标系标识符	大地坐标系	
坐标系类型	大地测量	
坐标系维数	2	
坐标系轴名	经度	在该 CRS 中第一轴(x)是经度
坐标系轴向	东	

表 B.4（续）

元素名	元素值	注释
坐标系轴单位标识符	度	
坐标轴最小值	－180 度	
坐标轴最大值	180 度	
坐标系统轴名	纬度	在该 CRS 中第二轴（y）是纬度
坐标系统轴向	北	
坐标系统轴单位标识符	度	
坐标轴最小值	－90 度	
坐标轴最大值	90 度	
注：这是可选择的 Layer CRS。见上述的 CRS 有效区域。在这个区域里面，一些应用可能需要其他系统。		

B.6 用 1956 黄海高程基准定义 Vertical CRS（见表 B.5）

表 B.5 使用 1956 黄海高程基准定义垂直 CRS

元素名	元素值	注释
坐标参照系类码	1	
坐标参照系标识符	CRS:56	
坐标参照系有效区域	中国	
基准标识符	黄海高程基准 1956	
基准类型	垂直的	
坐标系标识符	正高（orthometric height）	
坐标系类型	重力高（gravity-related hight）	
坐标系维数	1	
坐标系轴名	H	
坐标系轴方向	向上（up）	
坐标系轴单位标识符	m（meter）	
注：这是可选择的垂直 CRS。见上述的 CRS 有效区域。在该区域内某些应用可能需要 个可供选择的系统。		

B.7 用 1985 国家高程基准定义 Vertical CRS（见表 B.6）

表 B.6 使用 1985 国家高程基准定义垂直 CRS

元素名	元素值	注释
坐标参照系类码	1	
坐标参照系标识符	CRS:85	
坐标参照系有效区域	中国	
基准标识符	国家高程基准 1985	
基准类型	垂直的	
坐标系标识符	正高（orthometric height）	

表 B.6（续）

元素名	元素值	注释
坐标系类型	重力高(gravity-related hight)	
坐标系维数	1	
坐标系轴名	H	
坐标系轴方向	向上(up)	
坐标系轴单位标识符	m(meter)	
注：这是可选择的垂直 CRS。见上述的 CRS 有效区域。在该区域内某些应用可能需要一个可供选择的系统。		

B.8 通用横轴墨卡托(UTM)Layer CRS

在下面的符号中，“${var}”表示对变量“var”值的引用。变量“lat0”和“lon0”是出现在地图请求的 CRS 参数中的投影中心点。坐标的操作方法使用椭球体的公式。

```
PROJCS[" CGCS2000/UTM",
    GEOGCS["CGCS2000",
        DATUM[" CGCS2000",
        SPHEROID["CGCS2000",6378137,298.257222101]],
        PRIMEM[" Grennwich ",0],
        UNIT[" Decimal_Degree",0.0174532925199433]],
    PROJECTION[" Transverse_Mercator"],
    PARAMETER[" Latitude_of_Origin",0],
    PARAMETER [" Central_Meridian", ${central_meridian}],
    PARAMETER [" False_Easting",500000],
    PARAMETER [" False_Northing", ${false_northing}],
    PARAMETER [" Scale_Factor",0.9996],
    UNIT[" Meter ",1]]
```

这里

```
${zone}=min (floor (( ${lon0}+180.0)/6.0)+1,60)
${central_meridian}=−183.0+ ${zone} * 6.0
${false_northing}=( ${lat0})=0.0)? 0.0:10000000.0
```

B.9 横轴墨卡托 Layer CRS

在下面的符号中，“${var}”表示对变量“var”值的引用。变量“lat0”和“lon0”是地图请求的 CRS 参数中出现的投影中心点。坐标的操作方法使用椭球体的公式。

```
PROJCS["CGCS2000/Tr. mercator ",
    GEOGCS["CGCS2000",
        DATUN["CGCS2000",
        SPHEROID["CGCS2000",6378137,298.257222101]],
        PRIMEM[" Greenwich ",0],
        UNIT[" Decimal_Degree",0.0174532925199433]],
    PROJECTION[" Transverse_Mercator"],
    PERAMETER[" Latitude_of_Origin",0],
```

```
    PERAMETER [" Central_Meridian", ${central_meridian}],
    PERAMETER [" False_Easting",500000],
    PERAMETER [" False_Northing", ${false_northing}],
    PERAMETER [" Scale_Factor",0.9996],
    UNIT[" Meter ",1]]
```

这里

```
    ${central_meridian}= ${lon0}
    ${false_northing}=( ${lat0})=0.0)? 0.0:10000000.0
```

B.10　正交的 Layer CRS

在下面的注释中，“**${var}**”表示对变量“**var**”值的引用。变量“lon0”和“lat0”是出现在地图请求的CRS参数中的投影中心点。坐标的操作方法使用椭球体的公式。

```
PROJCS["CGCS2000/Orthographic",
    GEOGCS["CGCS2000",
        DATUM["CGCS2000",
        SPHEROID["CGCS2000",6378137,298.257222101]],
        PRIMEM[" Greenwich ",0],
        UNIT[" Decimal_Degree",0.0174532925199433]],
    PROJECTION[" Orthographic "],
    PERAMETER [" Central_Meridian", ${central_meridian}],
    UNIT[" Meter ",1]]
```

这里

```
    ${latitude_of_origin}= ${lat0}
    ${central_meridian}= ${lon0}
```

B.11　等角的 Layer CRS

在下面的符号中，“**${var}**”表示对变量“**var**”值的引用。变量“lon0”和“lat0”是出现在地图请求的CRS参数中的投影中心点。坐标的操作方法使用椭球体的公式。

```
PROJCS["CGCS2000/Equirectangular",
    GEOGCS["CGCS2000",
        DATUM["CGCS2000",
        SPHEROID["CGCS2000",6378137,298.257222101]],
        PRIMEM[" Greenwich ",0],
        UNIT[" Decimal_Degree",0.0174532925199433]],
    PROJECTION[" Equirectangular"],
    PAREMETER[" Latitude_of_Origin",0],
    PAREMETER [" Central_Meridian", ${central_meridian}],
    PAREMETER [" Standard_Parallel_1", ${standard_parallel}],
    UNIT[" Meter ",1]]
```

这里

```
    ${standard_parallel}= ${lat0}
    ${central_meridian}= ${lon0}
```

B.12 摩尔魏特 Layer CRS

在下面的注释中，“${var}”表示对变量“var”值的引用。变量“lon0”和“lat0”是出现在地图请求的CRS参数中的投影中心点。坐标的操作方法使用椭球体的公式。

```
PROJCS["CGCS2000/Mollweide",
    GEOGCS["CGCS2000",
        DATUM["CGCS2000",
        SPHEROID["CGCS2000",6378137,298.257222101]],
        PRIMEM["Greenwich ",0],
        UNIT[" Decimal_Degree",0.0174532925199433]],
    PROJECTION["Mollweide"],
    PARAMETER[" Central_Meridian",${central_meridian}],
    UNIT[" Meter ",1]]
```

这里

${central_meridian}=${lon0}

附　录　C
（规范性附录）
多维数据处理

C.1　综述

该附录描述对服务元数据中多维数据和 WMS 操作请求参数的支持。该附录中的“维”涉及到 Time、Elevation 和样本的维；水平维利用 Layer CRS 表示（见 6.7.3）。在 WMS 服务元数据中的可选元素定义了沿着应用于一个图层的一维或多维的坐标轴的可用值。适用于那个 Layer 的 GetMap 请求中可能包含确定维值的参数。

举例声明，设想有一台提供每日的地球卫星影像的服务器。如果本附录中对多维数据处理的定义不可用，那么该服务器就会给每个图层一个不同的名称（比如，在基本名称后添加一个指定日期的字符串），于是客户通过在 GetMap 请求中提供适当的名称就可以得到想要的时间。因为不断有新的影像被添加到服务器的数据库，所以服务元数据中图层的数目将随着卫星的生命期逐渐增长。如果卫星影像可以利用多个波段，那么图层的数目将会是可获得的时间和波段数目的产物。依照本附录的下列条，可以更加紧凑地表示可获得的时间和波段。服务器可以在它的服务元数据中为某个图层声明一个单一的名称、列举有效的时间和波段，这样客户就可以在 GetMap 请求中添加其他参数以请求指定的时间和波段。

C.2　声明维及其允许值

可选择元素〈Dimension〉被用于服务元数据，以便声明与一个或一组图层相关的一维或多维参数。表 C.1 声明维元素中的各个字段：必选的名称；带有可选 unitSymbol（单位符号）的必选测量单位指定符；声明相应维有效值的必选字符串；在客户没有规定维值时使用的可选默认值；以及若干个可选的布尔属性，它们声明是否可以同时请求维的多个值、是否根据请求最近的值返回维的最近可得值、以及在时间范围的情况下是否大部分最近的地图可以被请求而无需指定它的精确时间。

表 C.1　维元素的内容

字段	必选/可选 M/O	意　义
名称	M	指定维轴名称的属性
单位	M	指定维轴单位的属性
unitSymbol	O	指定符号的属性
缺省	O	如果 GetMap 请求没有指定值，属性规定使用缺省值。如果属性缺省，那么在请求不包括用于维的值时将以服务异常响应
multipleValues	O	布尔属性指出维的多个值是否是被请求。0（或‘False’）＝只选出单个值；1（或‘True’）＝允许多个值。缺省值＝0
nearestValue	O	布尔属性指出维的最近值是否将会是被返回，以响应对最近值的请求。0（或‘false’）＝请求值应完全地符合声明的范围的值；1（或‘true’）＝请求值可能是接近。缺省值＝0
Current	O	布尔属性只对时间扩展有效（也就是，如果属性命名＝“时间”）。当属性是 1 或‘true’时，该属性指出：a) 时间数据正常地被保持现势性；b) 请求参数 TIME 可能包括关键字“现势性”代替一个终止值。（见 C.4.1）。缺省值＝0
Extent	M	文本内容，为维指定可利用的值

一个维元素的 XML 格式如下：

〈Dimention name=“dimension_name”units=unit_name unitSymbol=“symbol”“
default=“default_value”multipleValues=“0|1”nearestValue=“0|1”
current=“0|1”〉extent〈/Dimention〉

维元素将遵守下列的规则：

——维的名称将不区分大小写，而且不应该包含空格。

——如果维的量没有单位（例如，多波段传感器的波段数），使用空字符串：units=“”。

——如果维的量有单位，单位的名称应取自 UCUM（度量单位的统一代码），如果 UCUM 有一个合适的项。当使用 UCUM 时，必选的单位属性应来自 UCUM”名称”列的一个适当的条目。

——如果出现，unitSymbol 应是 7 个比特 ASCII 字符串。当使用 UCUM 时，unitSymbol 将是来自 UCUM“c/s”列（区分大小写的缩写词），且与 UCUM 中的名称一致。UCUM 前缀命名和符号也可能出现。

Extent 字符串声明沿着 Dimension 轴的什么值(s)适合相应的图层。Extent 字符串的语法见表 C.2。

表 C.2 用于列举一个或多个范围值的语法

语法	意义
value	单一值
value1,value2,value3,...[a]	多值列表
min/max/resolution	由上边界值和下边界值定义边界以及分辨率
min1/max1/res1,min2/max2/res2,...[a]	多个间隔组成的列表

a 在服务元数据的〈Dimention〉元素的列表中允许在逗号后面使用空格符。

分辨率为零的值（像 Min/Max/0 一样）意味着，数据可以在非常精细分辨率下有效地响应对服务器的请求。举例来说，一个连续记录随机发生数据的仪器可能没有明确地定义时间分辨率。

服务元数据响应的所有维是服务器定义的，包括两个异常。作为特例，名为时间和高程的维预定义如下：

〈Dimention name=“time” units=“ISO8601”/〉

〈Dimention name=“elevation” units=“verticalCRSid” unitSymbol=“符号”/〉

时间单位标识符“ISO8601”参照 GB/T 7408—2005 时间表示法，见附录 D。没有为时间维规定 unitSymbol。如果一个服务器选择不同的表示法规定时间值，除了使用“时间”（如“日期”或”秒”）以外，它还可以使用维的名称。

高程单位标识符“verticalCRSid”（“垂直 CRS 标识符”）参照垂直 CRS，见 6.7.5。unitSymbol 属性将被选择来匹配指定的垂直 CRS 的单位。

例 1：verticalCRSid“CRS:85”参照 B.6 中定义的垂直 CRS（1985 国家高程基准，以 m 为单位）。unitSymbol 值为“m”。

例 2：下列各项是服务器定义维的一些例子：

〈Dimention name=“time”units=“ISO8601”defaut=“2003-10-17”〉1996-01-01/2003-10-17/P1D〈/Dimention〉

〈Dimention name=“tempreture”units=“Kelvin”unitSymbol=“K”defaut=“300”〉230,300,400〈/Dimention〉

〈Dimention name=“elevation”units=“CRS:85”unitSymbol=“m”defaut=“0”〉0/10000/100〈/Dimention〉

Dimention 的声明被封装的 Layers 继承，就像 7.2.4.8 规定的一样。

Layer 可以提供一个维的声明，它与其他图层的声明具有相同的名称属性（匹配时不区分大小写）。然而，维不应使用具有单位不一致或 unitSymbol 属性相同的名称重复声明。范围值、属性默认值、nearestValue（最接近的值）和 multipleValues（重复值）对每个图层来说可能是不同的。

C.3 包含在请求中维的值

C.3.1 概述

在服务元数据中，对于带有一个或多个〈Dimension〉元素的图层的请求，还需要另外一些参数来构造一个完整的查询。以下各条规定了客户在 GetMap 请求中应该怎样使用这些附加参数。

C.3.2 请求的高程值和时间值

如果数据对象定义了 Elevation 维，那么检索该对象的操作请求可以包括该参数

ELEVATION=*value*。

如果 Layer 有一个定义了时间的维，那么请求可以包括该参数

TIME=*value*。

在上述的任一个情况下，*value* 都要采用表 C.2 中描述的格式，提供的值可以是单个值、用逗号分隔的列表、或用开始/结束格式表达的无分辨率（without resolution）的间隔值，*value* 不能包含空格。请求中的间隔值表示请求的是从开始值到结束值（包括结束值）之间的所有数据。

请求中缺省 Time 或 Elevation 参数，等同于该维上对 Layer 请求的默认值（如果已经定义），见 C.4.2。如 6.8.1 所述的那样，所有的参数名都不区分大小写，所以，例如'TIME'、'Time'和'time'都是可接受的参数名。

对于 TIME 参数，如 C.2 的描述，如果〈Dimension name="time"〉服务元数据元素包括非零值的"current"（"当前"）属性，就可以使用专门的关键字"current"。表达式"TIME=current"意味着"发送能够得到的最新数据"，表达式"TIME=start_time/current"意味着"发送从 start_time 开始直到现在可得到的最新数据"。

C.3.3 请求样本维的值

样本维的参数允许客户在一个或多个维轴上请求除时间和高程之外的特定图层。

请求参数名称是由前缀'dim_'加上样本维的 Name（在服务元数据里相应的〈Dimension〉元素的名称属性的值）组成的，得到的"dim_name"（"维_名称"）不区分大小写。采用'dim_'前缀是为了避免服务器定义的维的名称与本标准所定义的其他请求参数冲突。（预定义的"time"和"elevation"维不使用前缀）。

为了把样本维包含在请求 URL 中，dim_name 后面要跟一个等号'='，然后跟一个有效值、用逗号分隔的列表或一个间隔，如表 C.2 中描述的那样。

例：一个 WMS Layer 在名称为"wavelength"维上的某范围的描述如下：

〈Dimension name="wavelength"units="Angstrom"unitSymbol="Ao"〉3000，4000，5000，6000〈Dimension〉。

对 4000 埃波段的数据图式表达的 GetMap 请求将包含参数"DIM_WAVELENGTH=4000"。

可通过省略维的参数，或用空值来请求该维的默认值（假如提供了默认值），见 C.4.2。

C.3.4 单值和多值请求

在请求具有地理参照信息的对象时，每个维是否包含一个值或多个值，这取决于具体的语境。只有在地理空间信息本身的性质和输出结果的格式允许的情况下才能使用多值。服务器在 Dimention 元素中可以包含一个非零的 multipleValue 属性来表明它支持多值请求。服务器如果不能满足请求中指定维的参数，应抛出一个服务异常（code=InvalidDimensionValue，代码=无效维数值）。

例 1：一个 WMS 服务器提供每小时更新的用 PNG 影像格式表达的车辆交通密度地图。一个有效的 GetMap 请求只能包含一个 TIME 以获取需要的地图。

例 2：一个 WMS 提供每天的用 QuickTime 格式表示的臭氧层地图。该动态图能包含很多帧画面，一个有效的 GetMap 请求可以包含多个时间。

例 3：一个 WMS 提供显示罪案地点的地图，每个罪案包含一个与之关联的时间。一个用于获取给定时间段内发生的所有罪案的 GetMap 影像的请求就要包含一个时间范围。

C.3.5 对多个图层的适用性

WMS 的 GetMap 请求包含用逗号分隔的一个或多个 Layer 图层的列表。在该请求中，TIME，ELEVATION 和 DIM_参数按如下方式分别适用于所有的图层：

——如果带有地理参照的对象具有对应的维作为一个特性，那么该维的值与单独请求一样适用于该对象。

——如果带有地理参照的对象不具有对应的维，为了响应对该对象的请求，该维的值被忽略。

例：一个客户的 GetMap 请求包括“LAYERS=temperature,coastlines&TIME=20010509”，这里“temperature”是指每天的温度图（与时间有关），“coastlines”表示海岸线地图（静态的）。WMS 在响应中把静态的海岸线绘制在指定日期的温度图之上，而不会发出异常，因为 TIME 参数不适用于海岸线这一图层。如果日期对于温度层是无效的，那服务器可能返回一个服务异常（code=InvalidDimensionValue）。

C.3.6 请求的示例

以下示例是多维 GetMap 请求中参数值的组合。

例 1：指定时间和高度请求臭氧层地图：

VERSION=1.3.0	WIDTH=600
REQUEST=GetMap	HEIGHT=300
LAYERS=ozone	TIME=2000-08-03
CRS=CRS:CGCS2000	ELEVATION=1000
BBOX=−180,−90,180,90	FORMAT=image/gif

例 2：按指定的帧速循环播放的动画的请求：

VERSION=1.3.0	WIDTH=600
REQUEST=GetMap	HEIGHT=300
LAYERS=ozone	TIME=2000-07-01/2000-07-31/P1D
SRS=CRS:CGCS2000	ELEVATION=1000
BBOX=−180,−90,180,90	FORMAT=video/mpeg

C.4 服务器响应

C.4.1 错误值

若客户请求中的维值无效或缺失，并且没有嵌入默认值或最接近值的行为，如下面子条所论述的那样，那么服务器应响应服务异常（code=InvalidDimensionValue 或 code=MissingDimensionValue，两者相当）。

C.4.2 缺省值

通过在〈Dimension〉元素中包含“default”属性，WMS 可以为每个维都声明一个缺省值。缺省值是可选的，但推荐使用。如果请求不包含该维的值，而且该维已声明了一个缺省值，那么服务器应发送这个缺省值。如果没有声明缺省值，那么服务器应发布一个服务异常（code=“MissingDimensionValue”），用以表明需要这样一个值。

为了使客户可以确定实际发送的是什么值，服务器应用实际使用的默认值来标记响应的对象。在 HTTP 的环境中，用 HTTP 响应标题头（header）完成标签的修改。对于每个采用了默认值的维，应发送下面形式的标题头：

Warning:99 Default value used:DIM_NAME=value units

其中，“99”是 HTTP（ETF RFC 2616—1999）定义的用于各种情形下的警告。**DIM_NAME**（维_名称）是相应的请求参数名，**value** 是实际使用的值；**units** 是该维的单位属性（见 C.2）。

C.4.3 最接近值

如果没有指定某一个维的确切值，WMS 可以为其选择一个最接近的有效值。例如，如果某数据是每小时采集一次，而其实际采集时间可能精确到毫秒，那么根据该规定，只要简单地指定要求的日期和小时就可以请求该数据。如果〈Dimension〉元素的 nearestValue 属性存在而且不为零，则表明具有该行为。

如果某个请求确实包括了不精确的值，而且已声明了最接近值的行为，那么服务器应进行计算并且发送最接近的有效值，其值应采用进位取整而不是舍位取整得到。如果服务器不支持 nearestValue 选择，那么它应发布一个服务异常（code=“InvalidDimensionValue”）用以表明需要一个确切值。

为了使客户可以确定实际发送的是什么值,服务器应用取整得到的实际值来标记响应的对象。在HTTP的环境中,这是用HTTP响应标题完成标记的。对于**每个**采用取整值的维,应发送下面形式的标题:

Warning:99 Nearest value used:DIM_NAME=value units

其中,"99"是HTTP(IETF RFC 2616—1999)定义的用于各种情形下的警告,**DIM_NAME**是相应的请求参数名,**value**是实际使用的值;**units**是该维的单位属性(见C.2)。

附 录 D
（规范性附录）
GB/T 7408—2005 的万维网地图服务专用标准

D.1 概述

本附录规定时刻和周期的编码方法，以便 WMS 能够支持对时间数据的描述和请求。该附录在[GB/T 7408—2005]基础上对其进行了扩充，即定义了单个字符串来表达数据集的开始、结束及时段的句法。

D.2 时间详细格式

D.2.1 基本句法

基本时间格式采用 GB/T 7408—2005“扩充”格式：用 14 位数表示世纪、年、月、日、时、分、秒，还可以在后面增加一个小数点并其后接零个或更多个数字，以表示秒的小数位。各片段之间用非数字字符隔开：

ccyy-mm-ddThh：mm：ss. sssZ

通过省略最不重要的数字可能会降低精密度，见下面的例子。GB/T 7408—2005 宁愿选择在小数秒值之前用一个逗点符，而不像本标准一样用一个句号。年份应包括世纪的数字，两个数字的年份不再使用。

如果小时域出现在时间字符串中，时区的后缀是必选的。所有时间应采用 UTC(统一协调时)来表示，通过后缀 Z 来标明。当采用地方时的时候，用 GB/T 7408—2005 中 5.3.3.1 定义的数字的时区作为后缀。如果没有任何后缀，则声明使用的是未定义时区的本地时，这个时间不允许通过本标准嵌入到全球性地图服务器网络中使用。

例 1：ccyy　　只有年

例 2：ccyy-mm　　年和月

例 3：ccyy-mm-dd　　年、月、日

例 4：ccyy-mm-ddThhZ　　采用 UTC 表示的年、月、日和小时

D.2.2 0001 之前的年份表示

像 GB/T 7408 规定的那样，很快超过 0001 的年份将被注释为 0000。0000 之前的年份应通过领头的减号(连字符)来注释。为了注释远远过去的年份，年份的值域应在 4 个数字之后被扩展和由减号领头。

例 1：—1350　　（公元前 1350 年，大约是 Tutankhamen(图坦卡蒙)时代）

例 2：—18000　　（最后的冰川年代，18 000 年前）

例 3：—150000000　　（侏罗纪，大约是 1 500 万年前）

例 4：—5000000000　　（地壳形成时代，大约是 50 亿年前）

D.3 时段格式

GB/T 7408—2005 时段(period)的格式用来表示可获取数据的时间分辨率。表示时段的 GB/T 7408—2005 格式规定：指示符 P(表示时段)、年数 Y、月数 M、日数 D，时间指示符 T，小时数 H，分 M，秒 S。其中不需要的元素可以省略。

例 1：P1Y — 1 年

例 2：P1M10D — 1 个月零 10 天

例 3：PT2H — 2 小时

例 4:PT1.5S — 1.5 秒

D.4 时间表和范围

C.3 定义了表示单个或多个维的值,包括时间。这样,几个时间组成的列表用逗号(“,”)分隔的有效时间值来表达。此外,时间范围是通过语法 stat/end/period(开始/ 结束 /时段) 表明数据开始时间、结束时间和时间分辨率或更新速度。按固定时间间隔进行更新的但其时间没有记录的数据采用 time/time/period(时间 /时间 /时段)的格式表达,这里两个时间值都是一样的(表示最新数据的时间),时段表示更新速度。

注:这是对 GB/T 7408—2005 的扩展,它表示时间间隔的格式,如开始/结束,或开始/时段,或时段/结束,或时段本身。本标准允许开始/结束/时段,这里“时段”在上下文中指“周期”而不是“时间间隔开始和结束时刻之间的时间总和”。

D.5 示例

例 1:单个时刻(标量):2000-06-23T20:07:48.11Z

例 2:季度数据(以逗号分隔的列表):1999-01-01,1999-04-01,1999-07-01,1999-10-01

例 3:从 1995 年 4 月 15 日开始每天中午采集的数据(周期性间隔):

1995-04-22T12:00Z/2000-06-21T12:00Z/P1D

例 4:每 30 分钟更新当前的数据(周期性间隔):2000-06-18T14:30Z/2000-06-18T14:30Z/PT30M

附 录 E
（规范性附录）
XML 模式

E.1 WMS Capabilities 的 XML 模式

本附录包含 WMS Capabilities 的 XML 模式，服务器按照该模式提供的符合本标准的服务元数据才是有效的。模式中的注释和文本元素为资料性内容；如果与本标准的正文相冲突，以正文为准。schemaLocation 属性也是资料性内容。

该模式也可在〈http:// schemas.opengis.net/wm/1.3.0/〉找到。

```
<?xml version="1.0" encoding="UTF-8"?>
< schema  targetNamespace="http://www.opengis.net/wms"
        xmlns="http://www.w3.org/2001/XMLSchema"
        xmlns:wms="http://www.opengis.net/wms"
        xmlns:xlink="http://www.w3.org/1999/xlink"
        elementFormDefault="qualified">

  <import namespace="http://www.w3.org/1999/xlink"
        schemaLocation="http://schemas.opengis.net/gml/2.1.2/xlinks.xsd"/>
  <!-- ********************************************************************* -->
  <!-- ** The Top-Level Element(顶层元素)                        ** -->
  <!-- ********************************************************************* -->

  <element name="WMS_Capabilities">
    <annotation>
      <documentation>
        返回 WMS_Capabilities 文档,以响应 WMS GetCapabilities 请求。
      </documentation>
      </annotation>
    <complexType>
      <sequence>
        <element ref="wms:Service"/>
        <element ref="wms:Capability"/>
      </sequence>
      <attribute name="version" type="string" fixed="1.3.0"/>
      <attribute name="updateSequence" type="string"/>
    </complexType>
  </element>

  <!-- ********************************************************************* -->
  <!-- ** Elements Used In Multiple Places(多处使用的元素)    ** -->
  <!-- ********************************************************************* -->

  <element name="Name" type="string">
    <annotation>
      <documentation>
        该名称(Name)特别适用于机器与机器之间的通信。
      </documentation>
    </annotation>
  </element>
```

```
〈element name = “Title” type = “string”〉
  〈annotation〉
    〈documentation〉
        该标题(Title)用于为人们显示信息。
    〈/documentation〉
  〈/annotation〉
〈/element〉

〈element name = “Abstract” type = “string”〉
  〈annotation〉
    〈documentation〉
        该摘要(Abstract )为一个对象的较长的叙述性的描述。
    〈/documentation〉
  〈/annotation〉
〈/element〉

〈element name = “KeywordList”〉
  〈annotation〉
    〈documentation〉
        关键字列表或关键字短语,帮助目录检索。
    〈/documentation〉
  〈/annotation〉
  〈complexType〉
    〈sequence〉
      〈element ref = “wms:Keyword” minOccurs = “0” maxOccurs = “unbounded”/〉
    〈/sequence〉
  〈/complexType〉
〈/element〉

〈element name = “Keyword”〉
  〈annotation〉
    〈documentation〉
        单个的关键字或短语。
    〈/documentation〉
  〈/annotation〉
  〈complexType〉
    〈simpleContent〉
      〈extension base = “string”〉
        〈attribute name = “vocabulary” type = “string” /〉
      〈/extension〉
    〈/simpleContent〉
  〈/complexType〉
〈/element〉

〈element name = “OnlineResource”〉
  〈annotation〉
    〈documentation〉
      OnlineResource 为一个 HTTP 网址。网址被放在 xlink:href 的属性内,
      而”simple” 放在 xlink:type 的属性内。
    〈/documentation〉
  〈/annotation〉
  〈complexType〉
    〈attributeGroup ref = “xlink:simpleLink”/〉
  〈/complexType〉
〈/element〉
```

```
<element name = "Format" type = "string">
  <annotation>
    <documentation>
        包含可用格式的 MIME 类型列表。
    </documentation>
  </annotation>
</element>

<!-- ******************************************************************** -->
<!-- ** General Service Metadata(通用服务元数据)              ** -->
<!-- ******************************************************************** -->

<element name = "Service">
  <annotation>
    <documentation>
      通用服务元数据
    </documentation>
  </annotation>
  <complexType>
    <sequence>
      <element name = "Name">
        <simpleType>
          <restriction base = "string">
            <enumeration value = "WMS"/>
          </restriction>
        </simpletype>
      </element>
      <element ref = "wms:Title"/>
      <element ref = "wms:Abstract" minOccurs = "0"/>
      <element ref = "wms:KeywordList" minOccurs = "0"/>
      <element ref = "wms:OnlineResource"/>
      <element ref = "wms:ContactInformation" minOccurs = "0"/>
      <element ref = "wms:Fees" minOccurs = "0"/>
      <element ref = "wms:AccessConstraints" minOccurs = "0"/>
      <element ref = "wms:LayerLimit" minOccurs = "0"/>
      <element ref = "wms:MaxWidth" minOccurs = "0"/>
      <element ref = "wms:MaxHeight" minOccurs = "0"/>
    </sequence>
  </complexType>
</element>

<element name = "ContactInformation">
  <annotation>
    <documentation>
        与该服务有关的联系人信息。
    </documentation>
  </annotation>
  <complexType>
    <sequence>
      <element ref = "wms:ContactPersonPrimary" minOccurs = "0"/>
      <element ref = "wms:ContactPosition" minOccurs = "0"/>
      <element ref = "wms:ContactAddress" minOccurs = "0"/>
      <element ref = "wms:ContactVoiceTelephone" minOccurs = "0"/>
      <element ref = "wms:ContactFacsimileTelephone" minOccurs = "0"/>
      <element ref = "wms:ContactElectronicMailAddress" minOccurs = "0"/>
    </sequence>
```

```
  </complexType>
</element>

<element name="ContactPersonPrimary">
  <complexType>
    <sequence>
      <element ref="wms:ContactPerson"/>
      <element ref="wms:ContactOrganization"/>
    </sequence>
  </complexType>
</element>

<element name="ContactPerson" type="string"/>
<element name="ContactOrganization" type="string"/>

<element name="ContactPosition" type="string"/>

<element name="ContactAddress">
  <complexType>
    <sequence>
      <element ref="wms:AddressType"/>
      <element ref="wms:Address"/>
      <element ref="wms:City"/>
      <element ref="wms:StateOrProvince"/>
      <element ref="wms:PostCode"/>
      <element ref="wms:Country"/>
    </sequence>
  </complexType>
</element>

<element name="AddressType" type="string"/>
<element name="Address" type="string"/>
<element name="City" type="string"/>
<element name="StateOrProvince" type="string"/>
<element name="PostCode" type="string"/>
<element name="Country" type="string"/>

<element name="ContactVoiceTelephone" type="string"/>
<element name="ContactFacsimileTelephone" type="string"/>
<element name="ContactElectronicMailAddress" type="string"/>

<element name="Fees" type="string"/>
<element name="AccessConstraints" type="string"/>
<element name="LayerLimit" type="positiveInteger"/>
<element name="MaxWidth" type="positiveInteger"/>
<element name="MaxHeight" type="positiveInteger"/>

<!-- ****************************************************************** -->
<!-- **The Capability Element(能力元素)                              ** -->
<!-- ****************************************************************** -->

<element name="Capability">
  <annotation>
    <documentation>
        Capability(能力)列出可利用的请求类型,异常如何被报告,以及是否定义了可扩展的性能。
        它也包括来自该服务器的可选的地图图层的列表。
```

```
      </documentation>
    </annotation>
    <complexType>
      <sequence>
        <element ref="wms:Request"/>
        <element ref="wms:Exception"/>
        <element ref="wms:_ExtendedCapabilities" minOccurs="0"maxOccurs="unbounded"/>
        <element ref="wms:Layer" minOccurs="0"/>
      </sequence>
    </complexType>
  </element>

  <!-- ************************************************************ -->
  <!-- **The Request Element(请求元素)                          ** -->
  <!-- ************************************************************ -->

  <element name="Request">
    <annotation>
      <documentation>
        在请求(Request)元素中列出可利用的 WMS 操作。
      </documentation>
    </annotation>
    <complexType>
      <sequence>
        <element ref="wms:GetCapabilities"/>
        <element ref="wms:GetMap"/>
        <element ref="wms:GetFeatureInfo" minOccurs="0"/>
        <element ref="wms:_ExtendedOperation" minOccurs="0" maxOccurs="unbounded"/>
      </sequence>
    </complexType>
  </element>

  <element name="GetCapabilities" type="wms:OperationType"/>
  <element name="GetMap" type="wms:OperationType"/>
  <element name="GetFeatureInfo" type="wms:OperationType"/>
  <element name="_ExtendedOperation" type="wms:OperationType" abstract="true"/>

  <complexType name="OperationType">
    <annotation>
      <documentation>
        对于该服务器提供的每个操作,列出可利用的输出格式和在线资源。
      </documentation>
    </annotation>
    <sequence>
      <element ref="wms:Format" minOccurs="1" maxOccurs="unbounded"/>
      <element ref="wms:DCPType" minOccurs="1" maxOccurs="unbounded"/>
    </sequence>
  </complexType>

  <element name="DCPType">
    <annotation>
      <documentation>
          这里列出分布式计算平台(DCPs)。目前仅定义了 HTTP 。
      </documentation>
    </annotation>
    <complexType>
```

```
    <sequence>
      <element ref = "wms:HTTP"/>
    </sequence>
  </complexType>
</element>

<element name = "HTTP">
  <annotation>
    <documentation>
      可利用的 HTTP 请求方法。至少应该支持“Get”。
    </documentation>
  </annotation>
  <complexType>
    <sequence>
      <element ref = "wms:Get"/>
      <element ref = "wms:Post" minOccurs = "0"/>
    </choice>
  </complexType>
</element>

<element name = "Get">
  <annotation>
    <documentation>
    用于 HTTP“Get”请求方法的 URL 前缀。
    </documentation>
  </annotation>
  <complexType>
    <sequence>
      <element ref = "wms:OnlineResource"/>
    </sequence>
  </complexType>
</element>

<element name = "Post">
  <annotation>
    <documentation>
    用于 HTTP“Post”请求方法的 URL 前缀。
    </documentation>
  </annotation>
  <complexType>
    <sequence>
      <element ref = "wms:OnlineResource"/>
    </sequence>
  </complexType>
</element>

<! -- ***************************************************************************-->
<! -- **The Exception Element(异常元素)                          **-->
<! -- ***************************************************************************-->

<element name = "Exception">
  <annotation>
    <documentation>
    指出能支持哪种错误报告格式的一个 Exception 元素。
    </documentation>
  </annotation>
```

```
  <complexType>
    <sequence>
      <element ref="wms:Format" minOccurs="1" maxOccurs="unbounded"/>
    </sequence>
  </complexType>
</element>

<!-- ******************************************************************* -->
<!-- **Extented capbilities(扩展的性能)                              ** -->
<!-- ******************************************************************* -->

<element name="_ExtendedCapabilities" abstract="true">
  <annotation>
    <documentation>
      各个服务提供者可使用这个元素声明扩展的功能。
    </documentation>
  </annotation>
</element>

<!-- ******************************************************************* -->
<!-- **  Layer Element(图层元素)                                     ** -->
<!-- ******************************************************************* -->

<element name="Layer">
  <annotation>
    <documentation>
      该服务器提供的 0 个或多个地图 Layer 的嵌套式列表。
    </documentation>
  </annotation>
  <complexType>
    <sequence>
      <element ref="wms:Name" minOccurs="0"/>
      <element ref="wms:Title"/>
      <element ref="wms:Abstract" minOccurs="0"/>
      <element ref="wms:KeywordList" minOccurs="0"/>
      <element ref="wms:CRS" minOccurs="0" maxOccurs="unbounded"/>
      <element ref="wms:EX_GeographicBoundingBox" minOccurs="0"/>
      <element ref="wms:BoundingBox" minOccurs="0" maxOccurs="unbounded"/>
      <element ref="wms:Dimension" minOccurs="0" maxOccurs="unbounded"/>
      <element ref="wms:Attribution" minOccurs="0"/>
      <element ref="wms:AuthorityURL" minOccurs="0" maxOccurs="unbounded"/>
      <element ref="wms:Identifier" minOccurs="0" maxOccurs="unbounded"/>
      <element ref="wms:MetadataURL" minOccurs="0" maxOccurs="unbounded"/>
      <element ref="wms:DataURL" minOccurs="0" maxOccurs="unbounded"/>
      <element ref="wms:FeatureListURL" minOccurs="0" maxOccurs="unbounded"/>
      <element ref="wms:Style" minOccurs="0" maxOccurs="unbounded"/>
      <element ref="wms:MinScaleDenominator" minOccurs="0"/>
      <element ref="wms:MaxScaleDenominator" minOccurs="0"/>
      <element ref="wms:Layer" minOccurs="0" maxOccurs="unbounded"/>
    </sequence>
    <attribute name="queryable" type="boolean" default="0"/>
    <attribute name="cascaded" type="nonNegativeInteger"/>
    <attribute name="opaque" type="boolean" default="0"/>
    <attribute name="noSubsets" type="boolean" default="0"/>
    <attribute name="fixedWidth" type="nonNegativeInteger"/>
    <attribute name="fixedHeight" type="nonNegativeInteger"/>
```

```
    〈/complexType〉
  〈/element〉

  〈element name = “CRS” type = “string”〉
    〈annotation〉
      〈documentation〉
        用于单个坐标参照系(CRS)的标识符。
      〈/documentation〉
    〈/annotation〉
  〈/element〉

  〈element name = “EX_GeographicBoundingBox”〉
    〈annotation〉
      〈documentation〉
        EX_GeographicBoundingBox 属性指出用经度和纬度的十进制度数表示的封闭矩形范围。
      〈/documentation〉
    〈/annotation〉
    〈complexType〉
      〈sequence〉
        〈element name = “westBoundLongitude” type = “wms:longitudeType” /〉
        〈element name = “eastBoundLongitude” type = “wms:longitudeType” /〉
        〈element name = “southBoundLatitude” type = “wms:latitudeType” /〉
        〈element name = “northBoundLatitude” type = “wms:latitudeType” /〉
      〈/sequence〉
    〈/complexType〉
  〈/element〉

  〈element name = “BoundingBox”〉
    〈annotation〉
      〈documentation〉
        BoundingBox 属性指出以指定参照系的单位对外包矩形的限制。
      〈/documentation〉
    〈/annotation〉
    〈complexType〉
      〈attribute name = “CRS” type = “string” use = “required”/〉
      〈attribute name = “minx” type = “double” use = “required”/〉
      〈attribute name = “miny” type = “double” use = “required”/〉
      〈attribute name = “maxx” type = “double” use = “required”/〉
      〈attribute name = “maxy” type = “double” use = “required”/〉
      〈attribute name = “resx” type = “double”/〉
      〈attribute name = “resy” type = “double”/〉
    〈/complexType〉
  〈/element〉

  〈element name = “Dimension”〉
    〈annotation〉
      〈documentation〉
        维元素声明维的存在并声明什么值沿着维是有效的。
      〈/documentation〉
    〈/annotation〉
    〈complexType〉
      〈simpleContent〉
        〈extension base = “string”〉
          〈attribute name = “name” type = “string” use = “required”/〉
          〈attribute name = “units” type = “string” use = “required”/〉
          〈attribute name = “unitSymbol” type = “string”/〉
```

```
        〈attribute name = “default” type = “string”/〉
        〈attribute name = “multipleValues” type = “boolean” /〉
        〈attribute name = “nearestValue” type = “boolean” /〉
        〈attribute name = “current” type = “boolean” /〉
      〈/extension〉
    〈/simpleContent〉
  〈/complexType〉
〈/element〉

〈element name = “Attribution”〉
  〈annotation〉
    〈documentation〉
      Attribution 指明一个 Layer 的提供者或图层集的提供者。它可以提供提供者的 URL 网址、描述性的标题字符
      串和/或徽标图像 URL。客户应用程序可以选择这些项的一个或多个进行显示。一种格式元素指明位于
      LogoURL 的徽标图像的 MIME 类型。徽标图像的宽度和高度有助于客户应用程序留出显示 logo 的空间。
    〈/documentation〉
  〈/annotation〉
  〈complexType〉
    〈sequence〉
      〈element ref = “wms:Title” minOccurs = “0”/〉
      〈element ref = “wms:OnlineResource” minOccurs = “0”/〉
      〈element ref = “wms:LogoURL” minOccurs = “0”/〉
    〈/sequence〉
  〈/complexType〉
〈/element〉

〈element name = “LogoURL”〉
  〈complexType〉
    〈sequence〉
      〈element ref = “wms:Format”/〉
      〈element ref = “wms:OnlineResource”/〉
    〈/sequence〉
    〈attribute name = “width” type = “positiveInteger”/〉
    〈attribute name = “height” type = “positiveInteger”/〉
  〈/complexType〉
〈/element〉

〈element name = “MetadataURL”〉
  〈annotation〉
    〈documentation〉
      一个地图服务器可能使用零个或多个 MetadataURL 元素提供详细的、标准化的关于在指定图层所依赖数据的
      元数据。类型属性指出元数据遵守的标准。格式元素指出元数据如何构成。
    〈/documentation〉
  〈/annotation〉
  〈complexType〉
    〈sequence〉
      〈element ref = “wms:Format”/〉
      〈element ref = “wms:OnlineResource”/〉
    〈/sequence〉
    〈attribute name = “type” type = “NMTOKEN” use = “required” /〉
  〈/complexType〉
〈/element〉

〈element name = “AuthorityURL”〉
  〈annotation〉
    〈documentation〉
```

```
        一个地图服务器可以使用零个或多个 Identifier(标识符)元素列出 ID 的数量或被特定权威机构定义的标签。
        例如，全球变化主目录(gcmd.gsfc.nasa.gov) 为每个数据集定义了 DIF_ID 标签。权威机构名称和声明的 URL
        定义在分开的 AuthorityURL 元素中，可以只定义一次且被辅助图层继承。标识符本身不能被继承。
      〈/documentation〉
    〈/annotation〉
    〈complexType〉
      〈sequence〉
        〈element ref = "wms:OnlineResource"/〉
      〈/sequence〉
      〈attribute name = "name" type = "NMTOKEN" use = "required"/〉
    〈/complexType〉
  〈/element〉

  〈element name = "Identifier"〉
    〈complexType〉
      〈simpleContent〉
        〈extension base = "string"〉
          〈attribute name = "authority" type = "string" use = "required"/〉
        〈/extension〉
      〈/simpleContent〉
    〈/complexType〉
  〈/element〉

  〈element name = "DataURL"〉
    〈annotation〉
      〈documentation〉
        地图服务器可以用 DataURL 提供一个由特定图层表示的后台数据的链接。
      〈/documentation〉
    〈/annotation〉
    〈complexType〉
      〈sequence〉
        〈element ref = "wms:Format"/〉
        〈element ref = "wms:OnlineResource"/〉
      〈/sequence〉
    〈/complexType〉
  〈/element〉

  〈element name = "FeatureListURL"〉
    〈annotation〉
      〈documentation〉
        一个地图服务器可能使用 FeatureListURL 指向在图层中表示的要素列表。
      〈/documentation〉
    〈/annotation〉
    〈complexType〉
      〈sequence〉
        〈element ref = "wms:Format"/〉
        〈element ref = "wms:OnlineResource"/〉
      〈/sequence〉
    〈/complexType〉
  〈/element〉

  〈element name = "Style"〉
    〈annotation〉
      〈documentation〉
        一种 Style 元素列出名称，通过它可以请求一种样式，可以挑选一个人们易读的标题，可选择地（和理想地）提
        供人们易读的描述，而且可选择地给出一种样式 URL。
```

```
      〈/documentation〉
    〈/annotation〉
    〈complexType〉
      〈sequence〉
        〈element ref = “wms:Name”/〉
        〈element ref = “wms:Title”/〉
        〈element ref = “wms:Abstract” minOccurs = “0”/〉
        〈element ref = “wms:LegendURL” minOccurs = “0” maxOccurs = “unbounded”/〉
        〈element ref = “wms:StyleSheetURL” minOccurs = “0”/〉
        〈element ref = “wms:StyleURL” minOccurs = “0”/〉
      〈/sequence〉
    〈/complexType〉
  〈/element〉

  〈element name = “LegendURL”〉
    〈annotation〉
      〈documentation〉
        一个地图服务器可以使用零个或多个 LegendURL 元素来提供与一个 Layer 的每个 Style 相关图例的几个图像。
        该 Format 元素指出图例的 MIME 类型。宽度和高度属性可以有助于客户应用程序安排显示图例的空间。
      〈/documentation〉
    〈/annotation〉
    〈complexType〉
      〈sequence〉
        〈element ref = “wms:Format”/〉
        〈element ref = “wms:OnlineResource”/〉
      〈/sequence〉
      〈attribute name = “width” type = “positiveInteger”/〉
      〈attribute name = “height” type = “positiveInteger”/〉
    〈/complexType〉
  〈/element〉

  〈element name = “StyleSheetURL”〉
    〈annotation〉
      〈documentation〉
        StyleSheeetURL 为一个图层的每个 Style 提供符号信息。
      〈/documentation〉
    〈/annotation〉
    〈complexType〉
      〈sequence〉
        〈element ref = “wms:Format”/〉
        〈element ref = “wms:OnlineResource”/〉
      〈/sequence〉
    〈/complexType〉
  〈/element〉

  〈element name = “StyleURL”〉
    〈annotation〉
      〈documentation〉
        一个地图服务器可以使用 StyleURL 提供关于位于特定图层下面的数据或符号的更多信息。当语义不是明确
        定义时，只要 HTTP 针对 StyleURL 的请求结果是 MIME-typed，客户浏览器和级联地图服务器(Cascading Map
        Servers)就能利用。一种可能的使用是允许一个地图服务器提供图例信息。
      〈/documentation〉
    〈/annotation〉
    〈complexType〉
      〈sequence〉
        〈element ref = “wms:Format”/〉
```

```
        <element ref="wms:OnlineResource"/>
      </sequence>
    </complexType>
  </element>

  <element name="MinScaleDenominator" type="double">
    <annotation>
      <documentation>
        适合显示该图层的最小比例尺分母。
      </documentation>
    </annotation>
  </element>

  <element name="MaxScaleDenominator" type="double">
    <annotation>
      <documentation>
        适合显示该图层的最大比例尺分母。
      </documentation>
    </annotation>
  </element>

  <!-- *********************************************************************** -->
  <!-- **Type Definition(类型定义)                                        ** -->
  <!-- *********************************************************************** -->

  <simpleType name="longitudeType">
    <restriction base="double">
      <minInclusive value="-180" />
      <maxInclusive value="180" />
    </restriction>
  </simpleType>

  <simpleType name="latitudeType">
    <restriction base="double">
      <minInclusive value="-90" />
      <maxInclusive value="90" />
    </restriction>
  </simpleType>
</schema>
```

E.2 服务异常模式

本附录包含用于服务器异常报告的 XML 模式。这个子条还总结了被定义的异常代码及其意义。

该模式也可以通过〈http:// schemas. opengis. net/wm/1. 3. 0/〉被找到。

根据这个服务异常模式,服务异常 XML 应是有效的。在 HTTP 环境中,返回的 XML 的 MIME 类型应是“text/xml”。个别的错误消息出现在〈ServiceExceptionReport〉(〈服务异常报告〉)元素里面的〈ServiceException〉(〈服务异常〉)元素中。消息能被格式化为简单的文本数据块(如果包括在字符数据(CDATA)部分),或者格式化为像 XML 一样包含尖括号(“〈”和“〉”)的文本,服务异常报告的示例见 H.2。

下面定义的“Locator”(“定位符”)属性是可选的字符串,服务器可用它指出服务请求的哪一部分会导致异常的产生。Locator 是有意让人们而不是让服务器软件进行解释,正因为如此它没有预先定义的句法。

```
<? xml version = "1.0" encoding = "UTF-8"?>
<xsd:schema
    targetNamespace = "http://www.opengis.net/ogc"
    xmlns:ogc = "http://www.opengis.net/ogc"
    xmlns:xsd = "http://www.w3.org/2001/XMLSchema"
    elementFormDefault = "qualified">
    <xsd:element name = "ServiceExceptionReport">

    <xsd:complexType>
      <xsd:sequence>
        <xsd:element name = "ServiceException"
                type = "ogc:ServiceExceptionType"
                minOccurs = "0" maxOccurs = "unbounded"/>
      </xsd:sequence>
      <xsd:attribute name = "version" type = "xsd:string" fixed = "1.3.0"/>
    </xsd:complexType>
  </xsd:element>
  <xsd:complexType name = "ServiceExceptionType">
    <xsd:simpleContent>
      <xsd:extension base = "xsd:string">
        <xsd:attribute name = "code" type = "xsd:string"/>
        <xsd:attribute name = "locator" type = "xsd:string"/>
      </xsd:extension>
    </xsd:simpleContent>
  </xsd:complexType>
</xsd:schema>
```

本标准定义了一些异常代码，见表E.1。除了本表规定的意义之外，服务器将不使用这些代码。客户可以使用这些代码自动响应服务异常。

表 E.1 服务异常代码

异常代码	意 义
InvalidFormat	请求包含该服务器不支持的格式
InvalidCRS	请求包含该服务器不提供的CRS，使它适合于该请求中的一个或多个图层
LayerNotDefined	GetMap请求的是不被服务器提供的图层，或GetFeatureInfo请求的是地图上没有显示的图层
StyleNotDefined	请求是一个符合样式的图层，但服务器不能提供
LayerNotQueryable	GetFeatureInfo请求的图层没有声明是可查询的
InvalidPoint	GetFeatureInfo请求包含无效的 I 或 J 的值
CurrentUpdateSequence	GetCapabilities请求的(可选的)UpdateSequence参数的值等于服务元数据更新序列号的当前值
InvalidUpdateSequence	GetCapabilities请求的UpdateSequence参数的值大于服务元数据更新序列号的当前值
MissingDimensionValue	请求中不包括样本维的值，而且服务器没有声明那个维的缺省值
InvalidDimensionValue	请求中包含一个无效的样本维的值
OperationNotSupported	请求中包含一个不被服务器支持的可选择操作

附 录 F
（规范性附录）
UML 模型

本附录为 WMS 提供基于统一建模语言(UML)的类图。

图 F.1 声明 UML 模型中使用的 WMS 数据类型。表 F.1 将这些类及其属性映射到 WMS 服务元数据元素和 HTTP DCP 的请求参数。图 F.2 是关于 WMS 接口的类图。服务是由一组操作和被那些操作执行的数据体组成。数据体包括地理信息和有关服务元数据。服务的一个实例称做一个服务器。

WMS 操作是 GetCapabilities(7.2),GetMap(7.3)和 GetFeatureInfo(7.4);后者是可选的。图 F.3 为每个请求消息提供一个类图。HTTP DCP 的请求消息是 URL 查询的字符串,就像在 6.8 和 6.9 描述的那样,特别适用于 7.2.3、7.3.3 和 7.4.3 中的每个操作。表 F.2 表示将 UML 请求的类映射到 HTTP DCP 请求的名称。表 F.3、F.4 和 F.5 声明将每个 UML 请求类的属性映射为 HTTP DCP 请求的参数。

F.4 表示适用于 WMS 响应的类图。该响应已在 7.2.4、7.3.4 和 7.4.4 中论述。

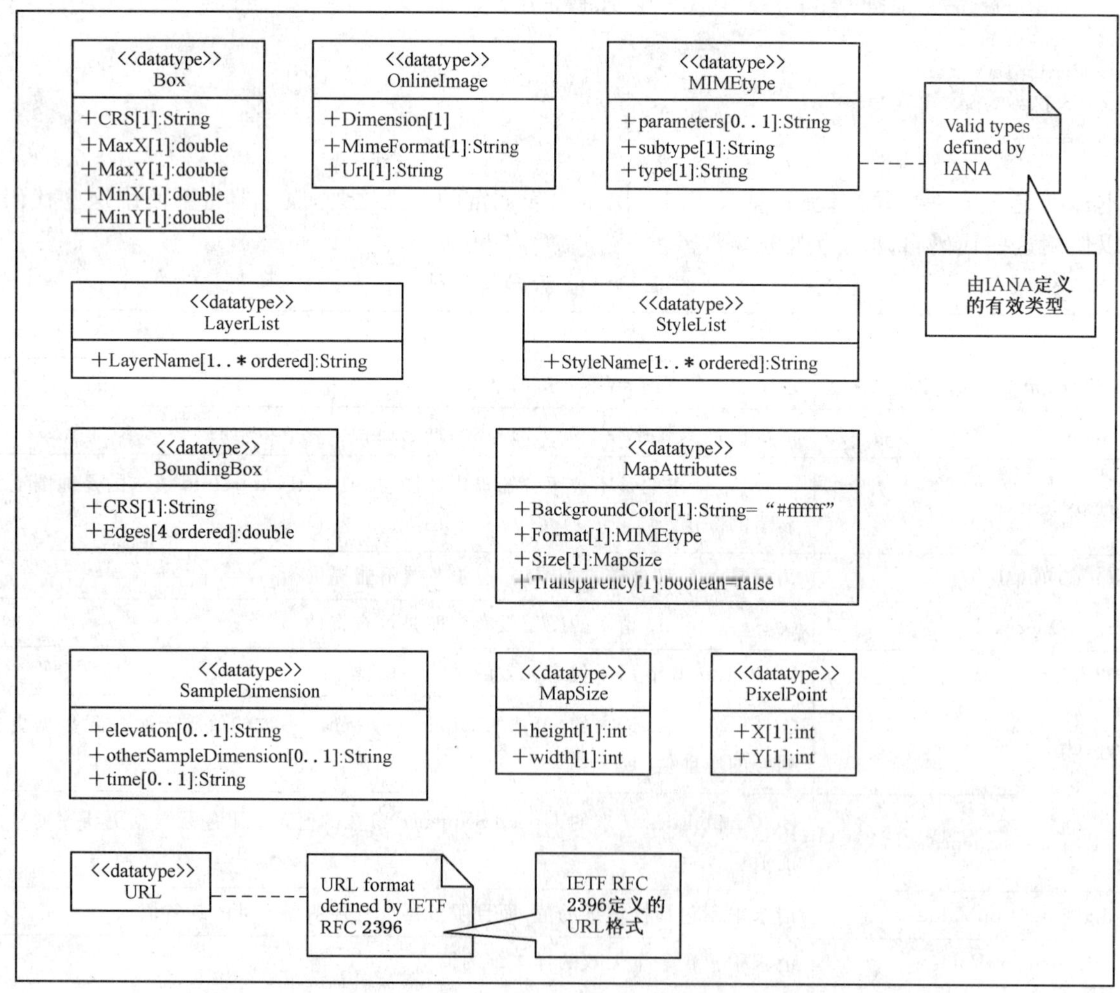

图 F.1 WMS 的数据类型

表 F.1 UML 数据类型到 HTTP DCP 的映射

UML 类	服务元数据元素	GetMap 的请求参数（除非另外注明其他参数）	其 他
BoundingBox	BoundingBox，CRS	BBOX，CRS	
Onlineimage	LegendURL，LogoURL		GetMap 响应
MIMEtyle	Format	FORMAT	
Layerlist		LAYERS	
Stylelist		STYLES	
Mapattribute		BGLOLOR，FORMAT，WIDTH，HEIGHT，TRANSPARENT	
SampleDimention	Dimention	TIME，ELEVATION DIM_dimention_name	
MapSize		WIDTH，HEIGHT	
PixelPoint		I，J（GetFeatureinfo）	
URL	OnlineResource，LegendURL，LogoURL		

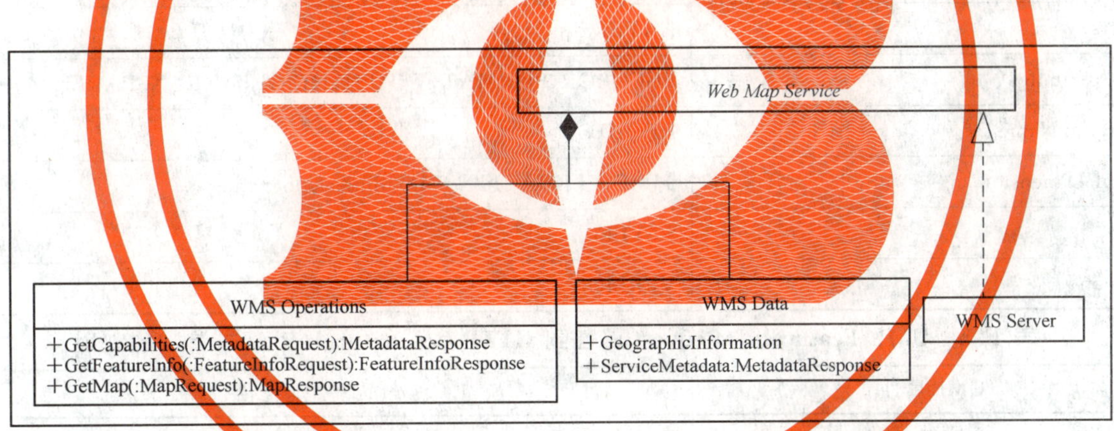

图 F.2 WMS 接口

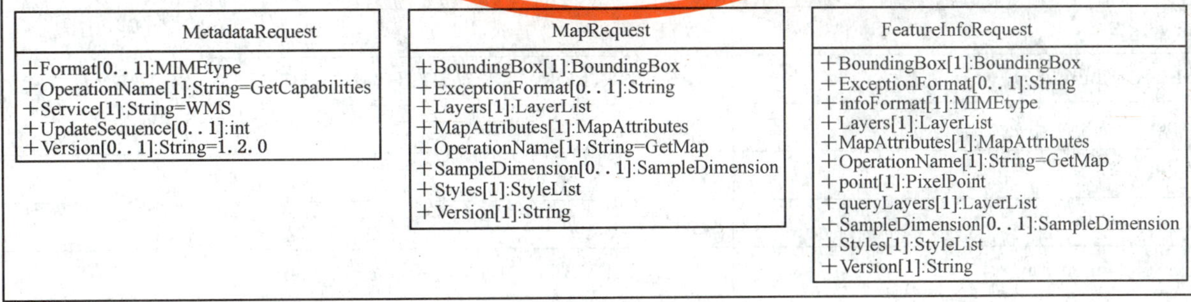

图 F.3 WMS 请求

表 F.2 UML 请求类到 HTTP DCP 的映射

UML 类	HTTP 请求名称
MetadataRequest	GetCapabilities
MapRequest	GetMap
FeatureInfoRequest	GetFeatureInfo

表 F.3 UML MetadataRequest 属性到 HTTP GetCapabilities 请求参数的映射

UML 属性	HTTP 请求参数
Format	FORMAT
OperationName	REQUEST
Service	SERVICE
UpdateSequence	UPDATESEQUENCE
Version	VERSION

表 F.4 UML MapRequest 属性到 HTTP GetMap 请求参数的映射

UML 属性	HTTP 请求参数
BoundingBox	CRS,BBOX
ExceptionFormat	EXCEPTION
Layers	LAYERS
MapAttributes	BGCOLOR,FORMAT,WIDTH,HEIGHT,TRANSPARENT
OperationName	REQUEST
SampleDimension	TIME,ELEVATION,DIM_dimension_name
Style	STYLE
Version	VERSION

表 F.5 UML FeatureInfoRequest 属性到 HTTP GetFeatureInfo 请求参数的映射

UML 属性	HTTP 请求参数
BoundingBox	CRS,BBOX
ExceptionFormat	EXCEPTION
InfoFormat	INFO_FORMAT
Layers	LAYERS
MapAttributes	BGCOLOR,FORMAT,WIDTH,HEIGHT,TRANSPARENT
OperationName	REQUEST
point	I,J
queryLayers	QUERY_LAYERS
SampleDimension	TIME,ELEVATION,DIM_dimension_name
Style	STYLE
Version	VERSION

MetadataResponse
+UpdateSequence[0..1]:int
+Version[1]:String="1.2.0"
MapResponse
+Map[1]:byte[]
+type[1]:MIMEtype
FeatureInfoResponse
+FeatureInformation[1]:String
+type[1]:MIMEtype
GeneralServiceInformation
+Abstract[0..1]:String
+AccessConstraints[0..1]:String="none"
+Fees[0..1]:String="none"
+Format[1..*]:String[]
+Keywords[0..*]:String
+Name[1]:String=OGC:WMS
+OnlineResource:URL
+ProviderInformation:String
+Title[1]:String
...
NetworkAccessInformation
+ExceptionFormat[1..*]:String
+MapFormat[1..*]:MIMEtype
+OnlineResource[2..3]:URL
+SupportedOperation[2..3]:String
GeographicInformationDescription
1..*
LayerDescription
+Abstract[0..1]:String
+AvailableStyle[0..*]:String
+BoundingBox[1..*]:BoundingBox
+Keywords[0..*]:String
+MetadataURL[0..*]:String
+Name[0..1]:String
+Opaque[0..1]:boolean
+SampleDimension[0..*]:SampleDimension
+ScaleHint[0..1]:String
+SupportedCRS[0..*]:String[]
+Title[1]:String

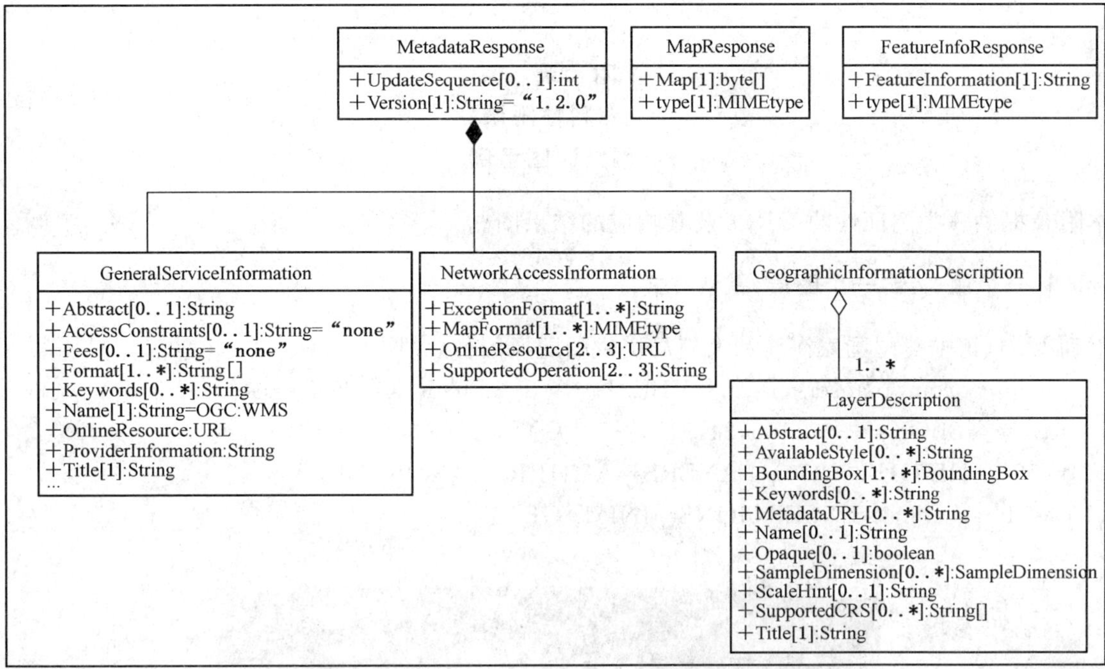

图 F.4 WMS 的响应

附 录 G
（资料性附录）
网络制图示例

本附录提供一些例证性的URLs及其响应的结果图。

G.1 例1：一个服务器，一个图层，默认样式

下列URL请求美国国家海洋和大气局提供的飓风图像，如图G.1所示。

http://a-map-co.com/mapserver.cgi? VERSION=1.3.0&REQUEST=GetMap&
CRS=CRS:84&BBOX=-97.105,24.913,-78.794,36.358&
WIDTH=560&HEIGHT=350&LAYERS=AVHRR-09-27&STYLES=&
FORMAT=image/png&EXCEPTIONS=INIMAGE

图G.1 美国国家海洋和大气局提供的墨西哥波斯湾飓风图像

G.2 例2：一个服务器，二个图层，命名样式

下列URL请求三个图层(组合的区域、海岸线和行政界线)，得到的结果地图如图G.2所示。该地图要求具有透明的背景。

http://b-maps.com/map.cgi? VERSION=1.3.0&REQUEST=GetMap&
CRS=CRS:84&BBOX=-97.105,24.913,-78.794,36.358&
WIDTH=560&HEIGHT=350&LAYERS=BUILTUPA_1M,COASTL_1M,POLBNDL_1M&
STYLES=0XFF8080,0X101040,BLACK&FORMAT=image/png&BGCOLOR=0xFFFFFF&
TRANSPARENT=TRUE&EXCEPTIONS=INIMAGE

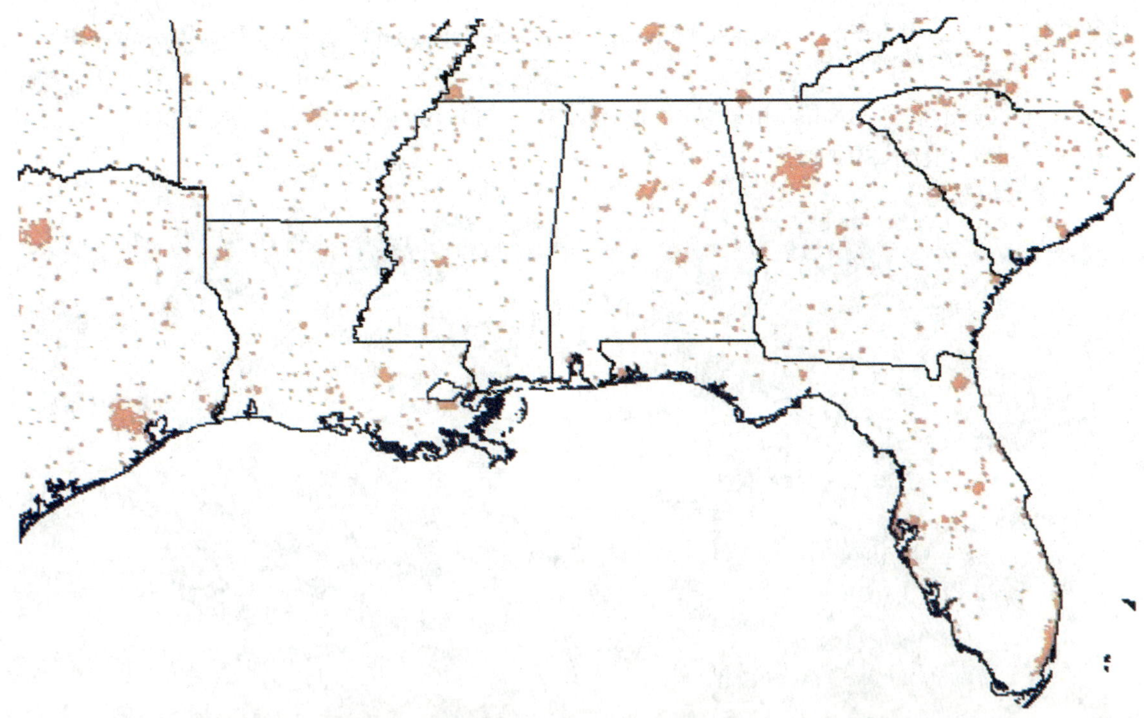

图 G.2 美国东南部的行政界线、海岸线和人口密集的区域

在这两个 URLs 中地图投影信息是相同的:

CRS=CRS:84& BBOX=-97.105,24.913,-78.794,36.358&WIDTH=560& HEIGHT=350.

第二张地图的透明背景被请求(TRANSPARENT=TRUE),因此能精确地覆盖在第一张地图上。

G.3 例 3:两个服务器,四个图层

将图 G.1 覆盖在图 G.2 上,产生分别来自两个地图服务器的一张组合地图,如图 G.3 所示。

图 G.3 组合的飓风图像和人口地图

G.4 例 4:一个服务器,一个层,默认样式

下列 URL 请求的返回结果是中国行政区划图,如图 G.4 所示。该地图要求具有透明的背景。

http://202.114.114.40/wms/wms.aspx? request=GetMap&service=WMS&layers=BOU2_4M_L&s
rs=CGCS2000&width=500&height=406&bbox=73.44696,3.4084773,135.08583,53.557926&for
mat=image/png&TRANSPARENT=TRUE&version=1.1.1&styles=

图 G.4 中国行政区划图

G.5 例5:两个服务器,两个层

下列 URL 请求全球影像中中国区域的影像:
http://202.114.114.44:8080/china/services? VERSION=1.1.1&REQUEST=GetMap&SERVICE=WMS&WIDTH=500&HEIGHT=500&LAYERS=China&TRANSPARENT=TRUE&FORMAT=image/png&BBOX=49.7833,11.565,129.4775,49.8733&CRS=CGCS2000&STYLES=

然后与来自另外一个服务器的上面例4中的行政区划图叠加显示,如图G.5。

图 G.5　中国区域的影像与中国行政区划图的叠加显示

附 录 H
（资料性附录）
XML 示例

H.1 WMS 服务元数据示例

为了有助于理解和指导实现，本附录包含 XML 示例。根据 E.1 中的模式，这些示例是有效的。实现者(Implementers)应该查阅这个国际标准的正文和模式，确保一致而不是在没有完全理解的情况下去编辑这个 XML，因为这些示例在此只适用于有限范围的情形。

这个示例 XML 也可以在〈http:// schemas.opengis.net/wm/1.3.0/〉找到。

```
〈? xml version = ´1.0´ encoding = “UTF-8”?〉
〈WMS_Capabilities version = “1.3.0” xmlns = “http://www.opengis.net/wms”
    xmlns:xlink = “http://www.w3.org/1999/xlink”
    xmlns:xsi = “http://www.w3.org/2001/XMLSchema-instance”
    xsi:schemaLocation = “http://www.opengis.net/wms
http://schemas.opengis.net/wms/1.3.0/capabilities_1_2_0.xsd”〉
〈! -- 服务元数据 --〉
〈Service〉
    〈! -- WMT-为这类服务器定义的名称--〉
    〈Name〉WMS〈/Name〉
    〈! -- 用于挑选列表的人们可阅读的标题 --〉
    〈Title〉Acme Corp. Map Server〈/Title〉
    〈! -- 提供附加信息的叙述性描述 --〉
〈Abstract〉地图服务器由 Acme Corporation 维护. 联系：webmaster@wmt.acme.com. 显示走鹃(roadrunner)(译者注:走鹃是中、北美产的一种鸟)的巢和可能埋伏的位置的高质量地图。〈/Abstract〉
    〈KeywordList〉
      〈Keyword〉bird〈/Keyword〉
      〈Keyword〉roadrunner〈/Keyword〉
      〈Keyword〉ambush〈/Keyword〉
    〈/KeywordList〉
    〈! -- 顶层的网络地址或服务提供者。也可参见〈DCPType〉下的 OnlineResource 元素。--〉
    〈OnlineResource xmlns:xlink = “http://www.w3.org/1999/xlink” xlink:type = “simple”
     xlink:href = “http://hostname/” /〉
    〈! -- 联系信息 --〉
    〈ContactInformation〉
      〈ContactPersonPrimary〉
          〈ContactPerson〉Jeff Smith〈/ContactPerson〉
          〈ContactOrganization〉NASA〈/ContactOrganization〉
      〈/ContactPersonPrimary〉
      〈ContactPosition〉Computer Scientist〈/ContactPosition〉
      〈ContactAddress〉
          〈AddressType〉postal〈/AddressType〉
          〈Address〉NASA Goddard Space Flight Center〈/Address〉
          〈City〉Greenbelt〈/City〉
          〈StateOrProvince〉MD〈/StateOrProvince〉
          〈PostCode〉20771〈/PostCode〉
          〈Country〉USA〈/Country〉
      〈/ContactAddress〉
      〈ContactVoiceTelephone〉+1 301 555 - 1212〈/ContactVoiceTelephone〉
       〈ContactElectronicMailAddress〉user@host.com〈/ContactElectronicMailAddress〉
    〈/ContactInformation〉
```

```
    〈! -- 被请加的费用或访问的约束条件 --〉
    〈Fees〉none〈/Fees〉
    〈AccessConstraints〉none〈/AccessConstraints〉
    〈LayerLimit〉16〈/LayerLimit〉
    〈MaxWidth〉2048〈/MaxWidth〉
    〈MaxHeight〉2048〈/MaxHeight〉
〈/Service〉
〈Capability〉
    〈Request〉
        〈GetCapabilities〉
    〈Format〉text/xml〈/Format〉
    〈DCPType〉
        〈HTTP〉
            〈Get〉
              〈OnlineResource xmlns:xlink = "http://www.w3.org/1999/xlink"
              xlink:type = "simple"
              xlink:href = "http://hostname/path?" /〉
            〈/Get〉
            〈Post〉
              〈OnlineResource xmlns:xlink = "http://www.w3.org/1999/xlink"
              xlink:type = "simple"
              xlink:href = "http://hostname/path?" /〉
            〈/Post〉
        〈/HTTP〉
    〈/DCPType〉
〈/GetCapabilities〉
〈GetMap〉
    〈Format〉image/gif〈/Format〉
    〈Format〉image/png〈/Format〉
    〈Format〉image/jpeg〈/Format〉
    〈DCPType〉
        〈HTTP〉
            〈Get〉
              〈! -- 这里,用 HTTP GET 调用 GetCapabilities 的 URL 仅仅是一个加上查询字符串的的前缀 。--〉
              〈OnlineResource xmlns:xlink = "http://www.w3.org/1999/xlink"
              xlink:type = "simple"
              xlink:href = "http://hostname/path?" /〉
            〈/Get〉
            〈/HTTP〉
        〈/DCPType〉
    〈/GetMap〉
    〈GetFeatureInfo〉
        〈Format〉text/xml〈/Format〉
        〈Format〉text/plain〈/Format〉
        〈Format〉text/html〈/Format〉
        〈DCPType〉
            〈HTTP〉
                〈Get〉
                  〈OnlineResource xmlns:xlink = "http://www.w3.org/1999/xlink"
                  xlink:type = "simple"
                  xlink:href = "http://hostname/path?" /〉
                〈/Get〉
            〈/HTTP〉
        〈/DCPType〉
    〈/GetFeatureInfo〉
〈/Request〉
```

```
〈Exception〉
      〈Format〉XML〈/Format〉
      〈Format〉INIMAGE〈/Format〉
      〈Format〉BLANK〈/Format〉
〈/Exception〉
〈Layer〉
      〈Title〉Acme Corp. Map Server〈/Title〉
      〈CRS〉CRS:84〈/CRS〉〈! -- 至少该 CRS 可用于所有的图层 --〉
      〈AuthorityURL name = "DIF_ID"〉
        〈OnlineResource xmlns:xlink = "http://www.w3.org/1999/xlink" xlink:type = "simple"
        xlink:href = "http://gcmd.gsfc.nasa.gov/difguide/whatisadif.html" /〉
      〈/AuthorityURL〉
〈Layer〉
      〈! -- 这个父图层有一个 Name,因此它能被 一个 Map Serve r 请求,产生一幅所有辅助图层的地图。
         --〉
      〈Name〉ROADS_RIVERS〈/Name〉
      〈Title〉Roads and Rivers〈/Title〉
      〈! -- 参见规范,学习辅助图层如何继承某些特征。--〉
      〈CRS〉EPSG:26986〈/CRS〉〈! -- 适用于该图层的另一个 CRS --〉
      〈EX_GeographicBoundingBox〉
          〈westBoundLongitude〉-71.63〈/westBoundLongitude〉
          〈eastBoundLongitude〉-70.78〈/eastBoundLongitude〉
          〈southBoundLatitude〉41.75〈/southBoundLatitude〉
          〈northBoundLatitude〉42.90〈/northBoundLatitude〉
      〈/EX_GeographicBoundingBox〉
          〈! -- 可选的 resx 和 resy 属性以那个 CRS 的单位声明 X 和 Y 的空间分辨率 --〉
      〈BoundingBox CRS = "CRS:84"
          minx = "-71.63" miny = "41.75" maxx = "-70.78" maxy = "42.90" resx = "0.01" resy = "0.01"/〉
      〈BoundingBox CRS = "EPSG:26986"
          minx = "189000" miny = "834000" maxx = "285000" maxy = "962000" resx = "1" resy = "1" /〉
      〈! -- 可选的 Title,URL 和数据提供者的徽标图像(logo image) --〉
      〈Attribution〉
          〈Title〉State College University〈/Title〉
          〈OnlineResource xmlns:xlink = "http://www.w3.org/1999/xlink" xlink:type = "simple"
              xlink:href = "http://www.university.edu/" /〉
          〈LogoURL width = "100" height = "100"〉
              〈Format〉image/gif〈/Format〉
              〈OnlineResource xmlns:xlink = "http://www.w3.org/1999/xlink"
                  xlink:type = "simple"
                  xlink:href = "http://www.university.edu/icons/logo.gif" /〉
          〈/LogoURL〉
      〈/Attribution〉
      〈! --   Identifier,其意义是按 AuthorityURL 元素定义的。--〉
      〈Identifier authority = "DIF_ID"〉123456〈/Identifier〉
      〈FeatureListURL〉
          〈Format〉XML"〈/Format〉
          〈OnlineResource xmlns:xlink = "http://www.w3.org/1999/xlink" xlink:type = "simple"
              xlink:href = "http://www.university.edu/data/roads_rivers.gml" /〉
      〈/FeatureListURL〉
      〈Style〉
          〈Name〉USGS〈/Name〉
          〈Title〉USGS Topo Map Style〈/Title〉
          〈Abstract〉Features are shown in a style like that used in USGS topographic maps.〈/Abstract〉
          〈! --   按照这个 Style 适用于一个图例的图片。--〉
          〈LegendURL width = "72" height = "72"〉
              〈Format〉image/gif〈/Format〉
```

```
        〈OnlineResource xmlns:xlink = "http://www.w3.org/1999/xlink"
          xlink:type = "simple"
          xlink:href = "http://www.university.edu/legends/usgs.gif" /〉
    〈/LegendURL〉
    〈! -- 描述如何使经要素数据变成该图层的一幅地图的 XSL stylesheet --〉
    〈StyleSheetURL〉
        〈Format〉text/xsl〈/Format〉
        〈OnlineResource xmlns:xlink = "http://www.w3.org/1999/xlink"
          xlink:type = "simple"
          xlink:href = "http://www.university.edu/stylesheets/usgs.xsl" /〉
    〈/StyleSheetURL〉
    〈/Style〉
    〈Layer queryable = "1"〉
〈Name〉ROADS_1M〈/Name〉
〈Title〉Roads at 1:1M scale〈/Title〉
〈Abstract〉Roads at a scale of 1 to 1 million.〈/Abstract〉
〈KeywordList〉
    〈Keyword〉road〈/Keyword〉
    〈Keyword〉transportation〈/Keyword〉
    〈Keyword〉atlas〈/Keyword〉
〈/KeywordList〉
〈Identifier authority = "DIF_ID"〉123456〈/Identifier〉
    〈MetadataURL type = "FGDC:1998"〉
        〈Format〉text/plain〈/Format〉
        〈OnlineResource xmlns:xlink = "http://www.w3.org/1999/xlink"
        xlink:type = "simple"
        xlink:href = "http://www.university.edu/metadata/roads.txt" /〉
        〈/MetadataURL〉
    〈MetadataURL type = "ISO19115:2003"〉
        〈Format〉text/xml〈/Format〉
    〈OnlineResource xmlns:xlink = "http://www.w3.org/1999/xlink"
        xlink:type = "simple"
        xlink:href = "http://www.university.edu/metadata/roads.xml" /〉
        〈/MetadataURL〉
        〈! -- 除了父图层规定的 Style 外,该层可使用此样式。--〉
    〈Style〉
        〈Name〉ATLAS〈/Name〉
        〈Title〉Road atlas style〈/Title〉
        〈Abstract〉Roads are shown in a style like that used in a commercial road atlas.〈/Abstract〉
            〈LegendURL width = "72" height = "72"〉
                〈Format〉image/gif〈/Format〉
                〈OnlineResource xmlns:xlink = "http://www.w3.org/1999/xlink"
                xlink:type = "simple"
                xlink:href = "http://www.university.edu/legends/atlas.gif" /〉
            〈/LegendURL〉
    〈/Style〉
        〈/Layer〉
        〈Layer queryable = "1"〉
            〈Name〉RIVERS_1M〈/Name〉
            〈Title〉Rivers at 1:1M scale〈/Title〉
            〈Abstract〉Rivers at a scale of 1 to 1 million.〈/Abstract〉
            〈KeywordList〉
                〈Keyword〉river〈/Keyword〉
                〈Keyword〉canal〈/Keyword〉
                〈Keyword〉waterway〈/Keyword〉
            〈/KeywordList〉
```

```
        〈/Layer〉
    〈/Layer〉
    〈Layer queryable = "1"〉
        〈Title〉Weather Forecast Data〈/Title〉
        〈CRS〉CRS:84〈/CRS〉〈! -- 通用 CRS 的无害重复。--〉
        〈EX_GeographicBoundingBox〉
            〈westBoundLongitude〉- 180〈/westBoundLongitude〉
            〈eastBoundLongitude〉180〈/eastBoundLongitude〉
            〈southBoundLatitude〉- 90〈/southBoundLatitude〉
            〈northBoundLatitude〉90〈/northBoundLatitude〉
        〈/EX_GeographicBoundingBox〉
        〈! -- 从 1999-01-01 到 2000-08-22 期间每天都可得到这些气象数据。--〉
        〈Dimension name = "time" units = "ISO8601" default = "2000-08-22"〉
            1999-01-01/2000-08-22/P1D
        〈/Dimension〉
        〈Layer〉
    〈Name〉Clouds〈/Name〉
    〈Title〉Forecast cloud cover〈/Title〉
        〈/Layer〉
        〈Layer〉
    〈Name〉Temperature〈/Name〉
    〈Title〉Forecast temperature〈/Title〉
        〈/Layer〉
        〈Layer〉
    〈Name〉Pressure〈/Name〉
    〈Title〉Forecast barometric pressure〈/Title〉
            〈! -- 在个别的高程和时间可得到这个气压层。--〉
        〈Dimension name = "elevation" units = "EPSG:5030" /〉
        〈Dimension name = "time" units = "ISO8601" default = "2000-08-22"〉
            1999-01-01/2000-08-22/P1D〈/Dimension〉
        〈Dimension name = "elevation" units = "CRS:85" default = "0" nearestValue = "1"〉
            0,1000,3000,5000,10000〈/Dimension〉
    〈/Layer〉
〈/Layer〉
〈! -- 图层的示例,它是固定尺寸的静态的地图,服务器不能将其生成子集或使其透明。--〉
〈Layer opaque = "1" noSubsets = "1" fixedWidth = "512" fixedHeight = "256"〉
    〈Name〉ozone_image〈/Name〉
    〈Title〉Global ozone distribution (1992)〈/Title〉
    〈EX_GeographicBoundingBox〉
        〈westBoundLongitude〉- 180〈/westBoundLongitude〉
        〈eastBoundLongitude〉180〈/eastBoundLongitude〉
        〈southBoundLatitude〉- 90〈/southBoundLatitude〉
        〈northBoundLatitude〉90〈/northBoundLatitude〉
    〈/EX_GeographicBoundingBox〉
    〈Dimension name = "time" units = "ISO8601" default = "1992"〉1992〈/Dimension〉
〈/Layer〉
〈! -- 一个图层的示例,它发生于另一个 WMS 而且已被这个 WMS "级联"。--〉
〈Layer cascaded = "1"〉
    〈Name〉population〈/Name〉
    〈Title〉World population,annual〈/Title〉
    〈EX_GeographicBoundingBox〉
        〈westBoundLongitude〉- 180〈/westBoundLongitude〉
        〈eastBoundLongitude〉180〈/eastBoundLongitude〉
        〈southBoundLatitude〉- 90〈/southBoundLatitude〉
        〈northBoundLatitude〉90〈/northBoundLatitude〉
    〈/EX_GeographicBoundingBox〉
```

```
    〈Dimension name = “time” units = “ISO8601” default = “2000”〉1990/2000/P1Y〈/Dimension〉
  〈/Layer〉
  〈/Layer〉
〈/Capability〉
〈/WMS_Capabilities〉
```

H.2 服务异常的 XML 编码示例

为了有助于理解和指导实现，本附录包含 XML 示例，根据 E.2 中的 DTD，这些示例是有效的。

这个示例 XML 也可以在〈http:// schemas. opengis. net/wm/1.3.0/〉找到。

```
〈? xml version = ′1.0′ encoding = “UTF-8”?〉
〈ServiceExceptionReport version = “1.3.0”
  xmlns = “http://www.opengis.net/ogc”
  xmlns:xsi = “http://www.w3.org/2001/XMLSchema-instance”
  xsi:schemaLocation = “http://www.opengis.net/ogc
http://schemas.opengis.net/wms/1.3.0/exceptions_1_3_0.xsd”〉
〈ServiceException〉
有关一个错误的纯文本消息。
〈/ServiceException〉
〈ServiceException code = “InvalidUpdateSequence”〉
另一个错误信息，这一个带有服务异常代码。
〈/ServiceException〉
〈ServiceException〉
〈! [CDATA[
模块中的错误〈foo.c〉，42 行
一个包括尖角括号内文本形式的消息必选封装在字符数据部分，就像这个示例一样。除了 3 个结束字符的顺序外全部
或略那些像 XML 一样的标记：
]]〉
〈/ServiceException〉
〈ServiceException〉
〈! [CDATA[
〈Module〉foo.c〈/Module〉
〈Error〉An error occurred〈/Error〉
〈Explanation〉
同样，现行的 XML 能被附在 CDATA 部分。一般的解析将或略那个 XML，但可选择专门的软件处理它。
〈/Explanation〉
]]〉
〈/ServiceException〉
〈/ServiceExceptionReport〉
```

参 考 文 献

[1] FGDC-STD-001-1998 Content Standard for Digital Geospatial Metadata (version 2), US Federal Geographic Data Committee. Available at: 〈http://www. fgdc. gov/metadata/contstan. html〉

[2] Internet Assigned Numbers Authority, MIME Media Types. from World Wide Web: 〈http://www. iana. org/assignments/media-types/〉

[3] ISO 19101:2002 Geographic information—Reference model

[4] ISO 19117:2005 Geographic information—Portrayal

[5] ISO 19119:2005 Geographic information—Services

[6] ISO 19125-1:2004 Geographic information—Simple feature access—Part 1: Common architecture

[7] ISO 6709:1983 Standard representation of latitude, longitude and altitude for geographic point locations

[8] ISO/IEC 8632 (all parts) Information technology—Computer graphics—Metafile for the storage and transfer of picture description information

[9] XML Schema (May 2001) XML Schema Part 2: Datatypes, World Wide Web Consortium Recommendation, Biron, P. and Malhotra, A. , eds. , Available at 〈http://www. w3. org/TR/〉

[10] ISO/IEC TR 14252:1996 Information technology—Guide to the POSIX Open System Environment(OSE)

ICS 07.040;35.240.70
A 75

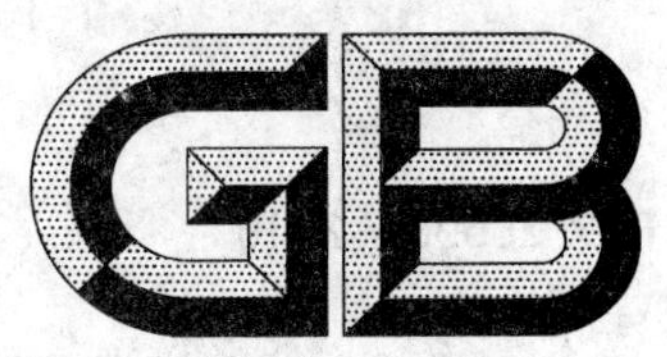

中华人民共和国国家标准化指导性技术文件

GB/Z 25598—2010

地理信息　目录服务规范

Geographic information—Catalogue service specification

2010-12-01 发布　　2011-03-01 实施

中华人民共和国国家质量监督检验检疫总局
中国国家标准化管理委员会　发布

前言

本指导性技术文件的附录A、附录D和附录E为资料性附录，附录B和附录C为规范性附录。

本指导性技术文件由国家测绘局提出。

本指导性技术文件由全国地理信息标准化技术委员会(SAC/TC 230)归口。

本指导性技术文件主要起草单位：国家信息中心、武汉大学、中国标准化研究院。

本指导性技术文件主要起草人：徐枫、宦茂盛、常娜、石雯雯、王子亮、龚健雅、高文秀、李小林。

地理信息　目录服务规范

1　范围

本指导性技术文件规定了建立地理信息目录服务的技术要求，包含目录服务模型和目录服务接口定义。

本指导性技术文件适用于地理信息元数据的发现和管理，以及地理信息目录服务系统的设计和建立。

2　规范性引用文件

下列文件中的条款通过本指导性技术文件的引用而成为本指导性技术文件的条款。凡是注日期的引用文件，其随后所有的修改单（不包括勘误的内容）或修订版均不适用于本指导性技术文件，然而，鼓励根据本指导性技术文件达成协议的各方研究是否可使用这些文件的最新版本。凡是不注日期的引用文件，其最新版本适用于本指导性技术文件。

GB/T 17694—2009　地理信息　术语(ISO/TS 19104:2008,IDT)

GB/T 19710—2005　地理信息　元数据(ISO 19115:2003,MOD)

ISO 23950:1998　信息和文献　信息检索(Z39.50)　应用服务定义和协议规范

3　术语和定义及缩略语

3.1　术语和定义

下列术语和定义适用于本指导性技术文件。

3.1.1

地理信息资源　geographic information resourse

能满足某种需求的地理信息相关的资产或手段。

3.1.2

目录服务　catalogue service

提供地理信息资源描述信息发现和管理功能的服务。

3.1.3

操作　operation

对象可以被调用执行的转换和查询的规范。

注：一个操作包括名称和一系列参数。

［GB/T 17694—2009，定义 B.332］

3.1.4

接口　interface

描述实体行为特征的命名操作集合。

［GB/T 17694—2009，定义 B.260］

3.1.5

状态　state

持续数据对象，反映某一对象在给定时间的所有成员属性的内部值或可量测的描述。

注：状态通常与对象的标识和对象的时间戳记相关。

3.1.6

元数据　metadata

关于数据的数据。即数据的标识、覆盖范围、质量、空间和时间模式、空间参照系和分发等信息。

[GB/T 19710—2005,定义 4.5]

3.2　缩略语

CIP　目录互操作协议(Catalogue Interoperability Protocol)

OGC　开放地理信息联盟(Open Geospatial Consortium)

SRU　通过 URL 检索/提取(Search/Retrieval via URL)

XML　可扩展标记语言(Extensible Markup Language)

4　目录服务模型

4.1　概述

目录服务模型包括功能模型、信息模型、接口模型和消息协议四个层面的内容。

功能模型用于限定目录服务的服务范围,信息模型用于限定目录服务管理的数据,接口模型用于规定目录服务的服务手段,消息协议规定目录服务的交互形式。

4.2　功能模型

目录服务提供发现和管理两种基本功能(如图 1 所示):发现功能用来对元数据进行检索,管理功能实现元数据管理。

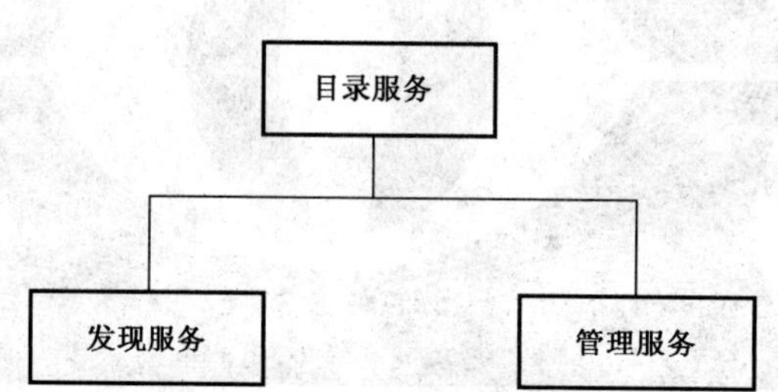

图 1　目录服务的功能模型

该功能模型与 ISO 23950:1998 的关系参见附录 A。

4.3　信息模型

目录服务信息模型用于描述目录提供的地理信息资源,其具体体现即地理信息元数据。

地理信息元数据应遵照 GB/T 19710—2005,对于特定领域内的地理数据资源,可在 GB/T 19710—2005 的基础上制定专用标准。

4.4　接口模型

目录服务包含有三个主要接口:公共接口、发现接口和管理接口。其中,公共接口是将发现接口和管理接口中基础性的操作定义成一个公有接口,在使用发现接口和管理接口时需要先对服务进行初始化,接着通过服务自描述接口对发现接口和管理接口进行描述,完成目录查询和元数据管理之后,再调用目录服务终止接口,结束一次目录服务的操作。这三类接口共同实现了地理信息资源的发现功能和管理功能。

a)　公共接口

提供会话管理功能和服务自描述功能,包含目录服务初始化接口、目录服务终止接口和服务自描述接口。

目录服务的客户端和服务器端的通讯建立在会话基础上,会话通过请求消息和响应消息来完成,每一个请求消息都有相对应的响应消息。

b) 发现接口

提供元数据检索功能和元数据检索结果提取功能,包括目录检索接口以及目录检索结果提取接口。

c) 管理接口

提供元数据管理的功能,包括元数据的增加、删除和修改。

4.5 消息协议

目录服务各个接口操作均是通过客户端和服务器端之间传递的请求/响应消息对来实现。请求消息和响应消息是一一对应的,即对每一个请求消息有且只有一个响应消息产生。

本指导性技术文件规定的目录服务可通过 HTTP 协议方式实现,协议消息使用 XML 编码,本指导性技术文件的将来版本可提供支持其他协议方式的接口。

5 目录服务接口定义

凡遵照本指导性技术文件设计并实现的目录服务,应满足附录 B 中的一致性测试要求。

5.1 公共接口

5.1.1 目录服务初始化(initCatalogueService)

5.1.1.1 概述

目录服务初始化接口用来建立客户端和服务器端之间的会话,该操作将产生唯一的标识符用来跟踪会话。

5.1.1.2 目录服务初始化请求(initRequest)

目录服务初始化请求消息用来请求建立客户端和服务器端之间的会话,其参数如表 1 所示。

表 1 初始化请求参数表

参数名称	约束/条件	参数含义
protocolVersion[a]	必选	客户端支持的协议实现版本。由客户端在请求中指出其支持的所有版本,服务器端在响应中也同样指出其支持的所有版本。会话将以双方都支持的最高相同版本实现。如果没有相同所支持的版本,则初始化被拒绝
idAuthentication[b]	可选	认证信息,包含用户身份标识及其密码,用于服务器端对用户身份进行验证
implementationId	可选	客户端实现标识,由目录服务实现厂商自行定义
implementationName	可选	客户端实现名称,由目录服务实现厂商自行定义
implementationVersion	可选	客户端实现版本,由目录服务实现厂商自行定义
otherInfo	可选	其他信息,用于客户端和服务器端传递自定义信息

[a] 版本参数 protocolVersion 由 1 或多个正整数组成,各个正整数之间由逗号分隔,其形式为“1,2”。

[b] 认证信息 idAuthentication 参数中的用户身份标识及其密码之间用冒号分开,其形式为“userId:password”。

“目录服务初始化请求”的组成结构如图 2 所示。

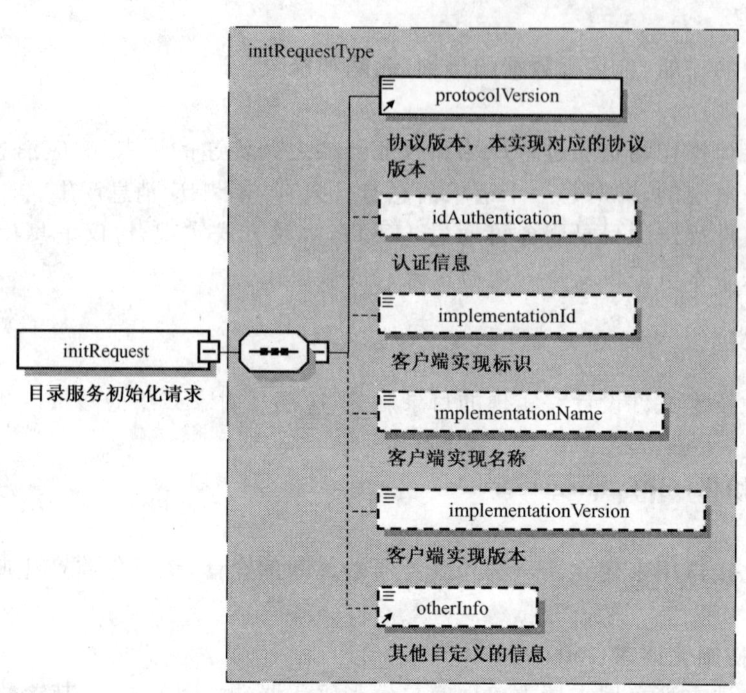

图 2 目录服务初始化请求的模型图

请求消息的 XML Schema 定义片段如下(完整的 XML Schema 定义见附录 C)：

```
<! -- 类型标识符"InitRequest"的定义 -->
<xsd:element name = "initRequest" type = "initRequestType">
    <xsd:annotation>
        <xsd:documentation>目录服务初始化请求</xsd:documentation>
    </xsd:annotation>
</xsd:element>
<xsd:complexType name = "initRequestType">
    <xsd:annotation>
        <xsd:documentation>目录服务初始化请求的类型定义。</xsd:documentation>
    </xsd:annotation>
    <xsd:sequence>
        <xsd:element ref = "protocolVersion"/>
        <xsd:element name = "idAuthentication" minOccurs = "0">
            <xsd:annotation>
                <xsd:documentation>认证信息</xsd:documentation>
            </xsd:annotation>
        </xsd:element>
        <xsd:element name = "implementationId" type = "xsd:string" minOccurs = "0">
            <xsd:annotation>
                <xsd:documentation>客户端实现标识</xsd:documentation>
            </xsd:annotation>
        </xsd:element>
        <xsd:element name = "implementationName" type = "xsd:string" minOccurs = "0">
            <xsd:annotation>
                <xsd:documentation>客户端实现名称</xsd:documentation>
            </xsd:annotation>
        </xsd:element>
```

```
    <xsd:element name="implementationVersion" type="xsd:string" minOccurs="0">
        <xsd:annotation>
            <xsd:documentation>客户端实现版本</xsd:documentation>
        </xsd:annotation>
    </xsd:element>
    <xsd:element ref="otherInfo" minOccurs="0"/>
  </xsd:sequence>
</xsd:complexType>
<!-- 类型标识符 "ProtocolVersion" 的定义 -->
<xsd:element name="protocolVersion" type="xsd:string" default="1">
    <xsd:annotation>
        <xsd:documentation>协议版本,本实现对应的协议版本</xsd:documentation>
    </xsd:annotation>
</xsd:element>
```

5.1.1.3 目录服务初始化响应(initResponse)

目录服务初始化响应消息用来确认在目录服务器和客户端间会话的建立,该响应消息给出了唯一的会话标识,其参数如表 2 所示。

表 2 初始化响应参数表

参数名称	约束/条件	参数含义
referenceId[a]	必选	用于识别一个请求所启动的操作的标识,即会话标识
protocolVersion[b]	必选	服务器端支持的协议实现版本。由客户端在请求中指出其支持的所有版本,服务器端在响应中也同样指出其支持的所有版本。会话将以双方都支持的最高相同版本实现。如果没有相同所支持的版本,则初始化被拒绝
result[c]	必选	服务器端用该参数表明是否接受建立会话的请求
implementationId	可选	服务端实现标识,由目录服务实现厂商自行定义
implementationName	可选	服务端实现名称,由目录服务实现厂商自行定义
implementationVersion	可选	服务端实现版本,由目录服务实现厂商自行定义
otherInfo	可选	其他信息,用于客户端和服务器端传递自定义信息

a 参数 referenceId 表示的会话标识是由 a-z、A-Z、0-9 组成,其他字符无效。

b 版本参数 protocolVersion 由 1 个正整数组成,各个正整数之间由逗号分隔,其形式为“1,2”。

c 参数 result 的取值为布尔型。“true”表示建立会话成功;“false”表示建立会话失败,此时 referenceId 取为空。

“目录服务初始化响应”的组成结构如图 3 所示。

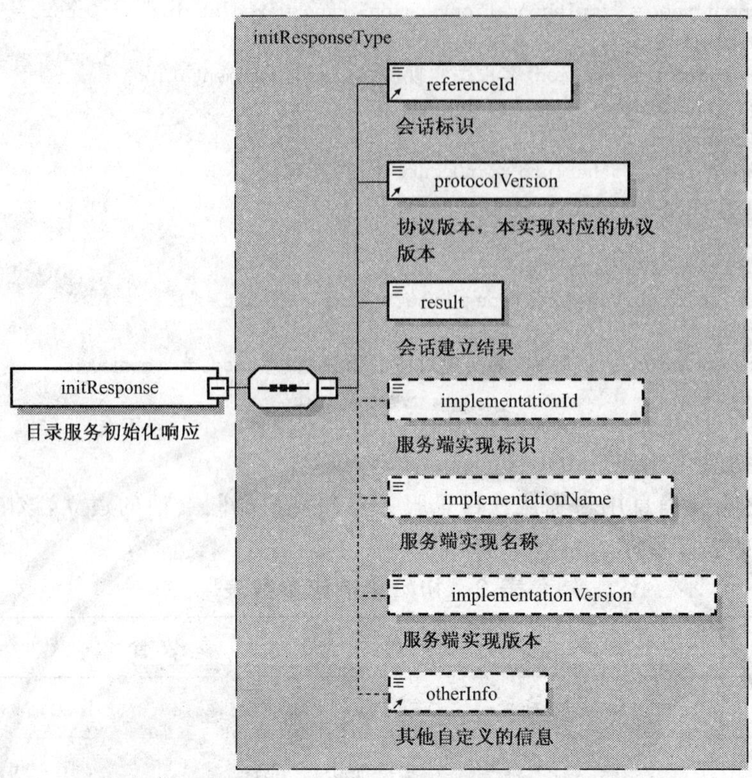

图 3　目录服务初始化响应的模型图

目录服务初始化响应消息的 XML Schema 定义片段如下(完整的 XML Schema 定义见附录 C)：

```
〈! -- 类型标识符 "InitResponse" 的定义 --〉
〈xsd:element name = "initResponse" type = "initResponseType"〉
    〈xsd:annotation〉
        〈xsd:documentation〉目录服务初始化响应。〈/xsd:documentation〉
    〈/xsd:annotation〉
〈/xsd:element〉
〈xsd:complexType name = "initResponseType"〉
    〈xsd:annotation〉
        〈xsd:documentation〉目录服务初始化响应的类型定义。〈/xsd:documentation〉
    〈/xsd:annotation〉
    〈xsd:sequence〉
        〈xsd:element ref = "referenceId"/〉
        〈! -- 参数 referenceId 是由 a-z、A-Z、0-9 组成，其他字符无效。--〉
        〈xsd:element ref = "protocolVersion"/〉
        〈xsd:element name = "result" type = "xsd:boolean"〉
            〈xsd:annotation〉
                〈xsd:documentation〉会话建立结果〈/xsd:documentation〉
            〈/xsd:annotation〉
        〈/xsd:element〉
        〈! -- 参数 result 取值为布尔型。“true”表示建立会话成功；“false”表示建立会话失败，此时
referenceId 取为空。--〉
        〈xsd:element name = "implementationId" type = "xsd:string" minOccurs = "0"〉
            〈xsd:annotation〉
                〈xsd:documentation〉服务端实现标识〈/xsd:documentation〉
            〈/xsd:annotation〉
        〈/xsd:element〉
        〈xsd:element name = "implementationName" type = "xsd:string" minOccurs = "0"〉
```

```
        <xsd:annotation>
            <xsd:documentation>服务端实现名称</xsd:documentation>
        </xsd:annotation>
    </xsd:element>
    <xsd:element name="implementationVersion" type="xsd:string" minOccurs="0">
        <xsd:annotation>
            <xsd:documentation>服务端实现版本</xsd:documentation>
        </xsd:annotation>
    </xsd:element>
    <xsd:element ref="otherInfo" minOccurs="0"/>
    <!-- 其他信息,用于客户端和服务器端传递自定义信息。一旦发生异常,使用本参数传递详细的异常信息给客户端。-->
  </xsd:sequence>
</xsd:complexType>
```

5.1.2 目录服务终止(closeCatalogueService)

5.1.2.1 概述

目录服务终止接口用来终止客户端和服务器端之间的当前会话。

5.1.2.2 目录服务终止请求(closeRequest)

目录服务终止请求消息用来申请终止当前的会话,该请求消息从客户端发送到目录服务器端,当服务器端收到该消息,目录服务器将执行终止操作,停止该会话的所有进程。目录服务终止请求的参数如表3所示。

表3 终止请求参数表

参数名称	约束/条件	参数含义
referenceId[a]	必选	用于识别一个请求所启动的操作的标识,即会话标识
closeReason	可选	客户端为终止服务提供原因
otherInfo	可选	其他信息,用于客户端和服务器端传递自定义信息
[a] 参数 referenceId 表示的会话标识是由 a-z、A-Z、0-9 组成,其他字符无效。		

"目录服务终止请求"的组成结构如图4所示。

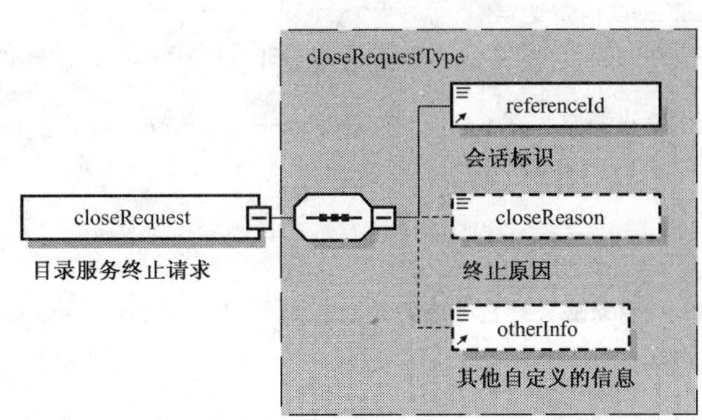

图4 目录服务终止请求的模型图

请求消息的 XML Schema 定义片段如下(完整的 XML Schema 定义见附录C):

```
<!-- 类型标识符"closeRequest"的定义 -->
<xsd:element name="closeRequest" type="closeRequestType">
    <xsd:annotation>
```

```
            <xsd:documentation>目录服务终止请求。</xsd:documentation>
        </xsd:annotation>
    </xsd:element>
    <xsd:complexType name = "closeRequestType">
        <xsd:annotation>
            <xsd:documentation>目录服务终止请求的类型定义。</xsd:documentation>
        </xsd:annotation>
        <xsd:sequence>
            <xsd:element ref = "referenceId"/>
            <xsd:element name = "closeReason" type = "xsd:string" minOccurs = "0">
                <xsd:annotation>
                    <xsd:documentation>终止原因</xsd:documentation>
                </xsd:annotation>
            </xsd:element>
            <xsd:element ref = "otherInfo" minOccurs = "0"/>
        </xsd:sequence>
    </xsd:complexType>
```

5.1.2.3 目录服务终止响应(closeResponse)

目录服务终止响应消息请求服务器端返回目录服务终止响应,其参数的具体说明如表 4 所示。

表 4 终止响应参数表

参数名称	约束/条件	参 数 含 义
closeStatus	可选	服务器端终止会话的状态
[a] 该参数取值为“success”表示关闭会话成功;“failure”表示关闭会话失败。		

“目录服务终止响应”的组成结构,如图 5 所示:

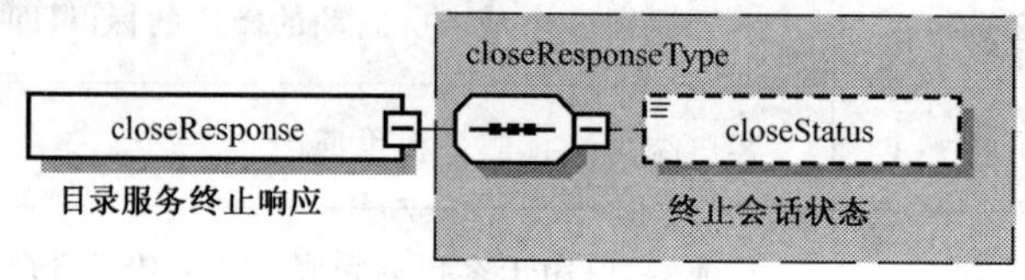

图 5 目录服务终止响应的模型图

请求消息的 XML Schema 定义片段如下(完整的 XML Schema 定义见附录 C):

```
<! -- 类型标识符"closeResponse"的定义 -->
<xsd:element name = "closeResponse" type = "closeResponseType">
    <xsd:annotation>
        <xsd:documentation>目录服务终止响应。</xsd:documentation>
    </xsd:annotation>
</xsd:element>
<xsd:complexType name = "closeResponseType">
    <xsd:annotation>
        <xsd:documentation>目录服务终止响应的类型定义。</xsd:documentation>
    </xsd:annotation>
    <xsd:sequence>
        <xsd:element name = "closeStatus" type = "xsd:string" minOccurs = "0">
            <xsd:annotation>
                <xsd:documentation>终止会话状态</xsd:documentation>
            </xsd:annotation>
        </xsd:element>
        <! -- 参数 closeStatus 取值为“success”表示关闭会话成功;“failure”表示关闭会话失败 -->
    </xsd:sequence>
</xsd:complexType>
```

5.1.3 目录服务自描述(catalogCapabilities)

5.1.3.1 概述

目录服务自描述接口用来提供目录服务自身的各种描述性信息。

5.1.3.2 目录服务自描述请求(catalogCapabilitiesRequest)

目录服务自描述请求消息由客户端产生并发送到目录服务器,用来请求目录服务的相关描述信息,其参数定义如表5所示。

表5 目录服务自描述请求参数表

参数名称	约束/条件	参数含义
referenceId[a]	必选	用于识别一个请求所启动的操作的标识,即会话标识
otherInfo	可选	其他信息,用于客户端和服务器端传递自定义信息
[a] 参数 referenceId 表示的会话标识是由 a-z、A-Z、0-9 组成,其他字符无效。		

"目录服务自描述请求"的组成结构如图6所示。

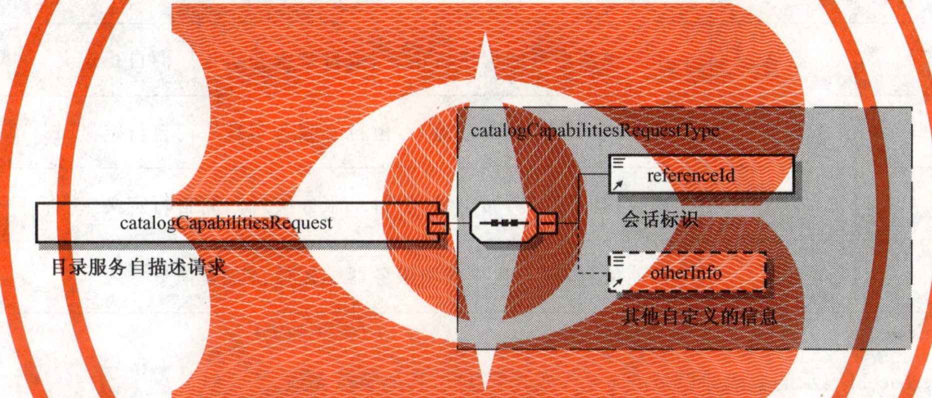

图6 目录服务自描述请求的模型图

"目录服务自描述请求"的XML Schema定义片段如下(完整的XML Schema定义见附录C):

```
<! -- 类型标识符"catalogCapabilitiesRequest"的定义 -->
<xsd:element name="catalogCapabilitiesRequest" type="catalogCapabilitiesRequestType">
    <xsd:annotation>
        <xsd:documentation>目录服务自描述请求。</xsd:documentation>
    </xsd:annotation>
</xsd:element>
<xsd:complexType name="catalogCapabilitiesRequestType">
    <xsd:annotation>
        <xsd:documentation>目录服务自描述请求的类型定义。</xsd:documentation>
    </xsd:annotation>
    <xsd:sequence>
        <xsd:element ref="referenceId"/>
        <xsd:element ref="otherInfo" minOccurs="0"/>
    </xsd:sequence>
</xsd:complexType>
```

5.1.3.3 目录服务自描述响应(catalogCapabilitiesResponse)

接收到客户端的目录服务自描述请求后,服务器端产生目录服务自描述响应消息,再通过该响应返回给客户端各项目录服务自描述信息。

"目录服务自描述响应"的参数定义如表6所示。

表 6 目录服务自描述响应参数表

参数名称	约束/条件	参数含义
referenceId[a]	必选	用于识别一个请求所启动的操作的标识,即会话标识
databaseList[b]	必选	用来返回目录服务关联的一个或多个元数据库信息列表
options[c]	必选	功能选项,用来描述服务所支持的各项功能,包含有目录服务初始化、目录服务终止、服务自描述、目录检索、目录检索结果提取、元数据管理功能。由客户端在请求中建议目录服务需要提供的功能,服务器端根据自身的实现情况决定提供哪些功能
serviceName[d]	必选	用于说明服务名称,由目录服务实现厂商自行定义
serviceAbstract	必选	服务内容的简单说明,由目录服务实现厂商自行定义
serviceID[e]	必选	服务的唯一标识,由服务注册机构统一分配
serviceProvider[f]	必选	用来说明服务的提供者信息,由目录服务实现厂商自行定义
serviceURL[g]	必选	用来说明服务的网络地址,由目录服务实现厂商自行定义
serviceType[h]	必选	用于说明服务所属类型,由目录服务实现厂商自行定义
otherInfo	可选	其他信息,用于客户端和服务器端传递自定义信息

a 参数 referenceId 表示的会话标识是由 a-z、A-Z、0-9 组成,其他字符无效。

b 参数 databaseList 是复合型,包含有元数据库标识(databaseID)、元数据库名称(databaseName)、元数据库描述(databaseDescribe)等主要信息。详细内容见表 8:“元数据库 database 参数表”。

c 参数 options 的取值是枚举型,可以包含一个或多个功能参数值,诸如 init、close、capbilities、search、present、metadataManage。具体参见“服务自描述响应”的 XML Schema 定义。

d 参数 serviceName 的默认取值“地理信息目录服务”。

e 参数 serviceID 的标识符须唯一,由字母(含下划线“_”、短划线“-”、点“.”)或数字组成,一般由系统自动随机产生。诸如 catalogService_ A00034VG347。

f 参数 serviceProvider 是复合型,只需要包含一个参数 serviceProviderName,表示提供服务的地理信息共建部门名称。

g 参数 serviceURL 的形式为 http://192.168.0.0:8080/catalog/catservice。

h 参数 serviceType 的固定取值为“CatalogService”。

“目录服务自描述响应”的组成结构,如图 7 所示:

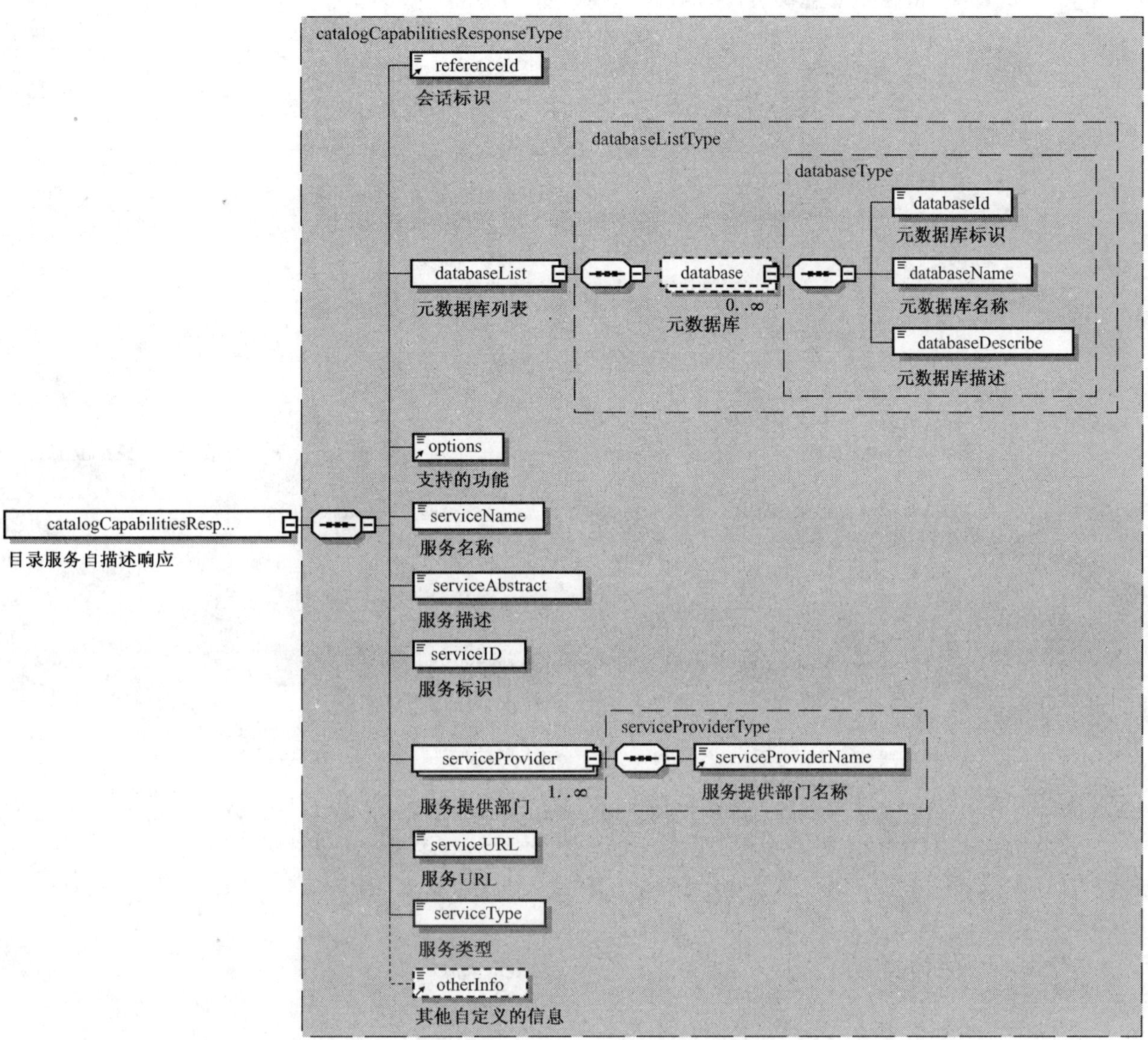

图 7　目录服务自描述响应的模型图

“目录服务自描述响应”的 XML Schema 定义片段如下(完整的 XML Schema 定义见附录 C):

```
〈! --类型标识符"catalogCapabilitiesResponse"的定义-->
〈xsd:element name = "catalogCapabilitiesResponse" type = "catalogCapabilitiesResponseType"〉
    〈xsd:annotation〉
        〈xsd:documentation〉目录服务自描述响应。〈/xsd:documentation〉
    〈/xsd:annotation〉
〈/xsd:element〉
〈xsd:complexType name = "catalogCapabilitiesResponseType"〉
    〈xsd:annotation〉
        〈xsd:documentation〉目录服务自描述响应的类型定义。〈/xsd:documentation〉
    〈/xsd:annotation〉
    〈xsd:sequence〉
        〈xsd:element ref = "referenceId"/〉
        〈xsd:element name = "databaseList" type = "databaseListType"〉
            〈xsd:annotation〉
                〈xsd:documentation〉元数据库列表〈/xsd:documentation〉
            〈/xsd:annotation〉
        〈/xsd:element〉
        〈xsd:element ref = "options"/〉
```

```
        〈xsd:element name="serviceName" type="xsd:string" default="地理信息目录服务"〉
            〈xsd:annotation〉
                〈xsd:documentation〉服务名称〈/xsd:documentation〉
            〈/xsd:annotation〉
        〈/xsd:element〉
        〈xsd:element name="serviceAbstract" type="xsd:string"〉
            〈xsd:annotation〉
                〈xsd:documentation〉服务描述〈/xsd:documentation〉
            〈/xsd:annotation〉
        〈/xsd:element〉
        〈xsd:element name="serviceID" type="xsd:string"〉
            〈xsd:annotation〉
                〈xsd:documentation〉服务标识〈/xsd:documentation〉
            〈/xsd:annotation〉
        〈/xsd:element〉
        〈xsd:element name="serviceProvider" type="serviceProviderType" maxOccurs="unbounded"〉
            〈xsd:annotation〉
                〈xsd:documentation〉服务提供部门〈/xsd:documentation〉
            〈/xsd:annotation〉
        〈/xsd:element〉
        〈xsd:element name="serviceURL" type="xsd:string"〉
            〈xsd:annotation〉
                〈xsd:documentation〉服务 URL〈/xsd:documentation〉
            〈/xsd:annotation〉
        〈/xsd:element〉
        〈xsd:element name="serviceType" type="xsd:string" fixed="CatalogService"〉
            〈xsd:annotation〉
                〈xsd:documentation〉服务类型〈/xsd:documentation〉
            〈/xsd:annotation〉
        〈/xsd:element〉
        〈xsd:element ref="otherInfo" minOccurs="0"/〉
    〈/xsd:sequence〉
  〈/xsd:complexType〉
  〈xsd:complexType name="databaseListType"〉
    〈xsd:annotation〉
        〈xsd:documentation〉元数据库列表〈/xsd:documentation〉
    〈/xsd:annotation〉
    〈xsd:sequence〉
        〈xsd:element name="database" type="databaseType" minOccurs="0"
maxOccurs="unbounded"〉
            〈xsd:annotation〉
                〈xsd:documentation〉元数据库〈/xsd:documentation〉
            〈/xsd:annotation〉
        〈/xsd:element〉
    〈/xsd:sequence〉
〈/xsd:complexType〉
〈xsd:complexType name="databaseType"〉
    〈xsd:sequence〉
        〈xsd:element name="databaseId" type="xsd:string"〉
            〈xsd:annotation〉
                〈xsd:documentation〉元数据库标识〈/xsd:documentation〉
            〈/xsd:annotation〉
        〈/xsd:element〉
        〈xsd:element name="databaseName" type="xsd:string"〉
            〈xsd:annotation〉
                〈xsd:documentation〉元数据库名称〈/xsd:documentation〉
```

```
            〈/xsd:annotation〉
        〈/xsd:element〉
        〈xsd:element name = "databaseDescribe" type = "xsd:string"〉
            〈xsd:annotation〉
                〈xsd:documentation〉元数据库描述〈/xsd:documentation〉
            〈/xsd:annotation〉
        〈/xsd:element〉
    〈/xsd:sequence〉
〈/xsd:complexType〉
〈! -- 类型标识符 "Options"的定义 --〉
〈xsd:element name = "options" type = "optionsType"〉
    〈xsd:annotation〉
        〈xsd:documentation〉支持的功能。〈/xsd:documentation〉
    〈/xsd:annotation〉
〈/xsd:element〉
〈xsd:simpleType name = "optionsType"〉
    〈xsd:list itemType = "facilitySupportedType"/〉
〈/xsd:simpleType〉
〈xsd:simpleType name = "facilitySupportedType"〉
    〈xsd :restriction base = "xsd:string"〉
        〈xsd:enumeration value = "init"/〉
        〈xsd:enumeration value = "close"/〉
        〈xsd:enumeration value = "capbilities"/〉
        〈xsd:enumeration value = "search"/〉
        〈xsd:enumeration value = "present"/〉
        〈xsd:enumeration value = "metadataManage" /〉
        〈/xsd:restriction〉
    〈/xsd:simpleType〉
    〈xsd :complexType name = "serviceProviderType"〉
        〈xsd :annotation〉
            〈xsd:documentation〉服务提供部门类型〈/xsd:documentation〉
        〈/xsd:annotation〉
        〈xsd:sequence〉
            〈xsd:element ref = "serviceProviderName"/〉
        〈/xsd:sequence〉
    〈/xsd:complexType〉
    〈xsd:element name = "serviceProviderName" type = "xsd:string"〉
        〈xsd:annotation〉
            〈xsd:documentation〉服务提供部门名称〈/xsd:documentation〉
        〈/xsd:annotation〉
    〈/xsd:element〉
```

“目录服务自描述响应”中，复合型参数 serviceProvider 和 databaseList 的说明如下：

a) 服务提供者参数(serviceProvider)

服务提供者参数说明服务的提供者信息。该参数是复合型参数，只需要包含一个参数 serviceProviderName，用来表示提供服务的地理信息共建部门名称。参数 serviceProvider 的具体内容如表 7 所示。

表 7 服务提供者 serviceProvider 参数表

参数名称	约束/条件	参数含义
serviceProviderName	必选	表示提供服务的地理信息共建部门名称，由目录服务实现厂商自行定义

目录服务自描述响应中的“服务提供者 serviceProvider”的组成如图 8 所示。

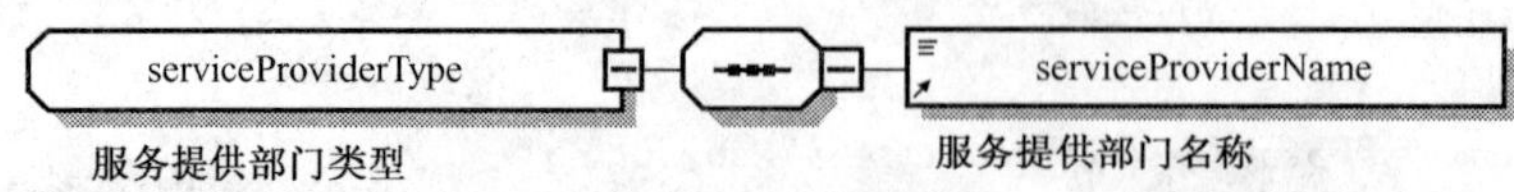

图 8　目录服务自描述响应中“服务提供者参数”的模型图

目录服务自描述响应中的“服务提供者(serviceProvider)”的 XML Schema 定义片段如下(完整的 XML Schema 定义见附录 C):

```
<xsd:complexType name = "serviceProviderType">
    <xsd:annotation>
        <xsd:documentation>服务提供部门类型</xsd:documentation>
    </xsd:annotation>
    <xsd:sequence>
        <xsd:element ref = "serviceProviderName"/>
    </xsd:sequence>
</xsd:complexType>
<xsd:element name = "serviceProviderName" type = "xsd:string">
    <xsd:annotation>
        <xsd:documentation>服务提供部门名称</xsd:documentation>
    </xsd:annotation>
</xsd:element>
```

b)　元数据库列表参数(databaseList)

用于描述目录服务支持的所有元数据库信息,包含多个 database 参数。database 参数是复合型参数,包含元数据库标识(databaseID)、元数据库名称(databaseName)、元数据库描述(databaseDescribe)等主要信息。参数 database 的具体内容如表 8 所示。

表 8　元数据库 database 参数表

参数名称	约束/条件	参数含义
databaseId[a]	必选	用于标识一个元数据库的标识符,由元数据库提供者定义
databaseName	必选	用于说明元数据的名称,由元数据库提供者定义
databaseDescribe	必选	用于提供元数据库的基本描述信息,由元数据库提供者定义。诸如,元数据内容、范围、用途等
[a] 参数 databaseId 表示的标识符是由 a-z、A-Z、0-9 组成,其他字符无效。		

目录服务自描述响应中的“元数据库列表 databaseList”的组成如图 9 所示。

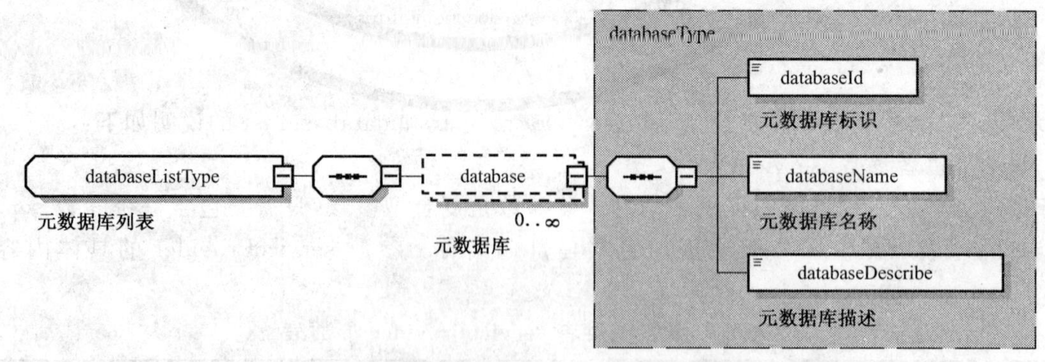

图 9　目录服务自描述响应中“元数据库列表参数”的模型图

目录服务自描述响应中的“元数据库列表 databaseList”的 XML Schema 定义片段如下(完整的 XML Schema 定义见附录 C):

```
<xsd:complexType name = "databaseListType">
    <xsd:annotation>
        <xsd:documentation>元数据库列表</xsd:documentation>
```

```
        </xsd:annotation>
        <xsd:sequence>
            <xsd:element name = "database" type = "databaseType" minOccurs = "0"
maxOccurs = "unbounded">
                <xsd:annotation>
                    <xsd:documentation>元数据库</xsd:documentation>
                </xsd:annotation>
            </xsd:element>
        </xsd:sequence>
    </xsd:complexType>
    <xsd:complexType name = "databaseType">
        <xsd:sequence>
            <xsd:element name = "databaseId" type = "xsd:string">
                <xsd:annotation>
                    <xsd:documentation>元数据库标识</xsd:documentation>
                </xsd:annotation>
            </xsd:element>
            <xsd:element name = "databaseName" type = "xsd:string">
                <xsd:annotation>
                    <xsd:documentation>元数据库名称</xsd:documentation>
                </xsd:annotation>
            </xsd:element>
            <xsd:element name = "databaseDescribe" type = "xsd:string">
                <xsd:annotation>
                    <xsd:documentation>元数据库描述</xsd:documentation>
                </xsd:annotation>
            </xsd:element>
        </xsd:sequence>
    </xsd:complexType>
```

5.2 发现接口

5.2.1 目录检索(searchCatalogue)

5.2.1.1 概述

目录检索是目录服务器根据客户端指定的检索条件,在服务器端从元数据库中检索并标识出匹配的元数据记录,并将元数据记录保存在结果集中的过程。

每一个会话可进行多次目录检索,产生多个结果集。

5.2.1.2 目录检索请求(searchRequest)

"目录检索请求"参数的详细说明如表 9 所示。

表 9 目录检索请求参数表

参数名称	约束/条件	参数含义
referenceId[a]	必选	用于识别一个请求所启动的操作的标识,即会话标识
replaceIndicator[b]	必选	结果集覆盖标志,客户端指定的检索结果集如果已经存在,根据结果集覆盖标志,服务器端作不同的处理
resultSetID[c]	必选	由客户端定制检索结果集名称
databaseNames[d]	必选	由客户端指定待检索的一个或多个元数据库名称。因目录服务可以关联多个元数据库(元数据库信息均通过服务自描述接口直接获取到客户端),故需要客户端指定检索的元数据库
query[e]	必选	由客户端定制的检索语句

表 9（续）

参数名称	约束/条件	参数含义
preferredRecordSyntax[f]	可选	客户端指定检索结果的编码方式
otherInfo	可选	其他信息，用于客户端和服务器端传递自定义信息

a 参数 referenceId 表示的会话标识是由 a-z、A-Z、0-9 组成，其他字符无效。

b 参数 replaceIndicator 的取值为布尔型。"true"表示允许覆盖结果集，则新产生的结果集将覆盖已经存在的结果集；"false"表示不允许覆盖已经存在的结果集，将导致检索操作失败。

c 对于参数 resultSetID，当命名的结果集名称重复时，查看 replaceIndicator 参数决定是否覆盖结果集。

d 参数 databaseNames 是复合型，包含一个或多个 databaseName 参数，用于封装一个或多个元数据库名称。

e 参数 query 检索串符合 Type-1 型，使用逆波兰表达式（RPN）作为检索语法。该参数是复合型，其结构和内容见下面的"检索串参数 query"详细说明。

f 参数 preferredRecordSyntax 的默认取值为"XML"，表示客户端指定检索结果集的编码方式采用 XML。

"目录检索请求"的组成结构，如图 10 所示。

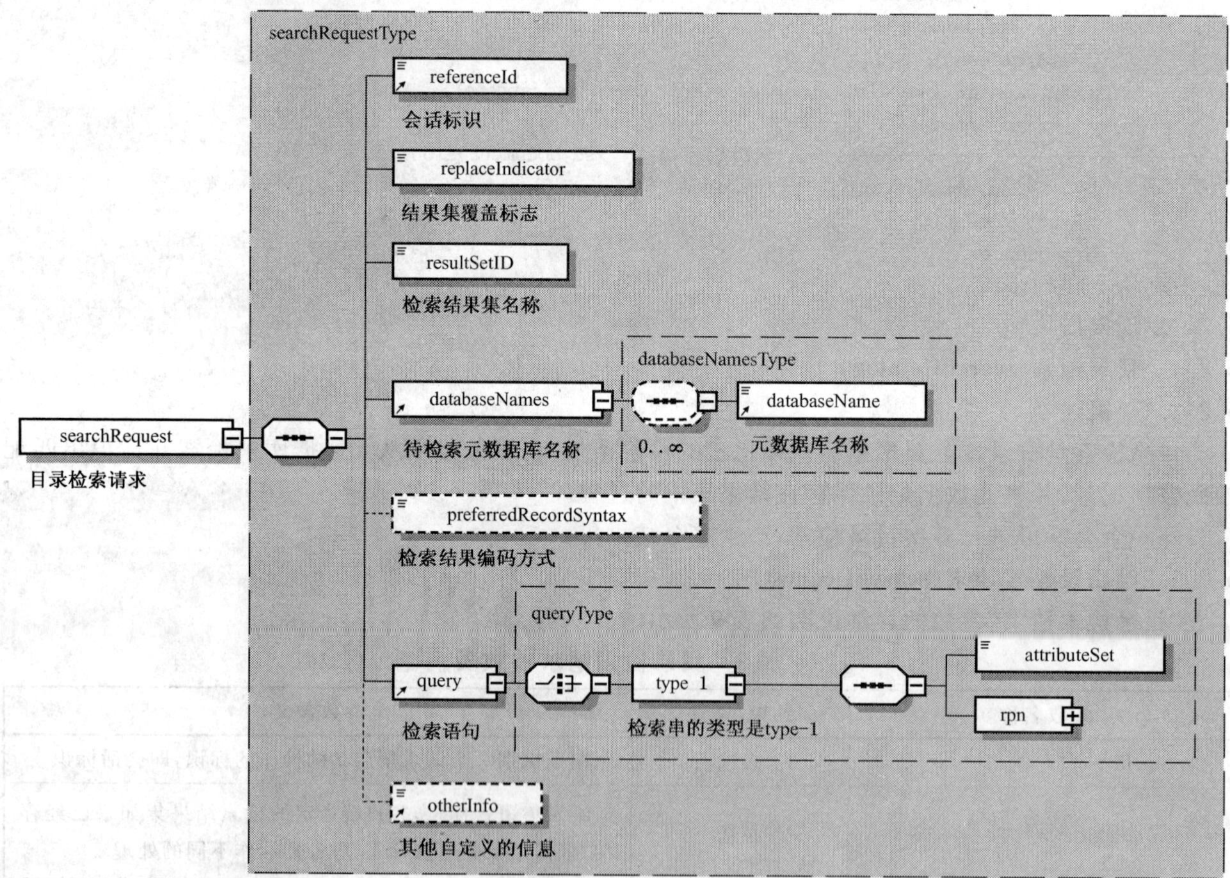

图 10 目录检索请求的模型图

"目录检索请求"的 XML Schema 定义片段如下（完整的 XML Schema 定义见附录 C）：

```
<! -- 类型标识符"SearchRequest"的定义 -->
<xsd:element name = "searchRequest" type = "searchRequestType">
    <xsd:annotation>
        <xsd:documentation>目录检索请求。</xsd:documentation>
    </xsd:annotation>
</xsd:element>
```

```
<xsd:complexType name="searchRequestType">
    <xsd:annotation>
        <xsd:documentation>目录检索请求的类型定义。</xsd:documentation>
    </xsd:annotation>
    <xsd:sequence>
        <xsd:element ref="referenceId"/>
        <xsd:element name="replaceIndicator" type="xsd:boolean">
            <xsd:annotation>
                <xsd:documentation>结果集覆盖标志</xsd:documentation>
            </xsd:annotation>
        </xsd:element>
        <xsd:element name="resultSetID" type="xsd:string">
            <xsd:annotation>
                <xsd:documentation>检索结果集名称</xsd:documentation>
            </xsd:annotation>
        </xsd:element>
        <xsd:element ref="databaseNames"/>
        <xsd:element name="preferredRecordSyntax" type="xsd:string" default="XML"
minOccurs="0">
            <xsd:annotation>
                <xsd:documentation>检索结果编码方式</xsd:documentation>
            </xsd:annotation>
        </xsd:element>
        <!-- preferredRecordSyntax 表示查询结果的编码方式。默认采用 XML 方式 -->
        <xsd:element ref="query"/>
        <xsd:element ref="otherInfo" minOccurs="0"/>
    </xsd:sequence>
</xsd:complexType>
```

"目录检索请求"中，复合型参数 databaseNames、query、rpn、operand、attributeList、operator 的说明如下：

a) 元数据库名称参数 databaseNames

表示由客户端指定待检索的一个或多个元数据库名称。该参数是复合型参数，包含一个或多个 databaseName 参数，用于封装一个或多个元数据库名称。参数 databaseNames 的具体内容如表 10 所示。

表 10 元数据库名称 databaseNames 参数表

参数名称	约束/条件	参数含义
databaseName	必选	表示由客户端指定待检索的一个或多个元数据库名称

目录检索请求中的"元数据库名称 databaseNames"的组成如图 11 所示：

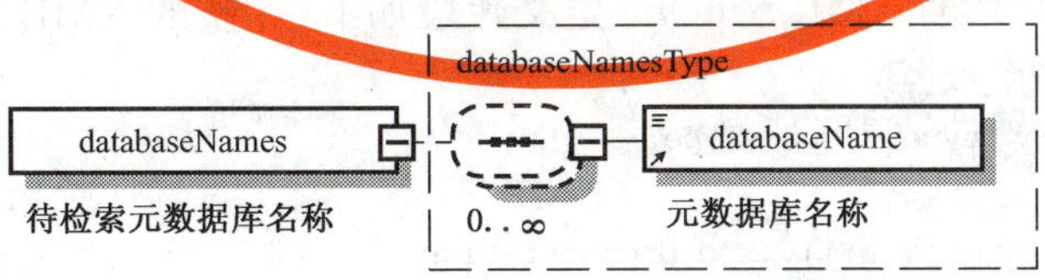

图 11 目录检索请求中"元数据库名称参数"的模型图

目录检索请求中"元数据库名称 databaseNames"的 XML Schema 定义片段如下（完整的 XML Schema 定义见附录 C）：

```
<!-- 类型标识符"databaseNames"的定义 -->
<xsd:element name="databaseNames" type="databaseNamesType">
    <xsd:annotation>
        <xsd:documentation>待检索元数据库名称</xsd:documentation>
    </xsd:annotation>
```

```
〈/xsd:element〉
〈xsd:complexType name = "databaseNamesType"〉
    〈xsd:sequence minOccurs = "0" maxOccurs = "unbounded"〉
        〈xsd:element ref = "databaseName"/〉
    〈/xsd:sequence〉
〈/xsd:complexType〉
〈xsd:element name = "databaseName" type = "databaseNameType"〉
    〈xsd:annotation〉
        〈xsd:documentation〉元数据库名称。〈/xsd:documentation〉
    〈/xsd:annotation〉
〈/xsd:element〉
〈xsd:simpleType name = "databaseNameType"〉
    〈xsd:annotation〉
        〈xsd:documentation〉元数据库名称的类型定义。〈/xsd:documentation〉
    〈/xsd:annotation〉
    〈xsd:restriction base = "xsd:string"/〉
〈/xsd:simpleType〉
```

b） 检索串参数 query

检索串参数 query 在检索请求中使用，以表达客户端的检索条件。具体示例，参见资料性附录 E 检索串示例。

检索串使用 type-1 型，采用“逆波兰表达式结构（Reverse Polish Notation）”。“检索串”的组成如图 12所示（折叠）。

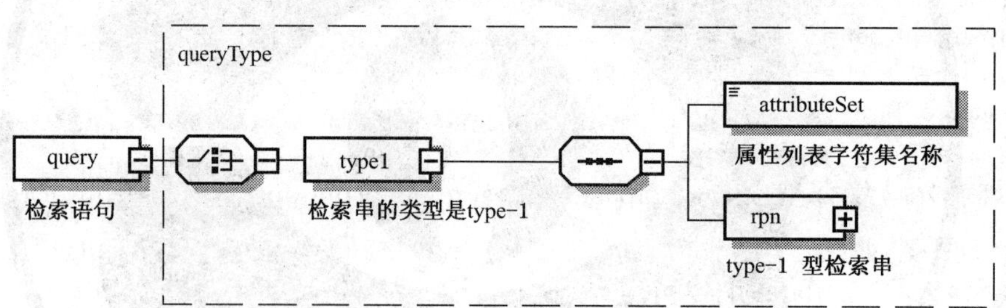

图 12 目录检索请求中“检索串参数”的模型图

目录检索请求中“检索串”的主要参数说明如下：

参数 rpn：表示一个采用“逆波兰表达式结构”的 type-1 型检索串，包括检索操作数和检索操作符等内容。

参数 attributeSet：表示检索串采用的属性列表字符集名称，固定取值为“地理信息目录服务属性集”。

目录检索请求中“检索串”的 XML Schema 定义片段如下（完整的 XML Schema 定义见附录 C）：

```
〈! -- 类型标识符"query"的定义 --〉
〈xsd:element name = "query" type = "queryType"〉
    〈xsd:annotation〉
        〈xsd:documentation〉检索语句〈/xsd:documentation〉
    〈/xsd:annotation〉
〈/xsd:element〉
〈xsd:complexType name = "queryType"〉
    〈xsd:choice〉
        〈xsd:element name = "type1"〉
            〈xsd:annotation〉
                〈xsd:documentation〉检索串的类型是 type-1〈/xsd:documentation〉
            〈/xsd:annotation〉
            〈xsd:complexType〉
                〈xsd:sequence〉
```

```
                〈xsd:element name="attributeSet" type="xsd:string" fixed="地理信息目录服务属性
集"〉
                    〈xsd:annotation〉
                        〈xsd:documentation〉属性列表字符集名称〈/xsd:documentation〉
                    〈/xsd:annotation〉
                〈/xsd:element〉
                〈xsd:element name="rpn" type="RPNQueryType"〉
                    〈xsd:annotation〉
                        〈xsd:documentation〉type-1 型检索串〈/xsd:documentation〉
                    〈/xsd:annotation〉
                〈/xsd:element〉
            〈/xsd:sequence〉
        〈/xsd:complexType〉
    〈/xsd:element〉
  〈/xsd:choice〉
〈/xsd:complexType〉
```

c) 检索串中的逆波兰检索表达式 rpn

参数 rpn 是采用“逆波兰表达式结构”的 type-1 型检索串，包含有一组或多组的检索操作数 operand 和检索操作符 operator。

检索串中的“逆波兰检索表达式”的组成如图 13 所示(折叠)。

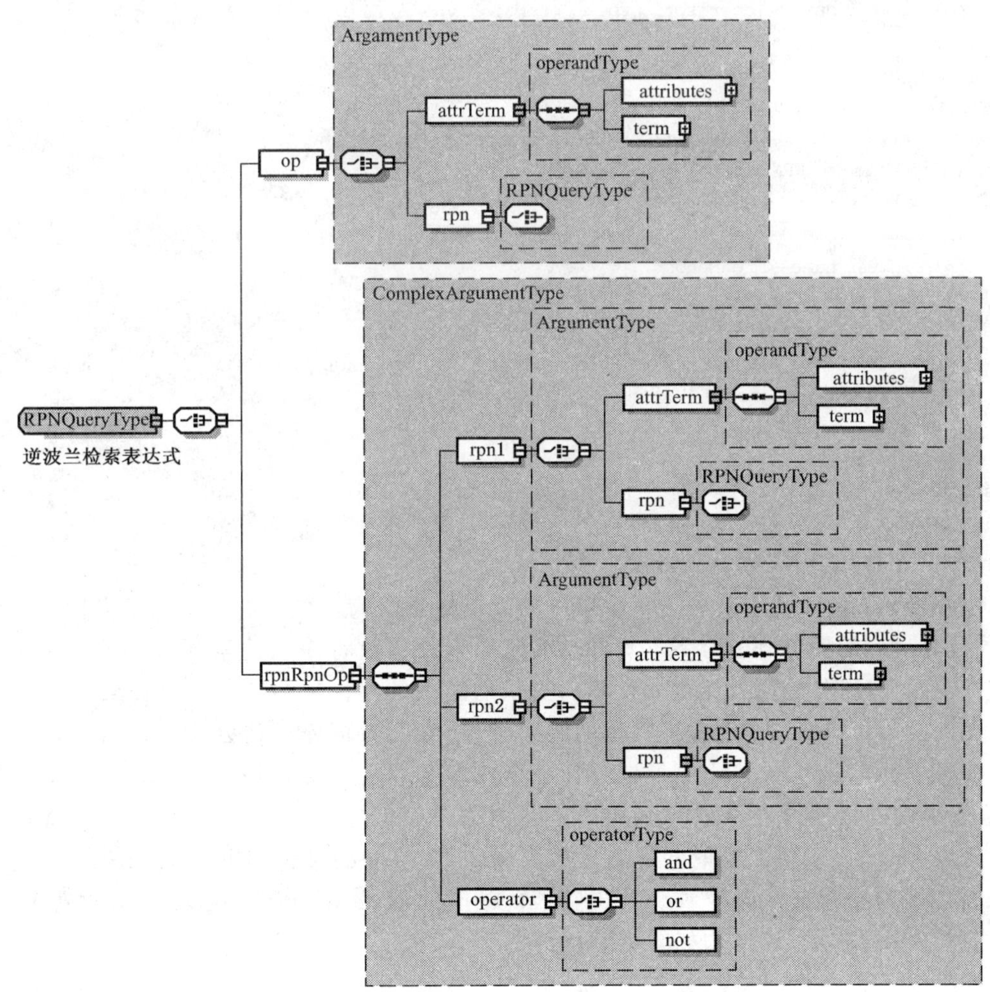

图 13 检索串中“逆波兰检索表达式”的模型图

检索串中的“逆波兰检索表达式”的XML Schema定义片段如下(完整的XML Schema定义见附录C):

```
〈! -- 类型标识符"RPNQueryType"的定义 --〉
〈xsd:complexType name = "RPNQueryType"〉
    〈xsd:annotation〉
        〈xsd:documentation〉逆波兰检索表达式。〈/xsd:documentation〉
    〈/xsd:annotation〉
    〈xsd:choice〉
        〈xsd:element name = "op" type = "ArgumentType"/〉
        〈xsd:element name = "rpnRpnOp" type = "ComplexArugmentType"/〉
    〈/xsd:choice〉
〈/xsd:complexType〉
〈xsd:complexType name = "ArgumentType"〉
    〈xsd:choice〉
        〈xsd:element name = "attrTerm" type = "operandType"/〉
        〈xsd:element name = "rpn" type = "RPNQueryType"/〉
    〈/xsd:choice〉
〈/xsd:complexType〉
〈xsd:complexType name = "ComplexArugmentType"〉
    〈xsd:sequence〉
        〈xsd:element name = "rpn1" type = "ArgumentType"/〉
        〈xsd:element name = "rpn2" type = "ArgumentType"/〉
        〈xsd:element name = "operator" type = "operatorType"/〉
    〈/xsd:sequence〉
〈/xsd:complexType〉
〈! -- 类型标识符"RPNStructure"的定义 --〉
〈xsd:element name = "RPNStructure" type = "RPNStructureType"/〉
〈xsd:complexType name = "RPNStructureType"〉
    〈xsd:choice〉
        〈xsd:element name = "operand" type = "operandType"/〉
        〈xsd:element name = "rpnRpnOp"〉
            〈xsd:complexType〉
                〈xsd:sequence〉
                    〈xsd:element name = "operator" type = "operatorType"/〉
                〈/xsd:sequence〉
            〈/xsd:complexType〉
        〈/xsd:element〉
    〈/xsd:choice〉
〈/xsd:complexType〉
```

d) 检索串中的检索操作数 operand

检索操作数参数 operand 用来表达一个单一的简单检索语句。单一的简单检索操作数包含有检索项参数 term 及其对应的属性列表参数 attributes,该检索操作数将应用检索项与元数据库中的各个属性进行匹配。在匹配过程中,需要施加属性集所提供的约束条件。

属性列表参数 attributes,用来提供具体的约束条件,指明数据库中待匹配的属性字段及其关系运算符。该参数属于复合类型 attributeList,包含一个或多个属性对 attributeElement,其结构和内容参见下面的“检索串中的属性列表 attributeList”说明。

检索项参数 term,表示待匹配的各种属性值。例如:待匹配的字符串 characterString、待匹配的数值 numeric、待匹配的元数据标识符 recordId、待匹配的时间值 dateTime、待匹配的字节流 general。

检索串中“检索操作数”的结构如图14所示:

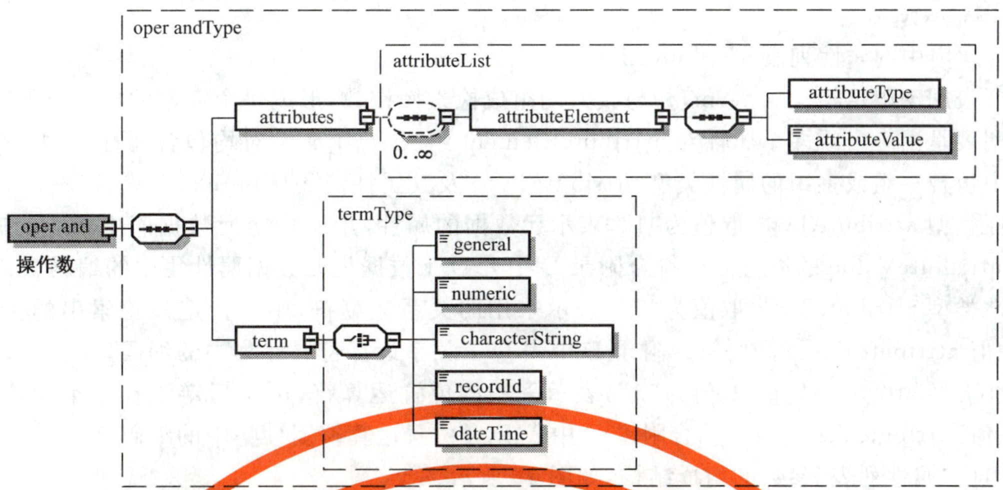

图 14 检索串中“检索操作数”的模型图

检索串中“检索操作数”的 XML Schema 定义片段如下(完整的 XML Schema 定义见附录 C):

```
<!-- 类型标识符"Operand"的定义 -->
<xsd:element name="operand" type="operandType">
    <xsd:annotation>
        <xsd:documentation>操作数。</xsd:documentation>
    </xsd:annotation>
</xsd:element>
<xsd:complexType name="operandType">
    <xsd:annotation>
        <xsd:documentation>操作数的类型定义。</xsd:documentation>
    </xsd:annotation>
    <xsd:sequence>
        <xsd:element name="attributes" type="attributeList"/>
        <xsd:element name="term" type="termType"/>
    </xsd:sequence>
</xsd:complexType>
<!-- 类型标识符"attributeList"的定义 -->
<xsd:complexType name="attributeList">
    <xsd:sequence minOccurs="0" maxOccurs="unbounded">
        <xsd:element name="attributeElement">
            <xsd:complexType>
                <xsd:sequence>
                    <xsd:element name="attributeType"/>
                    <xsd:element name="attributeValue" type="xsd:string"/>
                </xsd:sequence>
            </xsd:complexType>
        </xsd:element>
    </xsd:sequence>
</xsd:complexType>
<!-- 类型标识符"Term"的定义 -->
<xsd:complexType name="termType">
    <xsd:choice>
        <xsd:element name="general" type="xsd:hexBinary"/>
        <xsd:element name="numeric" type="xsd:integer"/>
        <xsd:element name="characterString" type="xsd:string"/>
        <xsd:element name="recordId" type="xsd:string"/>
        <xsd:element name="dateTime" type="generalizedTimeType"/>
    </xsd:choice>
```

```
</xsd:complexType>
```

e) 检索串中的属性列表 attributeList

属性列表用于限定检索项 term，并与其共同组成检索操作数，形成一个完整的检索语句。

属性列表是由一个或多个属性对 attributeElement 组成，每个属性对均包含属性类型和属性值，即属性列表中包含一组或多组的属性类型 attributeType 及其属性值 attributeValue。

当属性类型 attributeType 取值为"1"，表示元数据的属性，用于指定元数据库中相应的属性字段，其属性值 attributeValue 的取值需要符合附录 D 中表 D.1 数据集元数据属性集中的编码。

当属性类型 attributeType 取值为"2"，表示采用的关系运算符，用于指定该检索串的关系运算类型，其属性值 attributeValue 需要符合附录 D 中表 D.2 关系运算符属性集中的编码。

当属性类型 attributeType 取值为"3"，表示采用的位置运算符，用于指定该检索串的位置运算类型，其属性值 attributeValue 需要符合附录 D 中表 D.3 位置运算符属性集中的编码。

检索串中"属性列表"参数的组成结构，如图 15 所示。

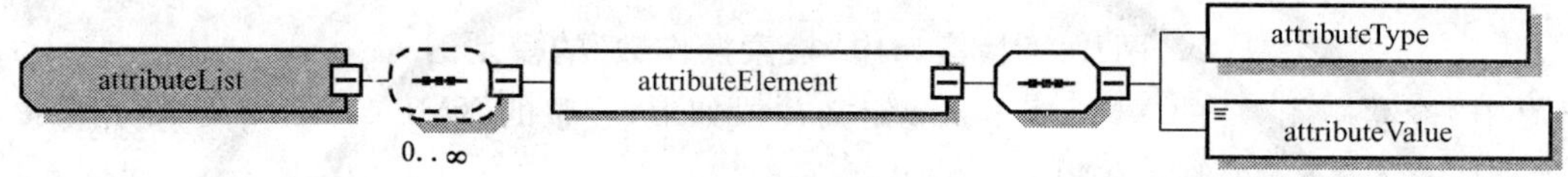

图 15 检索串中"属性列表"的模型图

检索串中"属性列表"的 XML Schema 如下(完整的 XML Schema 定义见附录 C)：

```
<xsd:complexType name = "attributeListType">
    <xsd:sequence minOccurs = "0" maxOccurs = "unbounded">
        <xsd:element ref = "AttributeElement"/>
    </xsd:sequence>
</xsd:complexType>
<xsd:element name = "AttributeElement" type = "attributeElementType"/>
<xsd:complexType name = "attributeElementType">
    <xsd:sequence>
        <xsd:element name = "attributeType" type = "xsd:integer"/>
        <xsd:element name = "attributeValue" type = "xsd:string"/>
    </xsd:sequence>
</xsd:complexType>
```

f) 检索串中的检索操作符 operator

检索操作符用来限定检索操作数所产生的结果，包含有 3 种逻辑运算符："与(AND)"运算，"或(OR)"运算，"非(NOT)"运算。

检索串中"检索操作符"的组成结构如图 16 所示。

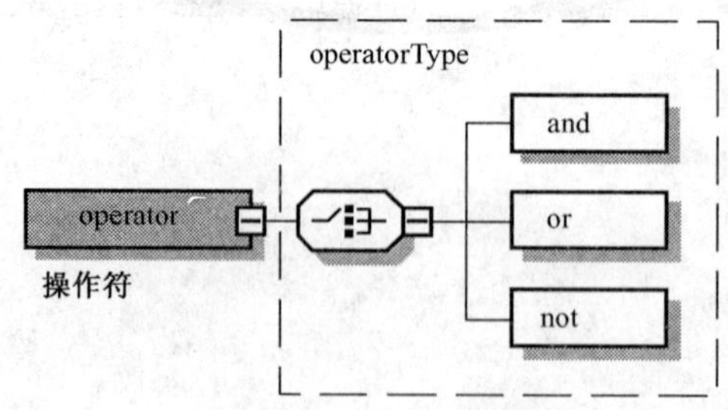

图 16 检索串中"检索操作符"的模型图

检索串中"检索操作符"的 XML Schema 如下(完整的 XML Schema 定义见附录 C)：

```
<! -- 类型标识符"Operator"的定义 -->
<xsd:element name = "operator" type = "operatorType">
```

```
    <xsd:annotation>
        <xsd:documentation>操作符。</xsd:documentation>
    </xsd:annotation>
</xsd:element>
<xsd:complexType name="operatorType">
    <xsd:annotation>
        <xsd:documentation>操作符的类型定义。</xsd:documentation>
    </xsd:annotation>
    <xsd:choice>
        <xsd:element name="and" type="NULLType"/>
        <xsd:element name="or" type="NULLType"/>
        <xsd:element name="not" type="NULLType"/>
    </xsd:choice>
</xsd:complexType>
```

5.2.1.3 目录检索响应(searchResponse)

接收到客户端的检索请求后，目录检索响应消息被服务器作为反馈目录检索结果及操作状态传给客户端。

目录检索响应的参数如表 11 所示。

表 11 目录检索响应参数表

参数名称	约束/条件	参数含义
referenceId[a]	必选	用于识别一个请求所启动的操作的标识，即会话标识
resultCount	必选	服务器端执行检索操作得到的命中记录数
searchStatus[b]	必选	服务器端返回的检索状态信息
otherInfo	可选	其他信息，用于客户端和服务器端传递自定义信息

a 参数 referenceId 表示的会话标识是由 a-z、A-Z、0-9 组成，其他字符无效。

b 参数 searchStatus 的取值为“success”表示检索成功，“failure”表示检索失败。

“目录检索响应”的组成结构如图 17 所示。

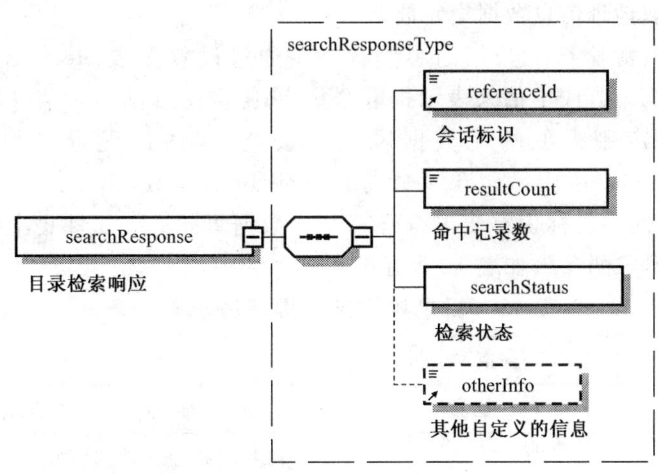

图 17 目录检索响应的模型图

目录检索响应消息的 XML Schema 定义片段如下(完整的 XML Schema 定义见附录 C)：

```
<! -- 类型标识符"SearchResponse"的定义-->
<xsd:element name="searchResponse"type="searchResponseType">
```

```
        <xsd:annotation>
            <xsd:documentation>目录检索响应。</xsd:documentation>
        </xsd:annotation>
    </xsd:element>
    <xsd:complexType name="searchResponseType">
        <xsd:annotation>
            <xsd:documentation>目录检索响应的类型定义。</xsd:documentation>
        </xsd:annotation>
        <xsd:sequence>
            <xsd:element ref="referenceId"/>
            <xsd:element name="resultCount" type="xsd:integer">
                <xsd:annotation>
                    <xsd:documentation>命中记录数</xsd:documentation>
                </xsd:annotation>
            </xsd:element>
            <xsd:element name="searchStatus">
                <xsd:annotation>
                    <xsd:documentation>检索状态</xsd:documentation>
                </xsd:annotation>
            </xsd:element>
            <!-- 参数 searchStatus 取值为“success”表示检索成功;“failure”表示检索失败 -->
            <xsd:element ref="otherInfo" minOccurs="0"/>
            <!-- 其他信息,用于客户端和服务器端传递自定义信息。一旦发生异常,使用本参数传递详细的异常
信息给客户端。-->
        </xsd:sequence>
    </xsd:complexType>
```

5.2.2 目录检索结果提取(presentCatalogue)

5.2.2.1 概述

目录检索仅标识符合检索条件的元数据记录,目录检索结果则由服务器端从结果集中提取并返回若干元数据记录给客户端。

5.2.2.2 目录检索结果提取请求(presentRequest)

目录检索结果提取时,有三种属性提取范围:

第一种是地理信息数据集元数据的提取。通过设置参数 elementSetName 中 genericElementSetName 参数的取值为“Brief”,提取地理信息数据集元数据。

第二种是地理信息资源全部元数据内容的提取。通过设置参数 elementSetName 中 genericElementSetName 的取值为“Full”或空值来表示提取全集,来提取全部的地理信息数据集元数据。

第三种是由客户端定制提取的元数据属性字段范围,通过设置参数 elementSetName 中的 elementSet参数。该 elementSet 参数包含一个或多个 element 参数,用来封装“待提取的元数据属性字段标识符”。该元数据属性字段标识符要求符合表 B.1 数据集元数据属性集中的编码。

目录检索结果提取请求的参数如表 12 所示。

表 12 目录检索结果提取请求参数表

参数名称	约束/条件	参数含义
referenceId[a]	必选	用于识别一个请求所启动的操作的标识,即会话标识
resultSetID[b]	必选	客户端指定提取元数据所属的结果集[c]
resultSetStartPoint	必选	客户端要求提取元数据位于结果集的位置
numberOfRecordsRequested	必选	客户端指定提取的元数据记录的数目
elementSetName[d,e,f]	必选	由客户端指定提取结果集的属性范围

表 12（续）

参数名称	约束/条件	参数含义
preferredRecordSyntax[g]	可选	客户端指定提取结果的编码方式
otherInfo	可选	其他信息，用于客户端和服务器端传递自定义信息

[a] 参数 referenceId 会话标识是由 a-z、A-Z、0-9 组成，其他字符无效。

[b] 对于参数 resultSetID，因可以进行多次检索操作后再提取操作，故需要客户端指定从哪个检索中间结果集中进行提取。

[c] 结果集中元数据记录的标识符是从"1"开始编号。

[d] 当参数 elementSetName 中的 genericElementSetName 参数取值为"Brief"，表示提取地理信息数据集元数据。

[e] 当参数 elementSetName 中的 genericElementSetName 参数取值为"Full"或取空值，均表示提取全部地理信息数据集元数据。

[f] 当参数 elementSetName 中的 elementSet 参数封装了一个或多个 element 参数时，表示是由客户端定制了待提取的一组元数据属性字段范围。

[g] 参数 preferredRecordSyntax 的默认取值为"XML"，表示客户端指定提取结果集的编码方式采用 XML。

"目录检索结果提取请求"的组成结构，如图 18 所示：

图 18　目录检索结果提取请求的模型图

目录检索结果提取请求消息的 XML Schema 定义片段如下（完整的 XML Schema 定义见附录 C）：

```
<!-- 类型标识符"PresentRequest"的定义 -->
<xsd:element name="presentRequest" type="presentRequestType">
    <xsd:annotation>
```

```
        <xsd:documentation>目录检索结果提取请求。</xsd:documentation>
      </xsd:annotation>
    </xsd:element>
    <xsd:complexType name="presentRequestType">
      <xsd:annotation>
        <xsd:documentation>目录检索结果提取请求的类型定义。</xsd:documentation>
      </xsd:annotation>
      <xsd:sequence>
          <xsd:element ref="referenceId"/>
          <xsd:element name="resultSetId" type="resultSetIdType">
            <xsd:annotation>
              <xsd:documentation>提取元数据所属的结果集</xsd:documentation>
            </xsd:annotation>
          </xsd:element>
          <xsd:element name="resultSetStartPoint" type="xsd:integer">
            <xsd:annotation>
              <xsd:documentation>提取元数据位于结果集的位置</xsd:documentation>
          </xsd:annotation>
        </xsd:element>
        <xsd:element name="numberOfRecordsRequested" type="xsd:integer">
          <xsd:annotation>
            <xsd:documentation>提取的元数据记录的数目</xsd:documentation>
          </xsd:annotation>
        </xsd:element>
        <xsd:element ref="elementSetName"/>
        <xsd:element name="preferredRecordSyntax" type="xsd:string" default="XML" minOccurs="0">
          <xsd:annotation>
            <xsd:documentation>提取结果的编码方式</xsd:documentation>
          </xsd:annotation>
        </xsd:element>
        <!--preferredRecordSyntax表示提取结果的编码方式。默认采用XML方式-->
        <xsd:element ref="otherInfo" minOccurs="0"/>
      </xsd:sequence>
    </xsd:complexType>
    <!--类型标识符"ElementSetName"的定义-->
    <xsd:element name="elementSetName" type="elementSetNameType">
      <xsd:annotation>
        <xsd:documentation>提取结果集的属性范围</xsd:documentation>
      </xsd:annotation>
    </xsd:element>
    <xsd:complexType name="elementSetNameType">
      <xsd:annotation>
        <xsd:documentation>元素集名称的类型定义。</xsd:documentation>
      </xsd:annotation>
      <xsd:choice>
        <xsd:element name="genericElementSetName" type="xsd:string">
          <xsd:annotation>
            <xsd:documentation>通用元素集名称</xsd:documentation>
          </xsd:annotation>
        </xsd:element>
        <xsd:element name="elementSet">
          <xsd:annotation>
            <xsd:documentation>定制元素集</xsd:documentation>
          </xsd:annotation>
          <xsd:complexType>
            <xsd:sequence>
```

```
            <xsd:element name="element" type="xsd:string" maxOccurs="unbounded">
                <xsd:annotation>
                    <xsd:documentation>元素名称</xsd:documentation>
                </xsd:annotation>
            </xsd:element>
        </xsd:sequence>
    </xsd:complexType>
</xsd:element>
</xsd:choice>
</xsd:complexType>
```

5.2.2.3 目录检索结果提取响应(presentResponse)

目录检索结果提取响应的参数如表 13 所示。

表 13 目录检索结果提取响应参数表

参数名称	约束/条件	参数含义
referenceId[a]	必选	用于识别一个请求所启动的操作的标识,即会话标识
numberOfRecordsReturned	必选	服务器端返回的元数据数目
presentStatus[b]	必选	服务器端返回的提取状态
records[c]	必选	服务器端返回的结果集
otherInfo	可选	其他信息,用于客户端和服务器端传递自定义信息

a 参数 referenceId 表示的会话标识是由 a-z、A-Z、0-9 组成,其他字符无效。

b 参数 presentStatus 的取值为"success"表示提取成功;"failure"表示提取失败。

c 参数 records 是复合型,详细说明见表 14 参数 singleRecord 的参数表。

"目录检索结果提取响应"的组成结构如图 19 所示。

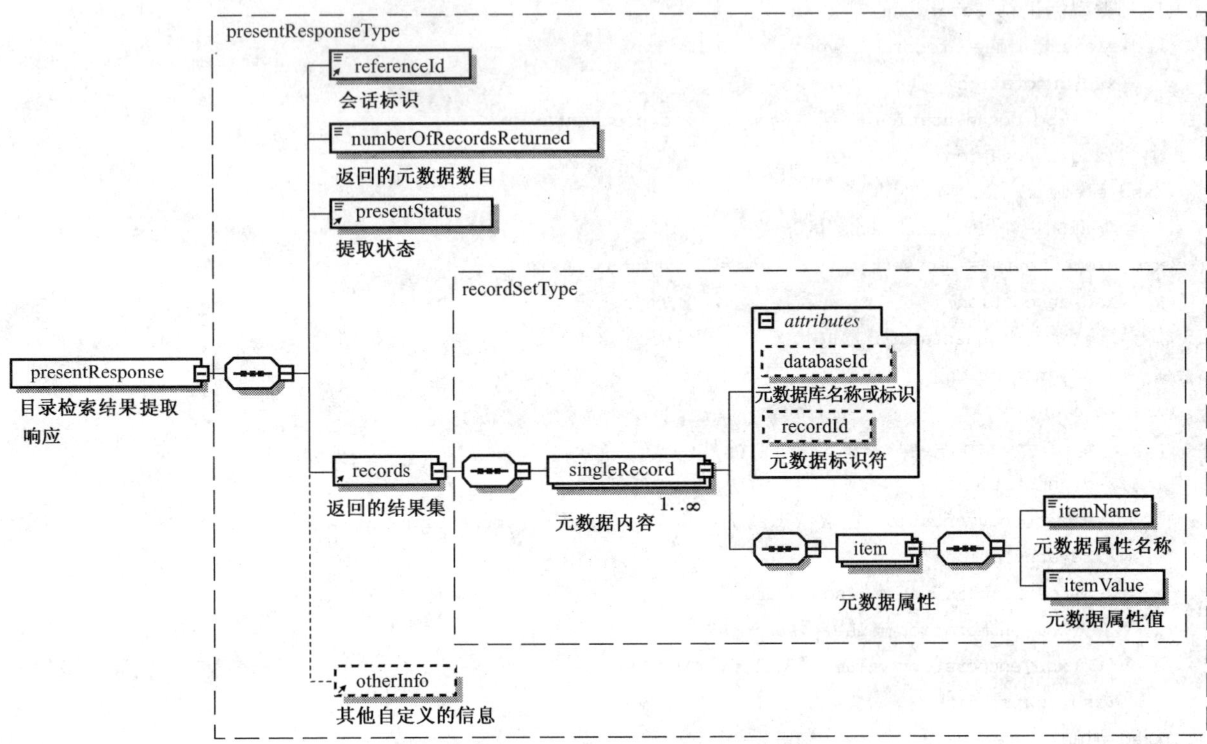

图 19 目录检索结果提取响应的模型图

“目录检索结果提取响应”的 XML Schema 定义片段如下(完整的 XML Schema 定义见附录 C):

```
<!-- 类型标识符"PresentResponse"的定义 -->
<xsd:element name="presentResponse" type="presentResponseType">
    <xsd:annotation>
        <xsd:documentation>目录检索结果提取响应。</xsd:documentation>
    </xsd:annotation>
</xsd:element>
<xsd:complexType name="presentResponseType">
    <xsd:annotation>
        <xsd:documentation>目录检索结果提取响应的类型定义。</xsd:documentation>
    </xsd:annotation>
    <xsd:sequence>
        <xsd:element ref="referenceId"/>
        <xsd:element name="numberOfRecordsReturned" type="xsd:integer">
            <xsd:annotation>
                <xsd:documentation>返回的元数据数目</xsd:documentation>
            </xsd:annotation>
        </xsd:element>
        <xsd:element ref="presentStatus"/>
        <!-- 参数 presentStatus 取值为“success”表示提取成功;“failure”表示提取失败。-->
        <xsd:element ref="records"/>
        <xsd:element ref="otherInfo" minOccurs="0"/>
        <!-- 其他信息,用于客户端和服务器端传递自定义信息。一旦发生异常,使用本参数传递详细的异常信息给客户端。-->
    </xsd:sequence>
</xsd:complexType>
<!-- 类型标识符"Records"的定义 -->
<xsd:element name="records" type="recordSetType">
    <xsd:annotation>
        <xsd:documentation>返回的结果集</xsd:documentation>
    </xsd:annotation>
</xsd:element>
<!-- 类型标识符"PresentStatus"的定义 -->
<xsd:element name="presentStatus" type="presentStatusType">
    <xsd:annotation>
        <xsd:documentation>提取状态。</xsd:documentation>
    </xsd:annotation>
</xsd:element>
<xsd:simpleType name="presentStatusType">
    <xsd:annotation>
        <xsd:documentation>提取状态的类型定义。</xsd:documentation>
    </xsd:annotation>
    <xsd:restriction base="xsd:string">
        <xsd:enumeration value="success"/>
        <xsd:enumeration value="failure"/>
    </xsd:restriction>
</xsd:simpleType>
```

目录检索结果提取响应中,复合型参数 records 包含了一组或多组参数 singleRecord,用于封装元数据内容。“目录检索结果提取响应”中,结果集参数 records 的详细说明如表 14 所示。

表 14　元数据记录 singleRecord 参数表

参数名称	约束/条件	参数含义
item[a]	必选	结果集中的元数据记录，包含有一组或多组元数据属性参数 itemName 和元数据属性值参数 itemValue
databaseId[b]	可选	表明目录检索结果提取的目标元数据库名称或标识
recordId	可选	服务器端返回的元数据标识符

[a] 提取的结果集是元数据时，参数 item 中元数据属性参数 itemName 取值要求符合本指导性技术文件中表 B.1 数据集元数据属性集中的编码。

[b] 参数 databaseId 用于核对由客户端指定检索的元数据库名称。

目录检索结果提取响应中"结果集"的组成结构，如图 20 所示：

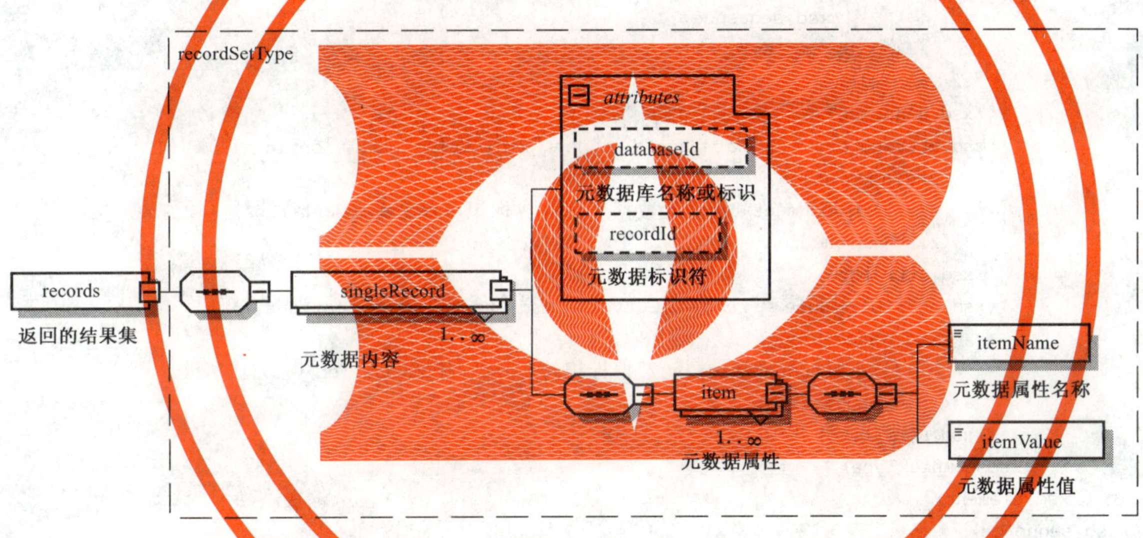

图 20　目录检索结果提取响应中"结果集参数"的模型图

目录检索结果提取响应中"结果集"的 XML Schema 定义如下：

```
〈xsd:element name="recordSet" type="recordSetType"〉
    〈xsd:annotation〉
        〈xsd:documentation〉记录集。〈/xsd:documentation〉
    〈/xsd:annotation〉
〈/xsd:element〉
〈xsd:complexType name="recordSetType"〉
    〈xsd:annotation〉
        〈xsd:documentation〉记录集的类型定义。〈/xsd:documentation〉
    〈/xsd:annotation〉
〈xsd:sequence〉
    〈xsd:element name="singleRecord" maxOccurs="unbounded"〉
        〈xsd:annotation〉
            〈xsd:documentation〉元数据内容〈/xsd:documentation〉
        〈/xsd:annotation〉
        〈xsd:complexType〉
```

```
        〈xsd:sequence〉
            〈xsd:element name = "item" maxOccurs = "unbounded"〉
                〈xsd:annotation〉
                    〈xsd:documentation〉元数据属性〈/xsd:documentation〉
                〈/xsd:annotation〉
                〈xsd:complexType〉
                    〈xsd:sequence〉
                        〈xsd:element name = "itemName" type = "xsd:string"〉
                            〈xsd:annotation〉
                                〈xsd:documentation〉元数据属性名称
〈/xsd:documentation〉
                            〈/xsd:annotation〉
                        〈/xsd:element〉
                        〈xsd:element name = "itemValue" type = "xsd:string"〉
                            〈xsd:annotation〉
                                〈xsd:documentation〉元数据属性值
〈/xsd:documentation〉
                            〈/xsd:annotation〉
                        〈/xsd:element〉
                    〈/xsd:sequence〉
                〈/xsd:complexType〉
            〈/xsd:element〉
        〈/xsd:sequence〉
        〈xsd:attribute name = "databaseId" type = "xsd:string" use = "optional"〉
            〈xsd:annotation〉
                〈xsd:documentation〉元数据库名称或标识〈/xsd:documentation〉
            〈/xsd:annotation〉
        〈/xsd:attribute〉
        〈xsd:attribute name = "recordId" type = "xsd:string" use = "optional"〉
            〈xsd:annotation〉
                〈xsd:documentation〉元数据标识符〈/xsd:documentation〉
            〈/xsd:annotation〉
        〈/xsd:attribute〉
    〈/xsd:complexType〉
  〈/xsd:element〉
〈/xsd:sequence〉
〈/xsd:complexType〉
```

5.3 管理接口

5.3.1 元数据管理(metadataManage)

5.3.1.1 概述

管理接口用于实现元数据的各种创建、删除和更新操作。

5.3.1.2 元数据管理请求(metadataManageRequest)

元数据管理请求参数的详细说明见如表 15 所示。

表 15 元数据管理请求参数表

参数名称	约束/条件	参数含义
referenceId[a]	必选	用于识别一个请求所启动的操作的标识,即会话标识
type	必选	用于指定进行元数据的各种管理操作。详细内容见表16“参数 type 的取值列表”
databaseName[b]	必选	由客户端指定执行元数据管理操作的目标元数据库名称

表 15（续）

参数名称	约束/条件	参数含义
recordId[c]	可选	待删除或待更新的元数据标识号。该元数据标识号用在元数据库中指定唯一的元数据。可以通过目录检索结果提取接口获取其响应消息，该响应中的结果集包含有唯一的元数据标识号
data[d]	可选	待创建或待更新的元数据内容，符合 XML 格式
otherInfo	可选	其他信息，用于客户端和服务器端传递自定义信息

a 参数 referenceId 表示的会话标识是由 a-z、A-Z、0-9 组成，其他字符无效。

b 参数 databaseName 是由于目录服务可以关联多个元数据库(所有目录服务支持的数据库信息均可通过服务自描述接口直接获取到客户端)，故需要客户端指定元数据库名称。

c 对于参数 recordId，当 type 值为 1 时，进行元数据插入操作，本参数不出现；当 type 值为 2、3 时，进行元数据删除或更新操作，本参数为必选参数。

d 对于参数 data，当 type 值为 1、3 时，进行元数据插入或更新操作，本参数为必选参数；当 type 值为 2 时，进行元数据删除操作，本参数不出现。

元数据管理请求中，操作类型参数 type 的取值如表 16 所示。

表 16　操作类型参数 type 取值列表

名　　称	取　值	含　　　义
创建元数据	1	用于表示该次请求是进行元数据导入操作
删除元数据	2	用于表示该次请求是进行元数据删除操作
更新元数据	3	用于表示该次请求是进行元数据更新操作

元数据管理请求元数据的创建、删除和更新时，使用到的参数有所不同：

a) 元数据创建操作仅使用到 referenceId、type、databaseName、data 参数；

b) 元数据删除操作仅使用到 referenceId、type、databaseName、recordId 参数；

c) 元数据更新操作仅使用到 referenceId、type、databaseName、recordId、data 参数。

元数据管理请求的组成结构如图 21 所示。

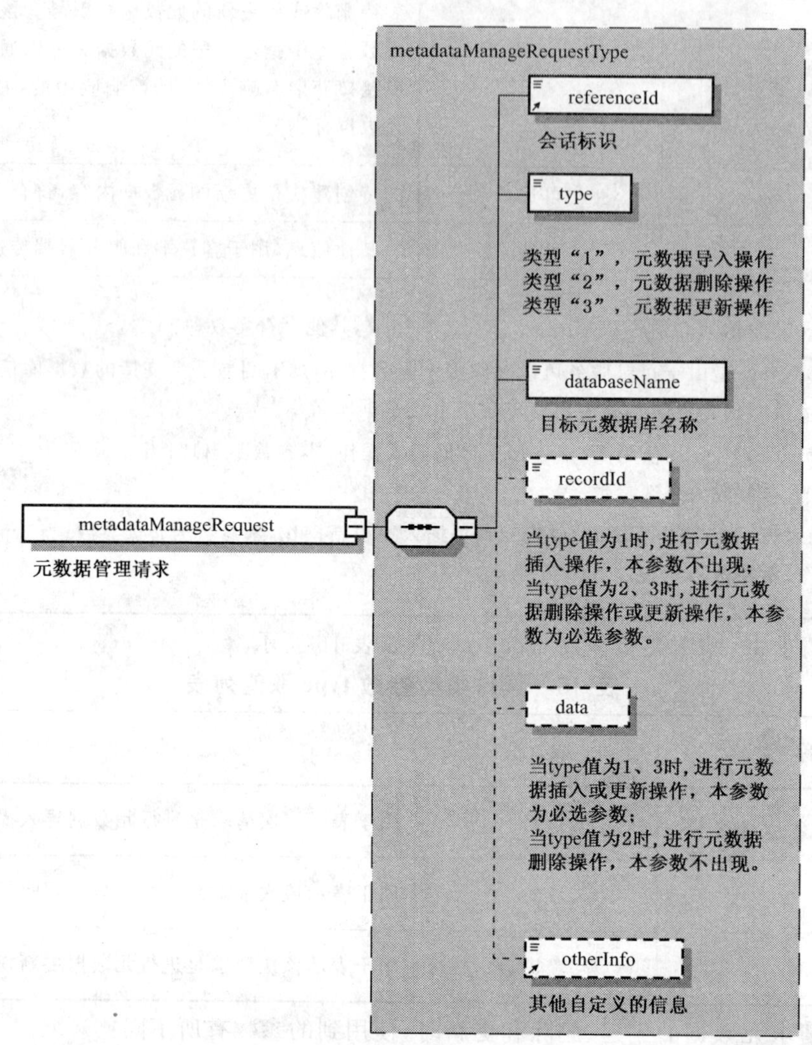

图 21　元数据管理请求的模型图

“元数据管理请求”的 XML Schema 定义片段如下(完整的 XML Schema 定义见附录 C)：

```
<!-- 类型标识符"metadataManageRequest"的定义 -->
<xsd:element name = "metadataManageRequest" type = "metadataManageRequestType">
    <xsd:annotation>
        <xsd:documentation>元数据管理请求。</xsd:documentation>
    </xsd:annotation>
</xsd:element>
<xsd:complexType name = "metadataManageRequestType">
    <xsd:annotation>
        <xsd:documentation>元数据管理请求的类型定义。</xsd:documentation>
    </xsd:annotation>
    <xsd:sequence>
        <xsd:element ref = "referenceId"/>
        <xsd:element name = "type" type = "xsd:int">
            <xsd:annotation>
```

```
            <xsd:documentation>
                类型"1",元数据导入操作
                类型"2",元数据删除操作
                类型"3",元数据更新操作
            </xsd:documentation>
        </xsd:annotation>
    </xsd:element>
    <xsd:element name="databaseName" type="xsd:string">
        <xsd:annotation>
            <xsd:documentation>目标元数据库名称</xsd:documentation>
        </xsd:annotation>
    </xsd:element>
    <xsd:element name="recordId" type="xsd:int" minOccurs="0">
        <xsd:annotation>
            <xsd:documentation>
                当type值为1时,进行元数据插入操作,本参数不出现;
                当type值为2、3时,进行元数据删除操作或更新操作,本参数为必选参数。
            </xsd:documentation>
        </xsd:annotation>
    </xsd:element>
    <xsd:element name="data" minOccurs="0">
        <xsd:annotation>
            <xsd:documentation>
                当type值为1、3时,进行元数据插入或更新操作,本参数为必选参数;
                当type值为2时,进行元数据删除操作,本参数不出现。
            </xsd:documentation>
        </xsd:annotation>
    </xsd:element>
    <xsd:element ref="otherInfo" minOccurs="0"/>
  </xsd:sequence>
</xsd:complexType>
```

5.3.1.3 元数据管理响应(**metadataManageResponse**)

服务器返回元数据管理响应消息来反馈执行元数据创建、删除、更新等操作的状态信息,将元数据的创建、删除或更新操作执行结果返回给客户端。元数据管理响应参数如表17所示。

表17 元数据管理响应参数表

参数名称	约束/条件	参数含义
referenceId	必选	用于识别一个请求所启动的操作的标识
operationStatus[a]	必选	由服务器端返回的元数据管理操作执行结果状态
operationType	可选	用来表示服务器端执行的元数据管理操作类型
otherInfo	可选	其他信息,用于客户端和服务器端传递自定义信息

[a] 参数 operationState 的取值为"success",表示执行元数据管理操作成功,取值为"failure",表示执行元数据管理操作失败。

"元数据管理响应"的组成结构如图22所示。

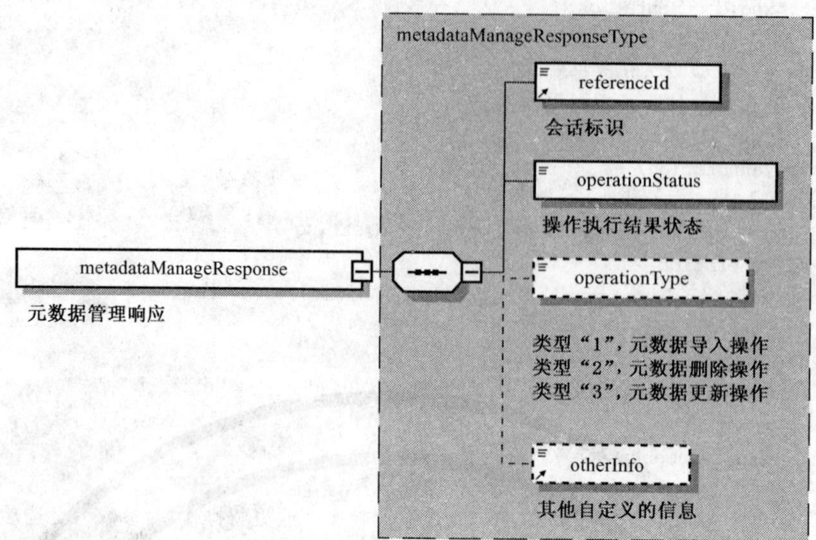

图 22　元数据管理响应的模型图

“元数据管理响应”的 XML Schema 定义片段如下(完整的 XML Schema 定义见附录 C)：

```
<!-- 类型标识符"metadataManageResponse"的定义 -->
<xsd:element name="metadataManageResponse" type="metadataManageResponseType">
    <xsd:annotation>
        <xsd:documentation>元数据管理响应。</xsd:documentation>
    </xsd:annotation>
</xsd:element>
<xsd:complexType name="metadataManageResponseType">
    <xsd:annotation>
        <xsd:documentation>元数据管理响应的类型定义。</xsd:documentation>
    </xsd:annotation>
    <xsd:sequence>
        <xsd:element ref="referenceId"/>
        <xsd:element name="operationStatus">
            <xsd:annotation>
                <xsd:documentation>操作执行结果状态</xsd:documentation>
            </xsd:annotation>
            <xsd:simpleType>
                <xsd:restriction base="xsd:string">
                    <xsd:enumeration value="success"/>
                    <xsd:enumeration value="failure"/>
                </xsd:restriction>
            </xsd:simpleType>
        </xsd:element>
        <xsd:element name="operationType" type="xsd:int" minOccurs="0">
            <xsd:annotation>
                <xsd:documentation>
                    类型“1”,元数据导入操作
                    类型“2”,元数据删除操作
                    类型“3”,元数据更新操作
                </xsd:documentation>
            </xsd:annotation>
        </xsd:element>
        <xsd:element ref="otherInfo" minOccurs="0"/>
        <!-- 其他信息,用于客户端和服务器端传递自定义信息。一旦发生异常,使用本参数传递详细的异常信息给客户端。-->
    </xsd:sequence>
</xsd:complexType>
```

附 录 A
（资料性附录）
与 ISO 23950:1998 的关系

ISO 23950:1998 是一个成熟的目录服务抽象协议，其实现协议包括 SRU、CIP 和 OGC 目录服务规范等，广泛应用于信息检索网络服务、卫星数据共享互联和地理信息共享等领域。

本指导性技术文件规定目录服务在功能模型与接口设置上与 ISO 23950:1998 及其实现协议基本一致，只需对接口和参数进行映射，即可实现互操作。本指导性技术文件与 ISO 23950:1998 及其实现协议的接口对应情况见表 A.1。

表 A.1 与 ISO 23950:1998 及其实现协议的接口对应

本指导性技术文件	ISO 23950:1998	SRU	CIP	OGC 目录服务规范
目录服务初始化	Initialization	无	Initialization	Session::initialize
目录服务终止	Termination	无	Termination	Session::close
服务自描述	Explain	Explain	Explain	OGC_Service::getCapabilities
目录检索	Search	Search/Retrieve	Search	Discovery::query
目录检索结果提取	Retrieval	Search/Retrieve	Retrieval	Discovery::present
元数据管理	DatabaseUpdate	Record Update	DatabaseUpdate	Manager::transaction

附 录 B
（规范性附录）
一致性测试要求

B.1 目录服务初始化响应

a) 测试目的:确认目录服务器满足所有目录服务初始化操作的要求。

b) 测试方法:使用各种输入参数进行若干次目录服务初始化请求,并确认在每种情况下服务器都能做出恰当的响应。

c) 引用:5.1.1

B.2 目录服务终止响应

a) 测试目的:确认目录服务器满足所有目录服务终止操作的要求。

b) 测试方法:使用各种输入参数进行若干次目录服务终止请求,并确认在每种情况下服务器都能做出恰当的响应。

c) 引用:5.1.2

B.3 目录服务自描述响应

a) 测试目的:确认目录服务器满足所有目录服务自描述操作的要求。

b) 测试方法:使用各种输入参数进行若干次目录服务自描述请求,并确认在每种情况下服务器都能做出恰当的响应。

c) 引用:5.1.3

B.4 目录检索响应

a) 测试目的:确认目录服务器满足所有目录检索操作的要求。

b) 测试方法:使用各种输入参数进行若干次目录检索请求,并确认在每种情况下服务器都能做出恰当的响应。

c) 引用:5.2.1

B.5 目录检索结果提取响应

a) 测试目的:确认目录服务器满足所有目录检索结果提取操作的要求。

b) 测试方法:使用各种输入参数进行若干次目录检索结果提取请求,并确认在每种情况下服务器都能做出恰当的响应。

c) 引用:5.2.2

B.6 元数据管理响应

a) 测试目的:确认目录服务器满足所有元数据管理操作的要求。

b) 测试方法:使用各种输入参数进行若干次元数据管理请求,并确认在每种情况下服务器都能做出恰当的响应。

c) 引用:5.3.1

附 录 C
（规范性附录）
目录服务接口 XML Schema 描述

```
<?xml version="1.0"encoding="GB 2312"?>
<xsd:schema xmlns:xsd="http://www.w3.org/2001/XMLSchema">
    <!-- 类型标识符"PDU" -->
    <xsd:element name="PDU" type="PDUType">
        <xsd:annotation>
            <xsd:documentation>协议数据单元。</xsd:documentation>
        </xsd:annotation>
    </xsd:element>
    <xsd:complexType name="PDUType">
        <xsd:annotation>
            <xsd:documentation>协议数据单元的定义。</xsd:documentation>
        </xsd:annotation>
        <xsd:choice>
            <xsd:element ref="initRequest"/>
            <xsd:element ref="initResponse"/>
            <xsd:element ref="catalogCapabilitiesRequest"/>
            <xsd:element ref="catalogCapabilitiesResponse"/>
            <xsd:element ref="searchRequest"/>
            <xsd:element ref="searchResponse"/>
            <xsd:element ref="presentRequest"/>
            <xsd:element ref="presentResponse"/>
            <xsd:element ref="metadataManageRequest"/>
            <xsd:element ref="metadataManageResponse"/>
            <xsd:element ref="closeRequest"/>
            <xsd:element ref="closeResponse"/>
        </xsd:choice>
    </xsd:complexType>
    <!-- 类型标识符"InitRequest"的定义 -->
    <xsd:element name="initRequest" type="initRequestType">
        <xsd:annotation>
            <xsd:documentation>目录服务初始化请求。</xsd:documentation>
        </xsd:annotation>
    </xsd:element>
    <xsd:complexType name="initRequestType">
        <xsd:annotation>
            <xsd:documentation>目录服务初始化请求的类型定义。</xsd:documentation>
        </xsd:annotation>
        <xsd:sequence>
            <xsd:element ref="protocolVersion"/>
            <xsd:element name="idAuthentication" minOccurs="0">
                <xsd:annotation>
                    <xsd:documentation>认证信息</xsd:documentation>
                </xsd:annotation>
            </xsd:element>
            <xsd:element name="implementationId" type="xsd:string" minOccurs="0">
                <xsd:annotation>
                    <xsd:documentation>客户端实现标识</xsd:documentation>
                </xsd:annotation>
            </xsd:element>
```

```
            <xsd:element name="implementationName" type="xsd:string" minOccurs="0">
                <xsd:annotation>
                    <xsd:documentation>客户端实现名称</xsd:documentation>
                </xsd:annotation>
            </xsd:element>
            <xsd:element name="implementationVersion"type="xsd:string"minOccurs="0">
                <xsd:annotation>
                    <xsd:documentation>客户端实现版本</xsd:documentation>
                </xsd:annotation>
            </xsd:element>
            <xsd:element ref="otherInfo"minOccurs="0"/>
        </xsd:sequence>
    </xsd:complex Type>
    <! -- 类型标识符 "ProtocolVersion" 的定义 -->
    <xsd:element name="protocolVersion" type="xsd:string" default="1">
        <xsd:annotation>
            <xsd:documentation>协议版本,本实现对应的协议版本</xsd:documentation>
        </xsd:annotation>
    </xsd:element>
    <! -- 类型标识符 "InitResponse"的定义 -->
    <xsd:element name="initResponse" type="initResponseType">
        <xsd:annotation>
            <xsd:documentation>目录服务初始化响应。</xsd:documentation>
        </xsd:annotation>
    </xsd:element>
    <xsd:complexType name="initResponseType">
        <xsd:annotation>
            <xsd:documentation>目录服务初始化响应的类型定义。</xsd:documentation>
        </xsd:annotation>
        <xsd:sequence>
            <xsd:element ref="referenceId"/>
            <! -- 参数 referenceId 是由 a-z、A-Z、0-9 组成,其他字符无效。-->
        <xsd:element ref="protocolVersion"/>
        <xsd:element name="result" type="xsd:boolean">
            <xsd:annotation>
                <xsd:documentation>会话建立结果</xsd:documentation>
            </xsd:annotation>
        </xsd:element>
        <! -- 参数 result 取值为布尔型。“true”表示建立会话成功;“false”表示建立会话失败,此时 referenceId
取为空。-->
        <xsd:element name="implementationId" type="xsd:string" minOccurs="0">
            <xsd:annotation>
                <xsd:documentation>服务端实现标识</xsd:documentation>
            </xsd:annotation>
        </xsd:element>
        <xsd:element name="implementationName" type="xsd:string" minOccurs="0">
            <xsd:annotation>
                <xsd:documentation>服务端实现名称</xsd:documentation>
            </xsd:annotation>
        </xsd:element>
        <xsd:element name="implementationVersion" type="xsd:string" minOccurs="0">
            <xsd:annotation>
                <xsd:documentation>服务端实现版本</xsd:documentation>
            </xsd:annotation>
        </xsd:element>
        <xsd:element ref="otherInfo" minOccurs="0"/>
```

```
        <!-- 其他信息,用于客户端和服务器端传递自定义信息。一旦发生异常,使用本参数传递详细的异常信息给客户端。-->
    </xsd:sequence>
</xsd:complexType>
<!-- 类型标识符"catalogCapabilitiesRequest"的定义 -->
<xsd:element name="catalogCapabilitiesRequest" type="catalogCapabilitiesRequestType">
    <xsd:annotation>
        <xsd:documentation>目录服务自描述请求。</xsd:documentation>
    </xsd:annotation>
</xsd:element>
<xsd:complexType name="catalogCapabilitiesRequestType">
    <xsd:annotation>
        <xsd:documentation>目录服务自描述请求的定义。</xsd:documentation>
    </xsd:annotation>
    <xsd:sequence>
        <xsd:element ref="referenceId"/>
        <xsd:element ref="otherInfo" minOccurs="0"/>
    </xsd:sequence>
</xsd:complexType>
<!-- 类型标识符"catalogCapabilitiesResponse"的定义 -->
<xsd:element name="catalogCapabilitiesResponse" type="catalogCapabilitiesResponseType">
    <xsd:annotation>
        <xsd:documentation>目录服务自描述响应。</xsd:documentation>
    </xsd:annotation>
</xsd:element>
<xsd:complexType name="catalogCapabilitiesResponseType">
    <xsd:annotation>
        <xsd:documentation>目录服务自描述响应的定义。</xsd:documentation>
    </xsd:annotation>
    <xsd:sequence>
        <xsd:element ref="referenceId"/>
        <xsd:element name="databaseList" type="databaseListType">
            <xsd:annotation>
                <xsd:documentation>元数据库列表</xsd:documentation>
            </xsd:annotation>
        </xsd:element>
        <xsd:element ref="options"/>
        <xsd:element name="serviceName" type="xsd:string" default="地理信息目录服务">
            <xsd:annotation>
                <xsd:documentation>服务名称</xsd:documentation>
            </xsd:annotation>
        </xsd:element>
        <xsd:element name="serviceAbstract" type="xsd:string">
            <xsd:annotation>
                <xsd:documentation>服务描述</xsd:documentation>
            </xsd:annotation>
        </xsd:element>
        <xsd:element name="serviceID" type="xsd:string">
            <xsd:annotation>
                <xsd:documentation>服务标识</xsd:documentation>
            </xsd:annotation>
        </xsd:element>
        <xsd:element name="serviceProvider" type="serviceProviderType" maxOccurs="unbounded">
            <xsd:annotation>
                <xsd:documentation>服务提供部门</xsd:documentation>
            </xsd:annotation>
```

```
            </xsd:element>
            <xsd:element name="serviceURL" type="xsd:string">
                <xsd:annotation>
                    <xsd:documentation>服务 URL</xsd:documentation>
                </xsd:annotation>
            </xsd:element>
                <xsd:element name="serviceType" type="xsd:string" fixed="CatalogService">
                    <xsd:annotation>
                        <xsd:documentation>服务类型</xsd:documentation>
                    </xsd:annotation>
                </xsd:element>
                <xsd:element ref="otherInfo" minOccurs="0"/>
        </xsd:sequence>
    </xsd:complexType>
    <xsd:complexType name="databaseListType">
        <xsd:annotation>
            <xsd:documentation>元数据库列表</xsd:documentation>
        </xsd:annotation>
        <xsd:sequence>
            <xsd:element name="database" type="databaseType" minOccurs="0" maxOccurs="unbounded">
                <xsd:annotation>
                    <xsd:documentation>元数据库</xsd:documentation>
                </xsd:annotation>
            </xsd:element>
        </xsd:sequence>
    </xsd:complexType>
    <xsd:complexType name="databaseType">
        <xsd:sequence>
            <xsd:element name="databaseId" type="xsd:string">
                <xsd:annotation>
                    <xsd:documentation>元数据库标识</xsd:documentation>
                </xsd:annotation>
            </xsd:element>
            <xsd:element name="databaseName" type="xsd:string">
                <xsd:annotation>
                    <xsd:documentation>元数据库名称</xsd:documentation>
                </xsd:annotation>
            </xsd:element>
            <xsd:element name="databaseDescribe" type="xsd:string">
                <xsd:annotation>
                    <xsd:documentation>元数据库描述</xsd:documentation>
                </xsd:annotation>
            </xsd:element>
        </xsd:sequence>
    </xsd:complexType>
    <!--类型标识符 "Options"的定义 -->
    <xsd:element name="options" type="optionsType">
        <xsd:annotation>
                <xsd:documentation>支持的功能。</xsd:documentation>
            </xsd:annotation>
        </xsd:element>
        <xsd:simpleType name="optionsType">
            <xsd:list itemType="facilitySupportedType"/>
        </xsd:simpleType>
        <xsd:simpleType name="facilitySupportedType">
            <xsd:restriction base="xsd:string">
```

```
        <xsd:enumeration value="init"/>
        <xsd:enumeration value="close"/>
        <xsd:enumeration value="capbilities"/>
        <xsd:enumeration value="search"/>
        <xsd:enumeration value="present"/>
        <xsd:enumeration value="metadataManage"/>
      </xsd:restriction>
    </xsd:simpleType>
    <xsd:complexType name="serviceProviderType">
      <xsd:annotation>
        <xsd:documentation>服务提供部门类型</xsd:documentation>
      </xsd:annotation>
      <xsd:sequence>
        <xsd:element ref="serviceProviderName"/>
      </xsd:sequence>
    </xsd:complexType>
    <xsd:element name="serviceProviderName" type="xsd:string">
      <xsd:annotation>
        <xsd:documentation>服务提供部门名称</xsd:documentation>
      </xsd:annotation>
    </xsd:element>
    <! -- 类型标识符"SearchRequest"的定义 -->
    <xsd:element name="searchRequest" type="searchRequestType">
      <xsd:annotation>
        <xsd:documentation>目录检索请求。</xsd:documentation>
      </xsd:annotation>
    </xsd:element>
    <xsd:complexType name="searchRequestType">
      <xsd:annotation>
        <xsd:documentation>目录检索请求的类型定义。</xsd:documentation>
      </xsd:annotation>
      <xsd:sequence>
        <xsd:element ref="referenceId"/>
        <xsd:element name="replaceIndicator" type="xsd:boolean">
          <xsd:annotation>
          <xsd:documentation>结果集覆盖标志</xsd:documentation>
        </xsd:annotation>
      </xsd:element>
      <xsd:element name="resultSetID" type="xsd:string">
        <xsd:annotation>
          <xsd:documentation>检索结果集名称</xsd:documentation>
        </xsd:annotation>
      </xsd:element>
      <xsd:element ref="databaseNames"/>
      <xsd:element name="preferredRecordSyntax" type="xsd:string" default="XML" minOccurs="0">
        <xsd:annotation>
          <xsd:documentation>检索结果编码方式</xsd:documentation>
        </xsd:annotation>
      </xsd:element>
      <! -- preferredRecordSyntax 表示查询结果的编码方式。默认采用 XML 方式 -->
      <xsd:element ref="query"/>
      <xsd:element ref="otherInfo" minOccurs="0"/>
    </xsd:sequence>
  </xsd:complexType>
  <! -- 类型标识符"SearchResponse"的定义 -->
  <xsd:element name="searchResponse" type="searchResponseType">
```

```
        〈xsd:annotation〉
            〈xsd:documentation〉目录检索响应。〈/xsd:documentation〉
        〈/xsd:annotation〉
    〈/xsd:element〉
    〈xsd:complexType name = "searchResponseType"〉
        〈xsd:annotation〉
            〈xsd:documentation〉目录检索响应的类型定义。〈/xsd:documentation〉
        〈/xsd:annotation〉
        〈xsd:sequence〉
            〈xsd:element ref = "referenceId"/〉
            〈xsd:element name = "resultCount" type = "xsd:integer"〉
                〈xsd:annotation〉
                    〈xsd:documentation〉命中记录数〈/xsd:documentation〉
                〈/xsd:annotation〉
            〈/xsd:element〉
            〈xsd:element name = "searchStatus"〉
                〈xsd:annotation〉
                    〈xsd:documentation〉检索状态〈/xsd:documentation〉
                〈/xsd:annotation〉
            〈/xsd:element〉
            〈! -- 参数 searchStatus 取值为“success”表示检索成功;“failure”表示检索失败 --〉
            〈xsd:element ref = "otherInfo" minOccurs = "0"/〉
            〈! -- 其他信息,用于客户端和服务器端传递自定义信息。一旦发生异常,使用本参数传递详细的异常信息
给客户端。--〉
        〈/xsd:sequence〉
    〈/xsd:complexType〉
    〈! -- 类型标识符"databaseNames"的定义 --〉
    〈xsd:element name = "databaseNames" type = "databaseNamesType"〉
        〈xsd:annotation〉
            〈xsd:documentation〉待检索元数据库名称〈/xsd:documentation〉
        〈/xsd:annotation〉
    〈/xsd:element〉
    〈xsd:complexType name = "databaseNamesType"〉
        〈xsd:sequence minOccurs = "0" maxOccurs = "unbounded"〉
            〈xsd:element ref = "databaseName"/〉
        〈/xsd:sequence〉
    〈/xsd:complexType〉
    〈xsd:element name = "databaseName" type = "databaseNameType"〉
        〈xsd:annotation〉
            〈xsd:documentation〉元数据库名称。〈/xsd:documentation〉
        〈/xsd:annotation〉
    〈/xsd:element〉
    〈xsd:simpleType name = "databaseNameType"〉
        〈xsd:annotation〉
            〈xsd:documentation〉元数据库名称的类型定义。〈/xsd:documentation〉
        〈/xsd:annotation〉
        〈xsd:restriction base = "xsd:string"/〉
    〈/xsd:simpleType〉
    〈! -- 类型标识符"Query"的定义 --〉
    〈xsd:element name = "query" type = "queryType"〉
        〈xsd:annotation〉
            〈xsd:documentation〉检索语句〈/xsd:documentation〉
        〈/xsd:annotation〉
    〈/xsd:element〉
    〈xsd:complexType name = "queryType"〉
        〈xsd:choice〉
```

```
        <xsd:element name = "type1">
            <xsd:annotation>
                <xsd:documentation>检索串的类型是 type-1</xsd:documentation>
            </xsd:annotation>
            <xsd:complexType>
                <xsd:sequence>
                    <xsd:element name = "attributeSet" type = "xsd:string" fixed = "地理信息目录服务属性集">
                        <xsd:annotation>
                            <xsd:documentation>属性列表字符集名称</xsd:documentation>
                        </xsd:annotation>
                    </xsd:element>
                    <xsd:element name = "rpn" type = "RPNQueryType">
                        <xsd:annotation>
                            <xsd:documentation>type-1 型检索串</xsd:documentation>
                        </xsd:annotation>
                    </xsd:element>
                </xsd:sequence>
            </xsd:complexType>
        </xsd:element>
    </xsd:choice>
</xsd:complexType>
<! -- 类型标识符"RPNQueryType"的定义 -->
<xsd:complexType name = "RPNQueryType">
    <xsd:annotation>
        <xsd:documentation>逆波兰检索表达式。</xsd:documentation>
    </xsd:annotation>
    <xsd:choice>
        <xsd:element name = "op" type = "ArgumentType"/>
        <xsd:element name = "rpnRpnOp" type = "ComplexArugmentType"/>
    </xsd:choice>
</xsd:complexType>
<xsd:complexType name = "ArgumentType">
    <xsd:choice>
        <xsd:element name = "attrTerm" type = "operandType"/>
        <xsd:element name = "rpn" type = "RPNQueryType"/>
    </xsd:choice>
</xsd:complexType>
<xsd:complexType name = "ComplexArugmentType">
    <xsd:sequence>
        <xsd:element name = "rpn1" type = "ArgumentType"/>
        <xsd:element name = "rpn2" type = "ArgumentType"/>
        <xsd:element name = "operator" type = "operatorType"/>
    </xsd:sequence>
</xsd:complexType>
<! -- 类型标识符"RPNStructure"的定义 -->
<xsd:element name = "RPNStructure" type = "RPNStructureType"/>
<xsd:complexType name = "RPNStructureType">
    <xsd:choice>
        <xsd:element name = "operand" type = "operandType"/>
        <xsd:element name = "rpnRpnOp">
                <xsd:complexType>
                    <xsd:sequence>
                        <xsd:element name = "operator" type = "operatorType"/>
                    </xsd:sequence>
                </xsd:complexType>
```

```
        </xsd:element>
    </xsd:choice>
</xsd:complexType>
<!-- 类型标识符"Operand"的定义 -->
<xsd:element name="operand" type="operandType">
    <xsd:annotation>
        <xsd:documentation>操作数。</xsd:documentation>
    </xsd:annotation>
</xsd:element>
<xsd:complexType name="operandType">
    <xsd:annotation>
        <xsd:documentation>操作数的类型定义。</xsd:documentation>
    </xsd:annotation>
    <xsd:sequence>
        <xsd:element name="attributes" type="attributeList"/>
        <xsd:element name="term" type="termType"/>
    </xsd:sequence>
</xsd:complexType>
<!-- 类型标识符"attributeList"的定义 -->
<xsd:complexType name="attributeList">
    <xsd:sequence minOccurs="0" maxOccurs="unbounded">
        <xsd:element name="attributeElement">
            <xsd:complexType>
                <xsd:sequence>
                    <xsd:element name="attributeType"/>
                    <xsd:element name="attributeValue" type="xsd:string"/>
                </xsd:sequence>
            </xsd:complexType>
        </xsd:element>
    </xsd:sequence>
</xsd:complexType>
<!-- 类型标识符"Term"的定义 -->
<xsd:complexType name="termType">
    <xsd:choice>
        <xsd:element name="general" type="xsd:hexBinary"/>
        <xsd:element name="numeric" type="xsd:integer"/>
        <xsd:element name="characterString" type="xsd:string"/>
        <xsd:element name="recordId" type="xsd:string"/>
        <xsd:element name="dateTime" type="generalizedTimeType"/>
    </xsd:choice>
</xsd:complexType>
<!-- 类型标识符"Operator"的定义 -->
<xsd:element name="operator" type="operatorType">
    <xsd:annotation>
        <xsd:documentation>操作符。</xsd:documentation>
    </xsd:annotation>
</xsd:element>
<xsd:complexType name="operatorType">
    <xsd:annotation>
        <xsd:documentation>操作符的类型定义。</xsd:documentation>
    </xsd:annotation>
    <xsd:choice>
        <xsd:element name="and" type="NullType"/>
        <xsd:element name="or" type="NullType"/>
        <xsd:element name="not" type="NullType"/>
    </xsd:choice>
```

```
</xsd:complexType>
<xsd:complexType name="NullType">
    <xsd:annotation>
        <xsd:documentation>抽象类型。表示元素出现即可,没有取值。</xsd:documentation>
    </xsd:annotation>
</xsd:complexType>
<!-- 类型标识符"PresentRequest"的定义 -->
<xsd:element name="presentRequest" type="presentRequestType">
    <xsd:annotation>
        <xsd:documentation>目录检索结果提取请求。</xsd:documentation>
    </xsd:annotation>
</xsd:element>
<xsd:complexType name="presentRequestType">
    <xsd:annotation>
        <xsd:documentation>目录检索结果提取请求的类型定义。</xsd:documentation>
    </xsd:annotation>
    <xsd:sequence>
        <xsd:element ref="referenceId"/>
        <xsd:element name="resultSetId" type="resultSetIdType">
            <xsd:annotation>
                <xsd:documentation>提取元数据所属的结果集</xsd:documentation>
            </xsd:annotation>
        </xsd:element>
        <xsd:element name="resultSetStartPoint" type="xsd:integer">
            <xsd:annotation>
                <xsd:documentation>提取元数据位于结果集的位置</xsd:documentation>
            </xsd:annotation>
        </xsd:element>
        <xsd:element name="numberOfRecordsRequested" type="xsd:integer">
            <xsd:annotation>
                <xsd:documentation>提取的元数据记录的数目</xsd:documentation>
            </xsd:annotation>
        </xsd:element>
        <xsd:element ref="elementSetName"/>
        <xsd:element name="preferredRecordSyntax" type="xsd:string"default="XML"minOccurs="0">
            <xsd:annotation>
                <xsd:documentation>提取结果的编码方式</xsd:documentation>
            </xsd:annotation>
        </xsd:element>
        <!-- preferredRecordSyntax 表示提取结果的编码方式。默认采用 XML 方式 -->
        <xsd:element ref="otherInfo" minOccurs="0"/>
    </xsd:sequence>
</xsd:complexType>
<!-- 类型标识符"ElementSetName"的定义 -->
<xsd:element name="elementSetName" type="elementSetNameType">
    <xsd:annotation>
        <xsd:documentation>提取结果集的属性范围</xsd:documentation>
    </xsd:annotation>
</xsd:element>
<xsd:complexType name="elementSetNameType">
    <xsd:annotation>
        <xsd:documentation>元素集名称的类型定义。</xsd:documentation>
```

```
        </xsd:annotation>
        <xsd:choice>
            <xsd:element name="genericElementSetName" type="xsd:string">
                <xsd:annotation>
                    <xsd:documentation>通用元素集名称</xsd:documentation>
                </xsd:annotation>
            </xsd:element>
            <xsd:element name="elementSet">
                <xsd:annotation>
                    <xsd:documentation>定制元素集</xsd:documentation>
                </xsd:annotation>
                <xsd:complexType>
                    <xsd:sequence>
                        <xsd:element name="element" type="xsd:string" maxOccurs="unbounded">
                              <xsd:annotation>
                            <xsd:documentation>元素名称</xsd:documentation>
                        </xsd:annotation>
                    </xsd:element>
                </xsd:sequence>
            </xsd:complexType>
        </xsd:element>
    </xsd:choice>
</xsd:complexType>
<!-- 类型标识符"PresentResponse"的定义 -->
<xsd:element name="presentResponse" type="presentResponseType">
    <xsd:annotation>
        <xsd:documentation>目录检索结果提取响应。</xsd:documentation>
    </xsd:annotation>
</xsd:element>
<xsd:complexType name="presentResponseType">
    <xsd:annotation>
        <xsd:documentation>目录检索结果提取响应的类型定义。</xsd:documentation>
    </xsd:annotation>
    <xsd:sequence>
        <xsd:element ref="referenceId"/>
        <xsd:element name="numberOfRecordsReturned" type="xsd:integer">
            <xsd:annotation>
                <xsd:documentation>返回的元数据数目</xsd:documentation>
            </xsd:annotation>
        </xsd:element>
        <xsd:element ref="presentStatus"/>
        <!-- 参数 presentStatus 取值为“success”表示提取成功;“failure”表示提取失败。-->
        <xsd:element ref="records"/>
        <xsd:element ref="otherInfo" minOccurs="0"/>
        <!-- 其他信息,用于客户端和服务器端传递自定义信息。一旦发生异常,使用本参数传递详细的异常信息给客户端。-->
    </xsd:sequence>
</xsd:complexType>
<!-- 类型标识符"Records"的定义 -->
```

```
<xsd:element name="records" type="recordSetType">
    <xsd:annotation>
        <xsd:documentation>返回的结果集</xsd:documentation>
    </xsd:annotation>
</xsd:element>
<!-- 类型标识符"PresentStatus"的定义 -->
<xsd:element name="presentStatus" type="presentStatusType">
    <xsd:annotation>
        <xsd:documentation>提取状态。</xsd:documentation>
    </xsd:annotation>
</xsd:element>
<xsd:simpleType name="presentStatusType">
    <xsd:annotation>
        <xsd:documentation>提取状态的类型定义。</xsd:documentation>
    </xsd:annotation>
    <xsd:restriction base="xsd:string">
        <xsd:enumeration value="success"/>
        <xsd:enumeration value="failure"/>
    </xsd:restriction>
</xsd:simpleType>
<!-- 类型标识符"metadataManageRequest"的定义 -->
<xsd:element name="metadataManageRequest" type="metadataManageRequestType">
    <xsd:annotation>
        <xsd:documentation>元数据管理请求。</xsd:documentation>
    </xsd:annotation>
</xsd:element>
<xsd:complexType name="metadataManageRequestType">
    <xsd:annotation>
        <xsd:documentation>元数据管理请求的类型定义。</xsd:documentation>
    </xsd:annotation>
    <xsd:sequence>
        <xsd:element ref="referenceId"/>
        <xsd:element name="type" type="xsd:int">
            <xsd:annotation>
                <xsd:documentation>
                    类型“1”,元数据导入操作
                    类型“2”,元数据删除操作
                    类型“3”,元数据更新操作
                </xsd:documentation>
            </xsd:annotation>
        </xsd:element>
        <xsd:element name="databaseName" type="xsd:string">
            <xsd:annotation>
                <xsd:documentation>目标元数据库名称</xsd:documentation>
            </xsd:annotation>
        </xsd:element>
        <xsd:element name="recordId" type="xsd:int" minOccurs="0">
            <xsd:annotation>
                <xsd:documentation>
```

```
                当 type 值为 1 时，进行元数据插入操作，本参数不出现；
                当 type 值为 2、3 时，进行元数据删除操作或更新操作，本参数为必选参数。
            </xsd:documentation>
                </xsd:annotation>
        </xsd:element>
        <xsd:element name="data" minOccurs="0">
            <xsd:annotation>
                <xsd:documentation>
                    当 type 值为 1、3 时，进行元数据插入或更新操作，本参数为必选参数；
                    当 type 值为 2 时，进行元数据删除操作操作，本参数不出现。
                </xsd:documentation>
            </xsd:annotation>
        </xsd:element>
        <xsd:element ref="otherInfo" minOccurs="0"/>
    </xsd:sequence>
</xsd:complexType>
<!-- 类型标识符"metadataManageResponse"的定义 -->
<xsd:element name="metadataManageResponse" type="metadataManageResponseType">
    <xsd:annotation>
        <xsd:documentation>元数据管理响应。</xsd:documentation>
    </xsd:annotation>
</xsd:element>
<xsd:complexType name="metadataManageResponseType">
    <xsd:annotation>
        <xsd:documentation>元数据管理响应的类型定义。</xsd:documentation>
    </xsd:annotation>
    <xsd:sequence>
        <xsd:element ref="referenceId"/>
        <xsd:element name="operationStatus">
            <xsd:annotation>
                <xsd:documentation>操作执行结果状态</xsd:documentation>
            </xsd:annotation>
            <xsd:simpleType>
                <xsd:restriction base="xsd:string">
                    <xsd:enumeration value="success"/>
                    <xsd:enumeration value="failure"/>
                </xsd:restriction>
            </xsd:simpleType>
        </xsd:element>
        <xsd:element name="operationType" type="xsd:int" minOccurs="0">
            <xsd:annotation>
                <xsd:documentation>
                    类型"1"，元数据导入操作
                    类型"2"，元数据删除操作
                    类型"3"，元数据更新操作
                </xsd:documentation>
            </xsd:annotation>
        </xsd:element>
        <xsd:element ref="otherInfo" minOccurs="0"/>
```

```
〈! -- 其他信息，用于客户端和服务器端传递自定义信息。一旦发生异常，使用本参数传递详细的异常信息给客户端。--〉
    〈/xsd:sequence〉
〈/xsd:complexType〉
〈! -- 类型标识符"generalizedTimeType"的定义 --〉
〈xsd:simpleType name = "generalizedTimeType"〉
    〈xsd:restriction base = "xsd:string"/〉
〈/xsd:simpleType〉
〈! -- 类型标识符"closeRequest"的定义 --〉
〈xsd:element name = "closeRequest" type = "closeRequestType"〉
    〈xsd:annotation〉
        〈xsd:documentation〉目录服务终止请求。〈/xsd:documentation〉
    〈/xsd:annotation〉
〈/xsd:element〉
〈xsd:complexType name = "closeRequestType"〉
    〈xsd:annotation〉
        〈xsd:documentation〉目录服务终止请求的定义。〈/xsd:documentation〉
    〈/xsd:annotation〉
    〈xsd:sequence〉
        〈xsd:element ref = "referenceId"/〉
        〈xsd:element name = "closeReason" type = "xsd:string" minOccurs = "0"〉
            〈xsd:annotation〉
                〈xsd:documentation〉终止原因〈/xsd:documentation〉
            〈/xsd:annotation〉
        〈/xsd:element〉
        〈xsd:element ref = "otherInfo" minOccurs = "0"/〉
    〈/xsd:sequence〉
〈/xsd:complexType〉
〈! -- 类型标识符"closeResponse"的定义 --〉
〈xsd:element name = "closeResponse" type = "closeResponseType"〉
    〈xsd:annotation〉
        〈xsd:documentation〉目录服务终止响应。〈/xsd:documentation〉
    〈/xsd:annotation〉
〈/xsd:element〉
〈xsd:complexType name = "closeResponseType"〉
    〈xsd:annotation〉
        〈xsd:documentation〉目录服务终止响应的定义。〈/xsd:documentation〉
    〈/xsd:annotation〉
    〈xsd:sequence〉
        〈xsd:element name = "closeStatus" type = "xsd:string" minOccurs = "0"〉
            〈xsd:annotation〉
                〈xsd:documentation〉终止会话状态〈/xsd:documentation〉
            〈/xsd:annotation〉
        〈/xsd:element〉
        〈! -- 参数 closeStatus 取值为"success"表示关闭会话成功;"failure"表示关闭会话失败 --〉
    〈/xsd:sequence〉
〈/xsd:complexType〉
〈! -- 类型标识符"ReferenceId"的定义 --〉
〈xsd:element name = "referenceId" type = "referenceIdType"〉
```

```
        <xsd:annotation>
            <xsd:documentation>会话标识。</xsd:documentation>
        </xsd:annotation>
    </xsd:element>
    <xsd:simpleType name = "referenceIdType">
        <xsd:annotation>
            <xsd:documentation>操作的引用 ID 的类型定义。</xsd:documentation>
        </xsd:annotation>
        <xsd:restriction base = "xsd:integer"/>
    </xsd:simpleType>
    <! -- 类型标识符"ResultSetId"的定义 -->
    <xsd:element name = "resultSet" type = "resultSetIdType">
        <xsd:annotation>
            <xsd:documentation>结果集 ID。</xsd:documentation>
        </xsd:annotation>
    </xsd:element>
    <xsd:simpleType name = "resultSetIdType">
        <xsd:annotation>
            <xsd:documentation>结果集 ID 的类型定义。</xsd:documentation>
        </xsd:annotation>
        <xsd:restriction base = "xsd:string"/>
    </xsd:simpleType>
    <xsd:element name = "external">
        <xsd:annotation>
            <xsd:documentation>外部元素。</xsd:documentation>
        </xsd:annotation>
    </xsd:element>
    <xsd:complexType name = "externalType">
        <xsd:annotation>
            <xsd:documentation>外部类型。用于引入元数据检索和提取协议以外的类型。
</xsd:documentation>
        </xsd:annotation>
    </xsd:complexType>
    <xsd:element name = "recordSet" type = "recordSetType">
        <xsd:annotation>
            <xsd:documentation>记录集。</xsd:documentation>
        </xsd:annotation>
    </xsd:element>
    <xsd:complexType name = "recordSetType">
        <xsd:annotation>
            <xsd:documentation>记录集的类型定义。</xsd:documentation>
        </xsd:annotation>
        <xsd:sequence>
            <xsd:element name = "singleRecord" maxOccurs = "unbounded">
                <xsd:annotation>
                    <xsd:documentation>元数据内容</xsd:documentation>
                </xsd:annotation>
                <xsd:complexType>
                    <xsd:sequence>
```

```
                <xsd:element name="item" maxOccurs="unbounded">
                    <xsd:annotation>
                        <xsd:documentation>元数据属性</xsd:documentation>
                    </xsd:annotation>
                    <xsd:complexType>
                        <xsd:sequence>
                            <xsd:element name="itemName" type="xsd:string">
                                <xsd:annotation>
                                    <xsd:documentation>元数据属性名称
</xsd:documentation>
                                </xsd:annotation>
                            </xsd:element>
                            <xsd:element name="itemValue" type="xsd:string">
                                <xsd:annotation>
                                    <xsd:documentation>元数据属性值
</xsd:documentation>
                                </xsd:annotation>
                            </xsd:element>
                        </xsd:sequence>
                    </xsd:complexType>
                </xsd:element>
            </xsd:sequence>
            <xsd:attribute name="databaseId" type="xsd:string" use="optional">
                <xsd:annotation>
                    <xsd:documentation>元数据库名称或标识</xsd:documentation>
                </xsd:annotation>
            </xsd:attribute>
            <xsd:attribute name="recordId" type="xsd:string" use="optional">
                <xsd:annotation>
                    <xsd:documentation>元数据标识符</xsd:documentation>
                </xsd:annotation>
            </xsd:attribute>
        </xsd:complexType>
    </xsd:element>
    </xsd:sequence>
  </xsd:complexType>
  <xsd:element name="otherInfo" type="xsd:string">
    <xsd:annotation>
      <xsd:documentation>其他自定义的信息。</xsd:documentation>
    </xsd:annotation>
  </xsd:element>
</xsd:schema>
```

附 录 D
（资料性附录）
目录服务属性集编码规则

D.1 概述

本附录给出了目录服务需要的完整属性集的编码规则和示例，主要用于目录服务的目录检索操作，用于规范检索串中的各个检索操作数的属性列表参数取值。属性列表是由一个或多个属性对组成，每个属性对均包含属性类型和属性值，即属性列表中包含一组或多组的属性类型 attributeType 及其属性值 attributeValue。

当属性类型 attributeType 取值为“1”，表示元数据的属性，用于指定元数据库中相应的属性字段，其属性值 attributeValue 需要符合表 D.1 数据集元数据属性集中的编码。

当属性类型 attributeType 取值为“2”，表示采用的关系运算符，用于指定该检索串的关系运算类型，其属性值 attributeValue 需要符合表 D.2 关系运算符属性集中的编码。

当属性类型 attributeType 取值为“3”，表示采用的位置运算符，用于指定该检索串的位置运算类型，其属性值 attributeValue 需要符合表 D.3 位置运算符属性集中的编码。

目录服务属性集的编码规则包含有下述三个部分内容：

——数据集元数据属性集的编码规则；

——关系运算符属性集的编码规则；

——位置运算符属性集的编码规则。

D.2 数据集元数据属性集的编码规则

地理信息数据集元数据属性集的编码规则如下：

第一层代码只有一位阿拉伯数字。其取值为“0”，表示地理信息数据集元数据。

第二层是元数据元素和元数据实体，采用两位阿拉伯数字，利用递增顺序码的方法进行编码。例如，元数据实体“文件标识符”的编码为“0.01”，“联系单位”的编码为“0.07”。

第三层是元数据元素或元数据实体，采用两位阿拉伯数字，利用递增顺序码的方法进行编码。例如，元数据实体“联系信息”的编码为“0.07.04”。

第四层是元数据元素或元数据实体，采用两位阿拉伯数字，利用递增顺序码的方法进行编码。例如，元数据实体“电话”的编码为“0.07.04.01”。

第五层是元数据元素，采用两位阿拉伯数字，利用递增顺序码的方法进行编码。例如，元数据元素“传真”的编码为“0.07.04.01.02”。

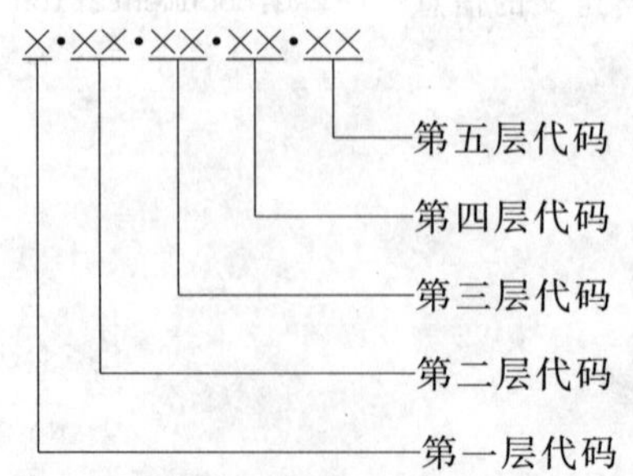

图 D.1 数据集元数据属性集的编码规则示意图

下面是相应的表 D.1 数据集元数据属性集示例。

表 D.1　数据集元数据属性集示例

编　　码	中文名称	缩　写　名
0	地理信息元数据	mdFileID
0.01	文件标识符	mdLang
0.02	语种	mdChar
0.03	字符集	mdParentID
0.04	基标标识	mdHrLv
0.05	层级	mdHrLvName
0.06	层级名	mdContact
0.07	联系单位	cntAddress
0.07.01	负责人名	rpIndName
0.07.02	负责单位名	rpOrgName
0.07.03	职务	rpPosName
0.07.04	联系信息	rpCntInfo
0.07.04.01	电话	cntPhone
0.07.04.01.02	传真	faxNum
…	…	…

D.3　关系运算符属性集编码规则(见 D.2)

表 D.2　关系运算符属性集

编　　码	名　　称	符　　号
1	小于	<
2	小于等于	<=
3	等于	=
4	大于等于	>=
5	大于	>
6	不等于	！=(或<>)

D.4　位置运算符属性集编码规则(见 D.3)

表 D.3　位置运算符属性集

编　　码	中文名称	英文名称
3	任意位置出现	any position in field

附 录 E
(资料性附录)
检索串示例

本附录提供了2组检索串的示例,其中示例一是只含有1个检索操作数的地理信息目录服务检索串,示例二是含有3个检索操作数的地理信息目录服务检索串。

示例一:表示的检索语句是在“属性字段为字符集(0.03)中”,查询满足条件为“等于(3)字符串(通用字符集2)”的所有元数据。

```
〈query〉
    〈type1〉
        〈attributeSet〉地理信息目录服务属性集〈/attributeSet〉
        〈rpn〉
            〈op〉
                〈attrTerm〉
                    〈attributes〉
                        〈attributeElement〉
                            〈attributeType〉1〈/attributeType〉
                            〈attributeValue〉
                                〈numeric〉0.03〈/numeric〉
                            〈/attributeValue〉
                        〈/attributeElement〉
                        〈attributeElement〉
                            〈attributeType〉2〈/attributeType〉
                            〈attributeValue〉3〈/attributeValue〉
                        〈/attributeElement〉
                    〈/attributes〉
                    〈term〉
                        〈characterString〉通用字符集2〈/characterString〉
                    〈/term〉
                〈/attrTerm〉
            〈/op〉
        〈/rpn〉
    〈/type1〉
〈/query〉
```

示例二:表示的检索语句是在“属性字段为字符集(0.03)中”,查询满足条件为“等于(3)字符串(restriction:1)”或者“属性字段为基标标识符(0.04)中”,查询满足条件为“等于(3)字符串(restriction:2)”的所有元数据;再限定在“属性字段为元数据创建日期(0.08)中”,查询满足条件为“不大于(2)日期值为(2007-01-01)”的元数据。

```
〈query〉
    〈type-1〉
        〈attributeSet〉地理信息目录服务属性集〈/attributeSet〉
            〈rpn〉
                〈rpnRpnOp〉
                    〈rpn1〉
                        〈rpnRpnOp〉
                            〈rpn1〉
                                〈op〉
                                    〈attrTerm〉
                                        〈attributes〉
                                            〈attributeElement〉
                                                〈attributeType〉1〈/attributeType〉
                                                〈attributeValue〉0.03〈/attributeValue〉
```

```
                                        〈/attributeElement〉
                                        〈attributeElement〉
                                            〈attributeType〉2〈/attributeType〉
                                            〈attributeValue〉3〈/attributeValue〉
                                        〈/attributeElement〉
                                    〈/attributes〉
                                    〈term〉
                                      〈characterString〉restriction:1〈/characterString〉
                                    〈/term〉
                                〈/attrTerm〉
                            〈/op〉
                        〈/rpn1〉
                        〈rpn2〉
                            〈op〉
                                〈attrTerm〉
                                    〈attributes〉
                                        〈attributeElement〉
                                            〈attributeType〉1〈/attributeType〉
                                            〈attributeValue〉0.04〈/attributeValue〉
                                        〈/attributeElement〉
                                        〈attributeElement〉
                                            〈attributeType〉2〈/attributeType〉
                                            〈attributeValue〉3〈/attributeValue〉
                                        〈/attributeElement〉
                                    〈/attributes〉
                                    〈term〉
                                        〈characterString〉restriction:2
〈/characterString〉
                                    〈/term〉
                                〈/attrTerm〉
                            〈/op〉
                        〈/rpn2〉
                        〈 operator 〉
                    〈OR/〉
                〈/ operator 〉
            〈/rpnRpnOp〉
        〈/rpn1〉
        〈rpn2〉
            〈op〉
                〈attrTerm〉
                    〈attributes〉
                        〈attributeElement〉
                            〈attributeType〉1〈/attributeType〉
                            〈attributeValue〉0.08〈/attributeValue〉
                        〈/attributeElement〉
                        〈attributeElement〉
                            〈attributeType〉2〈/attributeType〉
                            〈attributeValue〉2〈/attributeValue〉
                        〈/attributeElement〉
                    〈/attributes〉
                    〈term〉
                        〈dateTime〉 2007-01-01〈/dateTime〉
                    〈/term〉
                〈/attrTerm〉
            〈/op〉
        〈/rpn2〉
```

```
                    < operator >
                        <and/>
                    </ operator >
                </rpnRpnOp>
            </rpn>
        </type-1>
    </query>
```

参 考 文 献

[1] GB/T 21063.2—2007 政务信息资源目录体系 第2部分：技术要求

[2] GB/T 25530—2010 地理信息 服务(ISO 19119:2005,IDT)

[3] ANSI/NISO Z39.50-2003,Information Retrieval (Z39.50):Application Service Definition and Protocol specification,http://www.loc.gov/z3950/agency/document.html

[4] ISO 19101:2002 Geographic Information—Reference Model

[5] ISO/TS 19103:2005 Geographic Information—Conceptual Schema Language

[6] ISO 19109:2005 Geographic Information—Rules for Application Schema

[7] ISO 19118:2005 Geographic Information—Encoding

[8] OpenGIS® Catalogue Services Specification

[9] W3C XML Schema-1 XML 模式 第1部分:结构,W3C推荐(2001)

[10] W3C XML Schema-2 XML 模式 第2部分:数据类型,W3C推荐(2001)

ICS 07.040;35.240.70
A 75

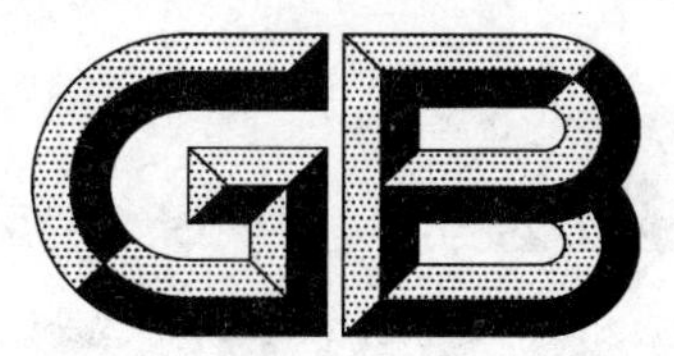

中华人民共和国国家标准化指导性技术文件

GB/Z 25599—2010

地理信息　注册服务规范

Geographic information—Registry service specification

2010-12-01 发布　　2011-03-01 实施

中华人民共和国国家质量监督检验检疫总局
中国国家标准化管理委员会　发布

前 言

本指导性技术文件的附录 A 为规范性附录，附录 B、附录 C 和附录 D 均为资料性附录。

本指导性技术文件由国家测绘局提出。

本指导性技术文件由全国地理信息标准化技术委员会(SAC/TC 230)归口。

本指导性技术文件主要起草单位：国家信息中心、武汉大学、中国标准化研究院。

本指导性技术文件主要起草人：徐枫、宦茂盛、石雯雯、常娜、王子亮、龚健雅、高文秀、李小林。

地理信息　注册服务规范

1　范围

本指导性技术文件给出了地理信息注册服务的模型和基于目录服务的参考实现。

本指导性技术文件适用于地理信息服务的管理与查询过程。

2　规范性引用文件

下列文件中的条款通过本指导性技术文件的引用而成为本指导性技术文件的条款。凡是注日期的引用文件，其随后所有的修改单（不包括勘误的内容）或修订版均不适用于本指导性技术文件，然而，鼓励根据本指导性技术文件达成协议的各方研究是否可使用这些文件的最新版本。凡是不注日期的引用文件，其最新版本适用于本指导性技术文件。

GB/T 7408—2005　数据元和交换格式　信息交换　日期和时间表示法（ISO 8601:2000,IDT）

GB/T 17694—2009　地理信息　术语（ISO/TS 19104:2008,IDT）

GB/Z 25598—2010　地理信息　目录服务规范

3　术语、定义和缩略语

3.1　术语和定义

下列术语和定义适用于本指导性技术文件。

3.1.1

操作　operation

对象可以被调用执行的转换和查询的规范。

注：一个操作包括名称和一系列参数。

[GB/T 17694—2009,定义 B.332]

3.1.2

接口　interface

描述实体行为特征的命名操作集合。

[GB/T 17694—2009,定义 B.260]

3.1.3

服务　service

实体通过接口提供的功能的可区分部分。

[GB/T 17694—2009,定义 B.427]

3.1.4

注册服务　registry service

提供服务元数据发布和发现功能的服务。

3.1.5

服务元数据　service metadata

用于描述服务的元数据，描述服务实例的特征，包括：服务基本信息、服务提供者信息和服务元数据维护信息。

3.1.6

注册服务中心　registry service center

提供注册服务的逻辑功能单元。

3.1.7

目录服务　catalogue service

提供地理信息资源描述信息发现和管理功能的服务。

[GB/Z 25598—2010,定义 3.1.2]

3.2　缩略语

CSW　网络目录服务(Catalogue Service for Web)

UDDI　统一描述、发现和集成协议(Universal Description, Discovery and Integration)

UML　统一建模语言(Unified Modeling Language)

XML　可扩展标记语言(eXtensible Markup Language)

4　符号与约定

本指导性技术文件采用 UML 中的组合关系描述元数据实体之间的关系,元数据实体用 UML 中类的概念表示(如图 1)。组合用于表示两个类之间的部分与整体的关系,用一端带有实心菱形的线段表示,菱形与组合元素连接。在关联的两端注明每个类的多重性,说明参与该关联的对象的个数。"1"表示只能有一个,"0..1"表示可选,"1..*"表示一个或多个,"0..*"表示任意数目。在组合关系中,组合元素的多重性只能是"1"或"0..1"。

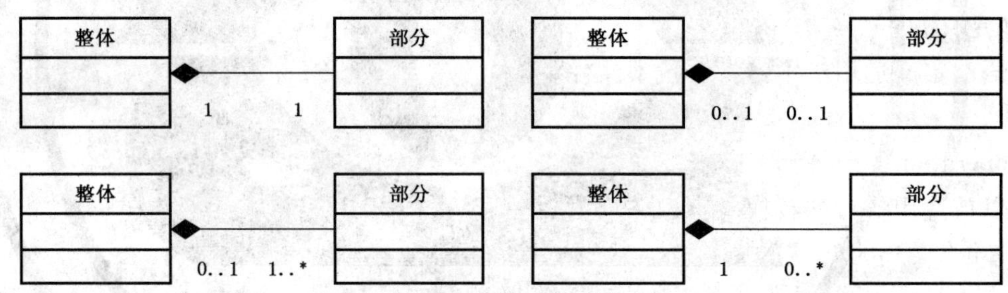

图 1　组合

5　注册服务模型

5.1　概述

注册服务的主体是注册服务中心,使用者包括服务提供者和服务使用者(见图 2)。

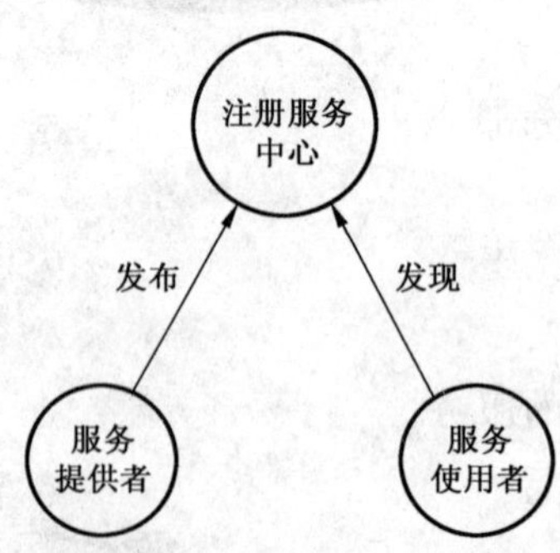

图 2　注册服务

服务提供者可通过注册服务中心发布服务元数据,服务使用者可通过注册服务中心发现服务元数据。

发布和发现的对象是服务元数据，例如：网络地图服务元数据、网络要素服务元数据、网络覆盖服务元数据、电子地图数据处理服务元数据等。

支持发布和发现的功能模型见5.2。服务元数据的模型，即信息模型见5.3。实现注册服务功能的接口模型见5.4。

5.2 功能模型

注册服务提供管理和查询两个基本功能：管理功能用于支持服务提供者发布服务信息，查询功能用于支持服务使用者发现服务信息。

a) 管理功能：服务提供者将服务元数据发布到注册服务中心，注册服务中心保存服务元数据。

b) 查询功能：服务使用者向注册服务中心提出查询请求，注册服务中心将符合查询条件的服务元数据反馈给服务使用者。

5.3 信息模型

注册服务信息模型用于描述服务提供者向注册服务中心注册的服务，其具体体现即服务元数据。服务元数据包括3个实体（如图3所示），分别是服务基本信息、服务提供者信息和服务元数据维护信息。

a) 服务基本信息：描述服务的基本信息。

b) 服务提供者信息：描述服务提供者的基本信息。

c) 服务元数据维护信息：描述该服务元数据本身的相关维护信息。

实现时可在该信息模型基础上进行扩展。

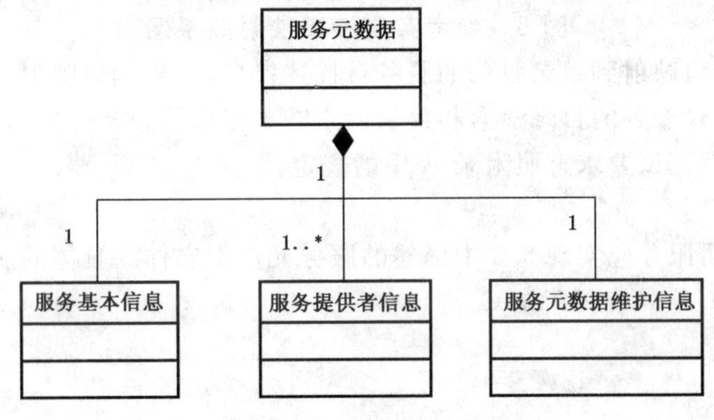

图3 注册信息模型

5.4 接口模型

接口模型支持功能模型的实现。注册服务包含3个功能接口（如图4所示），分别是服务自描述接口、管理接口和查询接口。

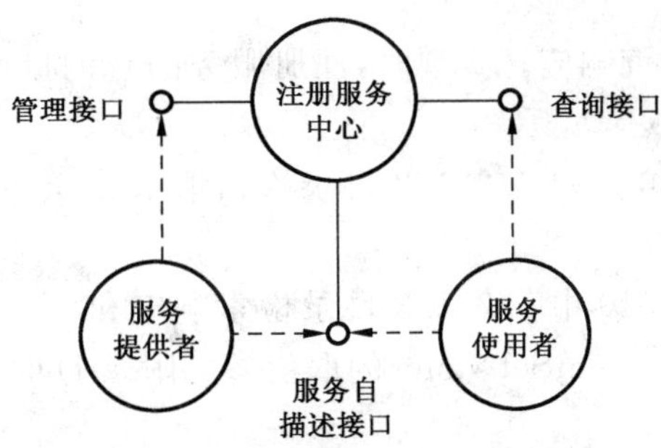

图4 注册服务接口模型

a) 服务自描述接口：用于向服务使用者和服务提供者反馈注册服务中心的功能及状态。

b) 管理接口：用于实现管理功能。服务提供者通过该接口发布地理信息服务元数据。

c) 查询接口：用于实现查询功能。服务使用者通过该接口发现符合需求的地理信息服务。

6 基于目录服务的实现

6.1 概述

在满足第5章规定的功能模型、信息模型和接口模型的前提下，注册服务可有多种实现方式，如CSW、UDDI等。

本指导性技术文件采用的是基于GB/Z 25598—2010的参考实现。本参考实现不作为强制性规定，开发者可选择其他的实现方式。

在基于GB/Z 25598—2010的参考实现下，注册服务的3个功能接口分别映射到GB/Z 25598—2010中相应的操作，如图5所示。

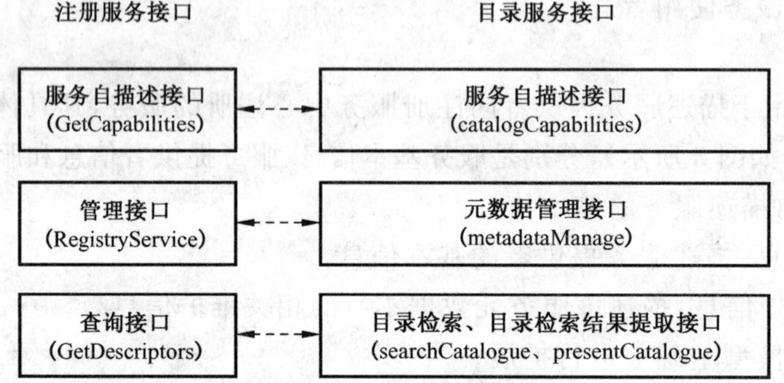

图5 参考实现接口映射关系图

其中，服务自描述接口映射到目录服务的服务自描述接口，管理接口映射到目录服务的元数据管理接口，查询接口映射到目录服务的目录检索和目录检索结果提取接口。

对各个接口的一致性测试要求遵照附录A中的规定。

6.2 服务元数据定义

基于目录服务的注册服务应实现5.3中描述的服务元数据实体。具体的服务元数据内容定义参见附录B，服务元数据XML模式参见附录C。

6.3 功能接口映射

6.3.1 服务自描述接口

服务自描述接口包含服务自描述请求和服务自描述响应。实现时，注册服务的服务自描述接口可直接映射为目录服务中的服务自描述接口。

服务自描述请求见GB/Z 25598—2010中5.1.3.2目录服务自描述请求。

服务自描述响应见GB/Z 25598—2010中5.1.3.3目录服务自描述响应。

6.3.2 查询接口

查询接口包含查询请求和查询响应。实现时，注册服务的查询接口可直接映射为目录服务中的目录检索和目录检索结果提取接口。

查询请求见GB/Z 25598—2010中5.2.1.2目录检索请求和5.2.2.2目录检索结果提取请求，其中query参数参见附录D的要求。

查询响应见GB/Z 25598—2010中5.2.1.3目录检索响应和5.2.2.3目录检索结果提取响应，其中检索结果提取请求中的参数elementSetName的取值参见附录D的要求。

6.3.3 管理接口

管理接口包含管理请求和管理响应。实现时，注册服务的管理接口可直接映射为目录服务中元数据管理接口。

管理请求见GB/Z 25598—2010中5.3.1.2元数据管理请求，注册的内容参见附录B的要求。

管理响应见GB/Z 25598—2010中5.3.1.3元数据管理响应，响应的内容参见附录B的要求。

附 录 A
（规范性附录）
标准一致性测试要求

A.1 服务自描述响应

a） 测试目的：确认注册服务器满足所有服务自描述操作的要求。

b） 测试方法：使用各类输入参数进行若干次服务自描述请求，并确认在每种情况下服务器都能做出恰当的响应。

c） 引用：6.3.1

A.2 查询响应

a） 测试目的：确认注册服务器满足所有查询操作的要求。

b） 测试方法：使用各类输入参数进行若干次查询请求，并确认在每种情况下服务器都能做出恰当的响应。

c） 引用：6.3.2

A.3 管理响应

a） 测试目的：确认注册服务器满足所有管理操作的要求。

b） 测试方法：使用各类输入参数进行若干次管理请求，并确认在每种情况下服务器都能做出恰当的响应。

c） 引用：6.3.3

附 录 B
（资料性附录）
服务元数据内容

本附录采用中文名称、英文名称、缩写名、定义、类型、约束/条件、最大出现次数和域来描述服务元数据。其中，中文名称描述服务元数据实体或元数据元素的名称，英文名称表示元数据的英文名称，一般用英文全称，缩写名是元数据的英文缩写名称，定义描述元数据的基本内容，类型是对元数据的有效值域和允许对该值域内的值进行有效操作的规定，约束/条件说明元数据实体或元数据元素是否必须选取的属性，包括必选和可选，最大出现次数表示元数据实体或元数据元素可以具有的最大实例数目，只出现一次的用“1”表示，可重复出现的用“N”表示，域表示元数据实体包含的元数据元素。

服务元数据定义如表 B.1 所示。

表 B.1 服务元数据字典

序号	中文名称	英文名称	缩写名	定义	类型	约束/条件	最大出现次数	域
1	服务基本信息	serviceInformation	servInfo	服务描述信息的一组集合	复合型	必选	1	包含2～8行
2	服务名称	serviceName	servName	该服务的名称	字符型	必选	1	
3	服务内容描述	serviceAbstract	servAbstract	服务的内容描述信息	字符型	必选	1	
4	服务标识符	serviceIdentifier	servID	服务的唯一标识号码	字符型	必选	1	
5	服务类型	serviceType	servType	服务的类别	字符型	必选	1	
6	服务日期	serviceModify	servModify	服务创建日期或更新日期	日期型	必选	1	CCYYMMDD (GB/T 7408—2005)
7	服务地址	serviceURL	servURL	可供访问服务的网络地址	自由文本	必选	1	
8	地理覆盖范围	serviceExtent	servExtent	服务涵盖的地理范围	复合型	可选	1	包含9
9	地理边界矩形	serviceBoundingBox	servBoundingBox	服务覆盖的地理边界	复合型	可选	1	包含10～13行
10	东边经度	EastBound	EastBound	服务地域最东限制，用经度以十进制度数的形式表达	数值型	必选	1	－180.0＜＝东边边界经度值＜＝180.0；负数代表西经
11	西边经度	WestBound	WestBound	服务地域最西限制，用经度以十进制度数的形式表达	数值型	必选	1	同东边边界经度值
12	南边纬度	SouthBound	SouthBound	服务地域最南限制，用经度以十进制度数的形式表达	数值型	必选	1	－90.0＜＝南边边界纬度值＜＝90.0；负数代表南纬

表 B.1（续）

序号	中文名称	英文名称	缩写名	定　义	类型	约束/条件	最大出现次数	域
13	北边纬度	NorthBound	North-Bound	服务地域最北限制，用经度以十进制度数的形式表达	数值型	必选	1	同南边边界纬度值
14	服务提供者信息	serviceProvid-er	servProvid-er	服务提供者的信息	复合型	必选	N	包含 15～18
15	服务提供者名称	servicePro-viderName	servProName	提供服务的共建部门名称	字符型	必选	1	
16	服务提供者地址	servicePro-viderAddress	servProAd-dr	服务提供者的详细地址	字符型	可选	1	
17	服务提供者联系电话	servicePro-viderPhonecall	servPro-Phone	服务提供者的联系电话	字符型	可选	1	
18	服务提供者电子邮件	serviceProvi-derEmail	servProE-mail	表示服务提供者的电子邮件地址	字符型	可选	1	
19	服务元数据维护信息	metadataIn-formation	metaInfo	该服务元数据的维护信息	复合型	必选	1	包含 20、21
20	元数据标识符	metadataIden-tifier	metaID	该元数据的标识符	字符型	必选	1	
21	元数据更新日期	metadataDate	metaDate	该元数据的更新日期	日期型	必选	1	CCYYMMDD (GB/T 7408—2005)

附 录 C
（资料性附录）
服务元数据 XML 模式（XML Schema）

C.1 服务元数据模型

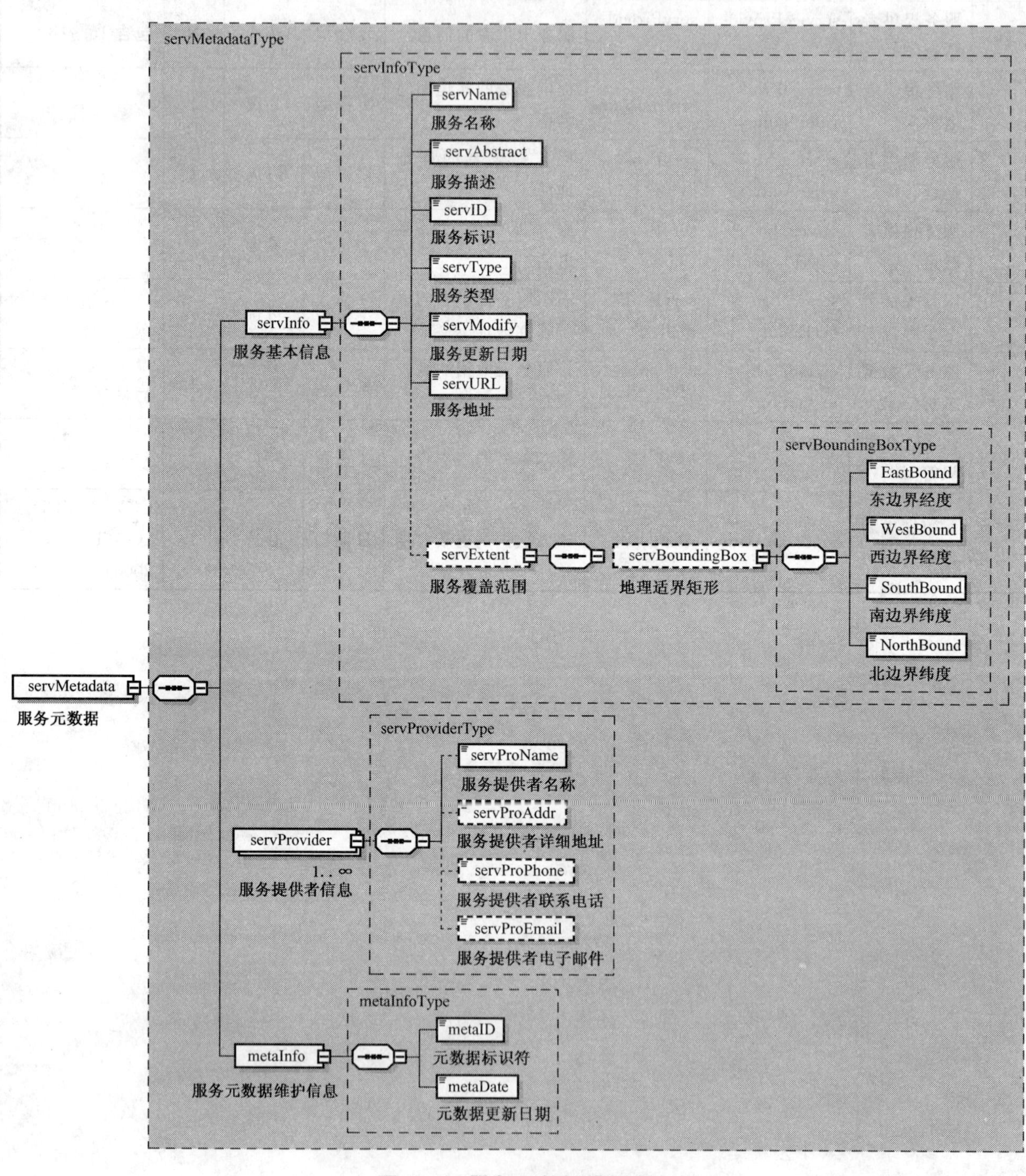

图 C.1 服务元数据模型图

C.2 服务元数据 XML 模式

参见附录 B 服务元数据内容，定义了服务元数据的 XML 编码结构与格式，即服务元数据的 XML 模式。

```
〈? xml version = "1.0" encoding = "UTF-8"?〉
〈xs:schema xmlns:xs = "http://www.w3.org/2001/XMLSchema"
xmlns:tsd = "http://namespaces.softwareag.com/tamino/TaminoSchemaDefinition"
elementFormDefault = "qualified" attributeFormDefault = "unqualified"〉
    〈xs:element name = "servMetadata" type = "servMetadataType"〉
        〈xs:annotation〉
            〈xs:documentation〉服务元数据〈/xs:documentation〉
        〈/xs:annotation〉
    〈/xs:element〉
    〈xs:complexType name = "servMetadataType"〉
        〈xs:sequence〉
            〈xs:element name = "servInfo" type = "servInfoType"〉
                〈xs:annotation〉
                    〈xs:documentation〉服务基本信息〈/xs:documentation〉
                〈/xs:annotation〉
            〈/xs:element〉
            〈xs:element name = "servProvider" type = "servProviderType" maxOccurs = "unbounded"〉
              〈xs:annotation〉
                  〈xs:documentation〉服务提供者信息〈/xs:documentation〉
              〈/xs:annotation〉
          〈/xs:element〉
          〈xs:element name = "metaInfo" type = "metaInfoType"〉
              〈xs:annotation〉
                  〈xs:documentation〉服务元数据维护信息〈/xs:documentation〉
              〈/xs:annotation〉
          〈/xs:element〉
      〈/xs:sequence〉
    〈/xs:complexType〉
    〈xs:complexType name = "servInfoType"〉
        〈xs:sequence〉
            〈xs:element name = "servName" type = "xs:string"〉
                〈xs:annotation〉
                    〈xs:documentation〉服务名称〈/xs:documentation〉
                〈/xs:annotation〉
            〈/xs:element〉
            〈xs:element name = "servAbstract" type = "xs:string"〉
                〈xs:annotation〉
                    〈xs:documentation〉服务描述〈/xs:documentation〉
                〈/xs:annotation〉
            〈/xs:element〉
            〈xs:element name = "servID" type = "xs:string"〉
                〈xs:annotation〉
                〈xs:documentation〉服务标识〈/xs:documentation〉
            〈/xs:annotation〉
        〈/xs:element〉
        〈xs:element name = "servType" type = "xs:string"〉
            〈xs:annotation〉
                〈xs:documentation〉服务类型〈/xs:documentation〉
            〈/xs:annotation〉
        〈/xs:element〉
        〈xs:element name = "servModify" type = "xs:date"〉
```

```
            <xs:annotation>
                <xs:documentation>服务更新日期</xs:documentation>
            </xs:annotation>
        </xs:element>
        <xs:element name="servURL" type="xs:anyURI">
            <xs:annotation>
                <xs:documentation>服务地址</xs:documentation>
            </xs:annotation>
        </xs:element>
        <xs:element name="servExtent" minOccurs="0">
            <xs:annotation>
                <xs:documentation>地理覆盖范围</xs:documentation>
            </xs:annotation>
            <xs:complexType>
                <xs:sequence>
                    <xs:element name="servBoundingBox" type="servBoundingBoxType"
minOccurs="0">
                        <xs:annotation>
                            <xs:documentation>边界矩形</xs:documentation>
                        </xs:annotation>
                    </xs:element>
                </xs:sequence>
            </xs:complexType>
        </xs:element>
    </xs:sequence>
</xs:complexType>
<xs:complexType name="servProviderType">
    <xs:sequence>
        <xs:element name="servProName" type="xs:string">
            <xs:annotation>
                <xs:documentation>服务提供者名称</xs:documentation>
            </xs:annotation>
        </xs:element>
        <xs:element name="servProAddr" type="xs:string" minOccurs="0">
            <xs:annotation>
                <xs:documentation>服务提供者详细地址</xs:documentation>
            </xs:annotation>
        </xs:element>
        <xs:element name="servProPhone" type="xs:string" minOccurs="0">
            <xs:annotation>
                <xs:documentation>服务提供者联系电话</xs:documentation>
            </xs:annotation>
        </xs:element>
        <xs:element name="servProEmail" type="xs:string" minOccurs="0">
            <xs:annotation>
                <xs:documentation>服务提供者电子邮件</xs:documentation>
            </xs:annotation>
        </xs:element>
    </xs:sequence>
</xs:complexType>
<xs:complexType name="metaInfoType">
    <xs:sequence>
        <xs:element name="metaID" type="xs:string">
            <xs:annotation>
                <xs:documentation>元数据标识符</xs:documentation>
            </xs:annotation>
```

```
        </xs:element>
        <xs:element name="metaDate" type="xs:date">
            <xs:annotation>
                <xs:documentation>元数据更新日期</xs:documentation>
            </xs:annotation>
        </xs:element>
    </xs:sequence>
</xs:complexType>
<xs:complexType name="servBoundingBoxType">
    <xs:sequence>
        <xs:element name="EastBound" type="xs:integer">
            <xs:annotation>
                <xs:documentation>东边界经度</xs:documentation>
            </xs:annotation>
        </xs:element>
        <xs:element name="WestBound" type="xs:integer">
            <xs:annotation>
                <xs:documentation>西边界经度</xs:documentation>
            </xs:annotation>
        </xs:element>
        <xs:element name="SouthBound" type="xs:integer">
          <xs:annotation>
              <xs:documentation>南边界纬度</xs:documentation>
          </xs:annotation>
      </xs:element>
      <xs:element name="NorthBound" type="xs:integer">
          <xs:annotation>
              <xs:documentation>北边界纬度</xs:documentation>
          </xs:annotation>
      </xs:element>
    </xs:sequence>
  </xs:complexType>
</xs:schema>
```

附 录 D
（资料性附录）
服务元数据属性集

D.1 概述

本附录给出了注册服务需要的完整属性集的编码规则，主要用于注册服务的信息查询操作，用来规范检索串中的各个检索操作数的属性列表参数取值。属性列表是由一个或多个属性对组成，每个属性对均包含属性类型和属性值，即属性列表中包含一组或多组的属性类型 attributeType 及其属性值 attributeValue。

当属性类型 attributeType 取值为“1”，表示元数据的属性，用于指定元数据库中相应的属性字段，其属性值 attributeValue 需要符合表 D.1 服务元数据属性集中的编码。

当属性类型 attributeType 取值为“2”，表示采用的关系运算符，用于指定该检索串的关系运算类型，其属性值 attributeValue 需要符合表 D.2 关系运算符属性集中的编码。

当属性类型 attributeType 取值为“3”，表示采用的位置运算符，用于指定该检索串的位置运算类型，其属性值 attributeValue 需要符合表 D.3 位置运算符属性集中的编码。

注册服务属性集的编码规则包含有下述三个部分内容：

——服务元数据属性集的编码规则；

——关系运算符属性集的编码规则；

——位置运算符属性集的编码规则。

D.2 服务元数据属性集的编码规则

服务元数据属性集的编码规则如下：

第一层代码只有一位阿拉伯数字。其取值为“1”，表示服务元数据。

第二层的元数据元素和元数据实体，采用两位阿拉伯数字，利用递增顺序码的方法进行编码。例如，元数据实体“服务基本描述”的编码为“1.01”，“服务提供者”的编码为“1.02”。

第三层的元数据元素或元数据实体，采用两位阿拉伯数字，利用递增顺序码的方法进行编码。例如，元数据实体“地理覆盖范围”的编码为“1.01.07”。

第四层的元数据元素或元数据实体，采用两位阿拉伯数字，利用递增顺序码的方法进行编码。例如，元数据实体“地理边界矩形”的编码为“1.01.07.01”。

第五层的元数据元素，采用两位阿拉伯数字，利用递增顺序码的方法进行编码。例如，元数据元素“东边经度”的编码为“1.01.07.01.01”。

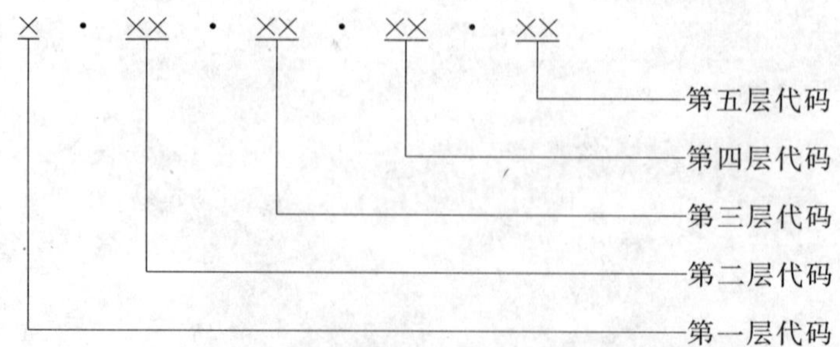

图 D.1 服务元数据属性集的编码规则示意图

下面是对应表 B.1 的服务元数据属性集。

表 D.1 服务元数据属性集

编　码	中 文 名 称	缩 写 名
1	服务元数据	servMetadata
1.01	服务基本信息	servInfo
1.01.01	服务名称	servName
1.01.02	服务描述	servAbstract
1.01.03	服务标识	servID
1.01.04	服务类型	servType
1.01.05	服务更新日期	servModify
1.01.06	服务地址	servURL
1.01.07	地理覆盖范围	servExtent
1.01.07.01	边界矩形	servBoundingBox
1.01.07.01.01	东边界经度	EastBound
1.01.07.01.02	西边界经度	WestBound
1.01.07.01.03	南边界纬度	SouthBound
1.01.07.01.04	北边界纬度	NorthBound
1.02	服务提供者信息	servProvider
1.02.01	服务提供者名称	servProName
1.02.02	服务提供者详细地址	servProAddr
1.02.03	服务提供者联系电话	servProPhone
1.02.04	服务提供者电子邮件	servProEmail
1.03	服务元数据维护信息	metaInfo
1.03.01	元数据标识符	metaID
1.03.02	元数据更新日期	metaDate

D.3 关系运算符属性集编码规则

表 D.2 关系运算符属性集

编　码	名　称	符　号
1	小于	＜
2	小于等于	＜＝
3	等于	＝
4	大于等于	＞＝
5	大于	＞
6	不等于	！＝(或＜＞)

D.4 位置运算符属性集编码规则

表 D.3 位置运算符属性集

编　码	中 文 名 称	英 文 名 称
3	任意位置出现	any position in field

参 考 文 献

[1] GB/T 25530—2010 地理信息 服务(ISO 19119:2005,IDT)
[2] ISO/IEC TR 14252 信息技术 POSIX 开放系统环境(OSE)指南
[3] World Wide Web Consortium XML Schema,http://www.w3.org/TR/2006/REC-xml-20060816/

ICS 03.100.30
A 16

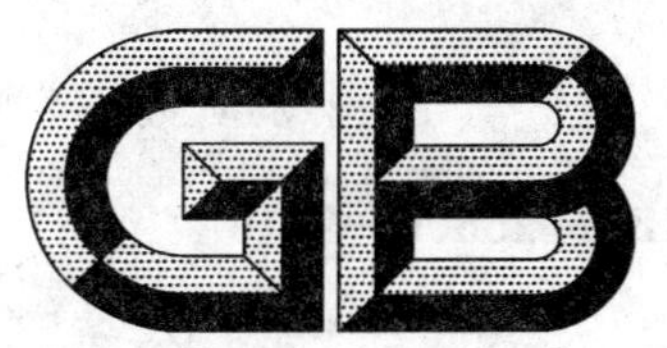

中华人民共和国国家标准

GB/T 25600—2010

博物馆讲解员资质划分

Museum guide grading system

2011-01-14 发布　　　　2011-04-01 实施

中华人民共和国国家质量监督检验检疫总局
中国国家标准化管理委员会　发布

前　言

本标准依据 GB/T 1.1—2009 的规则起草。

本标准由国家文物局提出。

本标准由全国文物保护标准化技术委员会(SAC/TC 289)归口。

本标准负责起草单位:北京新文化运动纪念馆。

本标准参加起草单位:首都博物馆、上海博物馆、平津战役纪念馆、秦始皇兵马俑博物馆。

本标准主要起草人:郭俊英、何洪、李金光、郭青生、杨丹丹、沈岩、秦仙梅、高嵩巍。

博物馆讲解员资质划分

1 范围

本标准规定了博物馆讲解员的定义和资质划分等内容。

本标准适用于全国各级博物馆。

2 规范性引用文件

下列文件对于本文件的应用是必不可少的。凡是注日期的引用文件,仅注日期的版本适用于本文件。凡是不注日期的引用文件,其最新版本(包括所有的修改单)适用于本文件。

中国文物、博物馆工作者职业道德准则　国家文物局　文物办发[2001]80 号

普通话水平测试等级标准(试行)　国家语言文字工作委员会　国语[1997]64 号

3 术语和定义

下列术语和定义适用于本文件。

3.1

博物馆　museum

以教育、研究和鉴赏为目的,收藏、保护、展示人类活动和自然环境的见证物,向公众开放的非营利性社会服务机构。

3.2

博物馆讲解员　museum guide

从事博物馆陈列展览讲解及相关教育、服务的专业人员。

4 资质的划分

博物馆讲解员(以下简称"讲解员")资质划分为初级、中级、高级和特级四个级别。

5 讲解员资质划分标准

5.1 基本要求

遵守《中国文物、博物馆工作者职业道德准则》,热爱博物馆事业和博物馆教育工作,热心为观众服务。有良好的语言表达和沟通能力,身心健康,仪表端正。了解我国文物工作的方针及其有关的政策法规。掌握与本馆业务相关的政治、经济、历史、地理、宗教和民俗等方面的基本知识。

5.2 资质划分的标准

5.2.1 初级讲解员

5.2.1.1 资历

符合下列条件者可参加初级讲解员的评定：

a) 具有大学专科及以上学历；

b) 从事博物馆讲解工作一年以上。

5.2.1.2 专业能力

初级讲解员应具备如下条件：

a) 胜任本馆陈列展览的讲解工作；

b) 熟悉本馆基本情况，具有一定的本馆业务知识的积累；

c) 具有良好的观众组织能力、协调能力，能独立处理工作中发生的一般问题，能与观众建立良好的互动关系；

d) 能够胜任一般性的社会教育工作，完成单一性的社会教育活动的相关工作；

e) 普通话水平达到《普通话水平测试等级标准（试行）》二级乙等及以上标准。

5.2.1.3 业绩

初级讲解员工作应达到如下标准：

a) 年度考核合格及以上；

b) 讲解和教育服务工作量不低于本馆年平均工作量。

5.2.2 中级讲解员

5.2.2.1 资历

获得初级讲解员资质满一定的年限可参加中级讲解员评定，其中：

a) 大学专科学历者 4 年；

b) 大学本科学历者 3 年；

c) 硕士研究生学历者 1 年。

5.2.2.2 专业能力

中级讲解员应具备如下条件：

a) 胜任本馆各种陈列展览的讲解工作；

b) 具有较扎实的本馆业务知识基础，有较丰富的知识面，能独立编写基本陈列的讲解词；

c) 具有较强的观众组织能力、协调能力，能独立处理工作中发生的疑难问题，能因人施讲，启发观众思考，激发观众对博物馆的兴趣；

d) 具有开展多种形式社会教育活动的能力，能根据不同的社会群体，较好地完成相关专题的教育活动，参与撰写社会教育活动的相关稿件，参加多种社会教育活动方案的组织和实施；

e) 具有指导初级讲解员完成讲解等相关工作的能力；

f) 普通话水平达到《普通话水平测试等级标准（试行）》二级甲等及以上标准。

5.2.2.3 业绩

中级讲解员工作应达到如下标准：

a) 年度考核合格及以上；

b) 讲解和教育服务工作量不低于本馆年平均工作量；

c) 在出版物上发表与本专业相关的文章。

5.2.3 高级讲解员

5.2.3.1 资历

获得中级讲解员资质5年以上。

5.2.3.2 专业能力

高级讲解员应具备如下条件：

a) 具有丰富的本专业工作经验，具备参与本馆陈列展览内容设计和教育活动策划的能力；

b) 能对陈列展览及博物馆的相关知识提供咨询，能独立承担专题讲座，编写本馆各种陈列展览的讲解词；

c) 具有很强的组织能力、协调能力，能妥善解决工作中的突发事件，讲解中能形成鲜明的个人风格；

d) 能胜任综合性的社会教育工作，很好地完成各类社会教育活动，对观众、社会有一定了解，能分析观众、社会在博物馆方面的需求，具备独立策划社会教育活动方案，以及组织和实施能力；

e) 对本专业及博物馆学有一定的研究，能撰写具有学术价值的论文；

f) 具有指导、培训初、中级讲解员的能力，并能编写培训教材。

5.2.3.3 业绩

高级讲解员工作应达到如下标准：

a) 在本年限中连续从事讲解工作，历年考核合格及以上；

b) 讲解和教育服务工作量不低于本馆年平均工作量；

c) 在省级以上报刊发表专业论文，或编辑出版专业书籍。

5.2.4 特级讲解员

5.2.4.1 资历

获得高级讲解员资质5年以上，且在讲解员岗位工作累计20年以上。

5.2.4.2 专业能力与业绩

特级讲解员除具备高级讲解员的专业能力外，还应具备如下条件：

a) 工作成绩优异，有突出贡献，在行业内有相当的影响；

b) 在培养中、高级讲解专业人才方面成绩显著。

参 考 文 献

[1] GB/T 22528—2008 文物保护单位开放服务规范

[2] 中华人民共和国文物保护法(2002年10月28日第九届全国人民代表大会常务委员会第三十次会议通过,2002年12月3日颁布)

[3] 中华人民共和国教育法(1995年3月18日第八届全国人民代表大会第三次会议通过)

[4] 中华人民共和国科学技术普及法(2002年6月29日第九届全国人民代表大会常务委员会第二十八次会议通过)

[5] 博物馆管理办法(文化部第35令,2005年12月22日公布)

[6] 中共中央关于印发〈爱国主义教育实施纲要〉的通知(中发[1994]7号 1994年8月23日)

[7] 中共中央宣传部 文化部 国家文物局关于进一步加强博物馆宣传展示和社会服务工作的通知(文物博发[2003]77号,2003年12月22日印发)

[8] 博物馆评估暂行标准(国家文物局 文物博发[2008]6号,2008年2月5日印发)

[9] 国际博物馆协会博物馆职业道德准则(国际博物馆协会第十五届全体大会于1986年11月4日在布宜诺斯艾利斯通过)

[10] 国际博物馆协会章程(国际博物馆协会第二十一届全体大会于2007年8月24日在维也纳通过)

[11] 展览讲解员(试行)(中华人民共和国劳动和社会保障部2007年制定)

[12] 导游人员管理条例(中华人民共和国国务院令第263号,1999年5月14日)

ICS 01.080
A 16

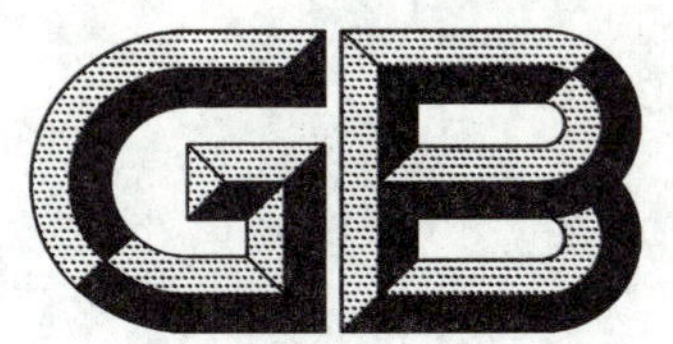

中华人民共和国国家标准

GB/T 25601—2010

2011-01-14 发布　　2011-04-01 实施

中华人民共和国国家质量监督检验检疫总局
中国国家标准化管理委员会　发布

前　言

本标准依据 GB/T 1.1—2009 的规则起草。

本标准由国家文物局提出。

本标准由全国文物保护标准化技术委员会(SAC/TC 289)归口。

本标准起草单位:中国文物信息咨询中心,成都市考古工作队,深圳海川色彩科技有限公司。

本标准主要起草人:李建华、王毅、何唯平、贺占哲、黄永衡、邓超、邱方。

引　言

中国是历史悠久的文明古国。在漫漫历史长河中，中华民族创造了丰富多彩、弥足珍贵的文化遗产，为人类社会的文明和发展做出了重要贡献。

文化遗产包括物质文化遗产和非物质文化遗产。物质文化遗产是具有历史、艺术和科学价值的文物，包括古遗址、古墓葬、古建筑、石窟寺、石刻、壁画、近代现代重要史迹及代表性建筑等不可移动文物，历史上各时代的重要实物、艺术品、文献、手稿、图书资料等可移动文物；以及在建筑式样、分布均匀或与环境景色结合方面具有突出普遍价值的历史文化名城（街区、村镇）。非物质文化遗产是指各种以非物质形态存在的与群众生活密切相关、世代相承的传统文化表现形式，包括口头传统、传统表演艺术、民俗活动和礼仪与节庆、有关自然界和宇宙的民间传统知识和实践、传统手工艺技能等以及与上述传统文化表现形式相关的文化空间。

中国文化遗产标志由国家文物局于2005年发布，广泛运用于有关中国文化遗产保护与传承的活动和场所。

中国文化遗产标志

1 范围

本标准规定了中国文化遗产标志的形式、内容、比例、文字书写格式、颜色和允许误差。

本标准适用于中国文化遗产标志的制作。

2 规范性引用文件

下列文件对于本文件的应用是必不可少的。凡是注日期的引用文件，仅注日期的版本适用于本文件。凡是不注日期的引用文件，其最新版本(包括所有的修改单)适用于本文件。

GB/T 15608—2006 中国颜色体系

3 术语和定义

下列术语和定义适用于本文件。

3.1

标志 sign

由符号、文字、颜色和几何形状(或边框)等组合形成的传递特定信息的视觉形象。

[GB/T 15565.2—2008，定义 2.1.1]

3.2

色调 hue

表示红、黄、绿、蓝、紫等颜色的特性。颜色的三属性之一。

[GB/T 15608—2006，定义 3.15]

3.3

明度 lightness

表示物体表面颜色明亮程度的视知觉特性值，以绝对白色和绝对黑色为基准给予分度。颜色的三属性之一。

[GB/T 15608—2006，定义 3.12]

4 形式

中国文化遗产标志的形式有汉语拼音和英文两种形式(见图 1、图 2)。

图 1 中国文化遗产标志汉语拼音形式

图 2 中国文化遗产标志英文形式

5 内容

5.1 组成

中国文化遗产标志内容由图案部分、文字部分和边框组成(见图 3)。

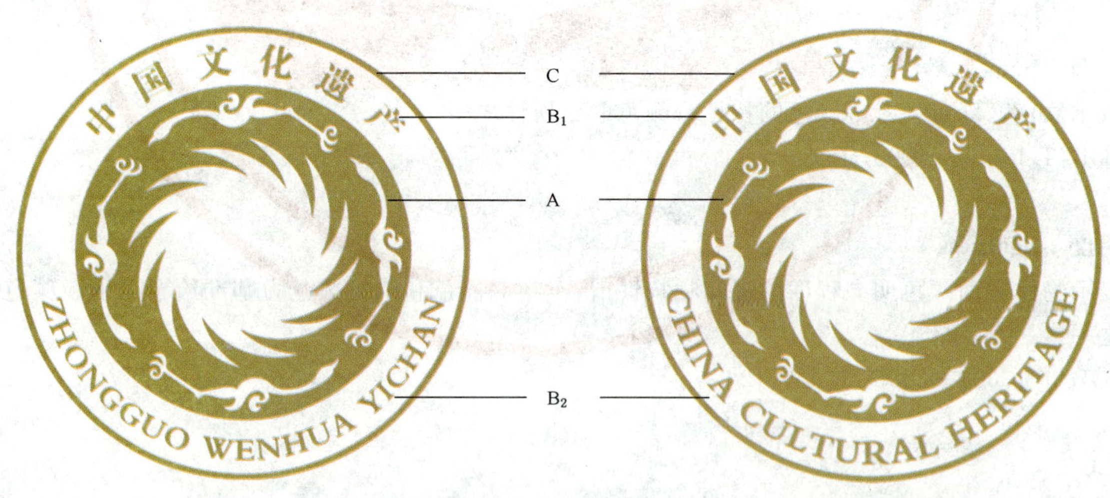

注：

A——图案部分；

B_1——文字部分上区；

B_2——文字部分下区；

C——边框。

图 3 中国文化遗产标志内容示意图

5.2 图案部分

5.2.1 图案部分以四川省成都市金沙遗址出土的圆金片镂空太阳神鸟金饰文物图案为主体，整个图案分内外两层。

5.2.2 内层应为顺时针旋转太阳漩涡图形，环周等距分布12条齿状光芒。

5.2.3 外层环绕在内层周围，应由四只相同的鸟分别处于内层太阳漩涡的上下左右四个方向，首足前后等距相随，飞行方向为逆时针。

5.2.4 鸟应符合以下特征：爪大身小，颈、腿长且粗，翅膀短小，喙微下钩，短尾下垂，爪有三趾（见图4）。

图4 中国文化遗产标志中鸟的形式

5.3 文字部分

5.3.1 文字部分由上、下两区组成，应围绕图案部分弧形排列。

5.3.2 上区文字应为“中国文化遗产”，采用宋体简化字从左至右书写，各字之间应保留等距空格。

5.3.3 下区文字应为汉语拼音“ZHONGGUO WENHUA YICHAN”或英文“CHINA CULTURAL HERITAGE”，均采用Times New Roman体从左至右书写，各词之间应保留等距空格。

5.4 边框

位于文字部分之外，应为正圆形闭合曲线。

6 比例

6.1 中国文化遗产标志的网格比例（见图5、图6）。

图 5　中国文化遗产标志汉语拼音形式网格比例

图 6　中国文化遗产标志英文形式网格比例

6.2 标志各组成要素的半径、分布角度示意图(见图7)。各要素半径比例(见表1),文字部分各要素定位角度值(见表2)。

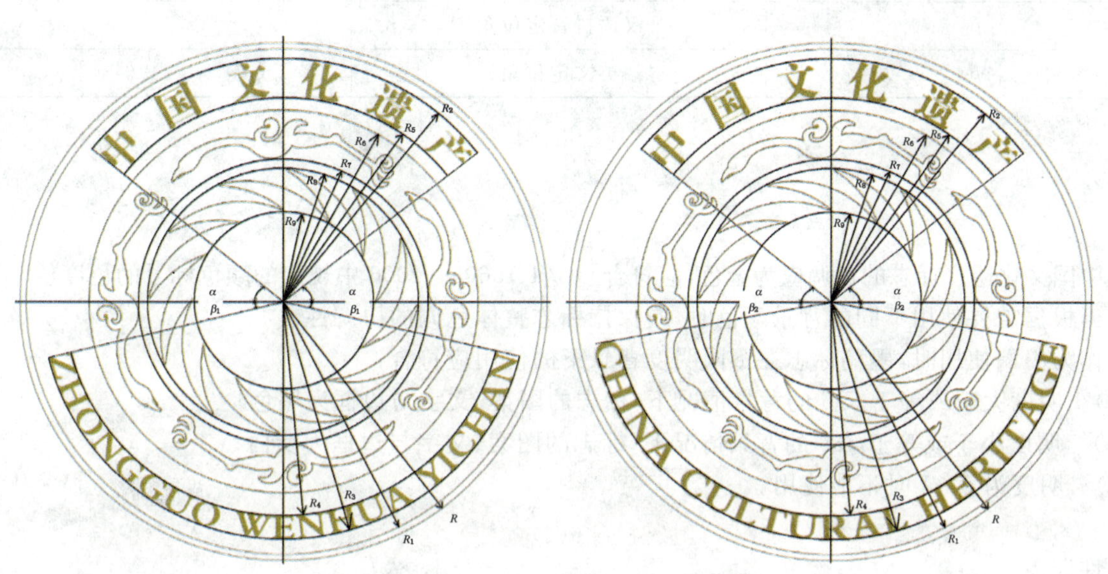

注:

R_X——标志内各组成要素半径;

α——中文定位角度;

β_1——汉语拼音定位角度;

β_2——英文定位角度。

图7 标志各组成要素的半径、定位角示意图

表1 标志各组成要素半径比例

图7中代号	项 目	百分比
R	标志半径	100
R_1	边框内圈半径	97.8
R_2	中文外圈半径	93
R_3	汉语拼音/英文外圈半径	92.2
R_4	汉语拼音/英文内圈半径	83
R_5	中文内圈半径	77.8
R_6	图案半径	74.2
R_7	飞鸟内圈半径	55.2
R_8	太阳外圈半径	51.4
R_9	太阳内圈半径	34.2

表 2 标志文字部分各要素定位角

图 7 中代号	项目	角度值
α	中文定位角	37.5°
β_1	汉语拼音定位角	13.5°
β_2	英文定位角	11.0°

7 颜色

7.1 中国文化遗产标志的色调应为金色，应符合 GB/T 15608—2006 中规定的颜色标号的色度值5Y 6/9。

7.2 当根据需要使用不同的背景颜色时，应保持标志整体色调的协调性。

7.3 作为墨稿使用时，墨稿标志在不同明度背景下的使用应符合：

a) 明度大于或等于 5.5 的背景情况下，标志的图案、文字与边框为黑色；

b) 明度小于或等于 7.5 的背景情况下，标志的图案、文字与边框为反白；

c) 明度为 6～7 时不能使用。

8 允许误差

在标志同步放大或缩小时，各部分比例误差不应超过±0.5％。

参 考 文 献

［1］ GB 15093—2008 国徽

［2］ GB/T 15565.1—2008 图形符号 术语 第1部分:通用

［3］ GB/T 15565.2—2008 图形符号 术语 第2部分:标志及导向系统

［4］ GB/T 16903.1—2008 标志用图形符号表示规则 第1部分:公共信息图形符号的设计原则

［5］ 国务院关于加强文化遗产保护的通知(国发[2005]42号)

［6］ 中国文化遗产标志管理办法(国家文物局 文物政发[2006]5号)

ICS 53.100
P 97

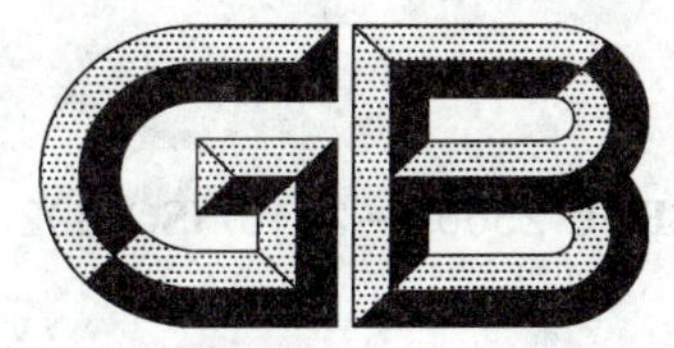

中华人民共和国国家标准

GB/T 25602—2010/ISO 8927:1991

土方机械　机器可用性　术语

Earth-moving machinery—Machine availability—Vocabulary

(ISO 8927:1991,IDT)

2010-12-01 发布　　　　2011-03-01 实施

中华人民共和国国家质量监督检验检疫总局
中国国家标准化管理委员会　发布

前　言

本标准等同采用 ISO 8927:1991《土方机械　机器可用性　术语》(英文版)。

本标准等同翻译 ISO 8927:1991。

为便于使用,本标准做了下列编辑性修改:

——“本国际标准”一词改为“本标准”;

——删除了国际标准前言;

——增加了公式编号;

——删除了图 A.2～图 A.7 中的序号;

——增加了“中文索引”;

——对 ISO 8927:1991 中引用的国际标准,用已采用为我国的标准代替对应的国际标准。

本标准的附录 A 是资料性附录。

本标准由中国机械工业联合会提出。

本标准由全国土方机械标准化技术委员会(SAC/TC 334)归口。

本标准起草单位:天津工程机械研究院。

本标准主要起草人:阎堃。

土方机械　机器可用性　术语

1　范围

本标准规定了所认可的有关土方机械可用性的基本术语和定义，本标准有助于对这些术语进行交流与理解。

本标准适用于GB/T 8498中定义的土方机械。

附录A提供了一种方式，确定使用和规范这些术语的范围，阐明了这些术语之间的相关性。

2　规范性引用文件

下列文件中的条款通过本标准的引用而成为本标准的条款。凡是注日期的引用文件，其随后所有的修改单(不包括勘误的内容)或修订版均不适用于本标准。然而，鼓励根据本标准达成协议的各方研究是否可使用这些文件的最新版本。凡是不注日期的引用文件，其最新版本适用于本标准。

GB/T 8498　土方机械　基本类型　识别、术语和定义(GB/T 8498—2008,ISO 6165:2006,IDT)

3　术语和定义

下列术语和定义适用于本标准。

3.1　基本术语

3.1.1

产品　item

可用性与可靠性所涉及对象的基本术语或单独术语。

3.2　可用性术语

3.2.1

可用性　availability

可修复的产品需要工作时，其可使用的能力。可用性是产品可靠性、服务性和可达性的综合反映。可用性细分为瞬时可用度和平均可用度。

3.2.2

瞬时可用度　instantaneous availability

在给定或规定的瞬间，可修复产品维持其功能的概率。

3.2.3

平均可用度　mean availability

若产品可连续工作，其工作时间的总累积率。平均可用度细分为固有可用度与工作可用度。

3.2.4

固有可用度　inherent availability

平均可用度的测量，固有可用度 A_i 按式(1)计算：

$$A_i = \frac{\text{MTBF}}{\text{MTBF} + \text{MTTR}} \qquad (1)$$

式中：

MTBF——平均失效间隔时间(3.6.28)；

MTTR——平均修理时间(3.6.13)。

3.2.5

工作可用度　operational availability

平均可用度的测量，工作可用度 A_o 按式(2)计算：

$$A_o = \frac{MUT}{MUT + MDT} \quad \cdots\cdots(2)$$

式中：

MUT——平均可用时间(3.6.3)；

MDT——平均不可用时间(3.6.8)。

3.2.6

贮存能力　storage-ability

产品贮存或运输期间，保持其可靠性、寿命和服务性的特性。

3.3　可靠性术语

3.3.1

可靠性　reliability

产品在规定的条件下和规定的时间区间内，完成规定功能的能力。

3.3.2

固有可靠度　inherent reliability

在设计、制造和可靠性试验阶段，赋予产品本身生产的可靠性。

3.3.3

工作可靠度　operational reliability

受机器的使用和维修条件所影响的可靠性。式(3)能反映和固有可靠度的关系：

$$R_o = R_i \times k \quad \cdots\cdots(3)$$

式中：

R_o——工作可靠度；

R_i——固有可靠度(3.3.2)；

k——环境条件系数(通常 $k<1$)。

3.3.4

可靠性特性　reliability characteristics

数量上表示产品可靠性。

注：用于可靠性、故障率、平均寿命和 MTBF 特性。

3.4　失效术语

3.4.1

失效　failure

在规定的条件下，产品不能完成其规定功能的实际情况。

3.4.2

失效模式　failure mode

可观测到的失效影响的类别，例如：断开、短路、破损、磨损和性能的退化等。

3.4.3

早期失效　early failure

在制造商规定的担保期间，因产品设计、制造和不正确使用而发生的失效。

3.4.4

偶然失效　random failure

在早期失效期间和耗损失效期间偶然发生的失效。

3.4.5

耗损失效　wear-out failure

因疲劳、磨损、退化和时效老化造成的失效。

3.4.6

突然失效　sudden failure

经过预先检查或监控不能预料的和突发的失效。

3.4.7

独立失效　primary failure

不是由另一产品的失效直接或间接引起的产品的失效。

3.4.8

从属失效　secondary failure

由另一产品的失效直接或间接引起的产品的失效。

3.4.9

单一原因失效　single cause failure

由单一原因带来的产品的失效。

3.4.10

复合原因失效　combined cause failure

由复合的、两个或两个以上原因带来的产品的失效。

3.4.11

固有缺陷失效　inherent weakness failure

由于设计、制造等计划和实施中的错误而使产品承受规定能力内的负荷时，产品本身固有缺陷所造成的失效。

3.4.12

误用失效　misuse failure

由操作、维修、贮存等不正确应用所引起的失效。

3.4.13

致命失效　critical failure

可能导致人身伤害或财产重大损失的失效。

3.4.14

轻微失效　minor failure

不会导致停机或能在8小时之内修复好的产品失效。

3.4.15

主要失效　major failure

可能降低或停止系统功能和/或超过8小时修理时间的失效。

3.4.16

部分失效　partial failure

部分的失效不会引起必要功能完全丧失的失效。

3.4.17

完全失效　complete failure

引起产品完全丧失必要功能的失效。

3.4.18

渐变失效　gradual failure

由产品逐渐耗损表现出的失效，该失效通过事先的检测或监测是可以预测的。

3.4.19

失效判据　failure criterion

产品功能规定的限值作为定义产品失效的标准。

3.4.20

失效率　failure rate

直到产品运行正常之后的某个时刻，每个连续单位区间发生失效的频率。

3.4.21

平均失效率　mean failure rate

通过式(4)计算失效率作为平均失效率 MFR：

$$MFR=\frac{TNF}{TOT} \qquad \cdots\cdots(4)$$

式中：

TNF——在总的工作区间内观测到的失效总次数；

TOT——总工作时间(3.6.5)。

3.4.22

缺陷　defect

产品中存在的不正常状态或性能(规定值外)，是失效的主要原因。

3.4.23

退化　degradation

由时间或环境使产品性能和产品能力逐渐损坏。

3.4.24

失效分析　failure analysis

通过产品当前的与潜在的与失效有关的失效机理、发生的频率和失效后果的调查，对产品失效作出系统的检查和研究，并确定修正方案。

3.5　服务性术语

3.5.1

服务性　serviceability

机器上能易于进行维修、修理和接近的综合反映。

3.5.2

维修性　maintainability

完成防止失效活动的难易程度。即在规定期间给定的条件下，完成防止失效所做活动的性质或可能性。

3.5.3

可修复性　repairability

完成失效产品修复的难易程度。即在规定期间之内给定条件下，完成恢复失效所做活动的特性。

3.5.4

可修复产品　repairable item

当产品投入工作后，通过修理可使其恢复到初始状态的产品。

注1：这可以是经过修理可连续使用的产品。

注2：当产品失效时，既不能通过修理使其恢复到正常使用状态又不能维修的，把它称为不可修复产品。

3.5.5

可达性　accessibility

接近需维修或修理部位的难易程度。可达性是在产品设计阶段确定的。

3.5.6

服务 service

在可操作状态下,为保持产品或修复不合格产品所进行的所有必要活动。维修和修理统称为服务。

3.5.7

维修 maintenance

在可操作状态下,为防止失效和保持产品所进行的所有必要活动。维修可细分为计划性维修和状态监测。

注:维修包括下列范围:

a) 试验和检查发现失效或缺陷的迹象,并且执行道路或安全法规所要求的检查;

b) 润滑、清洁、调整等;

c) 修复替代有缺陷产品;

d) 用于定期更换替换产品。

3.5.8

计划性维修 scheduled maintenance

根据预先安排的时间计划完成的维修,该术语作为通用术语给出。计划性维修可细分为定期维修和定时维修。

3.5.9

定期维修 periodic maintenance

在预先安排的时间间隔内完成的计划性维修。

3.5.10

定时维修 age-based maintenance

当产品的工作时间达到计划累积的工作时间时,产品完成的计划性维修。

3.5.11

状态监测 condition monitoring

为了确定产品工作与否,确定运行状态正常,观察耗损趋势,确定失效或缺陷发生的位置,在失效期间编写记录和描述这些事件,而在一定时间内所进行的性能特征的监测。

3.5.12

修理 repair

失效发生后,将产品恢复到可工作状态所进行的全部必要活动。

3.5.13

非紧急修理 non-urgent repair

由于失效是轻微失效或部分失效,工作不需要停止,在完成工作之后或在下次维修时,能够完成该失效的修理。

3.5.14

紧急修理 urgent repair

当发生的失效是完全失效、主要失效或致命失效时,应尽快完成的修理。

3.5.15

检查 inspection

由法律法规(例如:道路或安全法规)所要求的必要的全部活动。

3.6 时间术语

3.6.1

需求时间 required time

用户要求产品执行规定功能所需的时间。

3.6.2

可用时间　up time

产品处于可用状态执行其预定功能的时间。

注1：可用时间由待命时间和工作时间组成。

注2：在无需求时间内的可用时间称为自由时间。

3.6.3

平均可用时间　mean up time

可用时间持续的平均值。

3.6.4

工作时间　operating time

产品执行其预定功能的时间；包括机器从开始到停机的连续运行的所有时间。

3.6.5

总工作时间　total operating time

产品在观察中单独工作时间的总和。

3.6.6

待命时间　stand-by time

可用时间的一部分，是产品没有工作但已准备就绪所需的时间。

3.6.7

不可用时间　down time

产品处于不可用状态执行其预定功能的时间。

注：不可用时间由服务时间、修改时间、供应延迟时间和管理时间组成。

3.6.8

平均不可用时间　mean down time

不可用时间持续的平均值。

3.6.9

服务时间　service time

检查、维修和修理活动所需要的时间。

3.6.10

维修时间　maintenance time

产品手动或自动完成维修动作的一段时间，包括维修中引起的固有延误时间。

注1：例如，固有延迟，包括由于设计或规定的维修程序。

注2：产品执行必要功能时完成的维修动作。

3.6.11

必要修理时间　required repair time

产品从失效至恢复到可用的过程中执行所有动作所需的时间。必要修理时间可视为修理时间和修理等候时间。

3.6.12

修理时间　repair time

在规定条件下，修复不能完成其规定功能的产品所需的时间。

注1：该时间通过工时测量。

注2：为了更换组成元件，将其从主机拆除所需的修理时间不计入主机的修理时间。

如果组成元件通过修理后重新安装到主机上，其修理所需的时间应包括在主机的修理时间内。

注3：修理工作由准备、失效原因的识别、修理、更换、调整、试验等组成。

3.6.13

平均修理时间　mean time to repair

修理时间持续的平均值。

3.6.14

修理等候时间　waiting time to repair

必要人力或部件等的等候时间。

注：当产品在一定区域内不能修理并且不得不被运输到车间或其他地方时，包括运输时间和在车间的修理等候时间。

3.6.15

修改时间　modification time

完成产品修改所要求的时间。

3.6.16

供应延迟时间　supply delay time

由于必要部件和材料不能及时供应，造成不能服务的时间。

3.6.17

管理时间　administrative time

除服务时间、修改时间和供应延迟时间外其他的不可用时间。

3.6.18

监测时间　monitoring time

产品在监测状态下所需要的时间。

3.6.19

早期失效期　early failure period

在规定的工作时间内开始发生失效时产品寿命的早期。在此期间，随着工作时间的推移，产品的失效率快速下降。

3.6.20

偶然失效期　random failure period

在早期失效期和耗损失效期之间的时期。在此期间，产品的偶然失效和故障率基本视为一致。

3.6.21

耗损失效期　wear-out failure period

在偶然失效期后的时期。在此期间，发生失效作为耗损的结果，并且随着工作时间的推移，产品的失效率快速增加。

3.6.22

寿命　life

产品从开始工作到由于丧失其功能而引起的停止使用所经过的使用时间。

3.6.23

使用寿命　useful time

在可修复产品故障率快速增加，产品超过修理成本的经济水平之前的寿命期。

3.6.24

贮存寿命　storage life

产品在规定条件下贮存和/或运输期间，其失效前的时间。

3.6.25

失效前时间　time to failure

不可修复产品从开始使用到失效所经过的时间。

3.6.26

平均失效前时间　mean time to failure

不可修复产品从其开始使用到失效的平均时间。

3.6.27

失效间隔时间　time between failures

2 耀复产品连续相邻两次失效之间的工作时间。

3.6.28

平均失效间隔时间　mean time between failures

可修复产品连续相邻两次失效之间的平均工作时间。平均失效间隔时间 MTBF 按式(5)计算：

$$MTBF = \frac{TOT}{NF} \qquad (5)$$

式中：

TOT——总工作时间(3.6.5)；

NF——总的工作时间内记录的失效次数。

3.6.29

平均首次失效前时间　mean time to first failure

可修复产品首次失效的平均工作时间。

3.6.30

检查时间　inspection time

执行道路或安全法律法规所需时间。

3.6.31

跑合期　run-in period

新产品释放全部性能的工作期。

附　录　A
（资料性附录）
土方机械机器可用性相关术语的关系

A.1　范围

本附录确定了使用和规范这些术语的范围，阐明了这些术语之间的相关性，并为理解这些术语和定义提供一些补充说明。

A.2　术语的标准化范畴

A.2.1　可用性术语应用到众多领域中，例如，可靠性工程的学者，土方机械的制造商和用户，如图 A.1 所示。然而，本标准的目的是为了解释土方机械用户用到的这些术语。

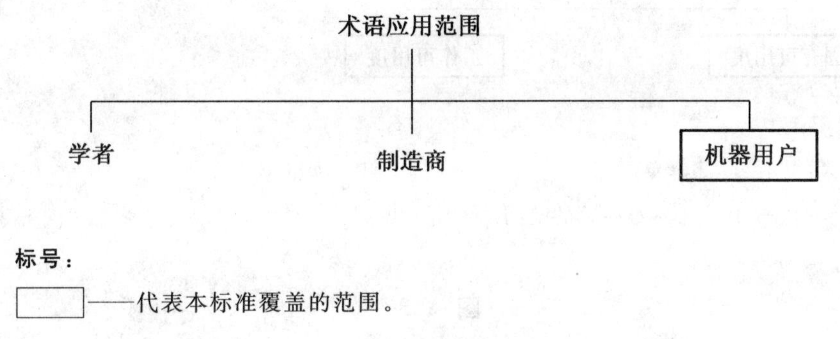

图 A.1

A.2.2　探寻机器可用性的目的是为了评估机器在工作中表现出的效率。机器的产品质量和性能决定其效率。本标准的目的就是为了解释基于机器产品质量的可用性（见图 A.2）。

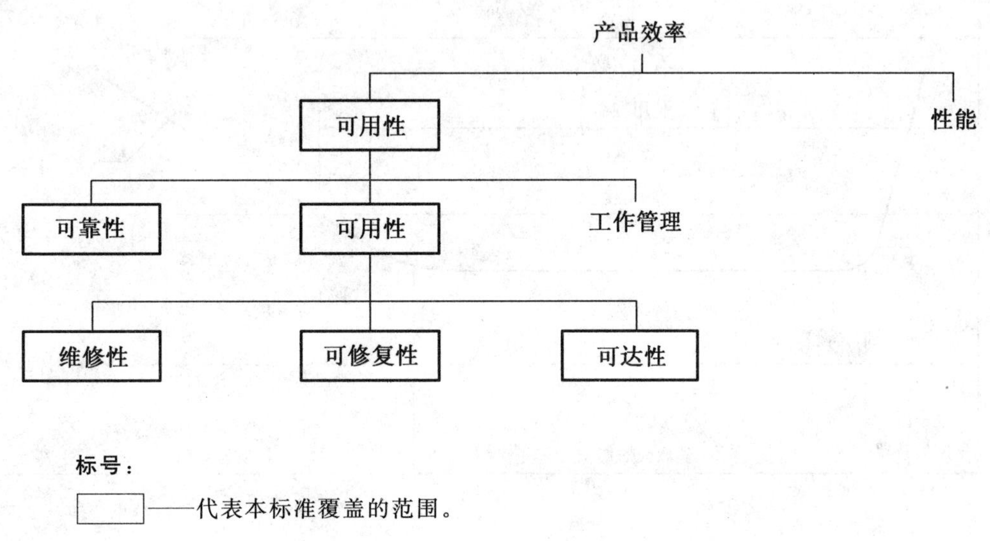

图 A.2

A.3 术语相关性

A.3.1 可用性术语或可靠性术语

图 A.2 显示了可用性术语的简单关系;图 A.3 详细列出了可用性自身,即平均可用度和瞬时可用度。

平均可用度通常用于实际计算,可细分为固有可用度与工作可用度。在设计和制造阶段机器自身产生了固有可用度,而工作可用度能随着状态和用户使用习惯而改变。对于可靠性,其相关性和图 A.3 所示可用性层次相同。

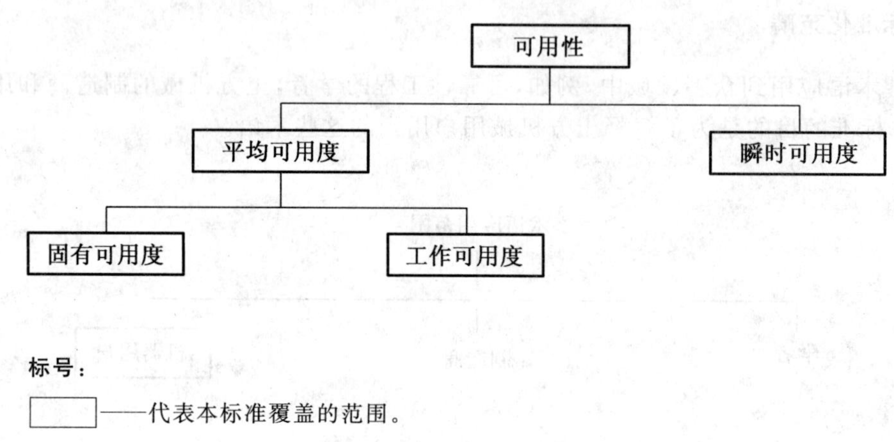

标号:

——代表本标准覆盖的范围。

图 A.3

A.3.2 失效术语

A.3.2.1 图 A.4 显示了时间与失效的关系及与不可修复产品失效率有关的寿命关系,但该图不适用于可修复产品。然而,该图可用于理解寿命、时间等的概念。

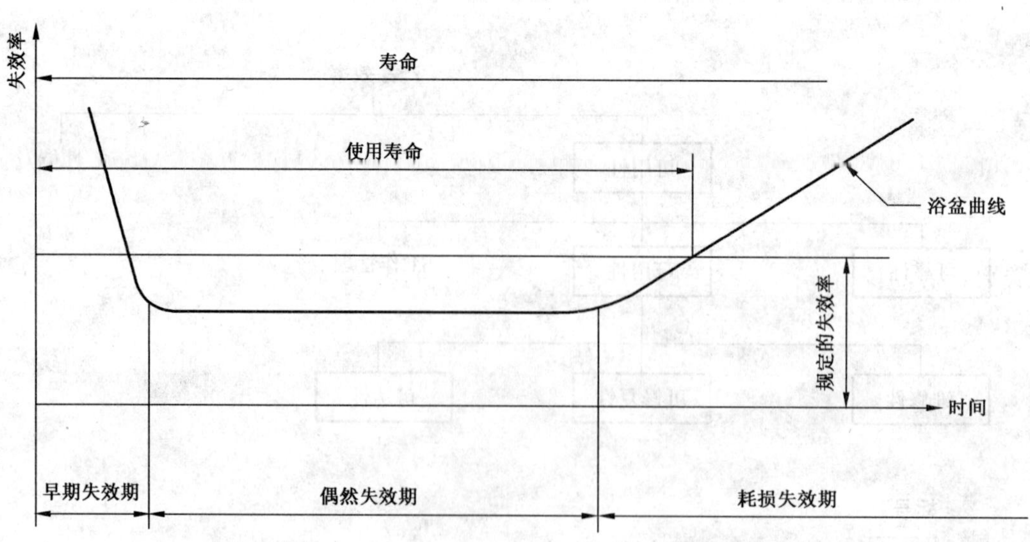

图 A.4

A.3.2.2 失效术语之间没有相关性。然而,它们能按时间、失效程度和失效原因分类,如图 A.5 所示。

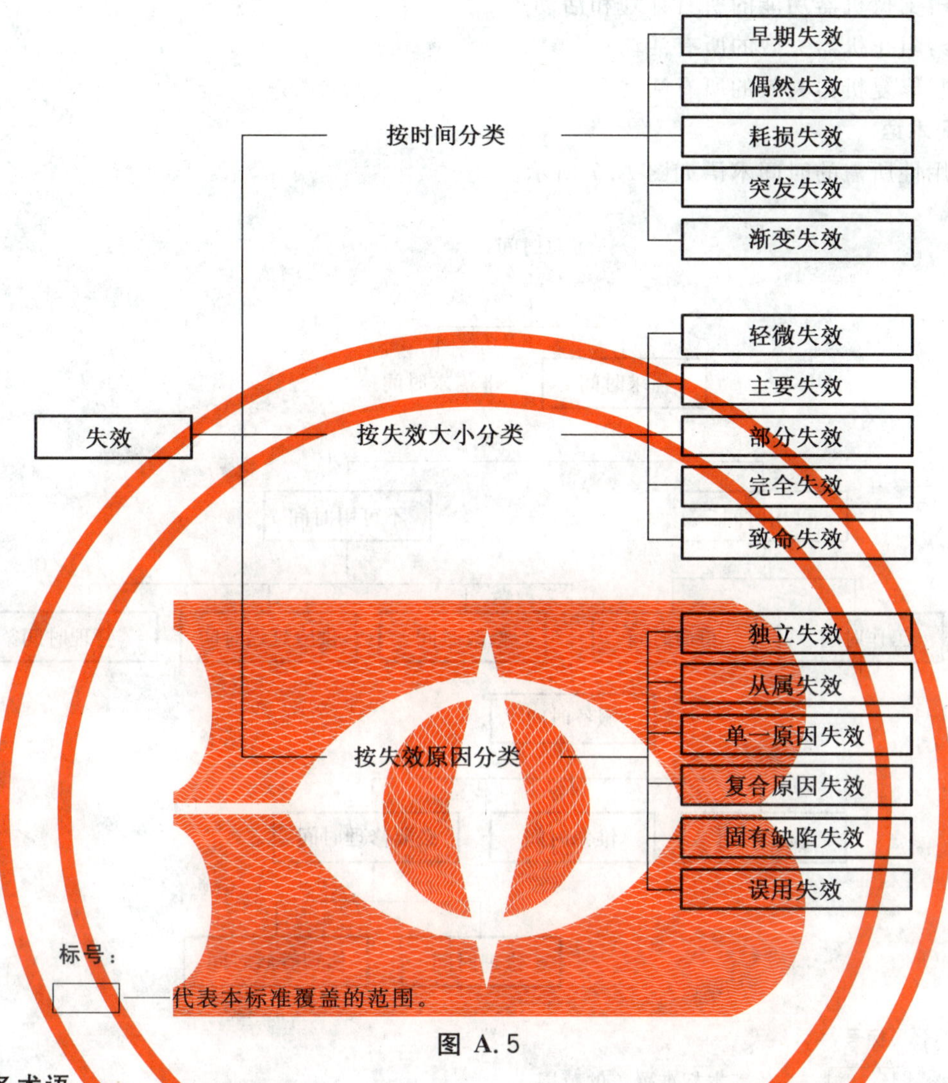

图 A.5

A.3.3 服务术语

从 A.2.2 可以知道可靠性和服务性是支撑可用性最显著的两个因素。服务性如图 A.6 所示。

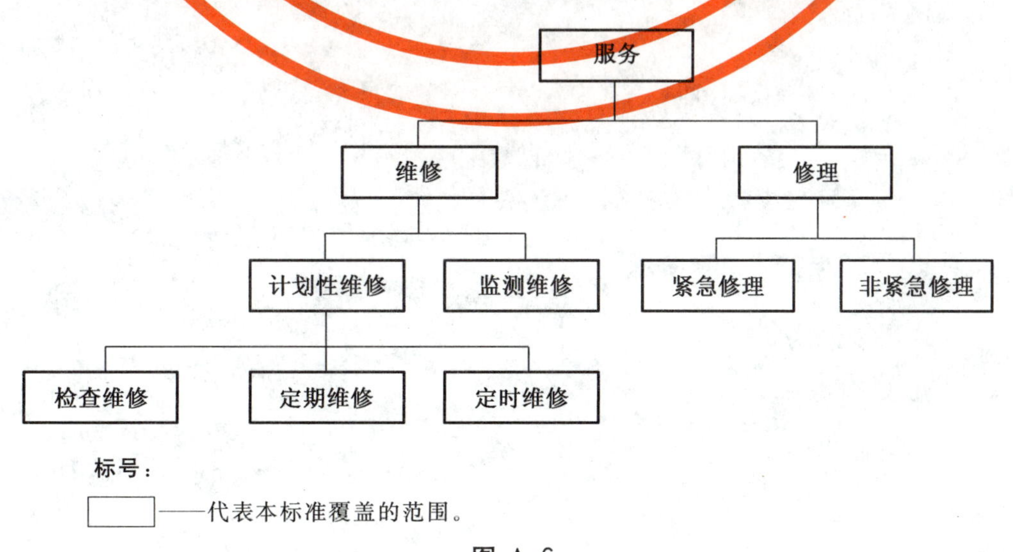

图 A.6

每个术语的详细定义虽然已在本标准中给出，但是，服务、维修和修理简化定义如下：

1 服务：支持机器功能的所有计划和活动；

2 维修：阻止机器失效的所有活动；

3 修理：修复机器失效的所有活动。

A.3.4 时间术语

计算可用性所需的时间术语如图 A.7 所示。

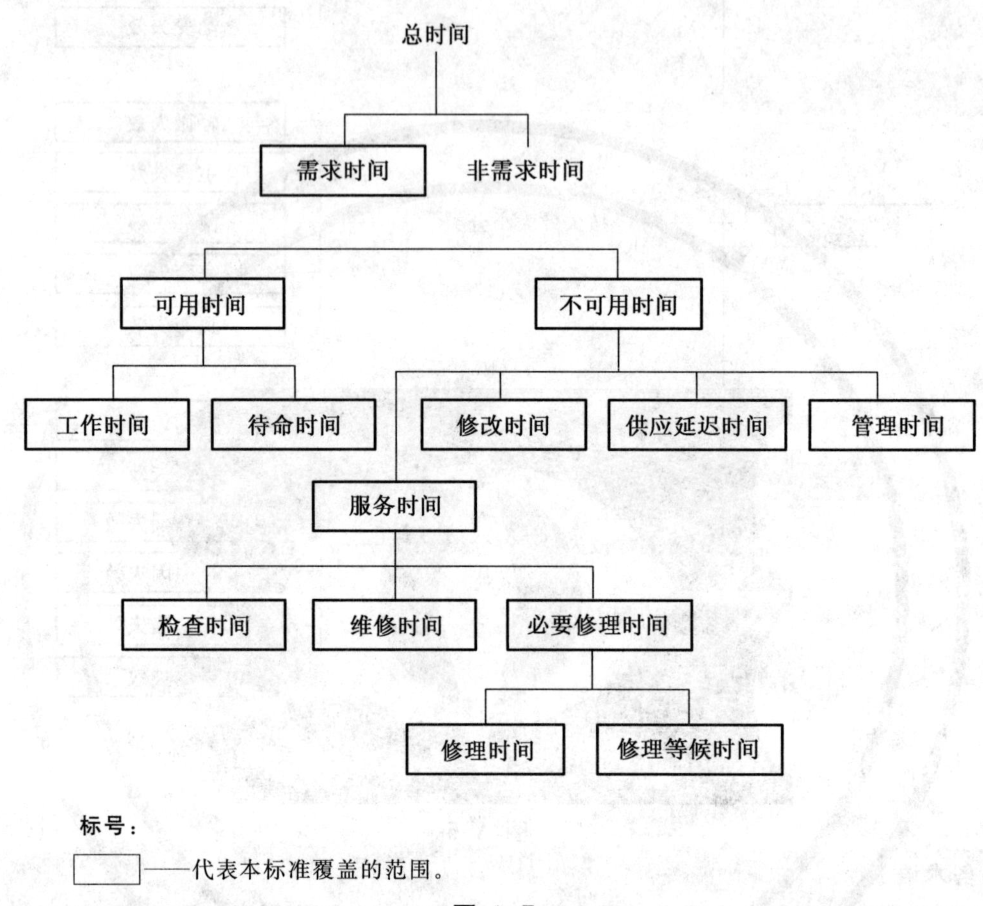

标号：

□——代表本标准覆盖的范围。

图 A.7

中 文 索 引

T

W

X

Z

英 文 索 引

A

C

D

E

F

G

I

L

M

N

O

P

R

S

T

U

W

ICS 53.100
P 97

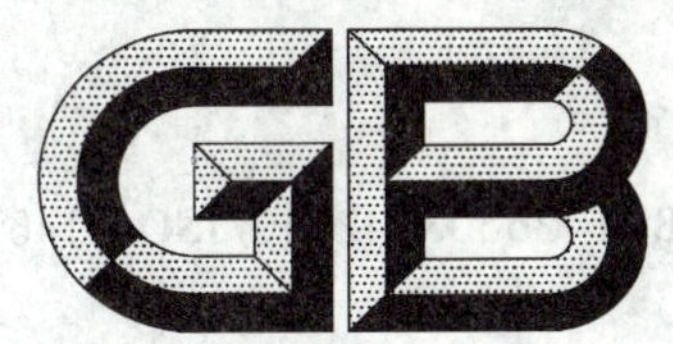

中华人民共和国国家标准

GB/T 25603—2010/ISO 21467:2004

土方机械　水平定向钻机　术语

Earth-moving machinery—Horizontal directional drills—Terminology

(ISO 21467:2004, Earth-moving machinery—Horizontal directional drills—Terminology and specifications, IDT)

2010-12-01 发布　　2011-03-01 实施

中华人民共和国国家质量监督检验检疫总局
中国国家标准化管理委员会　发布

前　言

本标准等同采用ISO 21467:2004《土方机械　水平定向钻机　术语和规格》(英文版)。

本标准等同翻译ISO 21467:2004。

为便于使用,本标准做了下列编辑性修改:

——“本国际标准”一词改为“本标准”;

——删除了国际标准前言;

——因标准中没有“规格”的内容,故将标准名称改为《土方机械　水平定向钻机　术语》,英文名称也相应修改;

——删除图6、图7、图8、图9的图的脚注[a],改为直接标注;

——对ISO 21467:2004中引用的国际标准,用已采用为我国的标准代替对应的国际标准;

——增加了中英文索引。

本标准由中国机械工业联合会提出。

本标准由全国土方机械标准化技术委员会(SAC/TC 334)归口。

本标准起草单位:天津工程机械研究院。

本标准主要起草人:段琳。

土方机械　水平定向钻机　术语

1　范围

本标准规定了3.1.1中所定义的水平定向钻机的术语。

本标准适用于非驾乘式、驾乘式、基坑启动式和配备附件的机器。

2　规范性引用文件

下列文件中的条款通过本标准的引用而成为本标准的条款。凡是注日期的引用文件，其随后所有的修改单(不包括勘误的内容)或修订版均不适用于本标准，然而，鼓励根据本标准达成协议的各方研究是否可使用这些文件的最新版本。凡是不注日期的引用文件，其最新版本适用于本标准。

GB/T 8498　土方机械　基本类型　识别、术语和定义(GB/T 8498—2008,ISO 6165:2006,IDT)

GB/T 16936　土方机械　发动机净功率试验规范(GB/T 16936—2007,ISO 9249:1997,MOD)

3　术语和定义

GB/T 8498确立的以及下列术语和定义适用于本标准。

3.1　一般术语

3.1.1

水平定向钻机　horizontal directional drilling machine

该机使用一个可调向操控的钻头，钻头连接在钻杆组的端部，用于地下水平钻孔。

见图1～图4。

注1：钻孔时可通过钻杆组向钻头喷洒液体，用装在钻头附近的传感器或脉冲信号发射机对孔进行跟踪，然后回扩扩孔。

注2：水平定向钻机一般是用一个平行于作业地面或与其成30°倾角的钻孔机架对钻杆组施加作用力。

3.1.2

孔道　bore

主要用于公共设施安装的地下孔道。

3.1.3

钻杆组　drill string

一只或多只连接在一起的钻杆，可将作用力从钻架传递到钻削地面的钻头或回扩钻头。

注：转向时也用来旋转钻头进行定位。

3.1.4

钻架　drill frame

水平定向钻机上的结构件，可将旋转和推进/回拖作用力传递给钻杆组。

3.1.5

回扩　backreaming

通过向回拖动比已形成的孔径大的机具，以扩大孔道的过程。

3.2　尺寸

3.2.1

机器总长　overall machine length

L

在运输状态下，纵向最远端平面之间的距离。

3.2.2

机器总高 overall machine height

H

在运输状态下,地面至最高端之间的距离。

3.2.3

机器总宽 overall machine width

W

在运输状态下,横向最远端平面之间的距离。

3.2.4

钻进角度 entry angle

机器在操作(作业)位置上,钻杆与地面之间的夹角,单位为度(°)。

3.2.5

钻杆直径 drill pipe diameter

$\boldsymbol{D_1}$

钻杆的最小外径(不包括接头端)(见图5)。

3.2.6

钻杆接头端直径 drill pipe tool joint end diameter

$\boldsymbol{D_2}$

钻杆接头端外侧的最大直径(见图5)。

3.2.7

钻杆公称长度 drill pipe nominal length

$\boldsymbol{L_1}$

钻杆的公称(连接)长度(见图5)。

3.2.8

钻杆总长度 drill pipe overall length

$\boldsymbol{L_2}$

钻杆的总长度(见图5)。

3.2.9

钻杆壁厚 drill pipe wall thickness

T

钻杆断面的公称壁厚(不包括接头端)(见图5)。

3.2.10

钻杆的液体容量 fluid capacity of drill pipe

测定的每米长度的钻杆内所能存储水的最大容积。

3.2.11

钻杆孔道路径的弯曲半径 drill pipe bore path bend radius

R

由公式计算所得的钻机作业过程中碳钢管钻杆组的弯曲极限:

$$R=\frac{E\times D_1}{292\times U}$$

式中:

R——曲率半径,单位为米(m);

E——钻杆材料的弹性模数,单位为兆帕(MPa);

D_1——钻杆直径,单位为米(m);

U——标称的钻杆材料临界抗拉强度,单位为兆帕(MPa)。

3.2.12

回扩直径　backreamer diameter

扩孔钻所限定圆的最大直径。

3.2.13

基坑尺寸　pit size

基坑启动式机器所要求的最小的基坑宽度和长度(见图 3)。

3.2.14

基坑宽度　pit width

A

给定机器在基坑底部的理论垂直平面间的最小测定宽度。

3.2.15

基坑长度　pit length

B

给定机器在基坑底部的理论垂直平面间的最小测定长度。

3.3　质量

3.3.1

钻机工作质量　drilling machine operating mass

主机带有加足油的液压油箱和燃油箱、钻液系统(如有配备)加满、机器钻杆储存架(如有配备)配齐时的质量。

3.3.2

地面承载力　ground-bearing pressure

钻机的工作质量除以接地面积。

3.3.3

钻杆质量　drill pipe mass

钻杆内部为空载时测得的质量。

3.4　性能

注：测量参数(并非计算参数)是在典型的机器作业温度下，可持续获得的输出参数。

3.4.1

发动机净功率　engine net power

按 GB/T 16936 规定的发动机净功率。

3.4.2

地面行驶速度　ground travel speed

钻机在工作质量下，在前进和后退两个方向上的最大地面行驶速度。

3.4.3

旋转主轴功率　rotary spindle power

主轴输出时所测得的最大旋转功率。

3.4.4

最大主轴扭矩　maximum spindle torque

所测得的使主轴停转的最大主轴扭矩。

3.4.5

最大主轴转速　maximum spindle speed

所测得的每分钟的最大主轴转数。

3.4.6

滑架推进运行速度　carriage thrust travel speed

在前进方向上无负载时滑架的最大移动速度。

3.4.7

滑架回拖运行速度　carriage pullback travel speed

在回拖方向上无负载时滑架的最大移动速度。

3.4.8

推进力　thrust force

所测得的阻止滑架沿前进方向移动的最大作用力。

3.4.9

回拖力　pullback force

所测得的阻止滑架沿回拖方向移动的最大作用力。

3.4.10

钻液功率　drilling fluid power

根据向主轴泵送水时在主轴处同时测得的压力和流量值而计算得出的最大钻液功率。

3.4.11

最大钻液压力　maximum drilling fluid pressure

所测定的主轴处的最大压力。

3.4.12

最大钻液流量　maximum drilling fluid flow

所测定的主轴处的最大流量。

3.4.13　钻杆性能

3.4.13.1

柱管强度　column strength

仅对钻杆的每一连接端进行支承以使其成水平位置，对钻杆进行测试，轴向对中施加载荷，而钻杆不致发生弯曲失效的所能承受的最大压力(见图6)。

3.4.13.2

扭矩能力　torque capacity

在通过连接端施加力矩和阻力矩进行测试时，钻杆不会发生永久变形所能承受的最大旋转力矩(见图7)。

3.4.13.3

推进/回拖能力　push/pull capacity

在四分之一跨度处固定钻杆，并通过连接端施加负载进行测试，钻杆不会发生永久变形所能承受的最大压缩和拉伸载荷(见图8)。

3.4.13.4

额定旋转弯曲寿命　rotational bending life rating

在0.67R的测试半径(R_1)处，钻杆所能承受而不会失效的完全反向旋转应力周期数(至少三次试验的平均值)(见图9)。

3.4.13.5

液流能力　flow capacity

通过30 m组装钻杆而产生0.7 MPa压降的水流量。

3.4.13.6

连接扭矩　make-up torque

当钻杆的两个接头是螺纹连接时，制造商推荐的拧紧扭矩。

4　名称

注：以下有些所示项目可能并非标准设备。

4.1　非驾乘式机器　non-riding machine

见图1。

4.1.1 直接控制 **direct control**

4.1.2 有线控制 **control by wire**

4.1.3 遥控(无线控制) **remote (wireless) control**

4.2 驾乘式机器 **ride-on machine**

见图 2。

4.3 基坑启动式机器 **pit-launched machine**

见图 3。

4.4 配备附件的机器 **attachment-mounted machine**

见图 4。

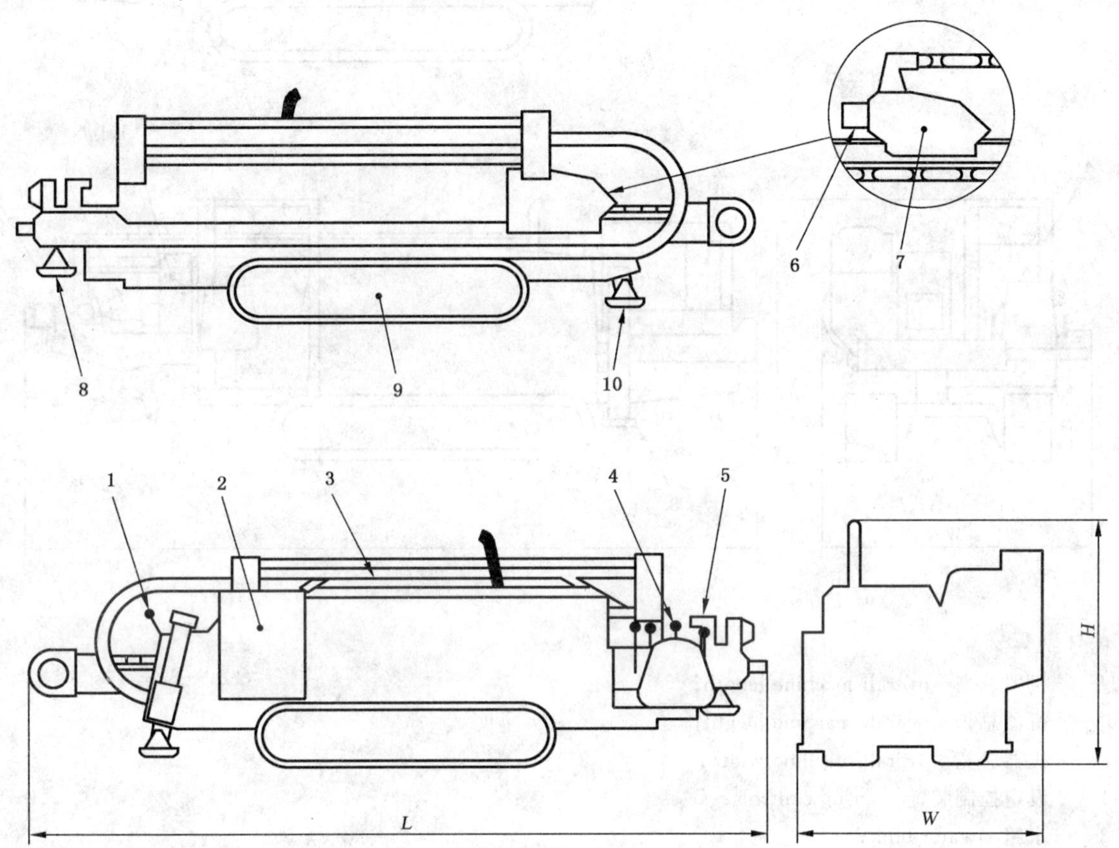

标号:

H——机器总高 overall machine length;

L——机器总长 overall machine height;

W——机器总宽 overall machine width;

1——设定控制装置 set-up controls;

2——水箱 water tank;

3——钻杆架 drill pipe rack;

4——钻机控制装置 drill controls;

5——夹钳 clamp;

6——主轴 spindle;

7——滑架 carriage;

8——前支座 front outrigger;

9——底盘 undercarriage;

10——后支座 rear outrigger。

图 1 非驾乘式水平定向钻机

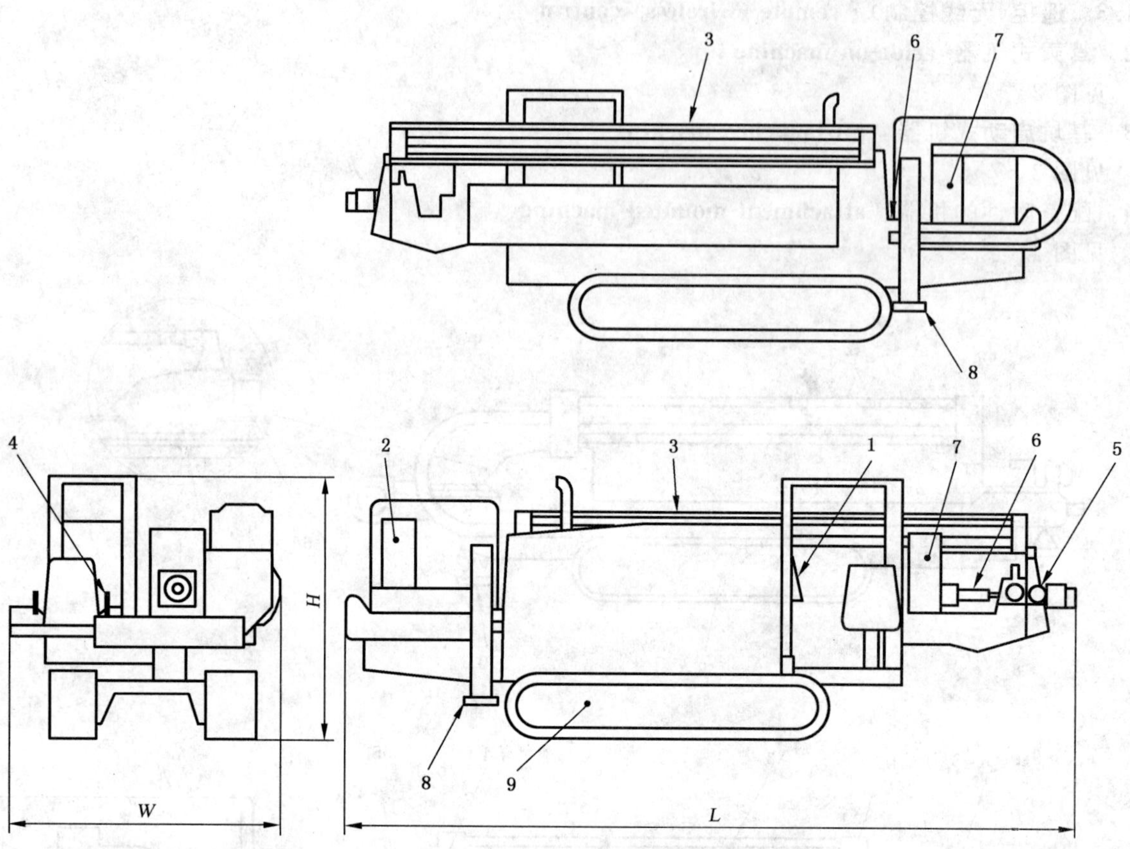

标号：

H——机器总高　overall machine length；

L——机器总长　overall machine height；

W——机器总宽　overall machine width；

1——设定控制装置　set-up controls；

2——水箱　water tank；

3——钻杆架　drill pipe rack；

4——钻机控制装置(司机位置)　drill controls-operator's station；

5——夹钳　clamp；

6——主轴　spindle；

7——滑架　carriage；

8——后支座　rear outrigger；

9——底盘　undercarriage。

图 2　驾乘式水平定向钻机

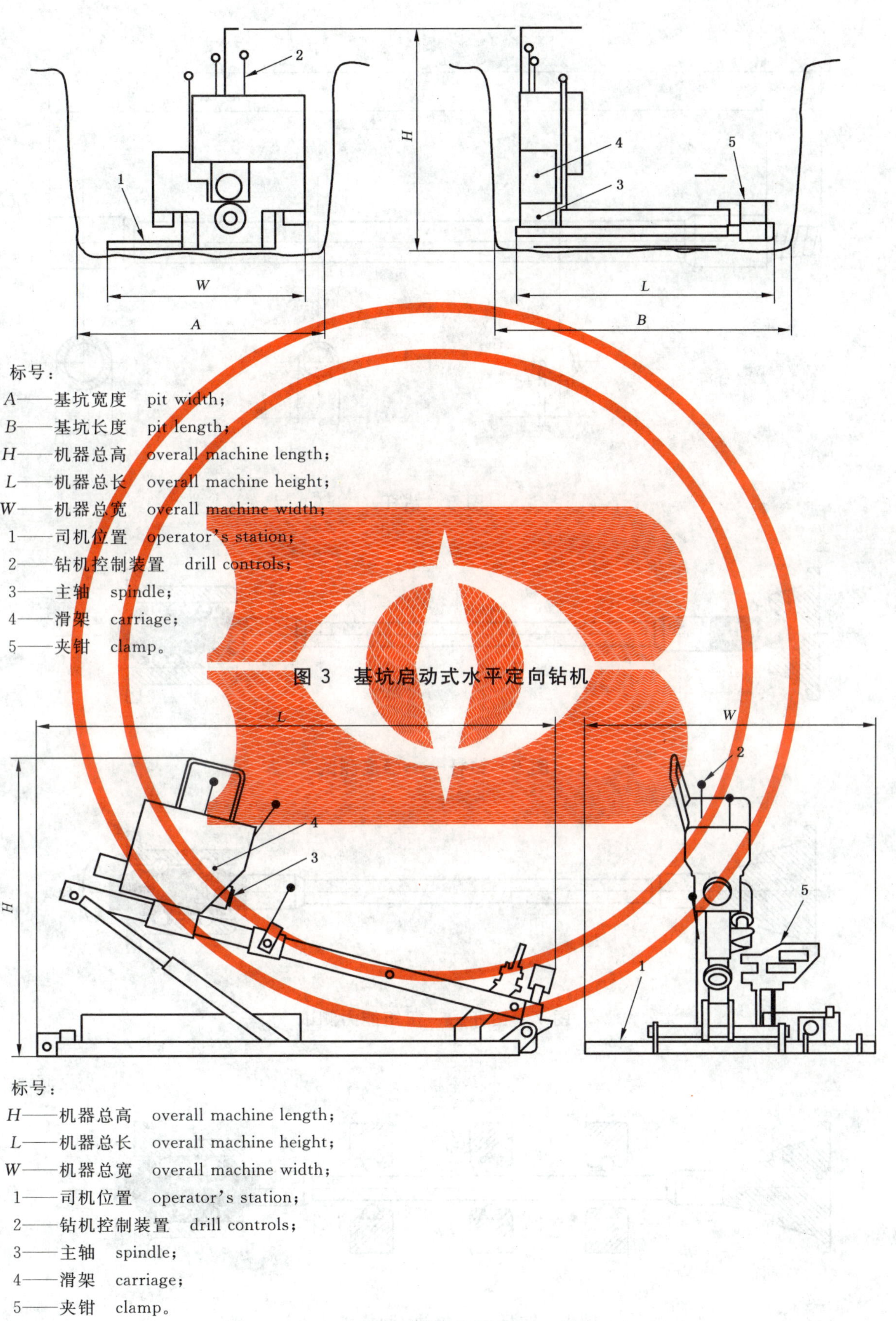

标号：

A——基坑宽度　pit width；

B——基坑长度　pit length；

H——机器总高　overall machine length；

L——机器总长　overall machine height；

W——机器总宽　overall machine width；

1——司机位置　operator's station；

2——钻机控制装置　drill controls；

3——主轴　spindle；

4——滑架　carriage；

5——夹钳　clamp。

图 3　基坑启动式水平定向钻机

标号：

H——机器总高　overall machine length；

L——机器总长　overall machine height；

W——机器总宽　overall machine width；

1——司机位置　operator's station；

2——钻机控制装置　drill controls；

3——主轴　spindle；

4——滑架　carriage；

5——夹钳　clamp。

图 4　配备附件的水平定向钻机

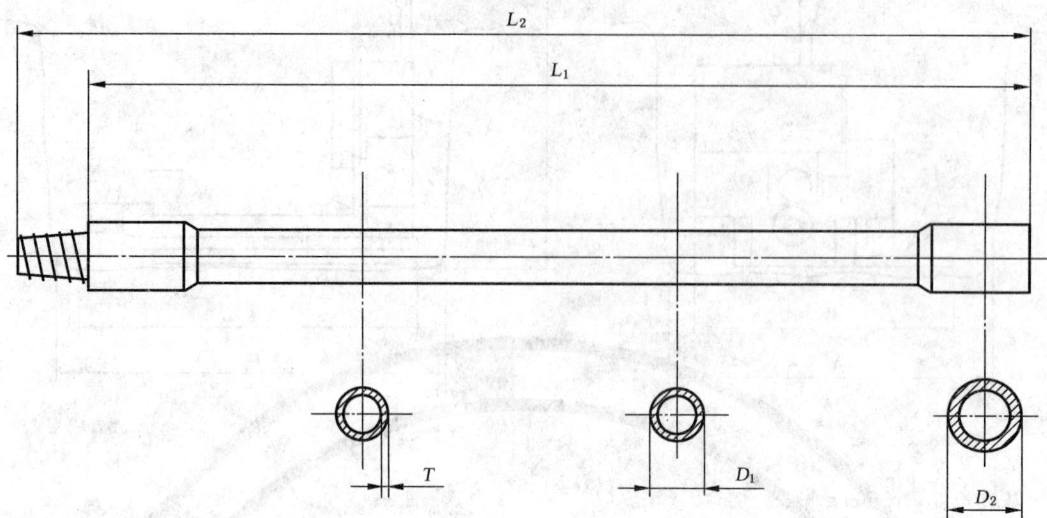

图 5 钻杆

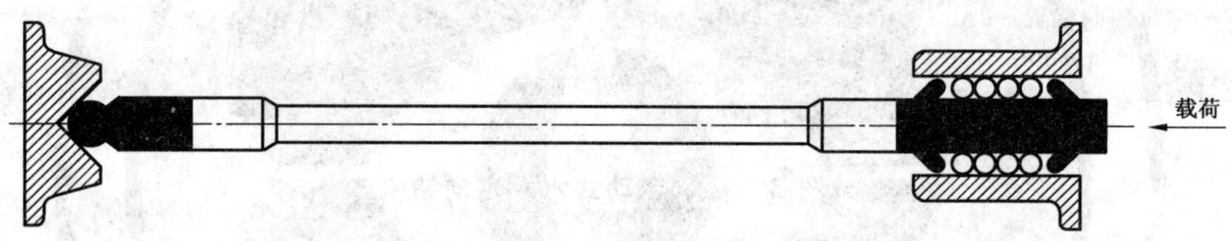

图 6 钻杆——强度测试

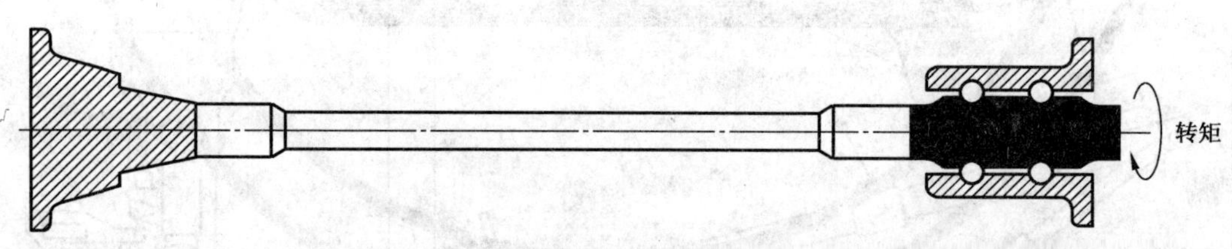

图 7 钻杆——扭矩能力测试

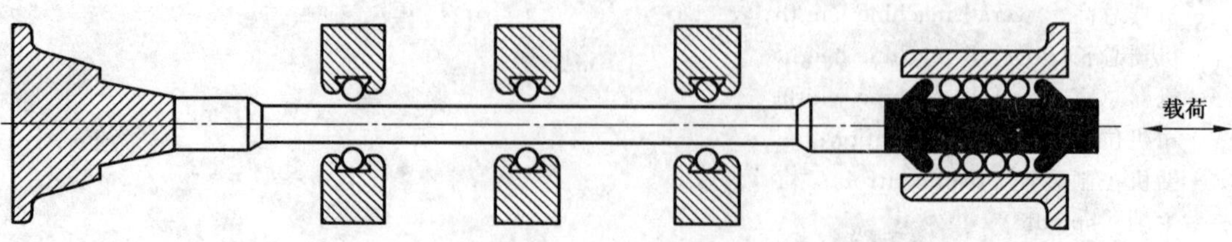

图 8 钻杆——推进/回拖能力测试

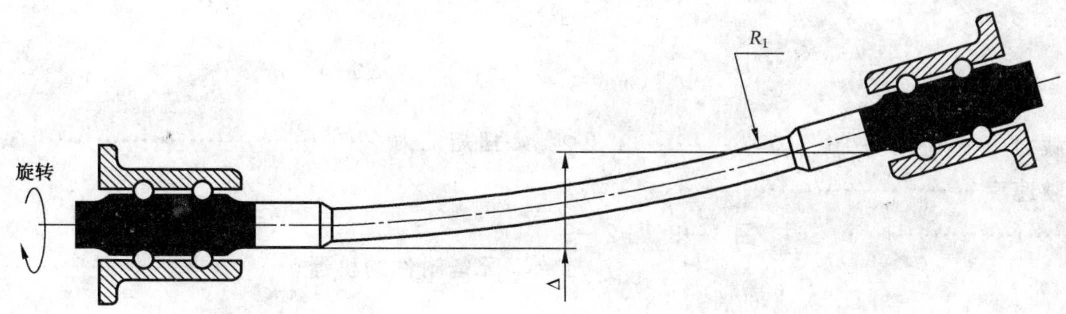

$$\Delta = R_1 - R_1 \cos \left[\frac{\left(\frac{180}{\pi}\right) L_1}{R_1} \right]$$

标号：

R_1——测试半径　test radius。

图 9　钻杆——额定旋转弯曲寿命测试

中 文 索 引

英 文 索 引

A

B

C

D

E

F

ICS 53.100
P 97

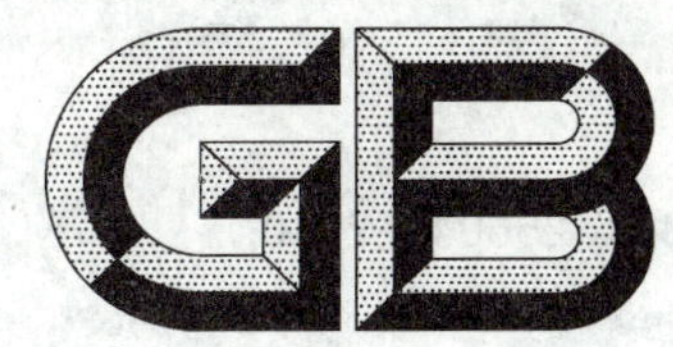

中华人民共和国国家标准

GB/T 25604—2010

土方机械 装载机 术语和商业规格

Earth-moving machinery—Loaders—Terminology and commercial specifications

(ISO/DIS 7131:2007,MOD)

2010-12-01 发布 2011-03-01 实施

中华人民共和国国家质量监督检验检疫总局
中国国家标准化管理委员会 发布

前　言

本标准修改采用国际标准草案 ISO/DIS 7131:2007《土方机械　装载机　术语和商业规格》(英文版)。

本标准根据 ISO/DIS 7131:2007 重新起草。

本标准与 ISO/DIS 7131:2007 的技术差异如下:

——对 ISO/DIS 7131:2007 中引用的国际标准,用已采用为我国的标准代替对应的国际标准;

——将编号 3.3.2 改为 3.3.1.3,以下各编号顺延;

——图 15 中增加了轮胎式装载机主机尺寸的图例;

——6.2 中"见 GB/T 10175.2"错误,现改为"见 GB/T 10175.1";

——根据定义说明,更改了各图中 *LL*2、*LL*4 和 *LL*5 的尺寸标注;

——表 A.1 中 *HH*12 的定义增加了第一句"松土器在最大提升高度时,";

——表 A.1 中 *AA*4 中引用的"见 *H*7"错误,现改为"见 *HH*2";

——增加了"中文索引"和"英文索引"。

为便于使用,本标准还做了下列编辑性修改:

——"本国际标准"一词改为"本标准";

——删除了国际标准的前言。

本标准的附录 A 为规范性附录。

本标准由中国机械工业联合会提出。

本标准由全国土方机械标准化技术委员会(SAC/TC 334)归口。

本标准负责起草单位:天津工程机械研究院、中国龙工控股有限公司。

本标准参加起草单位:福田雷沃国际重工股份有限公司、广西柳工机械股份有限公司。

本标准主要起草人:陈树巧、邹广萍、李宏宝、马喜林、李开亮。

土方机械　装载机　术语和商业规格

1　范围

本标准规定了自行轮胎式和履带式装载机及其工作装置的术语和商业规格及其技术文件中的内容。

本标准适用于 GB/T 8498 中定义的装载机。

2　规范性引用文件

下列文件中的条款通过本标准的引用而成为本标准的条款。凡是注日期的引用文件，其随后所有的修改单(不包括勘误的内容)或修订版均不适用于本标准，然而，鼓励根据本标准达成协议的各方研究是否可使用这些文件的最新版本。凡是不注日期的引用文件，其最新版本适用于本标准。

GB/T 8498　土方机械　基本类型　识别、术语和定义(GB/T 8498—2008，ISO 6165:2006，IDT)

GB/T 8592　土方机械　轮胎式机器转向尺寸的测定(GB/T 8592—2001，eqv ISO 7457:1997)

GB/T 10168　土方机械　挖掘装载机　术语和商业规格(GB/T 10168—2008，ISO 8812:1999，IDT)

GB/T 10175.1　土方机械　装载机和挖掘装载机　第1部分:额定工作载荷的计算和验证倾翻载荷计算值的测试方法(GB/T 10175.1—2008，ISO 14397-1:2007，IDT)

GB/T 10175.2　土方机械　装载机和挖掘装载机　第2部分:掘起力和最大提升高度提升能力的测试方法(GB/T 10175.2—2008，ISO 14397-2:2007，IDT)

GB/T 10913　土方机械　行驶速度测定(GB/T 10913—2005，ISO 6014:1986，MOD)

GB/T 14781　土方机械　轮式机械的转向能力(GB/T 14781—1993，eqv ISO 5010:1992)

GB/T 16936　土方机械　发动机净功率试验规范(GB/T 16936—2007，ISO 9249:1997，MOD)

GB/T 18577.1　土方机械　尺寸与符号的定义　第1部分:主机(GB/T 18577.1—2008，ISO 6746-1:2003，IDT)

GB/T 18577.2　土方机械　尺寸与符号的定义　第2部分:工作装置和附属装置(GB/T 18577.2—2008，ISO 6746-2:2003，IDT)

GB/T 19929　土方机械　履带式机器　制动系统的性能要求和试验方法(GB/T 19929—2005，ISO 10265:1998，MOD)

GB/T 21152　土方机械　轮胎式机器　制动系统的性能要求和试验方法(GB/T 21152—2007，ISO 3450:1996，IDT)

GB/T 21154　土方机械　整机及其工作装置和部件的质量测量方法(GB/T 21154—2007，ISO 6016:1998，IDT)

GB/T 21405　往复式内燃机　发动机功率的确定和测量方法　排气污染物排放试验的附加要求(GB/T 21405—2008，ISO 14396:2002，IDT)

3　术语和定义

GB/T 8498、GB/T 18577.1 和 GB/T 18577.2 确立的以及下列术语和定义适用于本标准。

3.1　一般定义

3.1.1

装载机　loader

自行履带式或轮胎式机器，前端装有主要用于装载作业(用铲斗)的工作装置，通过机器向前运动进行装载或挖掘。

注：装载机的工作循环通常包括物料的装载、提升、运输和卸载。

[GB/T 8498—2008,定义 4.2]

3.1.1.1

小型装载机　compact loader

工作质量(见 GB/T 21154—2007)等于或小于 4 500 kg 的装载机(见 3.1.1),有较好的灵活性,适用于在狭小空间工作。

3.1.1.2

滑移转向装载机　skid-steer loader

装载机(见 3.1.1)的司机室通常位于工作装置与支承结构之间,装载机通过牵引驱动机器两侧对应的用固定轴连接的轮胎或履带,使两侧轮胎或履带产生速度差和(或)不同的旋转方向来实现转向。

[GB/T 8498—2008,定义 4.2.2]

3.1.2

主机　base machine

不带有工作装置或附属装置的装载机,但包括安装工作装置或附属装置所必需的连接件,如需要,可带有司机室、机棚和司机保护结构。

注：主机宜配备有安装第 5 章中所示工作装置和附属装置时所必需的连接件。

3.2　质量

3.2.1

工作质量　operating mass (OM)

主机带有包括制造商规定的工作装置和空载的附属装置,司机(75 kg),燃油箱加足燃油,带洒水装置的水箱加一半水,所有液体系统(即:液压油、传动油、发动机油、发动机冷却液)加到制造商规定液位时的质量。

[改写 GB/T 21154—2007,定义 3.2.1]

3.2.2

运输质量　shipping mass (SM)

不包括司机的主机质量,包括燃油箱加注 10%的燃油、或者机器运输时按制造商规定的最小液面高度加注,所有液体系统的液面都按制造商的规定加注,如需要,带空的洒水箱,工作装置、支腿、附属装置、司机室、机棚、司机保护结构、车轮和配重的安装与否,均按制造商的规定。

注：如果机器为了运输需要进行分解,则制造商应对所拆卸的部件质量给予说明。

[改写 GB/T 21154—2007,定义 3.2.5]

3.3　附属装置

3.3.1

附属装置　attachment

为专门用途可选择安装在主机或工作装置上的部件总成。

[GB/T 18577.2—2008,定义 3.5]

3.3.1.1

反铲　backhoe

安装在装载机后部的一种附属装置(3.3.1),其一般用于地平面以下的挖掘,通过动臂、斗杆和铲斗的运动,进行提升、回转和卸载。

注：专用的挖掘装载机见 GB/T 10168。

3.3.1.2

松土器　scarifier

带有松土齿，用来破碎和疏松泥土、沥青和砂石路面以及其他类似的地表面的附属装置(3.3.1)(见图19)。

注：松土器通常安装在装载机的后部，亦可安装在铲斗的后部。

3.3.1.3

侧卸铲斗　side dump bucket

通过机器的前进运动装载，既能从前端卸载，也能从一侧卸载的铲斗[见图17a)]。

3.3.1.4

多功能铲斗　multi-purpose bucket

铲斗有推土铲形式的壁板，壁板上端有铰接点来支承夹板，该夹板能打开到不同位置，用来作为一个推土铲、铲土板、夹具或铲斗[见图17b)]。

3.3.1.5

货叉　pallet fork

作为提升、运输、卸载仓库式货盘架的一种带叉的机构(见图22)。

3.3.1.6

圆木叉(圆木抓具)　log fork (log grapple)

作为提升、运输和卸载圆木的一种带有叉和上部夹具的机构(见图23)。

3.3.1.7

绞盘　winch

装备滚筒并与主机后部相连接的机构(见图24)。

3.4

工作装置　equipment

安装在主机上提供提升和翻转功能的部件。

4　主机

4.1　装载机的形式

装载机是按以下特性分类的。

4.1.1

底盘　undercarriage

底盘有两种形式：

a)　履带式装载机　crawler loader(见图1)；

b)　轮胎式装载机　wheel loader(见图2)。

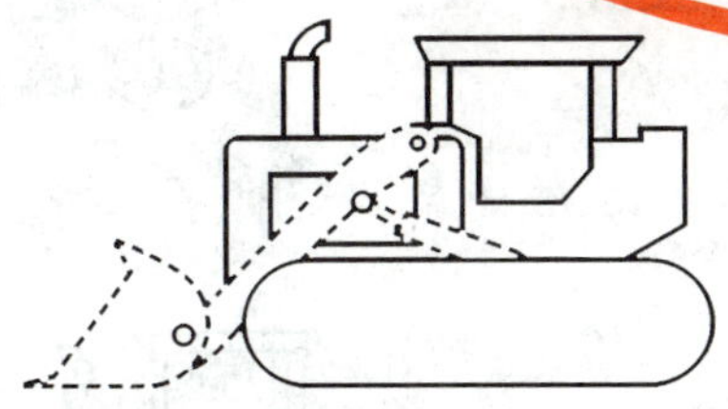

图1　履带式装载机

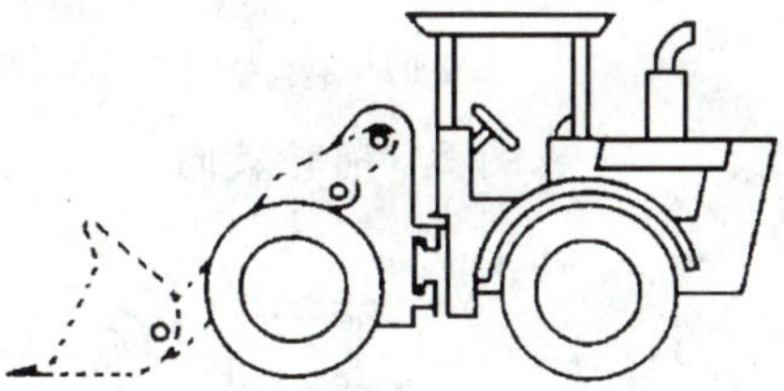

图2　轮胎式装载机

4.1.2

发动机位置　engine location

发动机位置如下：

a)　前置发动机　front engine(见图3)；

b)　后置发动机　rear engine(见图4)。

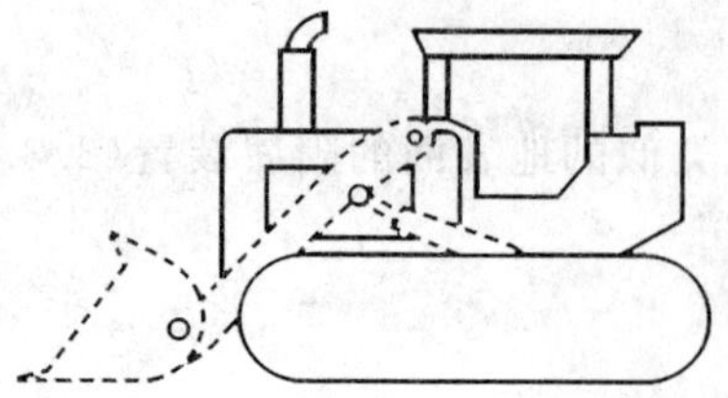

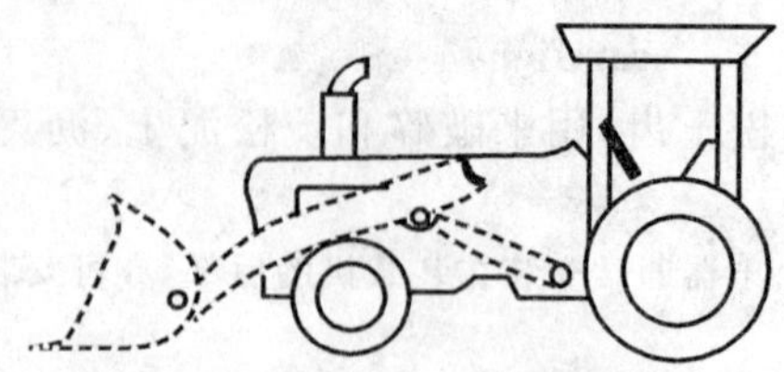

图 3 前置发动机

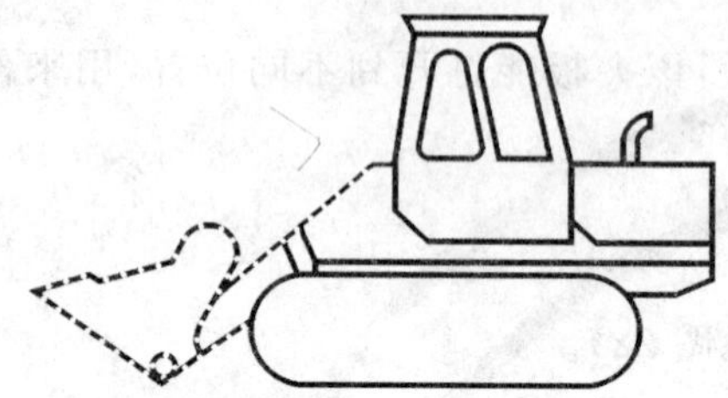

图 4 后置发动机

4.1.3

转向系统 steering system

转向系统如下：

a) 前轮转向 front wheel steer(见图 5)；

b) 后轮转向 rear wheel steer(见图 6)；

c) 全轮转向 all wheel steer(见图 7)；

d) 铰接转向 articulated steer(见图 8)；

e) 轮胎滑移转向 wheel skid steer(见图 9)；

f) 履带滑移转向 crawler skid steer(见图 10)；

g) 履带单独转向 crawler independent steer(见图 11)。

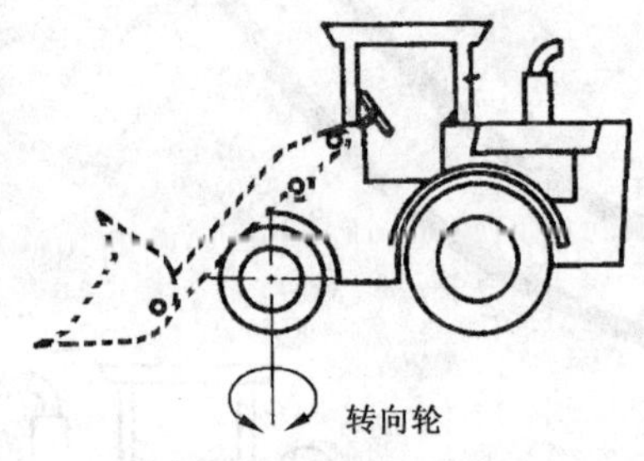

图 5 前轮转向

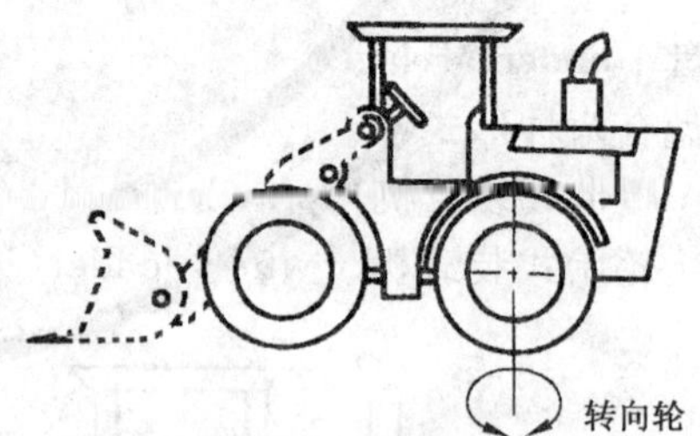

图 6 后轮转向

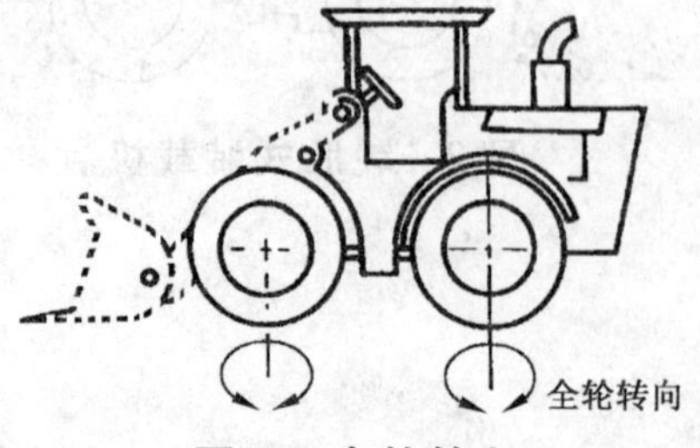

图 7 全轮转向

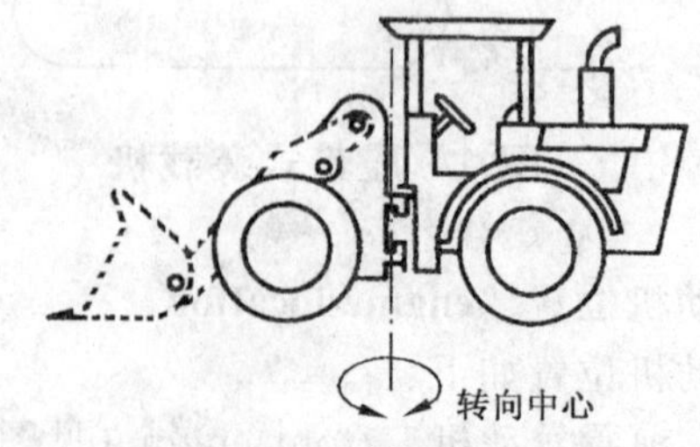

图 8 铰接转向

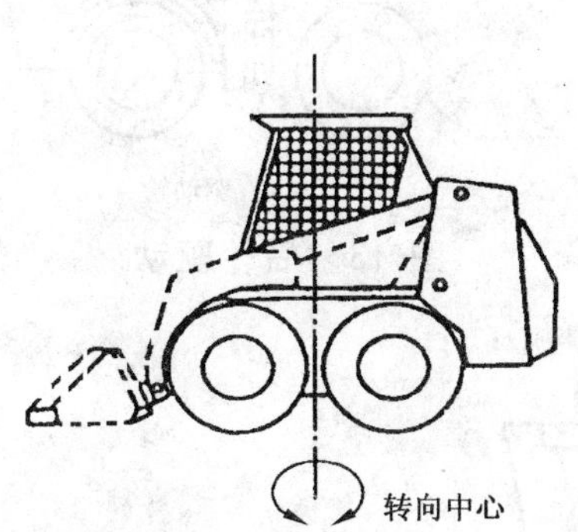

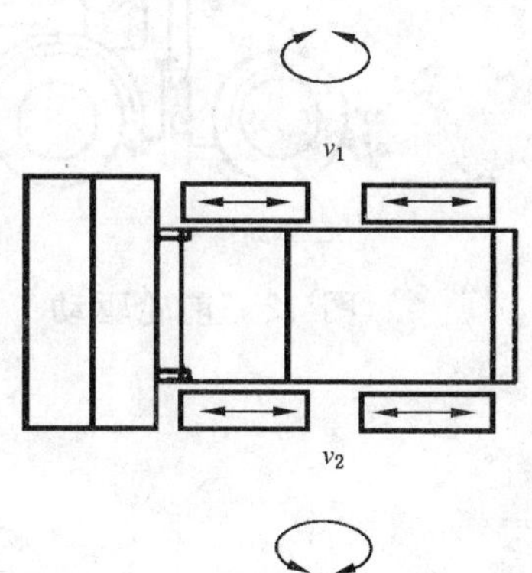

图 9　轮胎滑移转向($v_1 \neq v_2$)

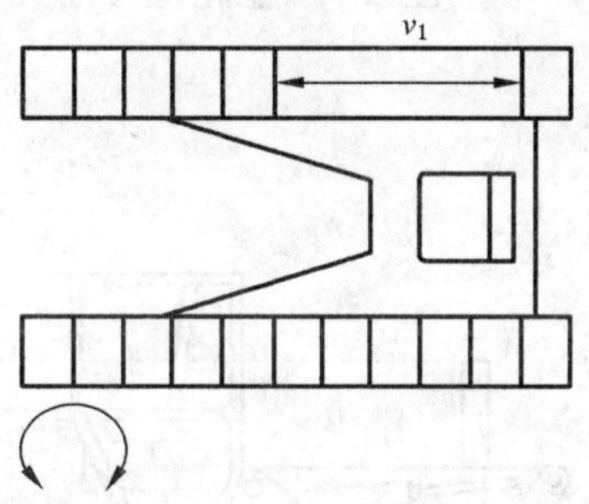

图 10　履带滑移转向

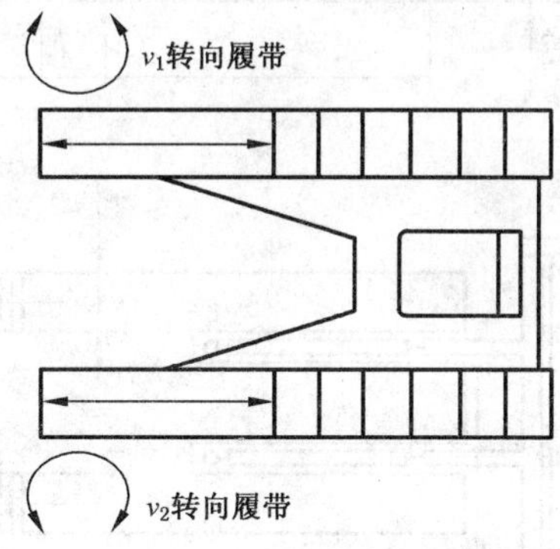

图 11　履带单独转向($v_1 \neq v_2$)

4.1.4

驱动系统　drive system

驱动系统如下：

a)　前轮驱动　front wheel drive(见图 12)；

b)　后轮驱动　rear wheel drive(见图 13)；

c)　全轮驱动　all wheel drive(见图 14)。

图 12 前轮驱动

图 13 后轮驱动

图 14 全轮驱动

4.2 尺寸

见图 15。

主机尺寸的定义见 GB/T 18577.1。

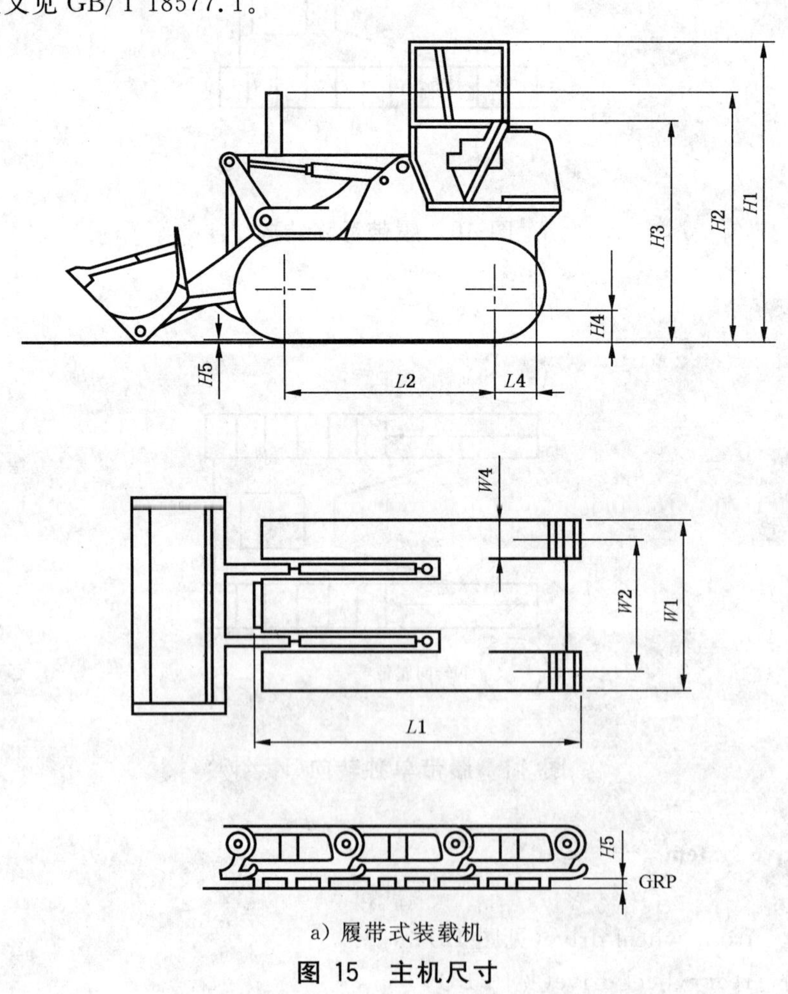

a) 履带式装载机

图 15 主机尺寸

b) 轮胎式装载机

图 15（续）

5 工作装置和附属装置

5.1 工作装置和附属装置名称

工作装置和附属装置的名称见图 16～图 17。

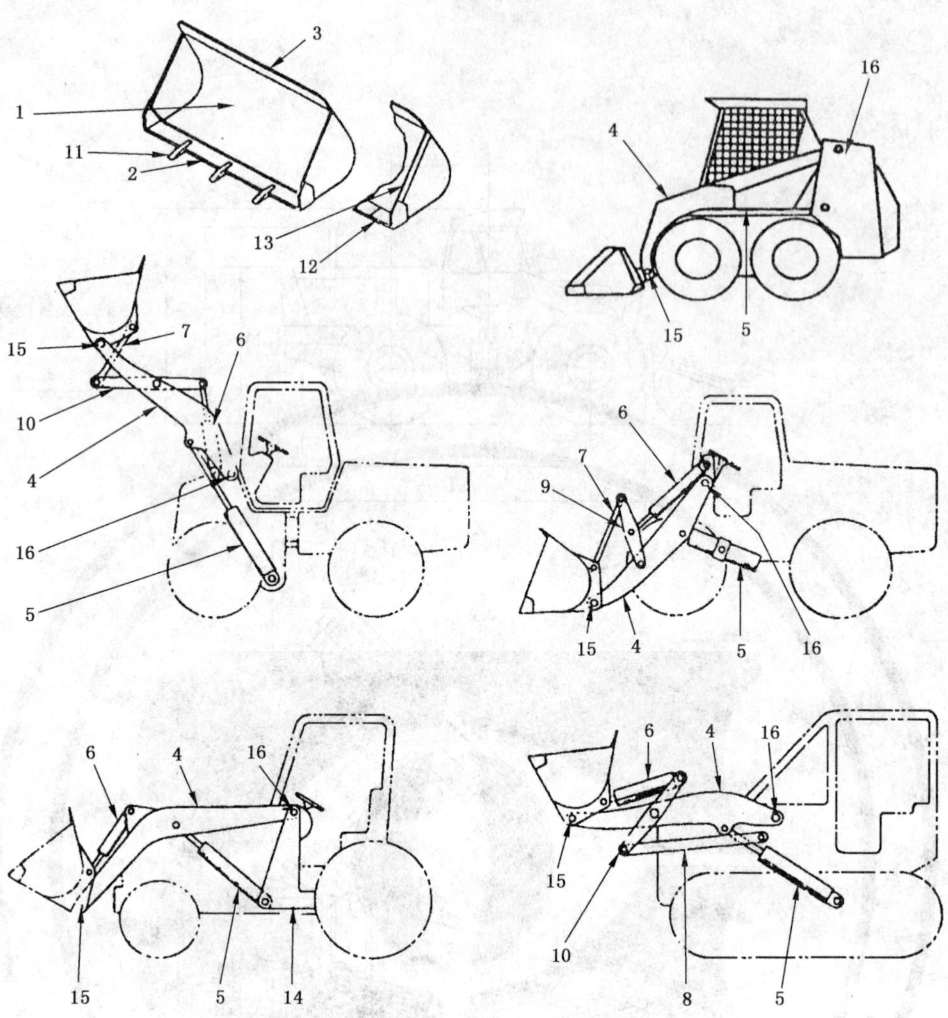

标号：

1——铲斗 bucket；

2——切削刃 cutting edge；

3——挡板 spillguard；

4——提升臂 lift arm；

5——提升液压缸 cylinder，lift；

6——铲斗液压缸 cylinder，bucket；

7——铲斗连杆 link，bucket；

8——导向连杆 link，guide；

9——铲斗摇臂 lever，bucket；

10——摇臂 bellcrank；

11——铲斗斗齿 tooth，bucket；

12——铲斗角刀片 cutter，corner；

13——侧刀片 cutter，side；

14——装载机副车架(区别于主车架) frame，loader；

15——铲斗销轴 pin，bucket hinge；

16——提升臂销轴 pin，lift arm hinge。

注：使用7、8、9和10的术语时常用“前”或“后”。

图16 工作装置名称

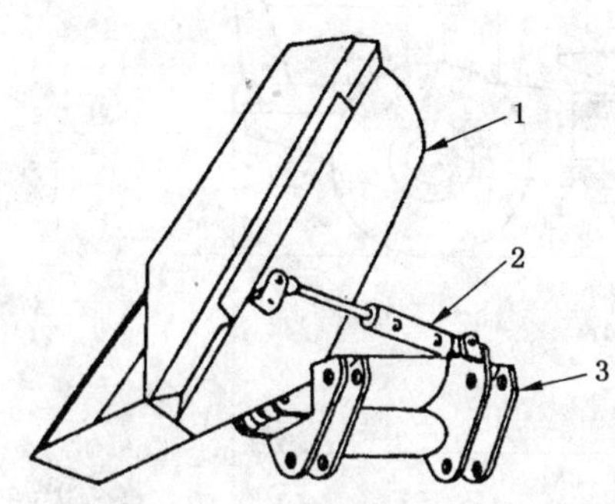

a) 侧卸铲斗

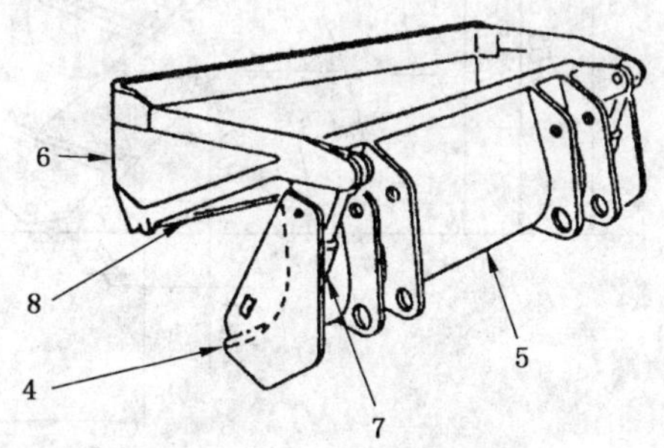

b) 多功能铲斗

标号：

1——铲斗　bucket；

2——侧卸液压缸　cylinder，side dump；

3——铲斗支承架　bucket support with carrier；

4——壁板切削刃　cutting edge，mouldboard；

5——壁板　mouldboard；

6——夹具　clam section；

7——夹具液压缸　cylinder，clam；

8——夹具切削刃　clam cutting edge。

图 17　附属装置名称

5.2　尺寸

工作装置和附属装置的尺寸见图 18～图 24。

尺寸的定义见附录 A。

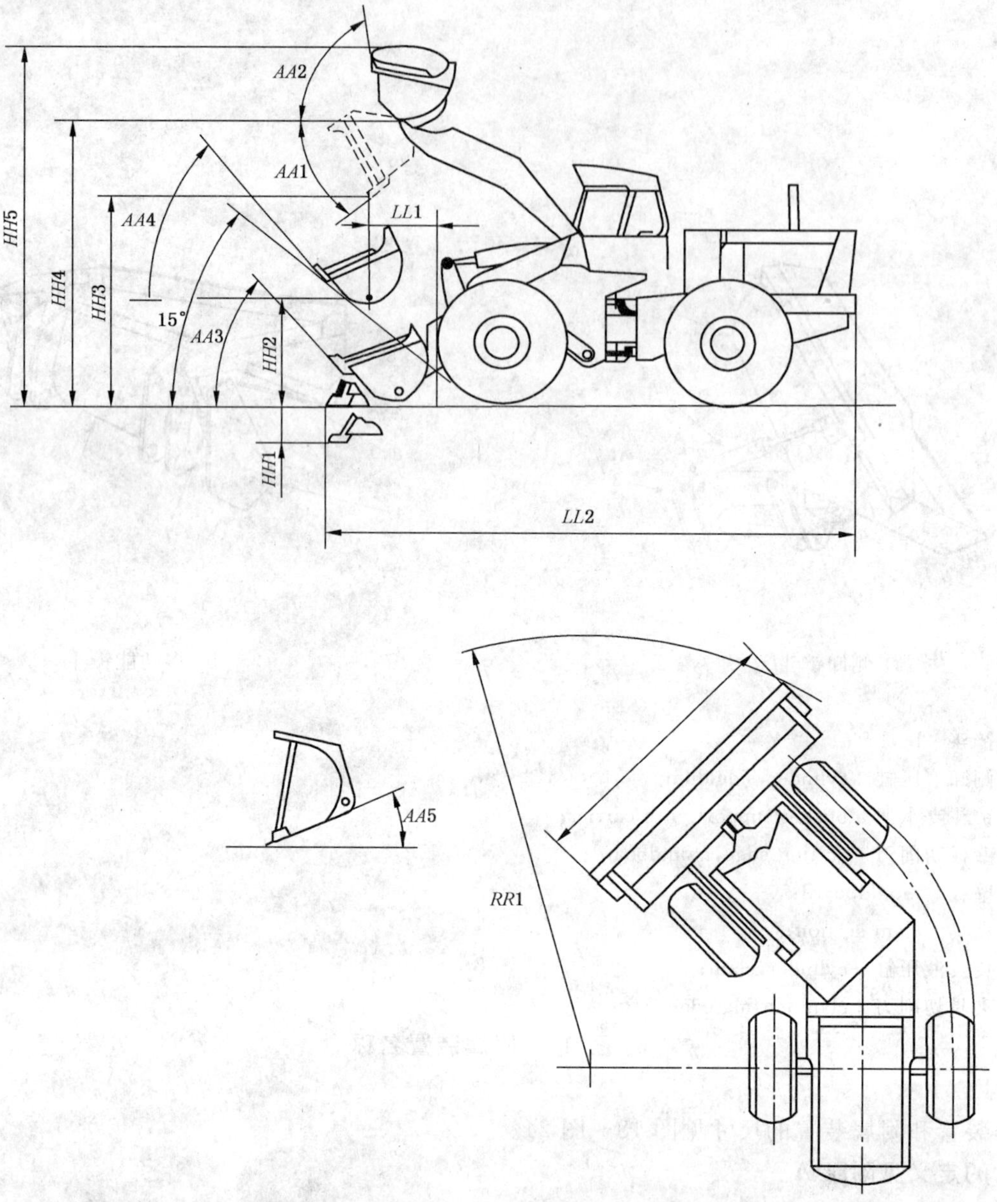

图 18　工作装置和附属装置的尺寸

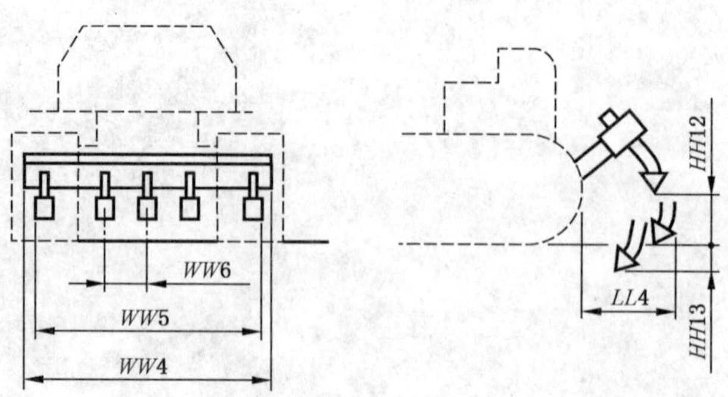

图 19　松土器的尺寸

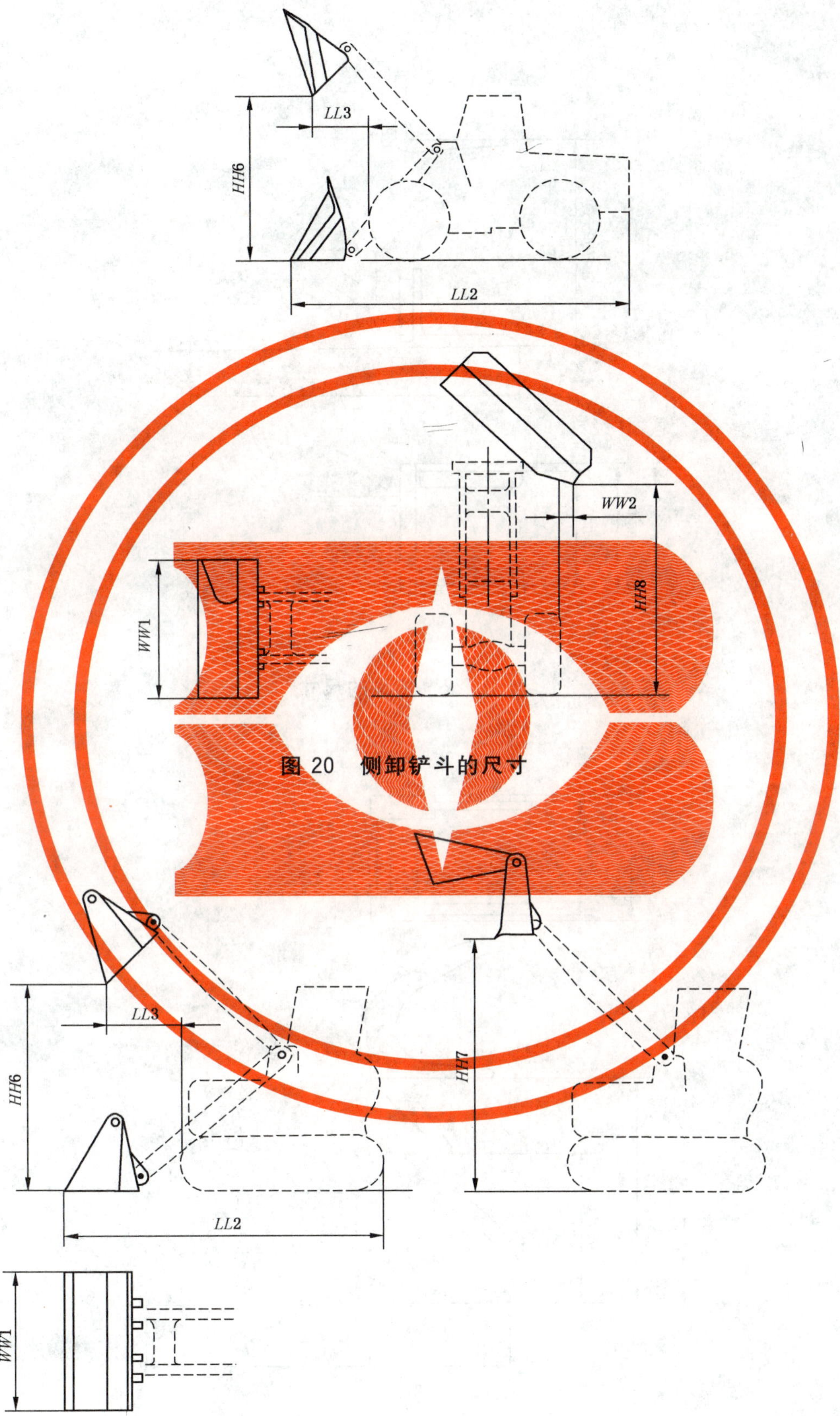

图 20　侧卸铲斗的尺寸

图 21　多功能铲斗的尺寸

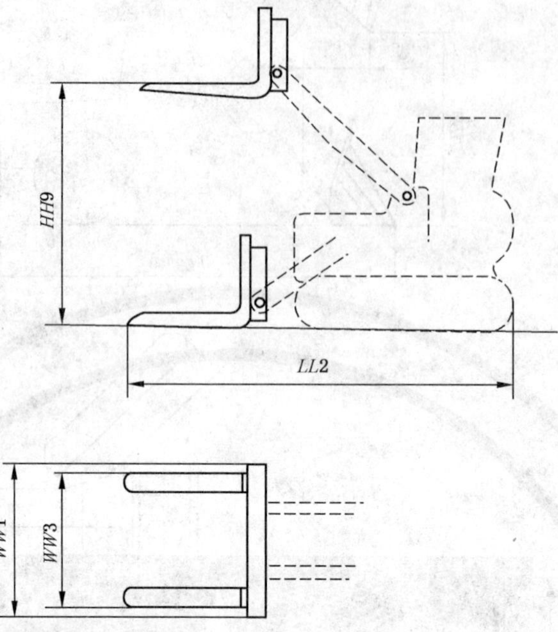

图 22　货叉的尺寸

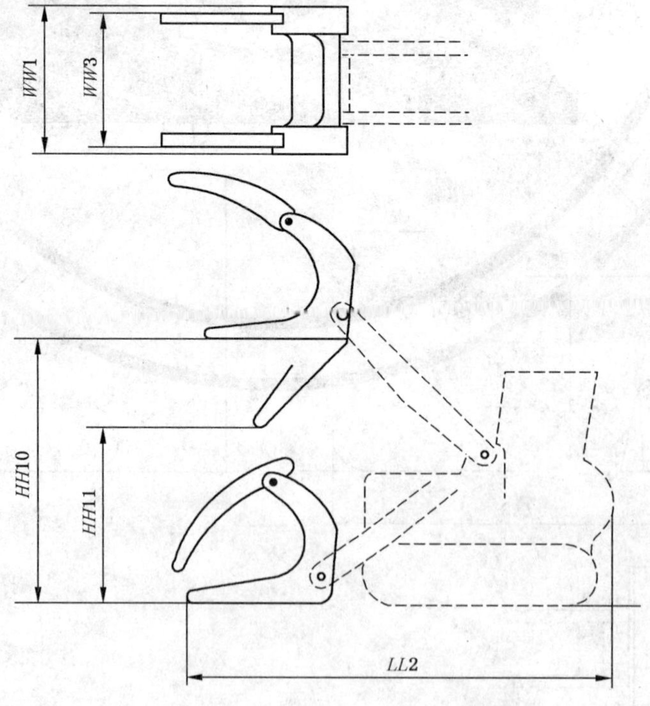

图 23　圆木叉(圆木抓具)的尺寸

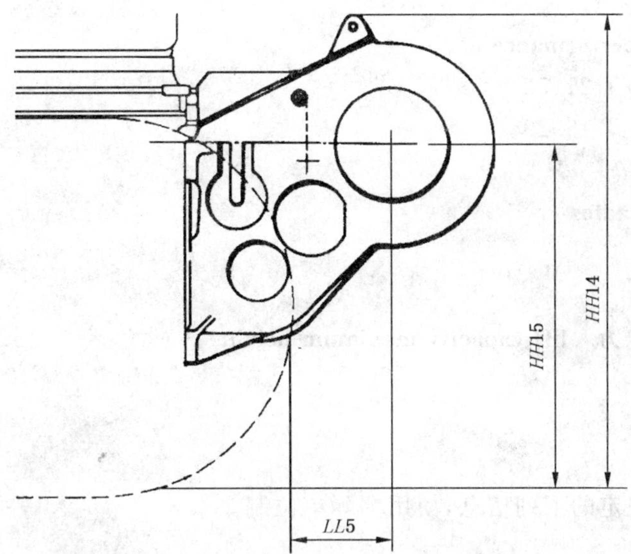

图 24 铰盘的尺寸

6 性能术语

6.1

ISO 净功率(发动机) ISO net power (engine)

见 GB/T 16936 和 GB/T 21405。

6.2

极限倾翻载荷 tipping load at maximum reach

见 GB/T 10175.1。

6.3

额定工作载荷 rated operating capacity

见 GB/T 10175.1。

6.4

掘起力 breakout force

见 GB/T 10175.2。

6.5

提升时间 raising time

铲斗带有规定的工作载荷,充分后翻,从基准地平面提升到最大高度时所需要的提升时间。

6.6

下降时间 lowering time

使空铲斗从最高位置下降到铲斗底部与基准地平面接触时所需要的时间。

6.7

卸载时间 dump time

在最高提升位置卸除工作载荷时,使铲斗从最大的后翻位置(不能超过水平标定面)旋转到最大的卸载位置时所需要的时间。

6.8

最大行驶速度 maximum travel speeds

铲斗空载,在坚硬的水平面上,前进和后退各挡能达到的最大速度(见 GB/T 10913)。

6.9

制动性能　braking performance

轮胎式装载机见 GB/T 21152。

履带式装载机见 GB/T 19929。

6.10

转弯半径　turning radius

见 GB/T 8592。

6.11

最大提升高度提升能力　lift capacity maximum height

见 GB/T 10175.2。

7　商业文件的技术规格

在商业文件中包括规定的下列信息，使用国际单位制。

7.1

发动机　engine

应注明下列信息：

a)　点火方式，即：压燃式或点燃式；

b)　循环形式，例如：2 冲程或 4 冲程；

c)　进气形式，例如：自然进气，机械增压或涡轮增压；

d)　汽缸数量；

e)　缸径；

f)　冲程；

g)　排量；

h)　在给定的发动机转速时的 ISO 飞轮净功率；

i)　在给定的发动机转速时的最大扭矩；

j)　制造商和型号；

k)　冷却系统，即：空冷或水冷；

l)　燃油类别；

m)　起动机型号；

n)　系统电压。

7.2

变速器　transmission

应注明变速器的类型。

例如：带飞轮离合器的手动换挡、带变矩器的动力换挡、液压和电控等。

其他可注明的信息与变速器有关的商业规格：

a)　速度挡位(前进和后退)；

b)　最大行驶速度(前进和后退)。

7.3

液压系统　hydraulic system

应注明以下信息：

a)　在给定的发动机转速时，在给定压力下泵的流量；

b)　正常系统的最大工作压力。

如果要求可注明其他的信息。

7.4

滤清系统　filtration system

可提供与滤清系统相关的可选择的信息：

滤清系统的形式。

7.5

履带式装载机　crawler loaders

7.5.1

转向和制动　steering and braking

应注明转向和制动的形式。

例如：

形式(鼓式、钳盘式、干式或湿式)；

操纵系统(液压、机械)。

7.5.2

终传动　final drive

可注明终传动的形式。

例如：

形式(单级或两级减速，行星减速)。

传动比。

润滑剂。

7.5.3

履带　track

应注明以下信息：

a)　形式；

b)　尺寸。

其他可注明的关于商业规格的信息，例如：

a)　接地面积；

b)　履带板数量(每侧)；

c)　履带托链轮数量(每侧)；

d)　履带支重轮数量(每侧)。

7.6

轮胎式装载机　wheel loaders

7.6.1

驱动桥　driving axle

可注明驱动桥的形式。

例如：

固定式或摆动式；

大伞齿轮和小伞齿轮；

差速器；

两级减速；

液压传动；

行星终传动。

7.6.2

转向　steering

应注明转向系统的形式

a） 形式。

其他可注明的关于商业规格的信息，例如：

a） 转弯半径（向左和向右）；

b） 铰接角；

c） 机器通过直径；

7.6.3

制动器 brakes

可注明的关于商业规格的信息：

a） 行车制动系统的形式和操纵系统；

b） 停车制动系统的形式和操纵系统；

c） 辅助制动系统的形式和操纵系统；

d） 制动器性能。

7.6.4

轮胎 tyres

应注明下列信息：

a） 尺寸和形式。

其他可注明的关于商业规格的信息，例如：

a） 花纹；

b） 标定层级；

c） 轮辋尺寸。

7.7

液体系统的容量 system fluid capacities

应注明下列信息：

a） 燃油箱；

b） 液压系统。

其他可注明的关于商业规格的信息，例如：

a） 液压油箱；

b） 冷却系统；

c） 发动机曲轴箱；

d） 终传动箱；

e） 泵驱动器；

f） 回转驱动箱。

7.8

选用不同铲斗可能影响的特性参数（安装非标准轮胎的机器） Characteristics which may be affected by bucket selections (machine equipped with non-standard tyres)

下列特性可能会受到影响：

a） 铲斗容量（标定堆尖）；

b） 整机作业高度；

c） 整机长度；

d） 卸载角度；

e） 卸载高度；

f） 最大提升高度时的伸距；

g） 翻转角（规定高度）；

h） 在地面的最大翻转角；

i) 运料位置；

j) 运料位置的最大翻转角；

k) 挖掘深度；

l) 铲斗宽度；

m) 最大切入角；

n) 工作质量[1)]；

o) 工作载荷；

p) 倾翻载荷[1)]；

q) 倾翻载荷(规定高度)[1)]；

r) 掘起力[1)]；

s) 机器通过半径[2)]。

7.9

工作质量 operating mass

7.10

运输质量 shipping mass

1) 与轮胎、轮胎填充物、配重或附件的选择有关。

2) 与轮胎的选择有关。

附 录 A
(规范性附录)
工作装置和附属装置尺寸的符号、术语和定义

表 A.1

符号	术 语	定 义	图 例
*HH*1	挖掘深度 digging depth	铲斗切削刃在最低位置并处于水平时,铲斗切削刃的底部与基准地平面(GRP)之间在 Z 坐标上的距离	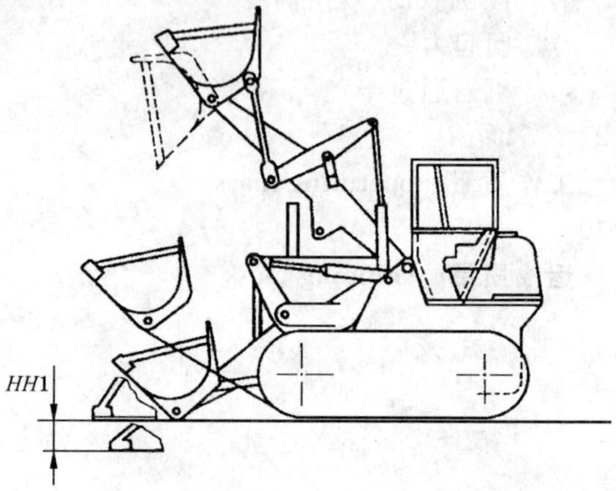 *HH*1
*HH*2	运料位置(高度) carry position (height)	铲斗向后最大翻转,铲斗或提升臂(取低者)最低点的接近角在 15°时,铲斗销轴中心线与 GRP 之间在 Z 坐标上的距离	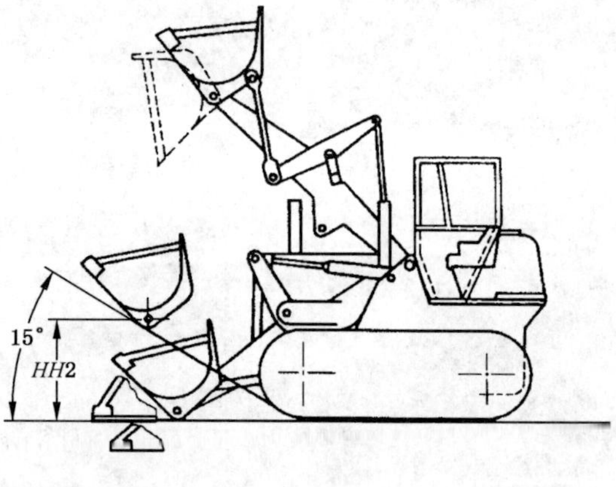 15° *HH*2
*HH*3	卸载高度 dump height	铲斗销轴在最大高度,铲斗处于 45°卸载角(如果卸载角小于 45°时,指明该卸载角)时,铲斗切削刃的最低点与 GRP 之间在 Z 坐标上的距离	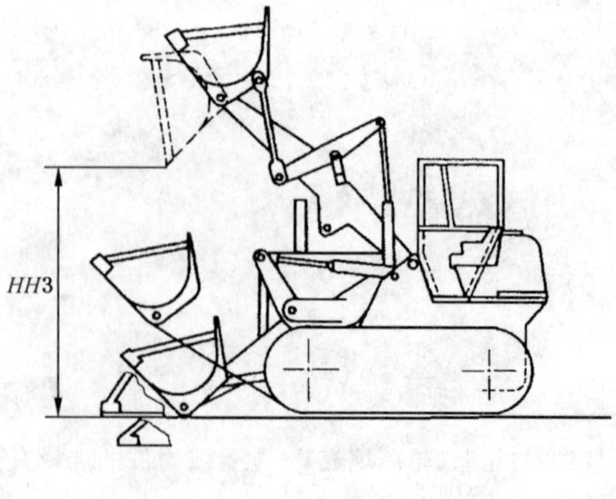 *HH*3

表 A.1（续）

符号	术 语	定 义	图 例
*HH*4	最大提升时的销轴高度 height to hinge pin,fully raised	铲斗处于最大提升高度，铲斗销轴中心线与 GRP 之间在 Z 坐标上的距离	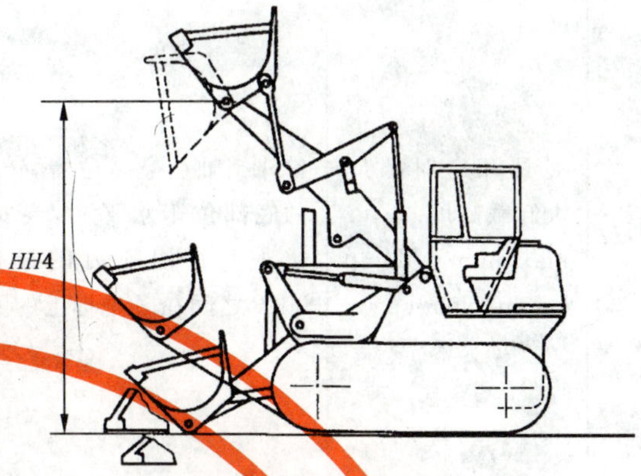 HH4
*HH*5	最大提升时的作业高度 overall operating height fully raised	铲斗处于最大提升高度，能达到的最高点与 GRP 之间在 Z 坐标上的距离	 HH5
*HH*6	夹具关闭时的最大卸载高度 maximum dump height,clam closed	铲斗销轴在最大高度，夹具关闭，铲斗处于最大卸载角时，铲斗切削刃的最低点到 GRP 之间在 Z 坐标上的距离	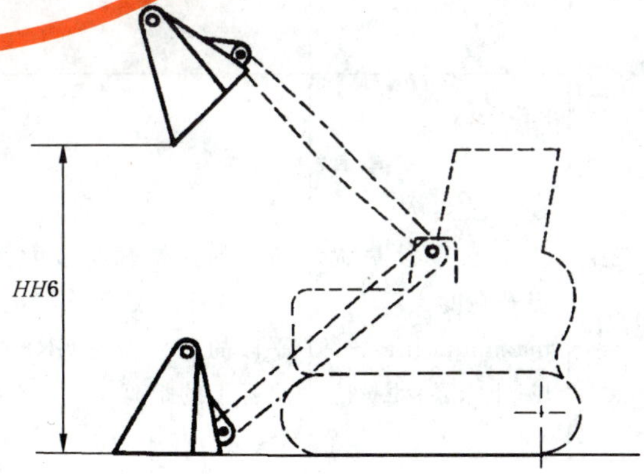 HH6

表 A.1（续）

符号	术 语	定 义	图 例
*HH*7	夹具开启时的最大卸载高度 maximum dump height,clam open	铲斗销轴在最高位置，铲斗壁板的底部位于水平时，夹具开启，铲斗壁板切削刃的最低点到GRP之间在Z坐标上的距离	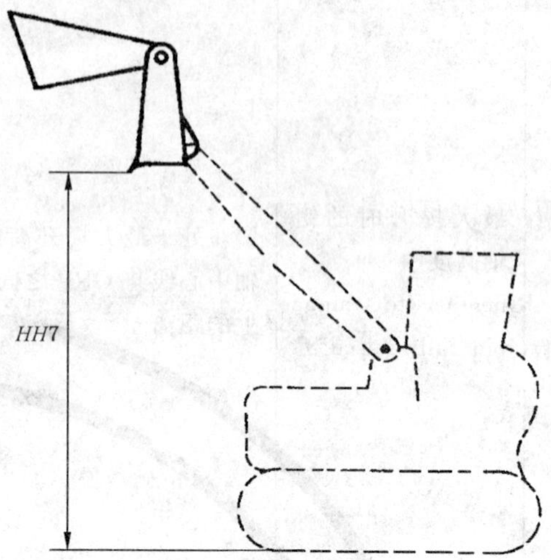 *HH*7
*HH*8	最大侧向卸载高度 maximum dump height,side	铲斗销轴在最高位置，铲斗侧向卸载角处于最大时，铲斗侧向卸载边的最低点到GRP之间在Z坐标上的距离	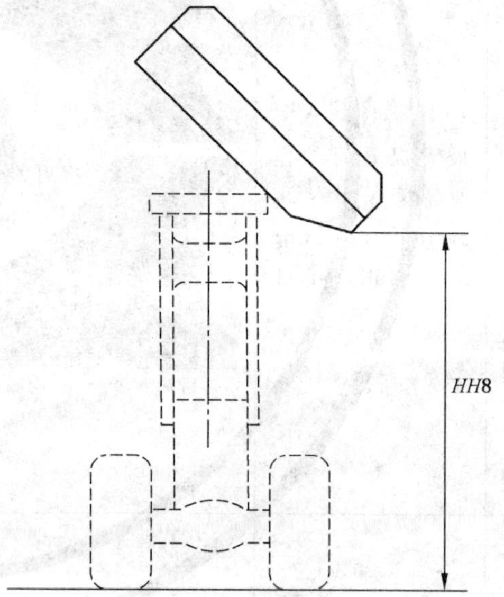 *HH*8
*HH*9	货叉水平段最大提升高度 maximum lift height tines level	货叉的铰销轴在最大高度并且货叉水平段处于水平时，货叉水平段的上平面与GRP之间在Z坐标上的距离	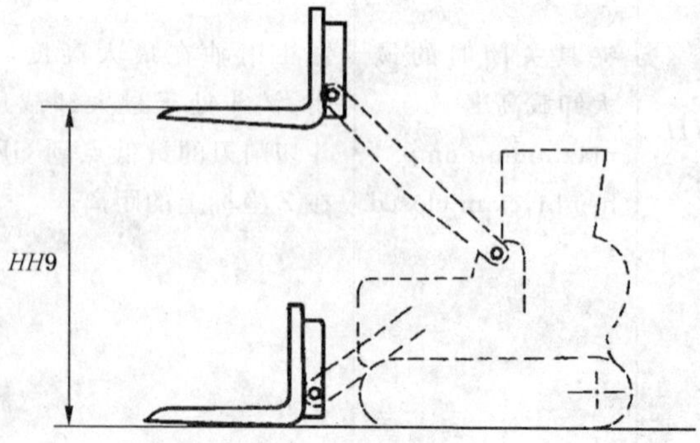 *HH*9

表 A.1（续）

符号	术　语	定　义	图　例
$HH10$	最高提升时的圆木叉水平段高度 height of level tines,fully raised	圆木叉的铰销轴在最大高度并且圆木叉水平段处于水平时,圆木叉水平段的下表面与 GRP 之间在 Z 坐标上的距离	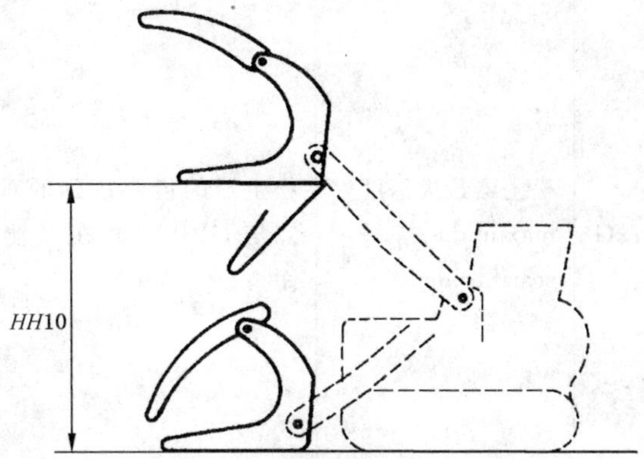 HH10
$HH11$	最高提升并在卸载时的圆木叉水平段端部高度 height of tips of tines, fork fully raised and dumped	圆木叉的销轴在最大高度并在卸载位置时,圆木叉水平段端部与 GRP 之间在 Z 坐标上的距离	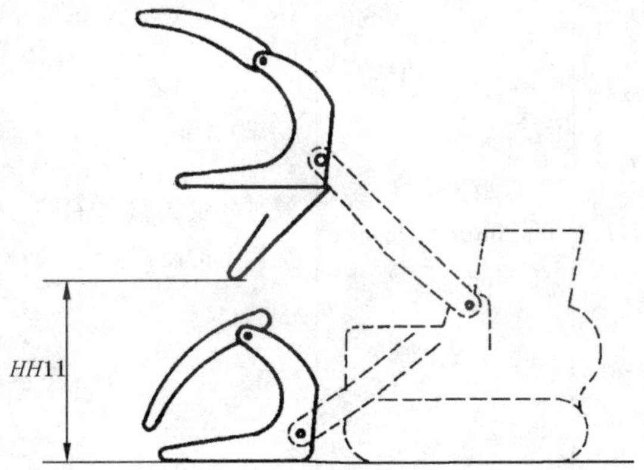 HH11
$HH12$	松土器最大提升高度 maximum scarifier lift height	松土器在最大提升高度时,中间齿的切削刃的最低点与 GRP 之间在 Z 坐标上的距离	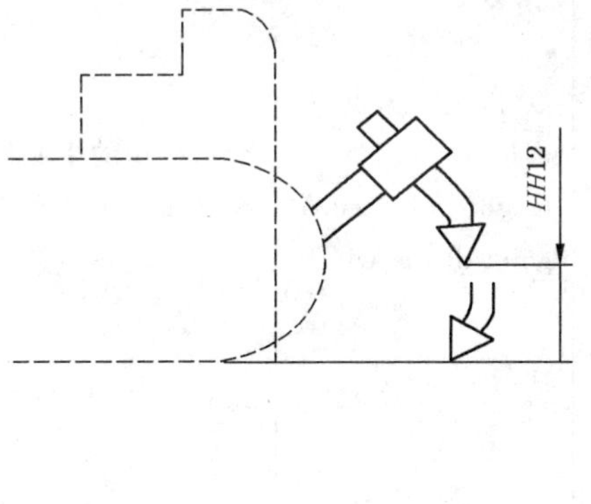 HH12

表 A.1(续)

符号	术 语	定 义	图 例
*HH*13	松土器最大深度 maximum scarifier depth	松土器的齿能达到的垂直最深点与 GRP 之间在 Z 坐标上的距离	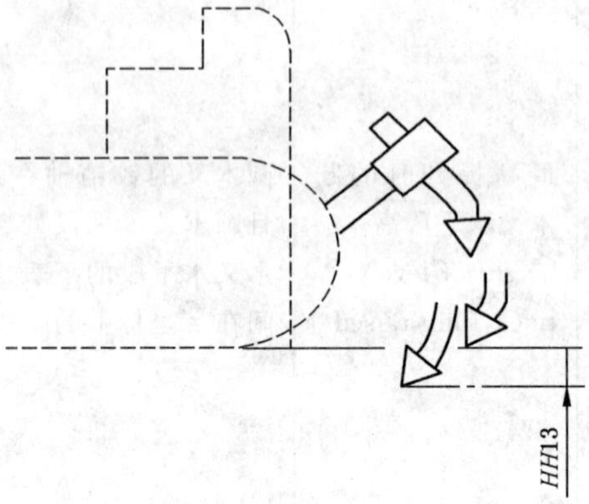
*HH*14	绞盘最大高度 maximum height of winch	绞盘的最高点与 GRP 之间在 Z 坐标上的距离	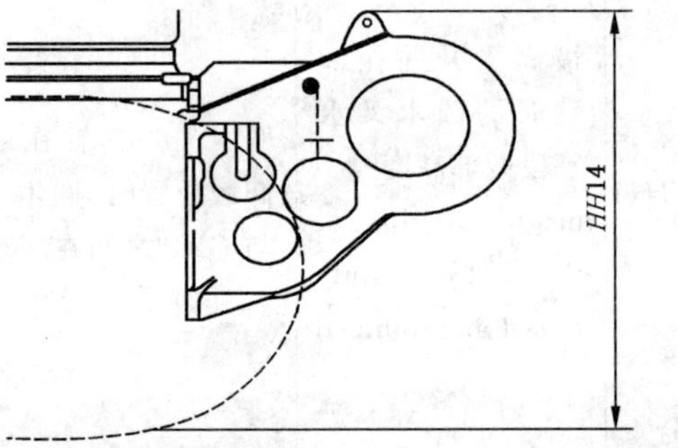
*HH*15	绞盘中心点的高度 height of centre point of the winch	绞盘机构的中心线与 GRP 之间在 Z 坐标上的距离	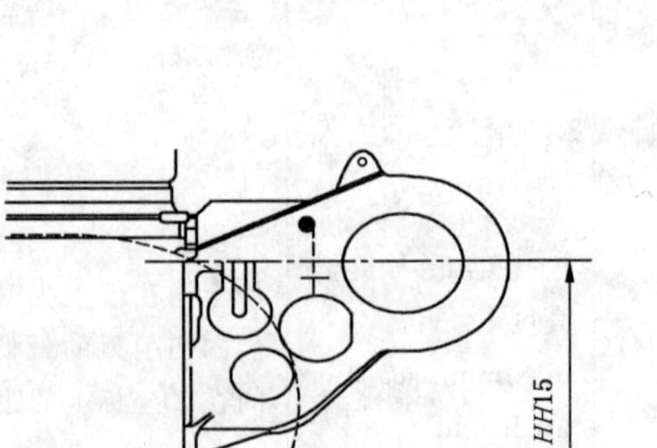

表 A.1(续)

符号	术 语	定 义	图 例
*WW*1	附属装置宽度 attachment width	通过附属装置两侧最远点的两个 Y 平面之间在 Y 坐标上的距离	*WW*1
*WW*2	最大侧向卸载伸距 maximum side dump reach	铲斗销轴在最高位置,铲斗侧向卸载角处于最大时,机器最外点(包括轮胎、履带或装载机车架)与铲斗侧向卸载边最外点的两个 Y 平面之间在 Y 坐标上的距离	*WW*2
*WW*3	货叉水平段宽度 tines width	通过货叉水平段外侧面的两个 Y 平面之间在 Y 坐标上的距离	*WW*3 *WW*3

表 A.1（续）

符号	术 语	定 义	图 例
*WW*4	松土器宽度 scarifier width	通过松土器两侧最远点的两个Y平面之间在Y坐标上的距离	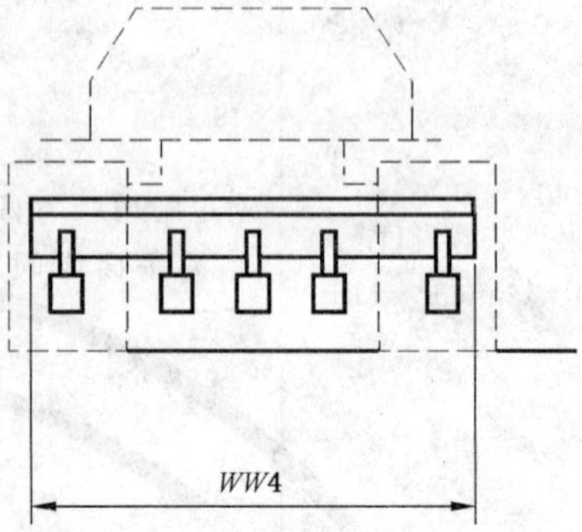 *WW*4
*WW*5	松土器两外侧齿间的宽度 width of outer teeth of scarifier	通过松土器齿外侧面的两个Y平面之间在Y坐标上的距离	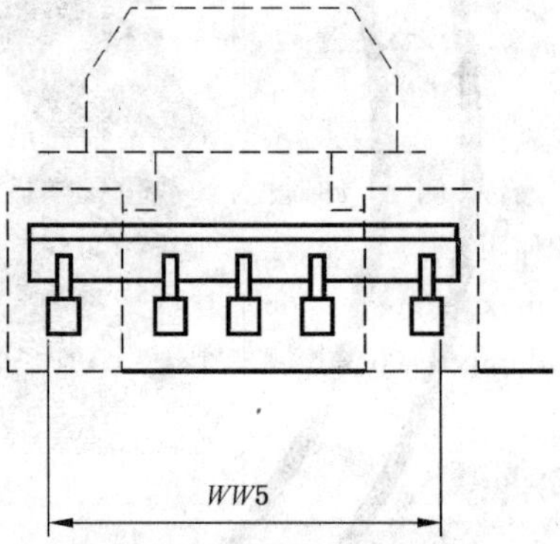 *WW*5
*WW*6	松土器齿之间的宽度 scarifier teeth width	通过松土器邻近两齿的中心的两个Y平面之间在Y坐标上的距离	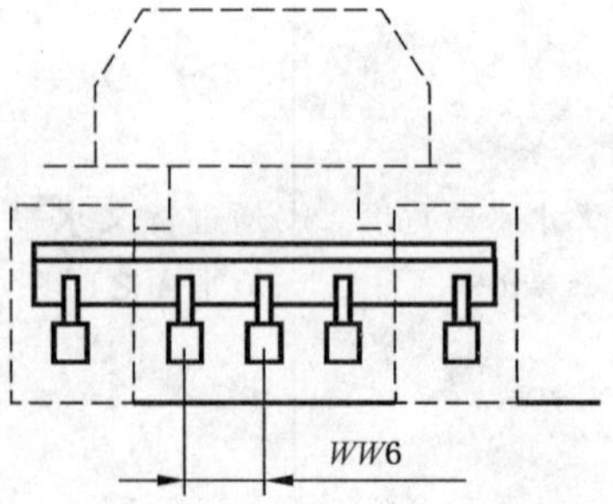 *WW*6

表 A.1（续）

符号	术 语	定 义	图 例
*LL*1	最高提升时的卸载距离 reach, fully raised	铲斗销轴在最大高度，铲斗处于45°卸载角（如果卸载角小于45°时，指明该卸载角）时，机器最前点（包括轮胎、履带或装载机车架）与铲斗切削刃的最前点的平面之间在X坐标上的距离	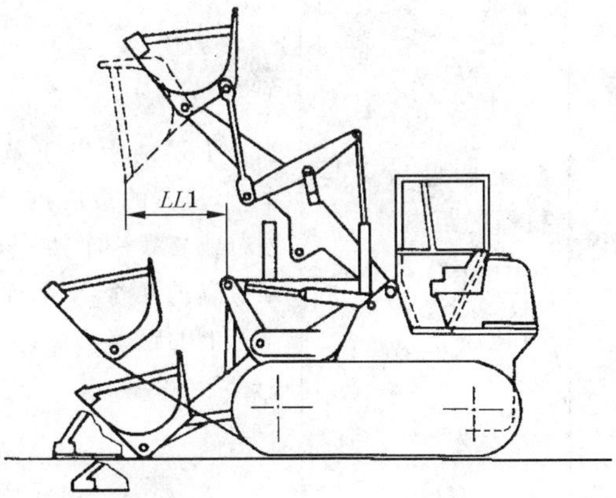 *LL*1
*LL*2	整机长度（带附属装置） overall length (with attachment)	通过机器最后点和切削刃的最前点（附属装置的底部水平放在地面上）的平面之间在X坐标上的距离	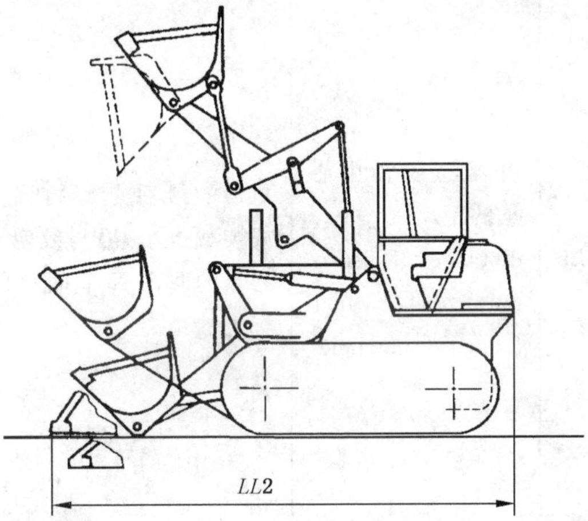 *LL*2
*LL*3	最高提升时的卸载距离 reach fully raised	铲斗销轴在最高位置并且铲斗处于最大卸载角时，机器最前点（包括轮胎、履带或装载机车架）与铲斗切削刃的最前点的两个X平面之间在X坐标上的距离	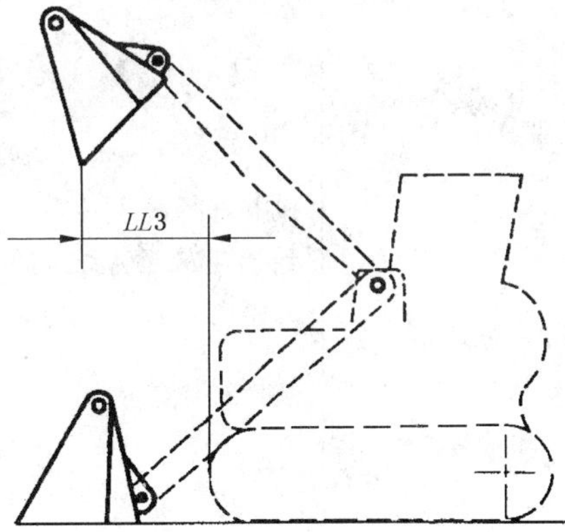 *LL*3

表 A.1（续）

符号	术 语	定 义	图 例
*LL*4	松土器最后点与机器的距离 rearmost distance of scarifier	当松土器的齿位于基准地平面上时，机器的最后点（包括轮胎、履带或装载机车架）与松土器的最后点的两个 X 平面之间在 X 坐标上的距离	*LL*4
*LL*5	机器与绞盘中心点的距离 distance of centre point of winch from the machine	机器的最后点（包括轮胎、履带或装载机车架）与绞盘机构的中心点的两个 X 平面之间在 X 坐标上的距离	*LL*5
*RR*1	铲斗在运料位置时的最小转弯半径 minimum turning radius with bucket in carry position	机器进行最小转弯时，转弯中心到铲斗最远点之间在 Z 平面上的距离	*RR*1

表 A.1（续）

符号	术 语	定 义	图 例
*AA*1	卸载角 dump angle	铲斗在最大提升位置，铲斗内底面最长的平板部分，在水平线以下旋转的最大角度	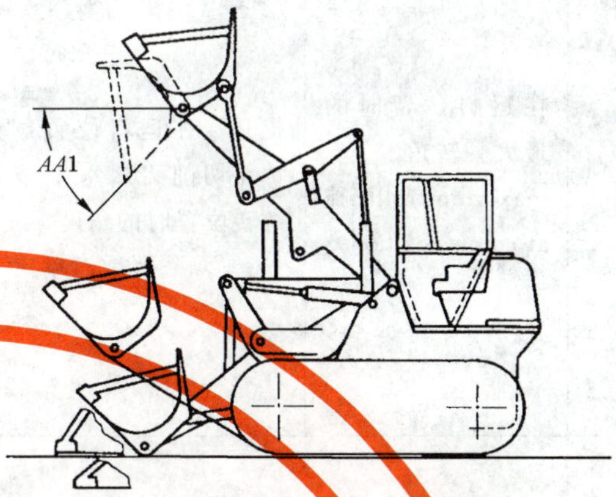 *AA*1
*AA*2	最大提升时的最大翻转角 maximum rollback fully raised	提升臂最大提升，铲斗切削刃从水平位置到最大翻转位置时的角度	 *AA*2
*AA*3	在地平面的最大翻转角 maximum rollback at ground	提升臂不运动，切削刃的底部从 GRP 上开始翻转的最大翻转角度	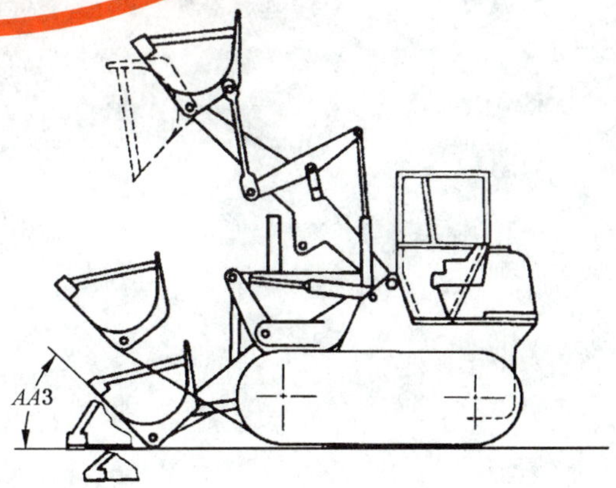 *AA*3

表 A.1(续)

符号	术 语	定 义	图 例
*AA*4	在运料位置时的最大翻转角 maximum rollback at carry position	提升臂在运料位置(见 *HH*2),铲斗切削刃从水平位置到最大翻转位置时的角度	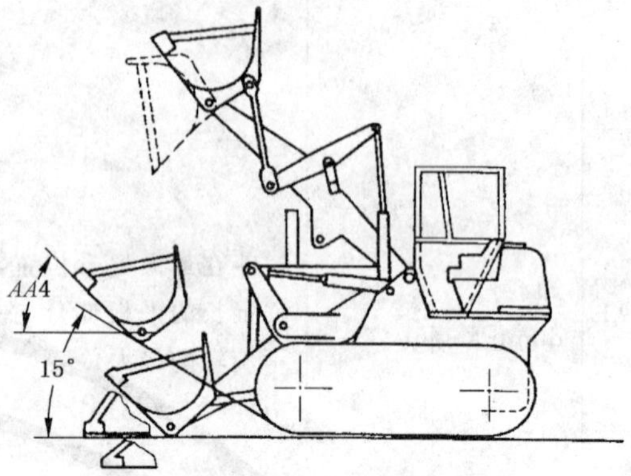 *AA*4 15°
*AA*5	最大切入角 maximum grading angle	铲斗切削刃在 GRP 上,铲斗切削刃在水平线以下旋转的最大角度	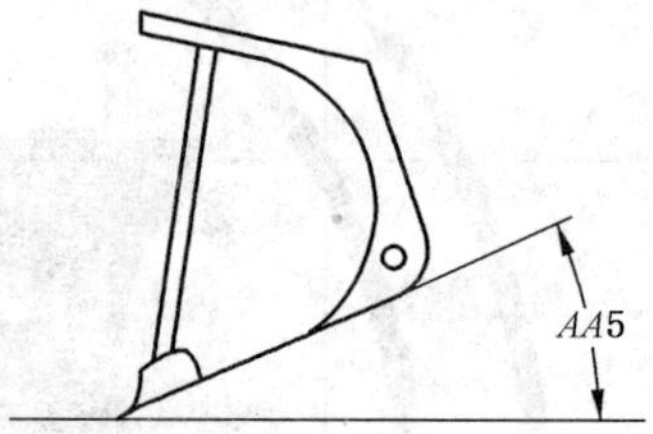 *AA*5

中 文 索 引

S

T

W

X

Y

Z

英 文 索 引

E

F

H

I

L

M

ICS 53.100
P 97

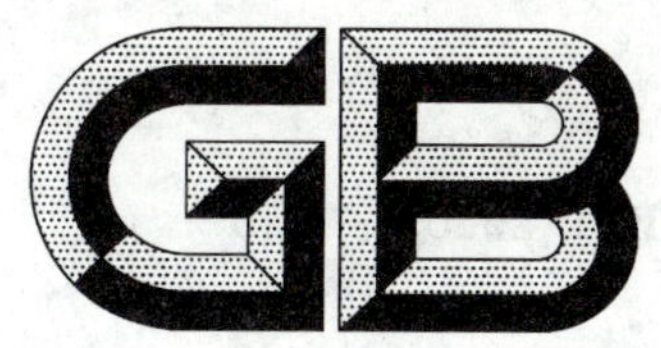

中华人民共和国国家标准

GB/T 25605—2010

土方机械 自卸车 术语和商业规格

Earth-moving machinery—Dumpers—Terminology and commercial specifications

(ISO 7132:2003,MOD)

2010-12-01 发布 2011-03-01 实施

中华人民共和国国家质量监督检验检疫总局
中国国家标准化管理委员会 发布

前　言

本标准修改采用国际标准ISO 7132:2003《土方机械　自卸车　术语和商业规格》(英文版)。

本标准根据ISO 7132:2003重新起草。

本标准与ISO 7132:2003的技术差异如下:

——3.1.1自卸车的定义中补充了GB/T 8498—2008中的注的内容,并增加了该定义所出自的标准的说明“[GB/T 8498—2008,定义4.6]”,并用垂直单线标识在它们所涉及的条款的页边空白处;

——国际标准中没有根据自卸车的使用工况对非公路用自卸车进行定义,因此根据我国国情和行业发展的需要,在一般定义中增加了“非公路自卸车”的术语和定义,并用垂直单线标识在它们所涉及的条款的页边空白处;

——为保证标准的全面性与完整性,增加了GB/T 8498—2008《土方机械　基本类型　识别、术语和定义》中已定义的“刚性车架自卸车”、“铰接车架自卸车”、“回转自卸车”和“小型自卸车”的术语和定义,并用垂直单线标识在它们所涉及的条款的页边空白处。

为便于使用,本标准还做了下列编辑性修改:

——“本国际标准”一词改为“本标准”;

——删除了国际标准前言;

——对ISO 7132:2003中引用的国际标准,用已被采用为我国的标准代替对应的国际标准;

——增加了中文索引和英文索引。

本标准的附录A和附录B是规范性附录。

本标准由中国机械工业联合会提出。

本标准由全国土方机械标准化技术委员会(SAC/TC 334)归口。

本标准起草单位:天津工程机械研究院、内蒙古北方重型汽车股份有限公司。

本标准主要起草人:吴红丽、宋晗、杨芙蓉。

土方机械 自卸车 术语和商业规格

1 范围

本标准规定了 GB/T 8498 中定义的用于土方施工的自行式自卸车(包括小型自卸车)的术语和商业文件规格。

2 规范性引用文件

下列文件中的条款通过本标准的引用而成为本标准的条款。凡是注日期的引用文件,其随后所有的修改单(不包括勘误的内容)或修订版均不适用于本标准,然而,鼓励根据本标准达成协议的各方研究是否可使用这些文件的最新版本。凡是不注日期的引用文件,其最新版本适用于本标准。

GB/T 8498 土方机械 基本类型 识别、术语和定义(GB/T 8498—2008,ISO 6165:2006,IDT)

GB/T 8592 土方机械 轮胎式机器转向尺寸的测定(GB/T 8592—2001,eqv ISO 7457:1997)

GB/T 10913 土方机械 行驶速度测定(GB/T 10913—2005,ISO 6014:1986,MOD)

GB/T 14781 土方机械 轮式机械的转向能力(GB/T 14781—1993,eqv ISO 5010:1992)

GB/T 16936 土方机械 发动机净功率试验规范(GB/T 16936—2007,ISO 9249:1997,MOD)

GB/T 18577.1 土方机械 尺寸与符号的定义 第1部分:主机(GB/T 18577.1—2008,ISO 6746-1:2003,IDT)

GB/T 21152 土方机械 轮胎式机器 制动系统的性能要求和试验方法(GB/T 21152—2007,ISO 3450:1996,IDT)

GB/T 21154 土方机械 整机及其工作装置和部件的质量测量方法(GB/T 21154—2007,ISO 6016:1998,IDT)

JG/T 30 土方机械 自卸汽车车厢 容量标定(JG/T 30—1999,idt ISO 6483:1980)

3 术语和定义

GB/T 8498 中确立的及下列术语和定义适用本标准。

3.1 一般定义

3.1.1

自卸车 dumper

自行的履带式或轮胎式机器,具有敞开的车厢,用来运输、卸载或撒布物料,自卸车由其他的装卸车进行装料。

注:小型自卸车可以组装带有自装的工作装置。

[GB/T 8498—2008,定义 4.6]

3.1.1.1

非公路自卸车 non-road dumper

外廓尺寸、轴荷和质量等特征不允许在公路上行驶的,在非公路工况中作业的自卸车。

3.1.1.2

刚性车架自卸车 rigid-frame dumper

具有刚性车架,用车轮或履带转向的自卸车。

[GB/T 8498—2008,定义 4.6.1]

3.1.1.3

铰接车架自卸车　articulated frame dumper

具有铰接车架，并用该车架进行转向的自卸车(轮胎式机械)。

[GB/T 8498—2008，定义 4.6.2]

3.1.1.4

回转自卸车　swing dumper

具有可 360°回转的上部结构的自卸车，该上部结构由刚性车架、敞开式车厢和司机室组成，底盘可由履带或轮胎系统组成。

[GB/T 8498—2008，定义 4.6.3]

3.1.1.5

小型自卸车　compact dumper

工作质量(见 GB/T 21154)小于或等于 4 500 kg 的铰接车架自卸车或刚性车架自卸车。

注 1：见 GB/T 8498、图 A.4 、图 A.5 和图 A.6。

注 2：小型自卸车可装有整体式自装载工作装置。

3.1.2

主机　base machine

机器不带有工作装置或附属装置，但配备有安装工作装置和附属装置所必需的连接件，如需要，可配备司机室或机棚和司机保护结构。

3.1.3

工作装置　equipment

为执行基本的设计功能，安装在主机(允许有附属装置)上的一组零部件。

3.1.4

自装载工作装置　self-loading equipment

由铲斗支撑结构与连杆机构组成，整体安装在小型自卸车上的装置，用于自身向车厢中装填物料。

注：见 4.1.5。

3.1.5

附属装置　attachment

为特定用途，可安装在主机或工作装置上的一组零件总成。

3.1.6

部件　component

主机、工作装置或附属装置的零件或零件总成。

3.2　性能

3.2.1

轮缘牵引力　tractive force rimpull

轮胎与地面之间用于驱动自卸车的有效作用力。

3.2.1.1

带直接传动变速器的牵引力　tractive force with direct drive transmission

在最大发动机转矩时，对每个前进挡所计算或测量的牵引力。

注：最大牵引力可能会受到质量和牵引条件的限制。

3.2.1.2

带动力换挡变速器[电力传动][液力传动]的轮缘牵引力　tractive force rimpull with powershift transmission [electric drive] [hydrostatic drive]

牵引力与机器每个前进挡速度成曲线关系，可计算或测定。

注：最大牵引力可能会受到质量和牵引条件的限制。

3.2.2

空载车厢卸料和回位时间　empty body dump and return time

在发动机额定转速下，空载时，车厢、车厢门或推料装置的全部动作循环的时间。

3.2.3

有效载荷　payload

制造商规定的机器所能承载的额定质量。

4　主机

注：本标准提供的主机参数的信息用于参考。

4.1　自卸车类型

4.1.1　卸料方式

——后方卸料　rear dump(见图 1)；

——底部卸料　bottom dump(见图 2)；

——侧方卸料　side dump(见图 3)；

——前方卸料　front dump(见图 4)；

——旋转卸料　rotating dump(见图 5)；

——高位卸料　high dump(见图 6)；

——回转卸料　slewing dump(见图 7)。

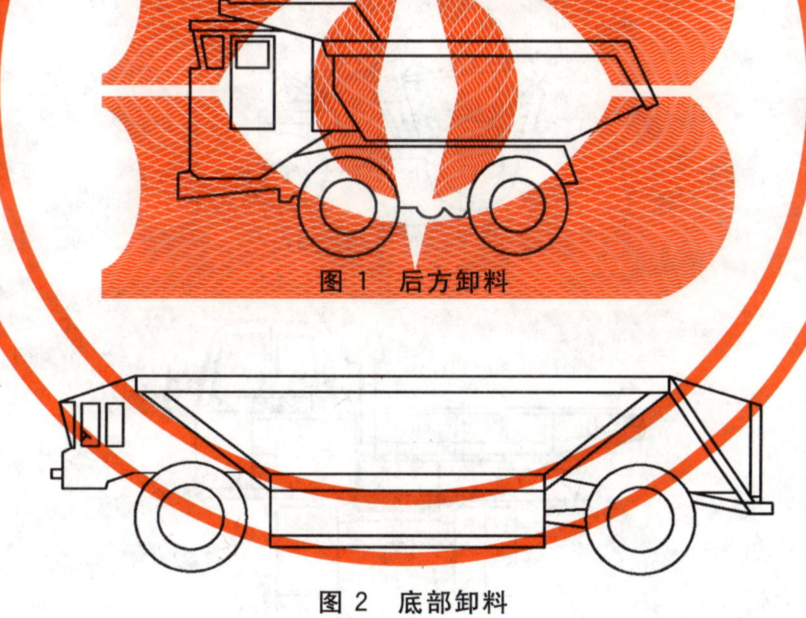

图 1　后方卸料

图 2　底部卸料

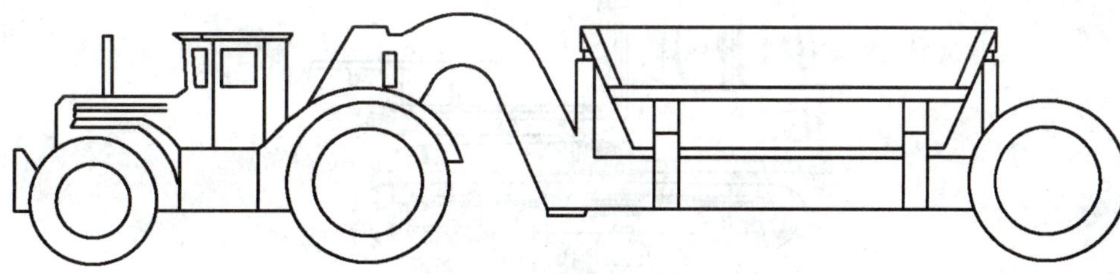

图 3　侧方卸料

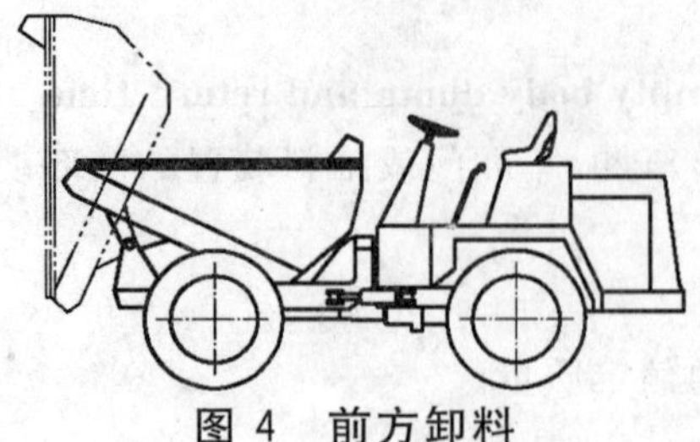

图 4　前方卸料

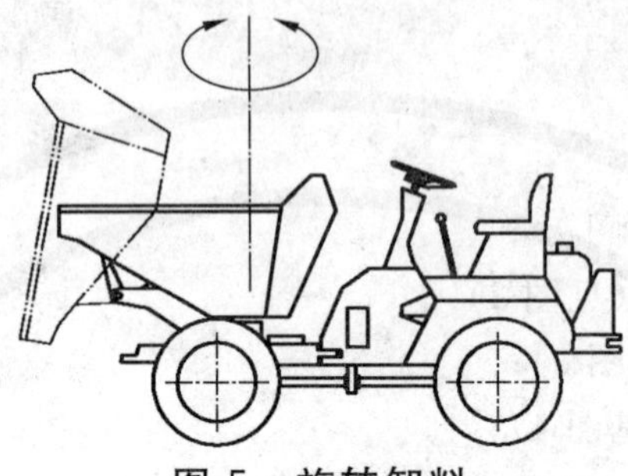

图 5　旋转卸料

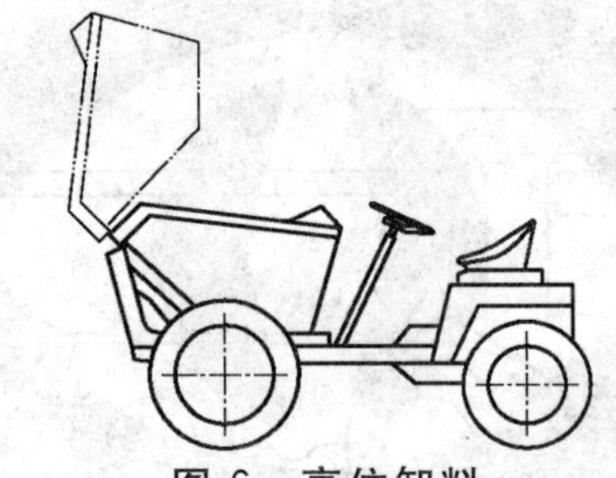

图 6　高位卸料

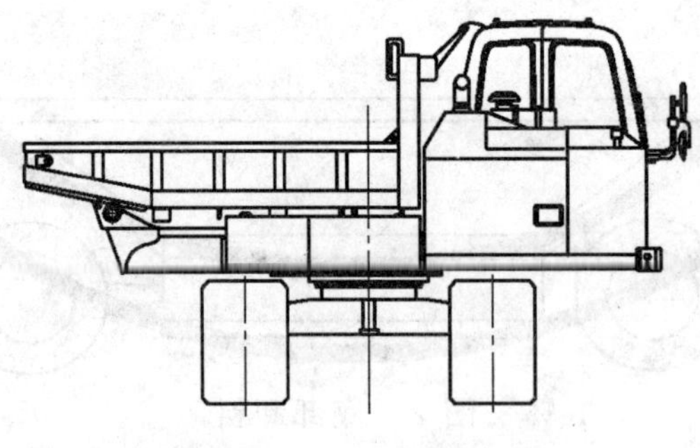

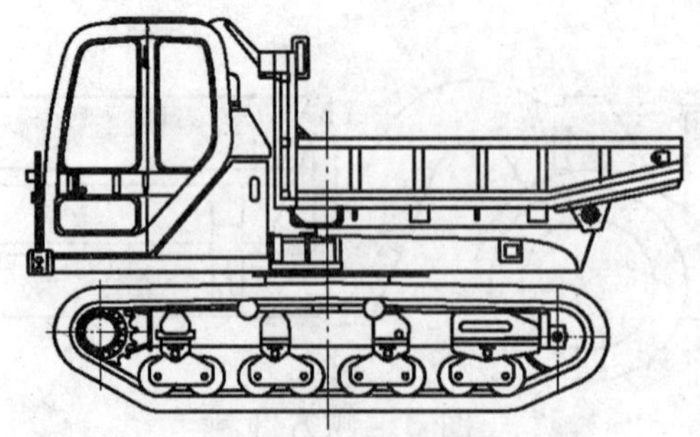

图 7　回转卸料

4.1.2 **转向系统**

——前轮转向 front-wheel steer(见图 8)；

——铰接转向 articulated steer(见图 9)；

——后轮转向 rear-wheel steer(见图 10)；

——全轮转向 all-wheel steer(见图 11)；

——履带式滑移转向 crawler skid steer(见图 12)；

——轮胎式滑移转向 wheel skid steer(见图 13)。

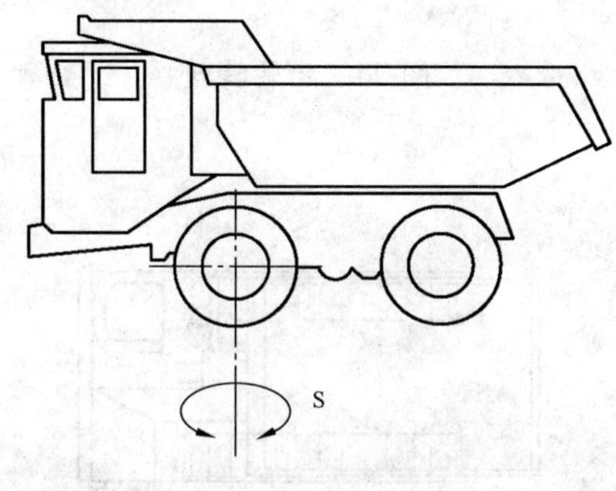

标号：

S——转向轮。

图 8 前轮转向

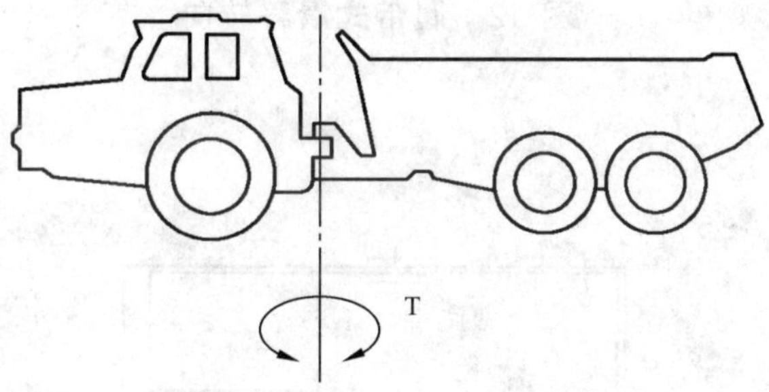

标号：

T——转向中心。

图 9 铰接转向

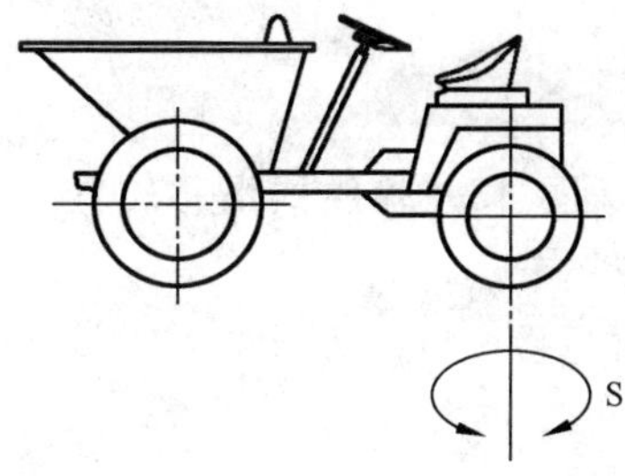

标号：

S——转向轮。

图 10 后轮转向

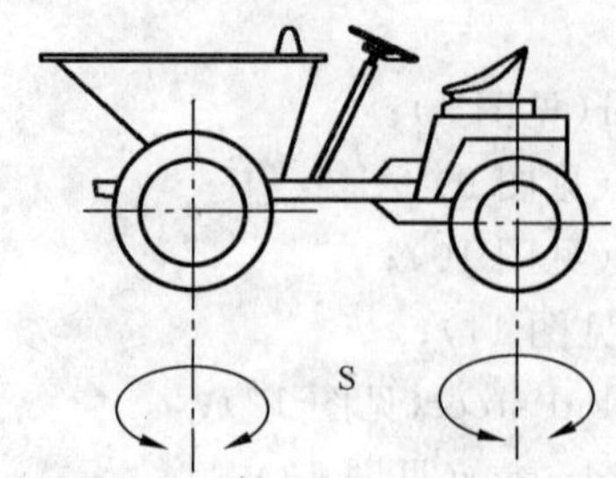
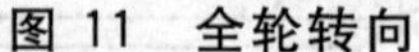

标号：

S——转向轮。

图 11 全轮转向

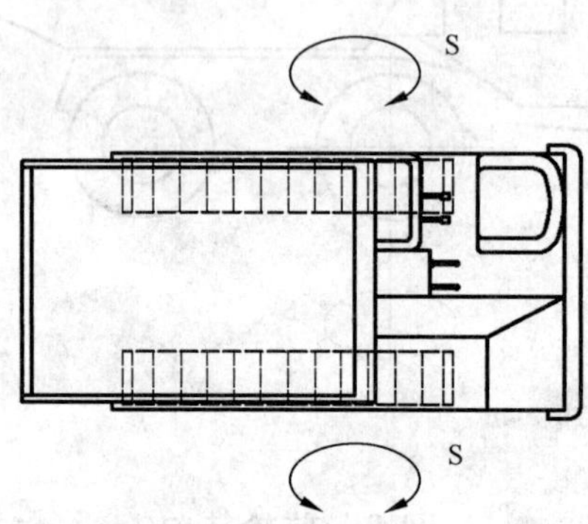

标号：

S——转向履带。

图 12 履带式滑移转向

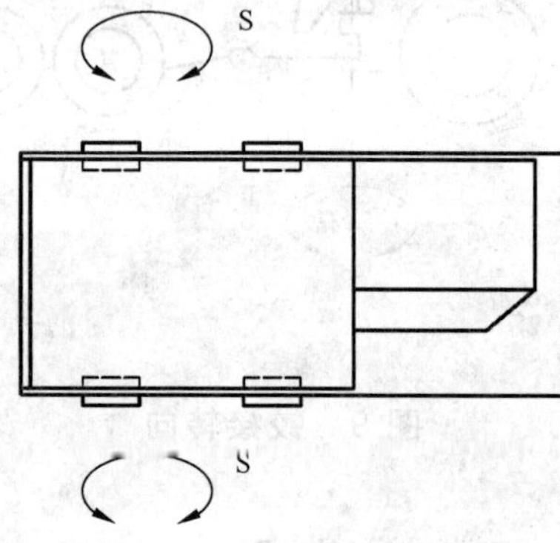

标号：

S——转向轮。

图 13 轮胎式滑移转向

4.1.3 驱动系统

——后轮驱动 rear wheel drive(见图 14)；

——全轮驱动 all-wheel drive(见图 15)；

——中间轴驱动 centre-axle drive(见图 16)；

——履带驱动 crawler drive(见图 17)。

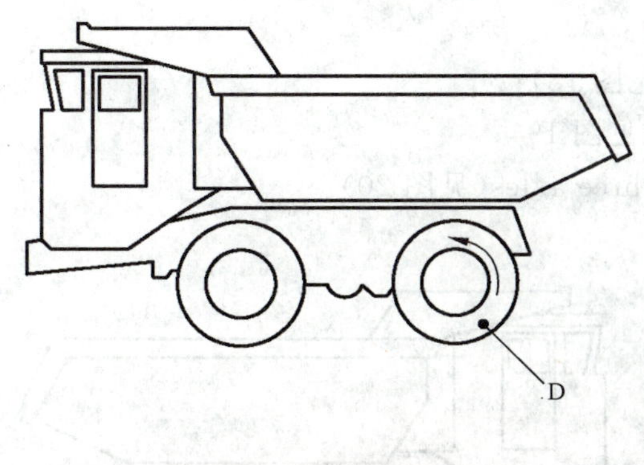

标号：

D——驱动轮。

图 14 后轮驱动

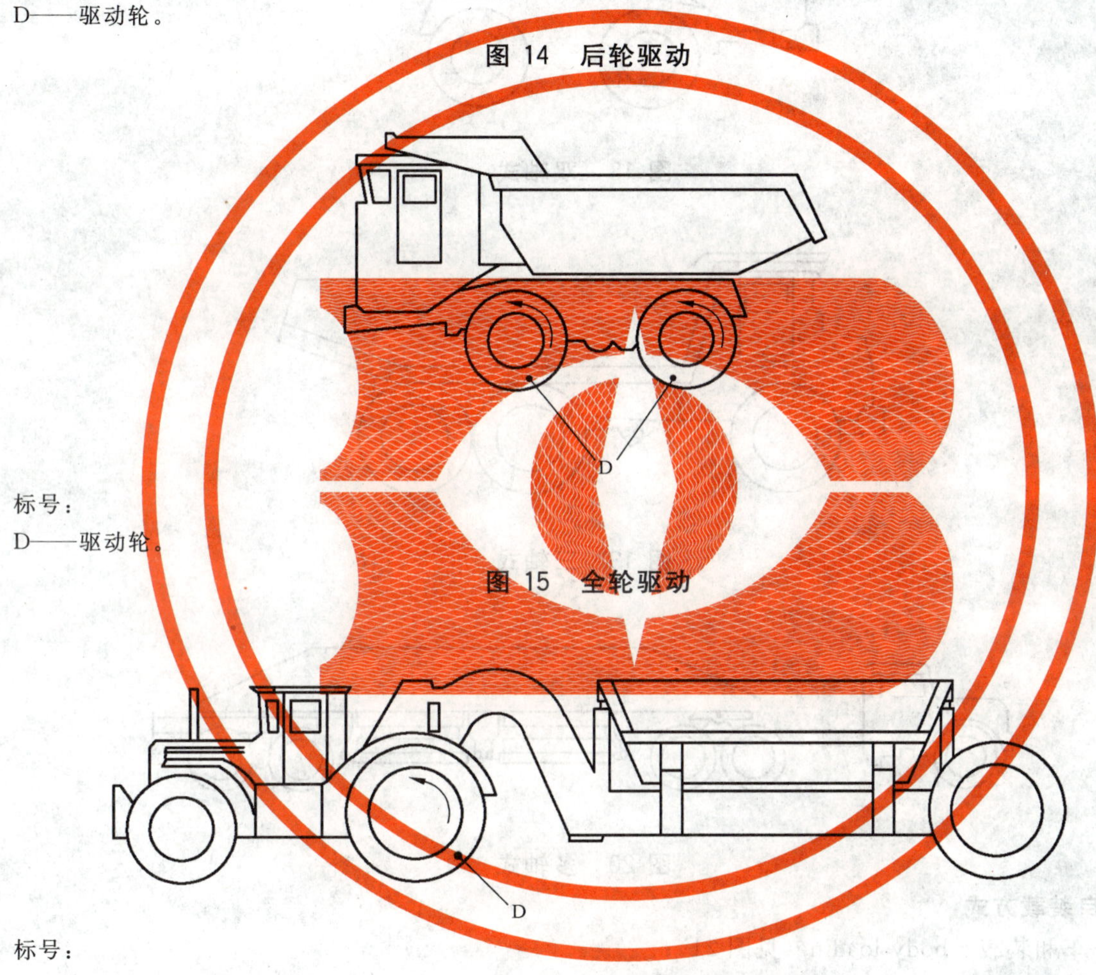

标号：

D——驱动轮。

图 15 全轮驱动

标号：

D——驱动轮。

图 16 中间轴驱动

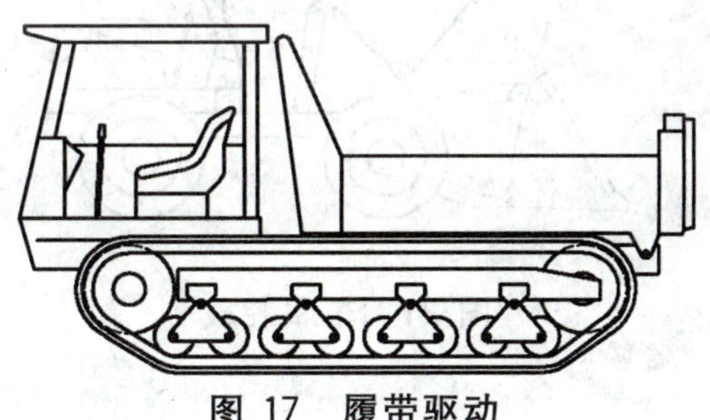

图 17 履带驱动

4.1.4 车轴数

——双轴式 two axles(见图 18);

——三轴式 three axles(见图 19);

——多轴式 more than three axles(见图 20)。

图 18 双轴式

图 19 三轴式

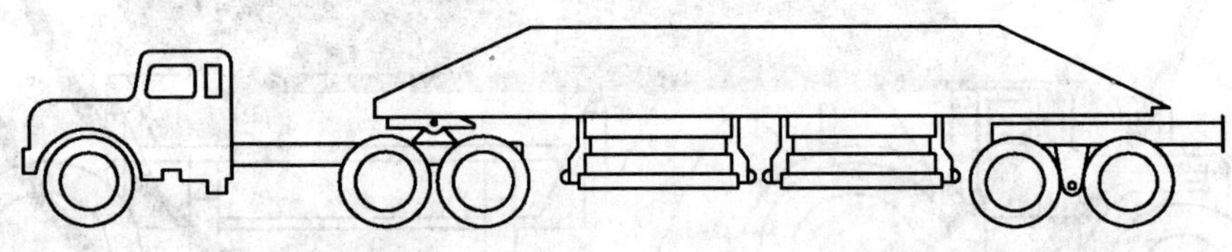

图 20 多轴式

4.1.5 自装载方式

——车厢装载 body loading(见图 21);

——铲斗装载 shovel loading(见图 22)。

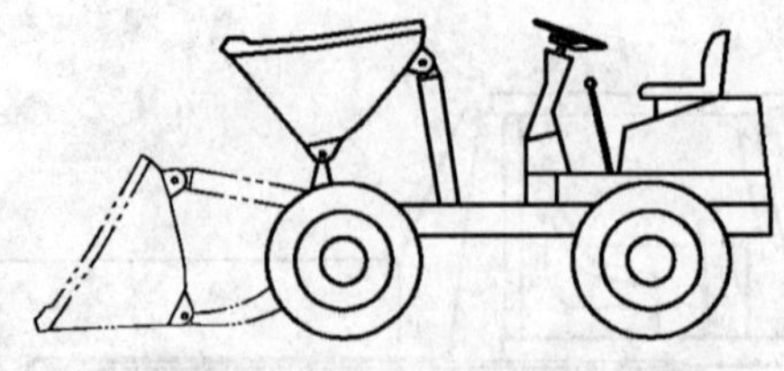

图 21 车厢装载

图 22　铲斗装载

4.1.6　司机位置

——后部司机位置　rear operator position(见图 23)；

——前部司机位置　front operator position(见图 24)；

——双向司机位置　reversible operator position(见图 25)。

图 23　后部司机位置

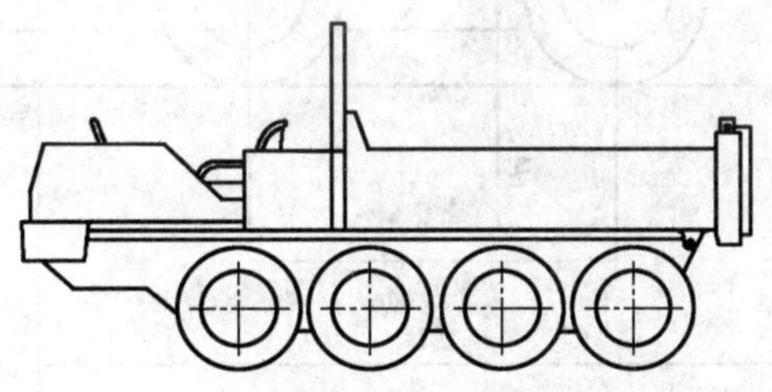

图 24　前部司机位置

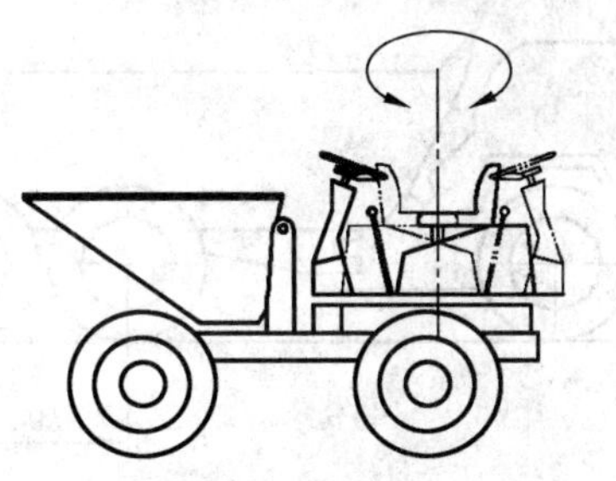

图 25　双向司机位置

4.2　尺寸(见 GB/T 18577.1)

4.2.1　自卸车

见图 26。与自卸车相关的其他的尺寸定义及其术语和代号见附录 A。

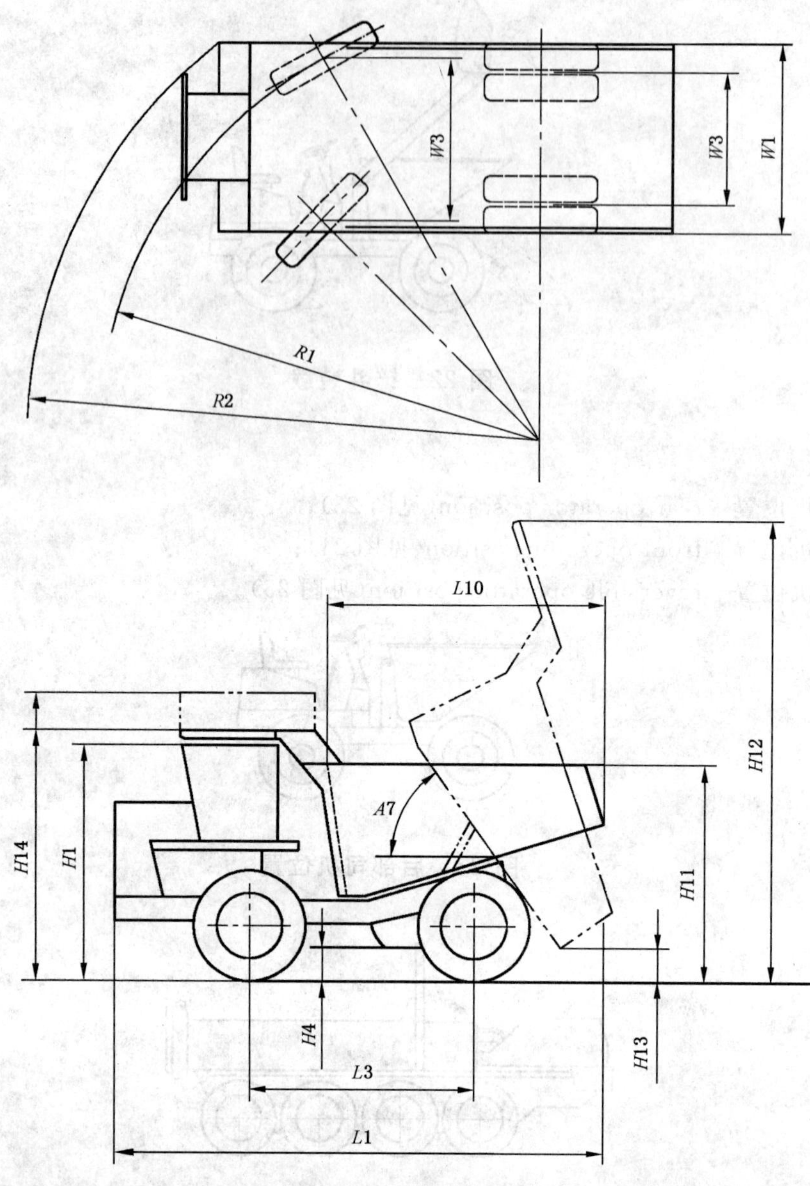

a）刚性车架

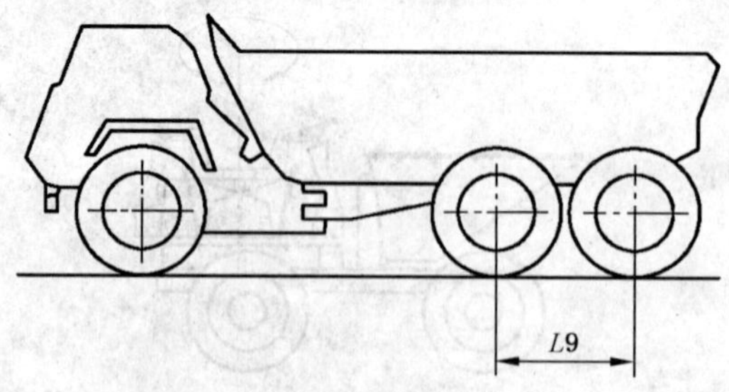

b）串联桥

图 26 主机尺寸 自卸车

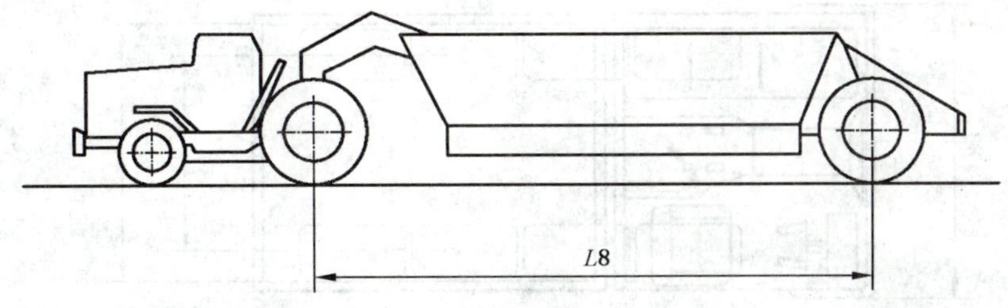

c）拖挂式

图 26（续）

4.2.2 小型自卸车

见图 27、图 28、图 29、图 30 和图 31。尺寸定义及其术语和代号见附录 A。与小型自卸车相关的其他尺寸和代号见附录 B。

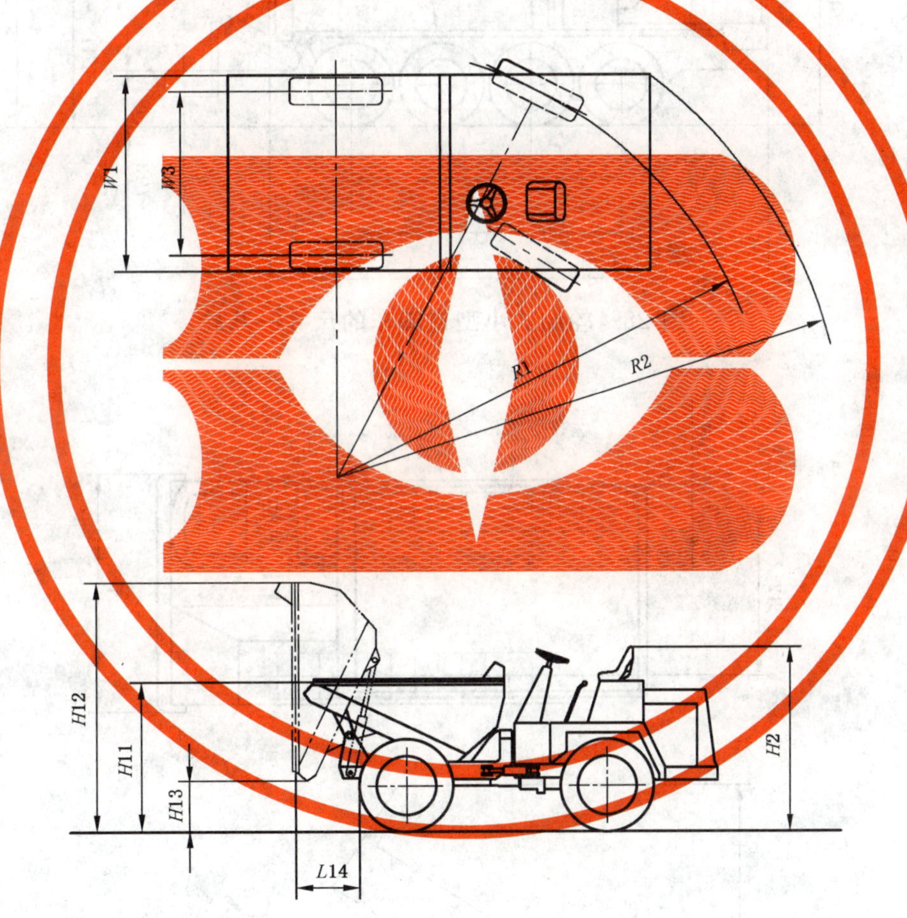

图 27 轮胎式小型自卸车的尺寸—四轮

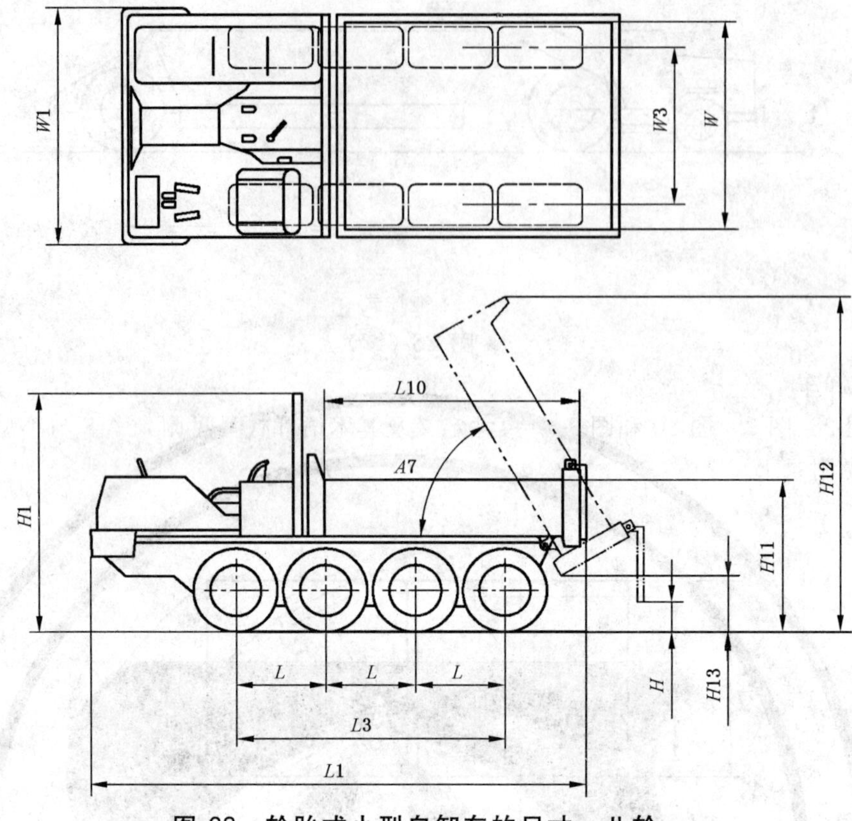

图 28 轮胎式小型自卸车的尺寸—八轮

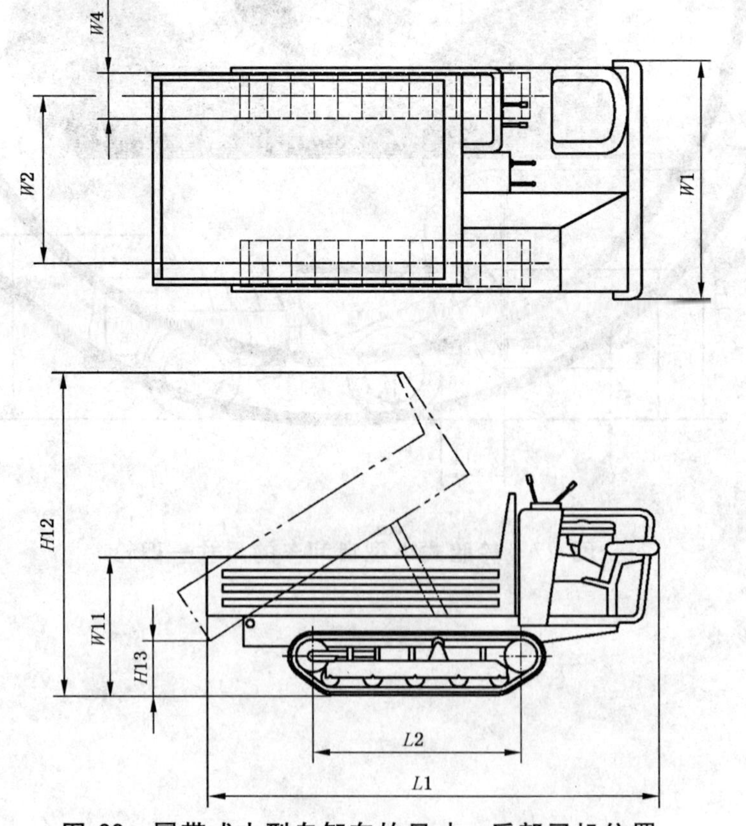

图 29 履带式小型自卸车的尺寸—后部司机位置

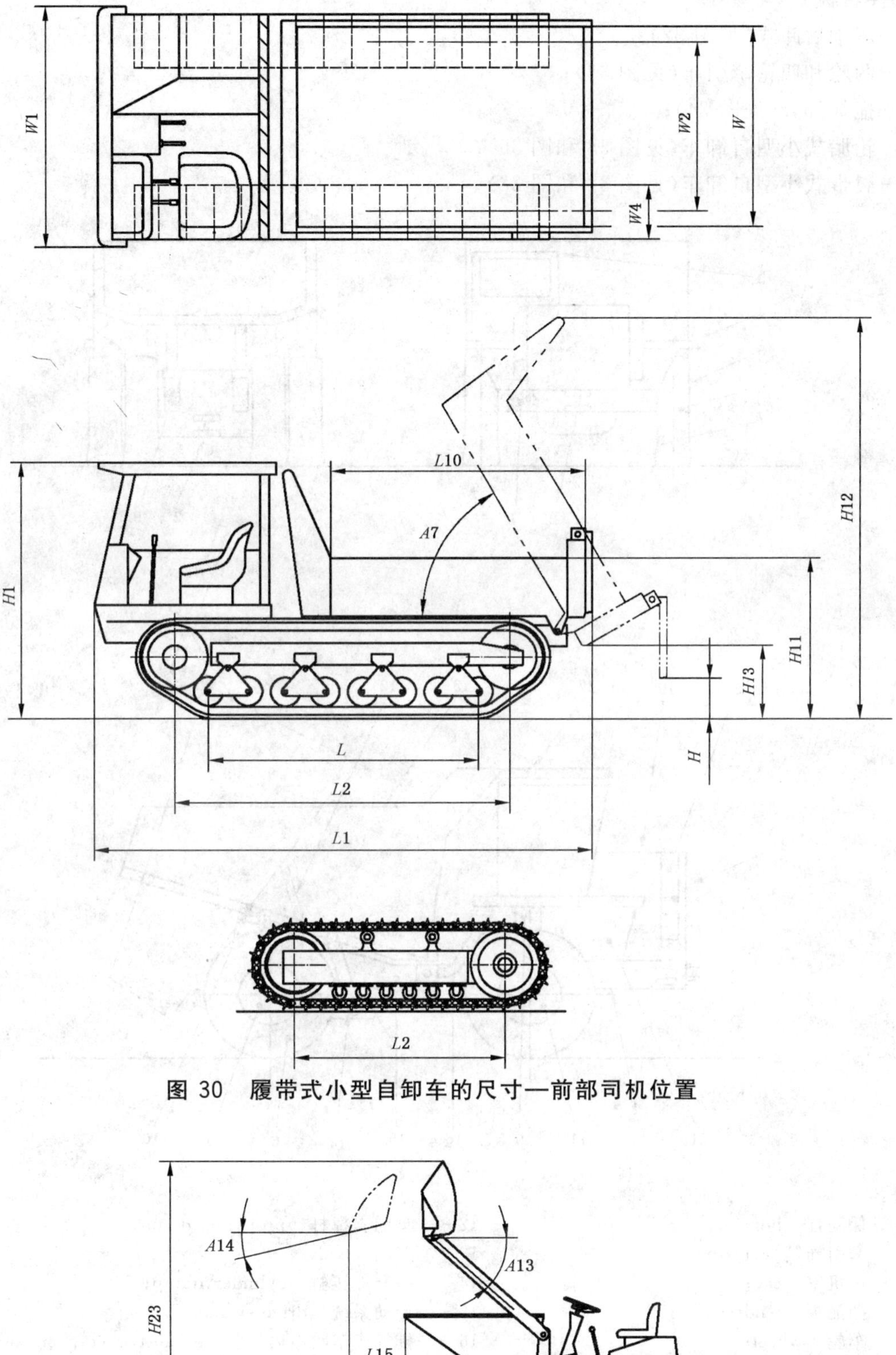

图 30 履带式小型自卸车的尺寸—前部司机位置

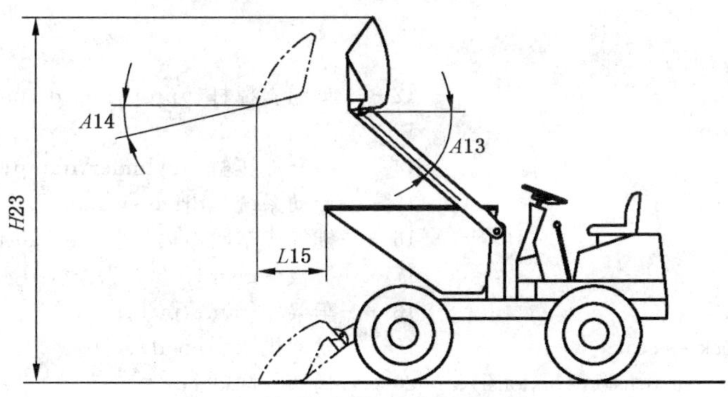

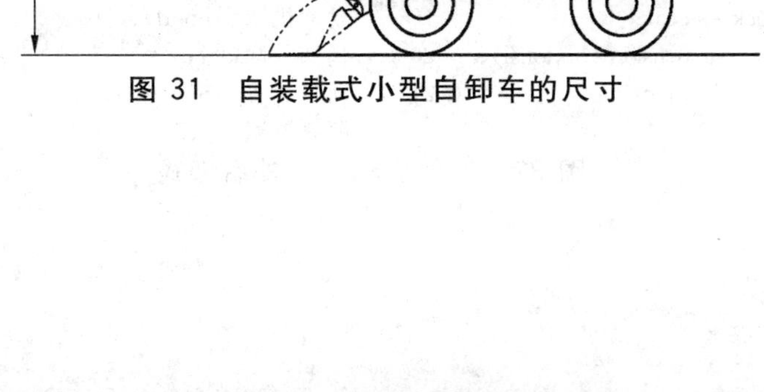

图 31 自装载式小型自卸车的尺寸

4.3 质量

见 GB/T 21154。

4.4 部件名称

——双轴后卸式(见图 32);

——两轮和四轮牵引车(见图 33);

——拖挂部分(见图 34);

——轮胎式小型自卸车(见图 35 和图 36);

——履带式小型自卸车(见图 37 和图 38)。

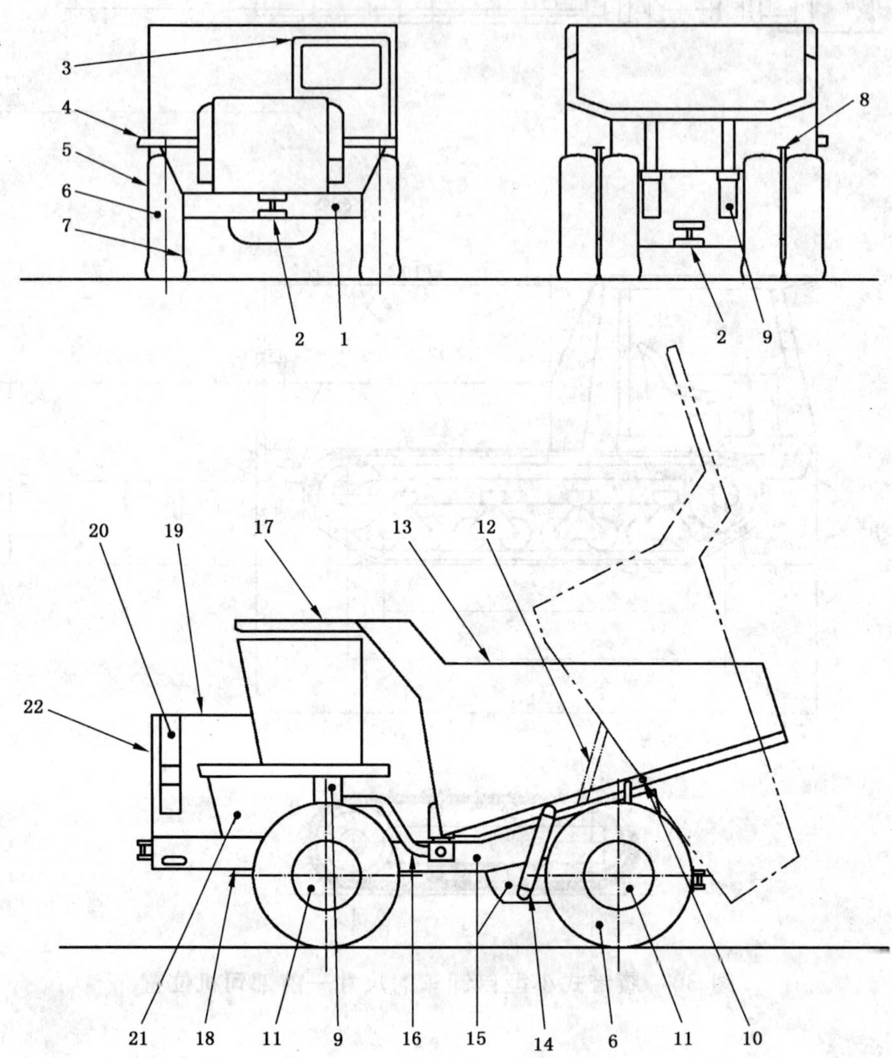

标号:

1——保险杠 bumper;
2——牵引插销 pin,towing;
3——司机室 cab;
4——挡泥板 fender;
5——车轮 wheel;
6——轮胎 tyre;
7——制动器 brake;
8——排石器 bar,rock ejector;
9——悬挂装置(选装) suspension (optional);
10——车厢铰销 pin,body pivot;
11——车轴 axle(s);
12——车厢支撑杆 prop,raised body;
13——车厢 body;
14——举升液压缸 cylinder,dump;
15——传动系统 drive system;
16——排气或车厢加热装置 exhaust,atmospheric or body heating;
17——护板 guard;
18——车架 frame,main;
19——发动机罩 hood;
20——爬梯 ladder;
21——动力装置 power plant;
22——散热器罩 grill。

图 32 部件名称—双轴后卸式

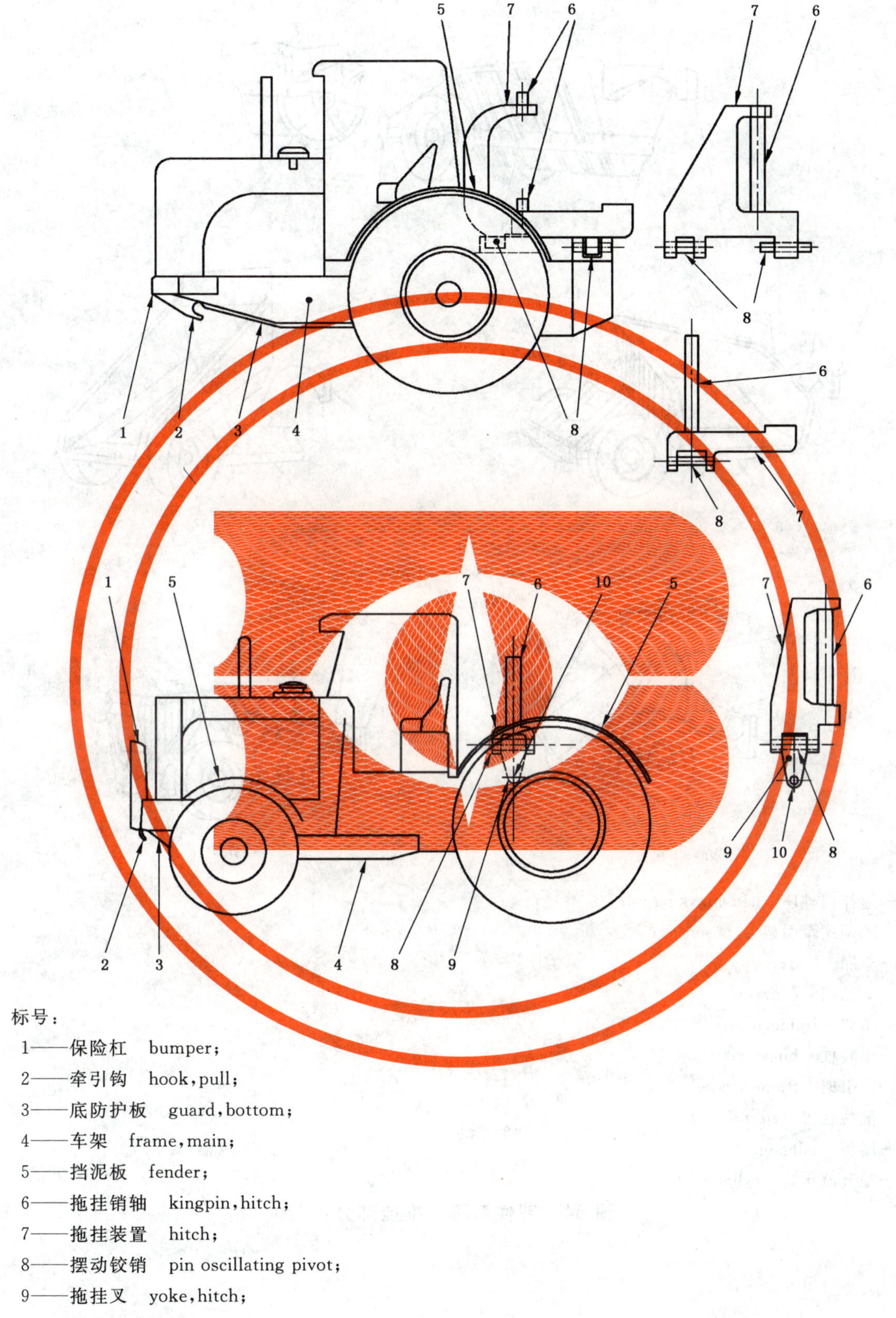

标号：

1——保险杠　bumper；

2——牵引钩　hook，pull；

3——底防护板　guard，bottom；

4——车架　frame，main；

5——挡泥板　fender；

6——拖挂销轴　kingpin，hitch；

7——拖挂装置　hitch；

8——摆动铰销　pin oscillating pivot；

9——拖挂叉　yoke，hitch；

10——纵向摆动铰销　pin，fore and aft pivot。

图 33　部件名称—两轮和四轮牵引车

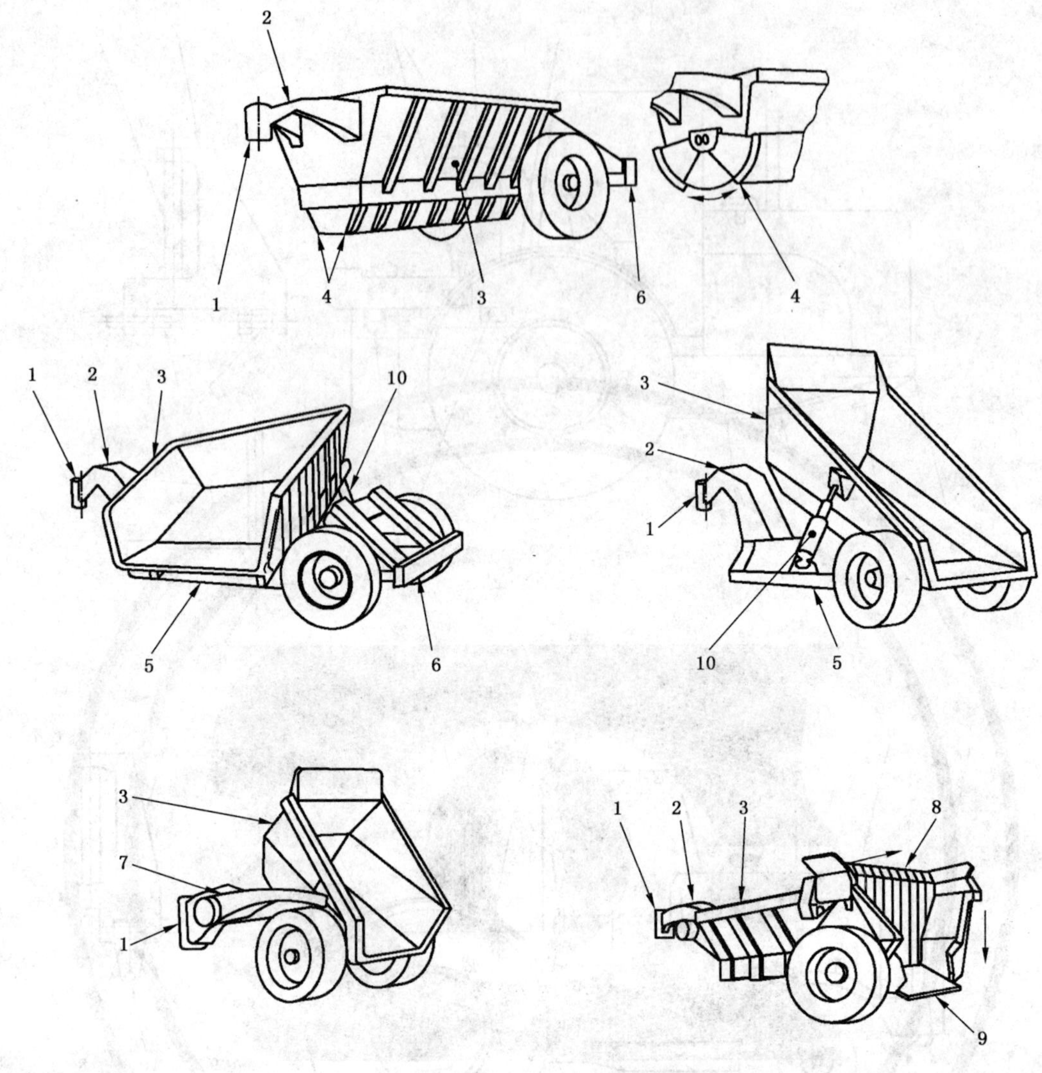

标号：

1——拖挂销轴座　housing,kingpin；

2——鹅颈式牵引架　gooseneck；

3——车厢　body；

4——车厢门　doors；

5——车架　frame,main；

6——保险杠　bumper；

7——牵引架　frame,draft；

8——推料装置　ejector；

9——尾板　tailgate；

10——举升液压缸　cylinder,dump。

图 34　部件名称—拖挂部分

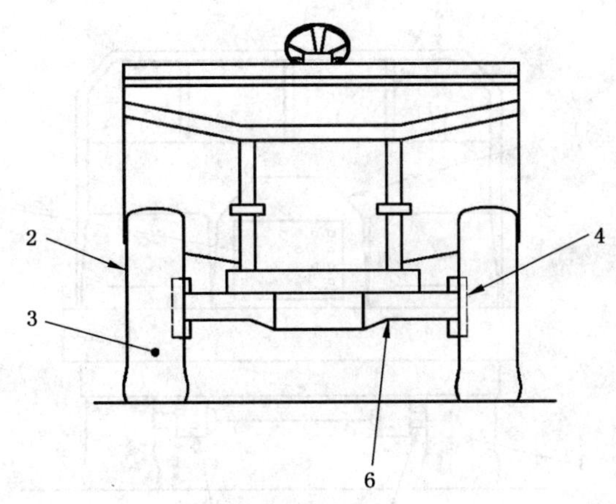

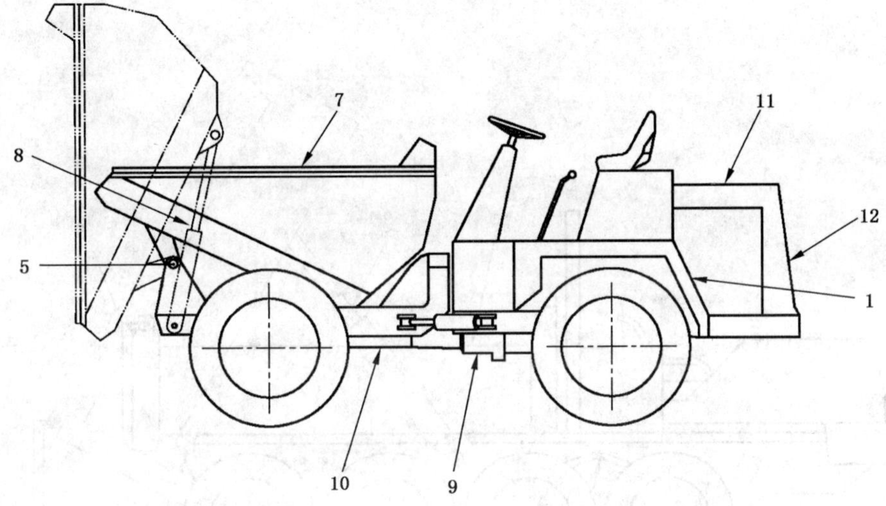

标号：

1——挡泥板　fender；

2——车轮　wheel；

3——轮胎　tyre；

4——制动器　brake；

5——车厢铰销　pin，body pivot；

6——车轴　axle(s)；

7——车厢　body；

8——举升液压缸　cylinder；

9——传动系统　drive system；

10——车架　frame，main；

11——发动机罩　hood；

12——动力装置　power plant。

图 35　部件名称—两轴轮胎式小型自卸车

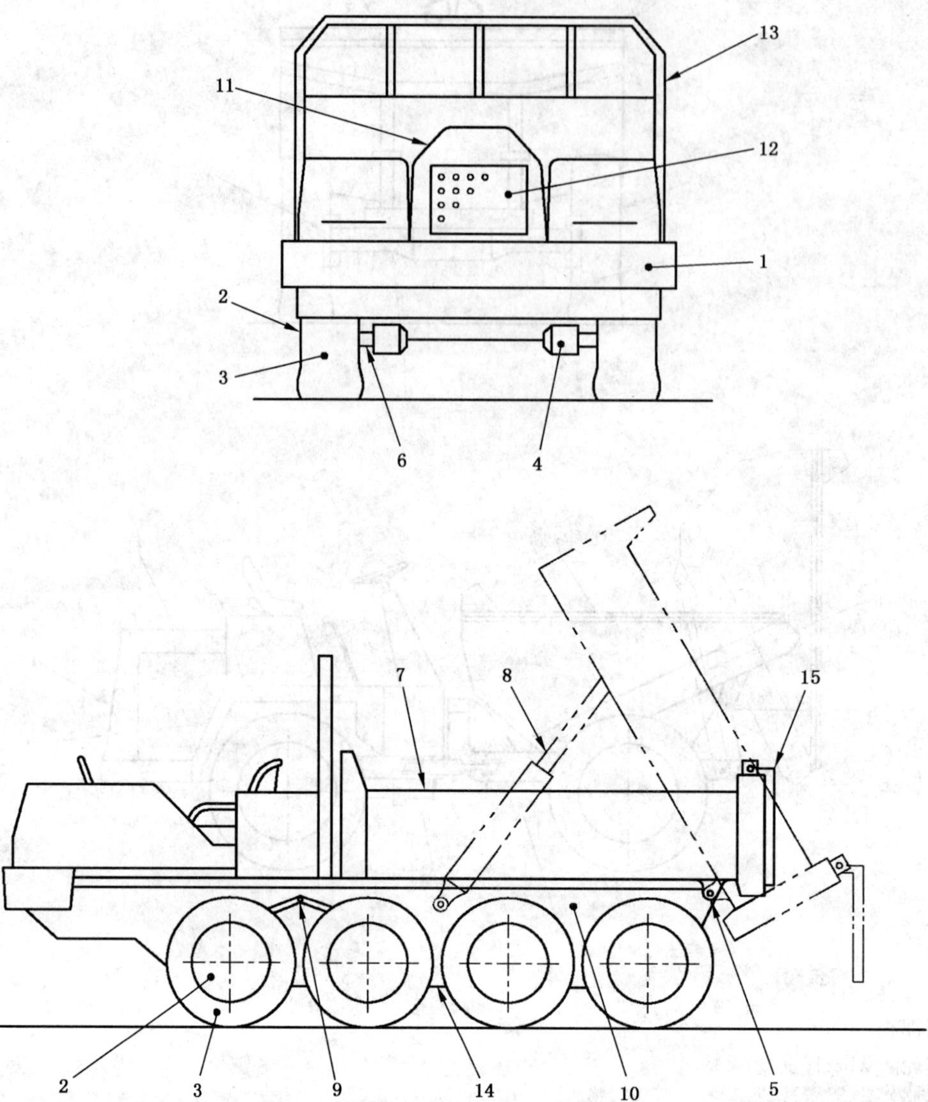

标号：

1——保险杠　bumper；

2——车轮　wheel；

3——轮胎　tyre；

4——制动器　brake；

5——车厢铰销　pin，body pivot；

6——车轴　axle(s)；

7——车厢　body；

8——举升液压缸　cylinder，dump；

9——传动系统　drive system；

10——车架　frame，main；

11——发动机罩　hood；

12——动力装置　power plant；

13——护板　guard；

14——链传动箱　case，chain drive；

15——尾板　tailgate。

图 36　部件名称—多轴轮胎式小型自卸车

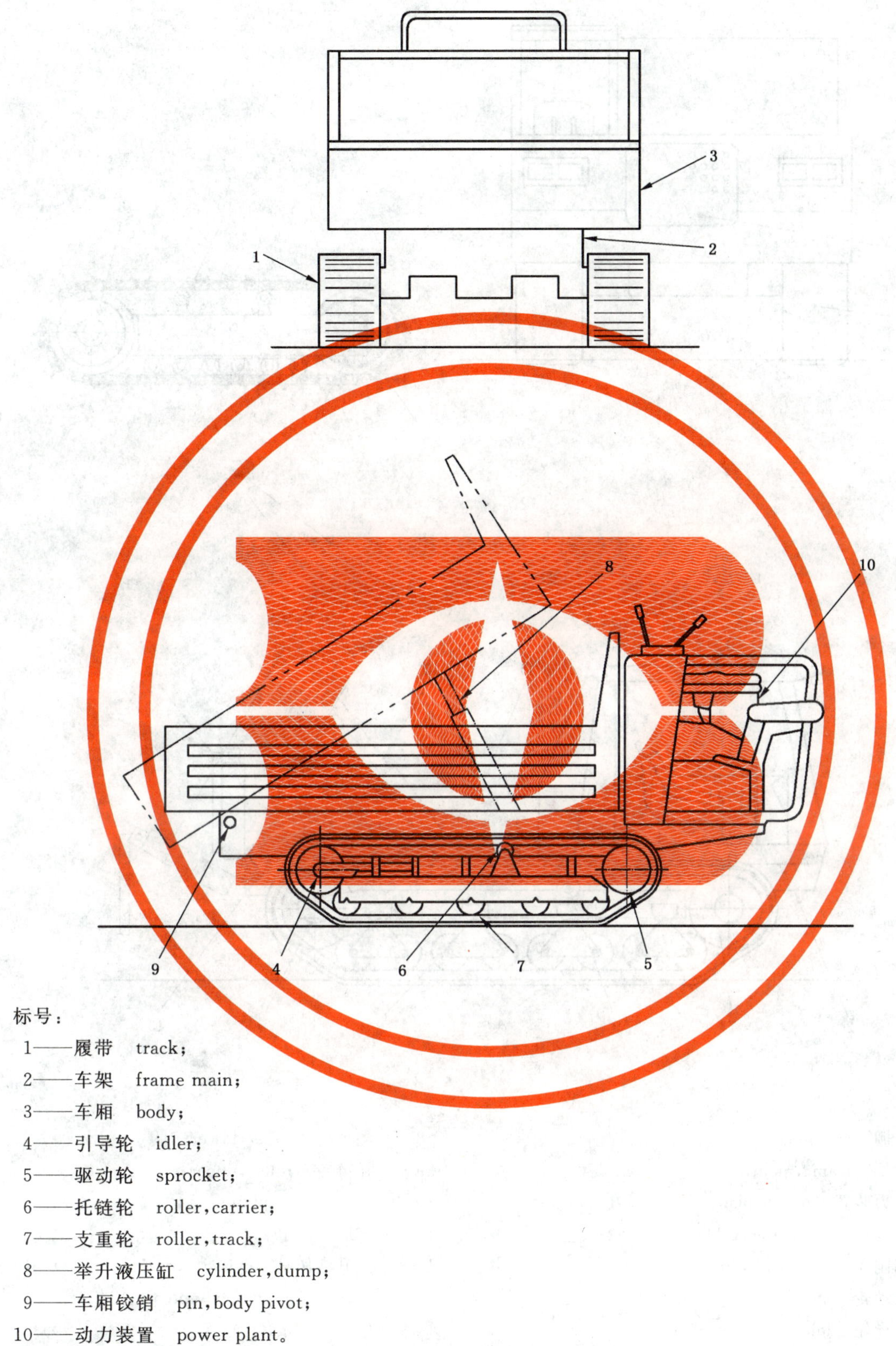

标号：

1——履带　track；

2——车架　frame main；

3——车厢　body；

4——引导轮　idler；

5——驱动轮　sprocket；

6——托链轮　roller，carrier；

7——支重轮　roller，track；

8——举升液压缸　cylinder，dump；

9——车厢铰销　pin，body pivot；

10——动力装置　power plant。

图 37　部件名称—不带机棚的履带式小型自卸车

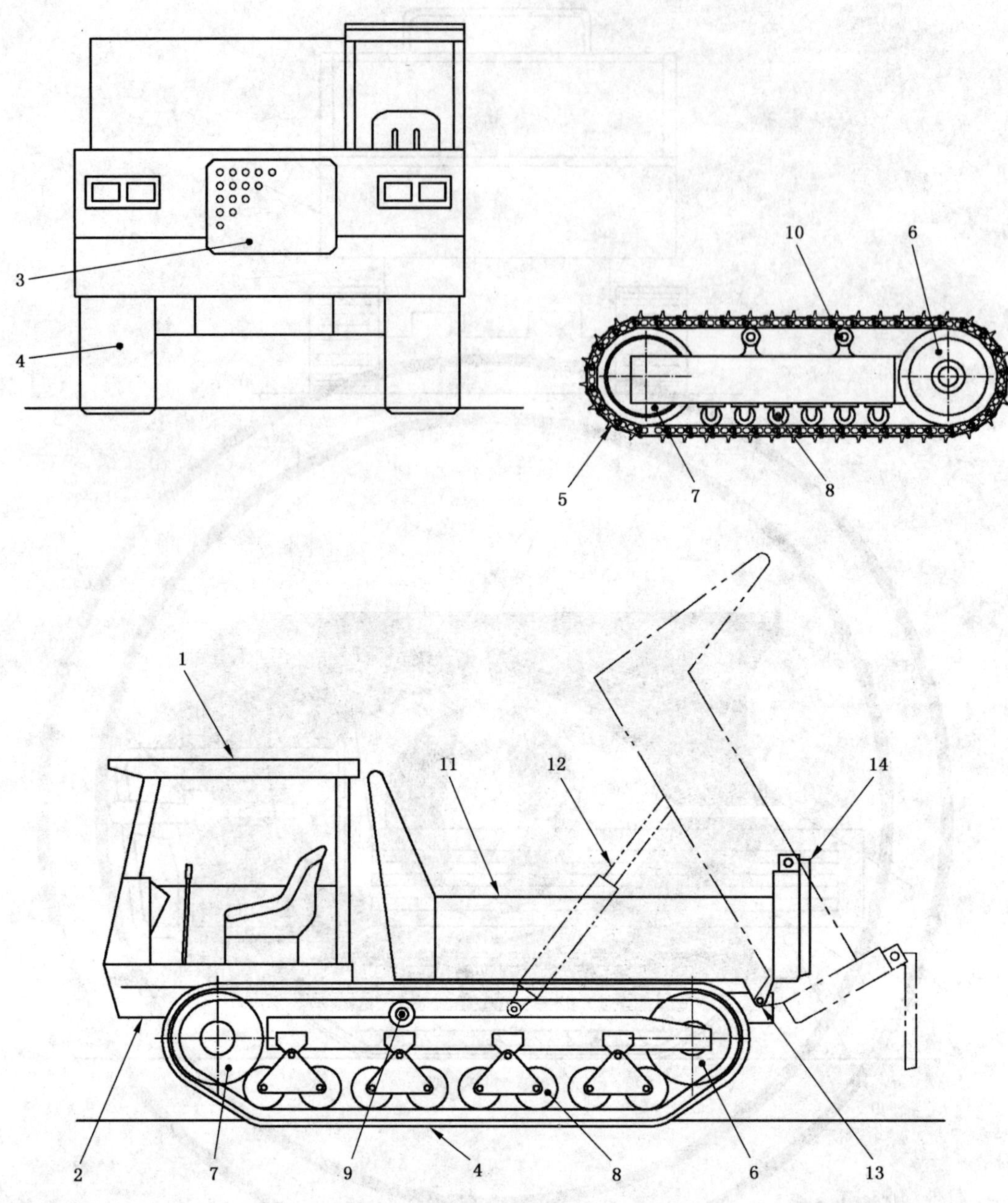

标号：

1——机棚　canopy；

2——车架　frame，main；

3——动力装置　power plant；

4——橡胶履带　crawler，rubber；

5——钢制履带　crawler，steel；

6——驱动轮　sprocket；

7——引导轮　idler；

8——支重轮　roller，lower；

9——托链轮　roller，upper；

10——滑板　slide plate；

11——车厢　body；

12——举升液压缸　cylinder，dump；

13——车厢铰销　pin，body pivot；

14——尾板　tailgate。

图 38　部件名称—带机棚的履带式自卸车

5 性能特性

下列是与自卸车相关的性能特性:进一步适用的特性和试验方法见相关标准;下列术语的代号见本标准。

a) 净功率(发动机)(见 GB/T 16936);

b) 最大行驶速度(见 GB/T 10913);

c) 轮缘牵引力(3.2.1)

  1) 带直接传动变速器的牵引力(3.2.1.1);

  2) 带动力换挡变速器、电力传动或液力传动的轮缘牵引力(3.2.1.2);

d) 空载车厢卸料和回位时间(3.2.2);

e) 转向能力

  1) 转弯半径(见 GB/T 8592);

  2) 机器通过直径(见 GB/T 8592);

f) 制动性能(按照 GB/T 21152 的要求);

g) 有效载荷(3.2.3)。

6 商业文件规格

采用国际单位制。

6.1 发动机

应规定下列信息:

a) 制造商和型号;

b) 压燃式(柴油机)或点燃式;

c) 循环形式(2 冲程或 4 冲程);

d) 自然进气式、机械增压式或涡轮增压式,配备或不配备中(后)冷却器;

e) 气缸数量;

f) 缸径;

g) 冲程;

h) 排量;

i) 冷却系统(风冷或水冷);

j) 燃油标号;

k) 发动机飞轮净功率:____在____ r/min;

l) 最大扭矩:____在____ r/min;

m) 起动机形式;

n) 电气系统电压______ V。

6.2 变速器

应列出变速器的形式,例如:

——带飞轮离合器的手动换挡;

——带变矩器的动力换挡;

——液力传动;

——电力传动;

——速度的挡位数、前进和后退;

——速比(前进和后退)。

应给出牵引力与转速的关系图。

6.3 驱动桥

应列出驱动桥的形式，例如：

——可转向的；

——固定式、摆动式和/或悬挂式；

——液力传动；

——电力传动；

——斜齿轮和小齿轮；

——差速器(标准的、无滑转的、限滑的或带差速锁的)；

——行星齿轮终传动。

6.4 转向系统

6.4.1 形式

应按照 GB/T 14781 规定的转向系统列出其形式，例如：

——铰接转向；

——前轮转向；

——后轮转向；

——全轮转向；

——履带式滑移转向；

——助力、手动、液压转向；

——紧急转向方式。

6.4.2 性能

应规定下列信息：

——转弯半径：____，左和右；

——机器通过直径：____。

6.5 制动器

6.5.1 行车制动器

应规定下列信息，例如：

——形式(鼓式、盘式、湿式或干式)；

——操纵系统形式(机械式、气动式、液压式、电动式、组合式等)。

6.5.2 停车制动器

应规定形式。

6.5.3 辅助制动器

应规定形式。

6.5.4 减速制动器

应规定下列信息：

——形式；

——操纵系统。

6.5.5 制动性能

应符合 GB/T 21152 的规定。

6.6 轮胎

应规定下列信息：

——尺寸和形式；

——标定轮胎层数；

——轮辋尺寸。

6.7 液压系统

6.7.1 空载车厢卸料和回位时间

应规定下列信息：

——泵流量：____在____压力下且发动机额定转速____ r/min；

——溢流阀开启压力：____；

——泵的形式；

——车厢提升液压缸：数量、形式；

——空载车厢卸料和回位时间。

6.7.2 转向

应规定下列信息：

——泵流量：____ 在____压力；

——泵的形式；

——溢流阀开启压力：____。

6.8 悬挂

应规定单个车轮、全部桥轴或履带。

6.8.1 形式

应规定形式，例如：

——机械弹簧：弹簧圈、弹簧片；

——缓冲液压缸：气、油、气/油；

——弹性体；

——气动。

6.8.2 能力

应规定行程。

6.8.3 载荷/挠度

应规定是否为：

——空载，或

——负载。

6.9 车厢

6.9.1 车厢额定容量

应按照 JG/T 30 的规定，以立方米为单位列出。

6.9.2 自装载方式

应规定是否为：

——车厢装载方式，或

——铲斗装载方式。

6.10 司机室

应规定司机室是否在：

——后部；

——前部，或；

——双向。

6.11 质量

提供下列信息：

a) 分配，工作质量：

——前轴；

——驱动轴；

——拖挂轴。

b) 工作质量。

c) 额定有效载荷。

d) 分配，机器总质量：

——前轴；

——驱动轴；

——拖挂轴。

e) 机器总质量。

6.12 系统液体容量

应规定下列信息：

——燃油箱；

——发动机曲轴箱；

——冷却系统；

——液压系统；

——变速器；

——差速器；

——终传动。

6.13 自卸车总体尺寸

应提供外形简图。

应列出重要尺寸，如：

——不带车厢时的最大总高度；

——离地间隙，车轴；

——离地间隙，倾翻车厢底部，车厢门关闭；

——离地间隙，车厢门打开；

——装载高度；

——车厢倾翻高度；

——卸载高度；

——带车厢的最大高度；

——最大宽度；

——轮距；

——最大长度；

——轴距；

——串联轴中心距；

——转弯半径；

——通过直径。

附 录 A
（规范性附录）
自卸车的尺寸

本附录规定了自卸车的尺寸定义及其代号。

代 号	术语和定义	图 示
*H*11	**装载高度　loading height** 空载时，在 *Z* 轴方向上，基准地平面（GRP）与装料侧最高点的距离	见图 26a）
*H*12	**车厢倾翻高度　dump height** 车厢完全升起时，在 *Z* 轴方向上，（GRP）与自卸车最高点的距离	见图 26a）
*H*13	**卸载高度（后部或侧向卸载）　（rear or side dump）discharge height** 车厢完全升起时，在 *Z* 轴方向上，（GRP）与车厢最低点的距离	见图 26a）
*H*14	**自卸车车厢或拖挂装置的最大高度　maximum height of dumper body or hitch** 自卸车车厢处于装载位置（如果装有防溢护板），空载时，在 *Z* 轴方向上，自卸车车厢或拖挂装置连接件的最高点与（GRP）的距离	见图 26a）
*L*8	**（拖挂车）轴距　（trailer）wheelbase** 通过牵引车后轮中心与拖挂车后轮中心的两个 *X* 平面之间在 *X* 轴方向上的距离。安装有串联轮的机器，车轮中心是指两个串联车轴的中线	见图 26c）
*L*9	**串联桥中心距　tandem centre distance** 通过串联桥前轮和后轮中心的两个 *X* 平面在 *X* 轴方向上的距离	见图 26b）
*L*10	**车厢装载长度　length of loading body** 通过车厢后部内侧最远点及车厢前部装料部分内侧的最远点的两个 *X* 平面在 *X* 轴方向的距离	见图 26a）
*A*7	**车厢卸载角（后部卸料）　（rear dump）body dump angle** 车厢完全升起时，*Y* 平面内料斗底板与（GRP）之间的角度	见图 26a）
注：*X*、*Y* 和 *Z* 坐标及（GRP）的定义见 GB/T 18577.1。		

附 录 B
（规范性附录）
小型自卸车的尺寸

本附录规定了小型自卸车的尺寸定义及其代号。

代 号	术语和定义	图 示
*H*11	**装载高度 loading height** 空载时，在 *Z* 轴方向上，基准地平面（GRP）与装料侧最高点的距离	见图 27
*H*12	**车厢倾翻高度 dump height** 车厢完全升起时，在 *Z* 轴方向上，（GRP）与自卸车最高点的距离	见图 27
*H*13	**卸载高度 discharge height** 车厢完全升起时，在 *Z* 轴方向上，（GRP）与车厢最低点的距离	见图 27
*H*23	**自装载倾斗高度 self-loading dump height** 在 *Z* 轴方向上，自装载设备上的最高点与（GRP）的距离	见图 31
*L*14	**卸载距离 discharge distance** 料斗完全升起时，在 *X* 轴方向上，前轮缘与车厢前缘之间的距离	见图 27
*A*13	**自装载后卸载角 self-loading rear dump angle** 铲斗在完全升起位置时，铲斗的后卸载面向水平面下方旋转的最大角度	见图 31
*A*14	**自装载前卸载角 self-loading front dump angle** 铲斗在向前旋转完全时，铲斗的底面向水平面下方旋转的最大角度，$A14<30°$	见图 31
*L*15	**自装载卸载距离 self-loading dump reach** 在 *X* 轴方向上，车厢前缘与铲斗最大前伸时的前缘之间的最大距离，$L15<200$ mm	见图 31
注：*X*、*Y* 和 *Z* 坐标及（GRP）的定义见 GB/T 18577.1。		

中 文 索 引

英 文 索 引

A

B

C

D

E

P

R

S

T

ICS 53.100
P 97

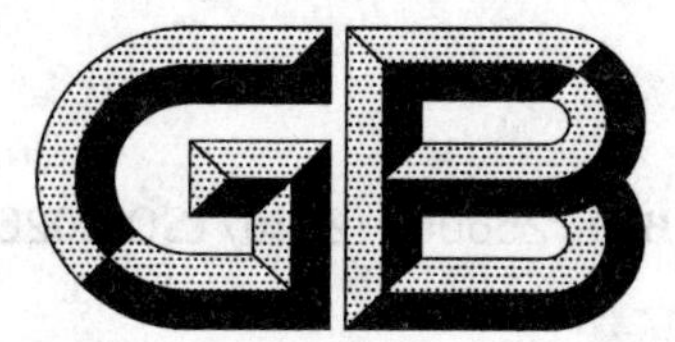

中华人民共和国国家标准

GB/T 25606—2010/ISO 10261:2002

土方机械　产品识别代码系统

Earth-moving machinery—Product identification numbering system

(ISO 10261:2002,IDT)

2010-12-01 发布　　2011-03-01 实施

中华人民共和国国家质量监督检验检疫总局
中国国家标准化管理委员会　发布

前　言

本标准等同采用 ISO 10261:2002《土方机械　产品识别代码系统》(英文版)。

本标准等同翻译 ISO 10261:2002。

为便于使用,本标准做了下列编辑性修改:

——“本国际标准”一词改为“本标准”;

——用小数点“.”代替作为小数点的“,”;

——删除了国际标准前言;

——对 ISO 10261:2002 中引用的国际标准,用已采用为我国的标准代替对应的国际标准;

——将 GB/T 12508 从参考文献中移至规范性引用文件中。

本标准的附录 A 是规范性附录。

本标准由中国机械工业联合会提出。

本标准由全国土方机械标准化技术委员会(SAC/TC 334)归口。

本标准起草单位:天津工程机械研究院。

本标准起草人:李广庆。

土方机械　产品识别代码系统

1　范围

本标准规定了GB/T 8498所定义的土方机械产品的识别代码系统中的要求、内容、结构组成和识别位置。

本标准不适用于部件或附属装置的识别。

2　规范性引用文件

下列文件中的条款通过本标准的引用而成为本标准的条款。凡是注日期的引用文件，其随后所有的修改单(不包括勘误的内容)或修订版均不适用于本标准，然而，鼓励根据本标准达成协议的各方研究是否可使用这些文件的最新版本。凡是不注日期的引用文件，其最新版本适用于本标准。

GB/T 8498　土方机械　基本类型　识别、术语和定义(GB/T 8498—2008,ISO 6165:2006，IDT)

GB/T 12508　光学识别用字母数字字符集　第二部分:OCR-B字符集印刷图象的形状和尺寸(GB/T 12508—1990,eqv ISO 1073-2:1976)

3　术语和定义

下列术语和定义适用于本标准。

3.1

产品识别代码　product identification number

PIN

用于识别整机，制造商指定的由唯一的一组17位字母数字组成的符号。

注：PIN由3.1.1～3.1.4所定义的4部分组成。

3.1.1

世界制造商代码　world manufacturer code

WMC

PIN的第一部分，字母数字代码用于表明机器的制造商。

3.1.2

机器说明部分　machine descriptor section

MDS

PIN的第二部分，由说明机器的信息组成。

3.1.3

机器指示部分　machine indicator section

MIS

PIN的最后一部分，与WMC和MDS一同被指派用于表示一台机器与另一台机器的区别。

3.1.4

检验字母部分　check letter section

CL

PIN的第三部分，由位于第9位的字母组成，由基于保持PIN 16个字符并确定其有效性的计算而得，或被指定的未经计算的字母字符。

3.2

主要标记 primary marking

PIN 位于机器上明显的位置上。

3.3

隐式标记 concealed marking

被置于机器隐秘的位置上的 PIN 或由 MIS 组成的派生的代码。

3.4

产品标签/标牌 product label/plate

机器上显示 PIN 和机器细节的方式。

3.5

部分 field

被预留出来用于指定信息的一组 1～8 个字符的位置。

示例：WMC、MDS、MIS、CL。

3.6

制造商 manufacturer

为确保 PIN 唯一性而负责的个体、团队或公司。

注：即使产品由几个工厂生产时，制造商有可能是一个单独的实体。

4 一般要求

4.1 PIN 中的字符

位于机器上和产品标签/标牌上的首要标记应由位于一条单独的水平线上的 17 位字符组成，字符之间不能断开或分离。在 4.2 中所规定的符号前后不应出现额外的标记、字母或字符。无论何时当所使用的字符数少于要求时，数字零(0)应在段落的第一个位置使用。

示例：在 MDS 中，AF3 部分写成 00AF3，而不是 AF3。

4.2 禁止增加字符的保护

在 PIN 的第 1 个数字或字母之前以及最后 1 个数字之后应随即加上一个适合的符号。

这个适合的符号应是：

——星号(*)；

——大于或小于符号(＞＜)；

——团队的符号，或

——公司的标志。

也可用尖括号或类似于"V"但水平指向前方的符号替代大于或小于符号而放于 PIN 的任一侧。

4.3 允许的字符

PIN 中应只能使用下列字符：

1234567890

ABCDEFGHIJKLMNOPQRSTUVWXYZ

推荐使用符合 GB/T 12508 规定的字符。

4.4 世界制造商代码(WMC)

WMC 应由第 1、2、3 位置上的 3 个字母数字(字母或数字)字符组成。制造商应按照附录 A 的程序来获得一个 WMC 列表。注册的过程将需要足够的资料以识别制造商身份。

4.5 机器说明部分(MDS)

MDS 应由第 4、5、6、7 和 8 位置上的 5 个字母数字字符组成。制造商用来确定信息的编码和序列。该字段由描述机器一般属性构成。建议使用机器易于发现的信息。

示例:对于493C,适当的字符顺序是00493或0493C。

4.6 机器指示部分(MIS)

MIS应指派一个唯一的制造代码,且由在第10、11、12、13、14、15、16和17位上的8个字母数字字符组成。在第10、11、12和13位可使用字母或数字。第14、15、16和17位只能使用数字。MIS的内容由制造商决定。制造商可能选择用其指明制造年份。推荐将MIS的第1个字符(第10位)用来标明年。表1中给出了用来识别年份的推荐代码。

表1 指定年份的代码

年份	代码	年份	代码	年份	代码	年份	代码
2000	Y	2004	4	2008	8	2012	C
2001	1	2005	5	2009	9	2013	D
2002	2	2006	6	2010	A	2014	E
2003	3	2007	7	2011	B	2015	F

4.7 校验字母(CL)

应通过基于由制造商网站管理者(见附录A)所提供的公式计算来确定CL。对于每年小于100台量的机器型号,作为可选择项,制造商可在此位置上使用网站管理者提供的一个未经计算的字母。

4.8 重复

制造商应确保30年不会再发布17位字符相同的PIN代码。对于所有使用了被指派WMC的机器,制造商有义务保留完整的PIN记录文件。

4.9 PIN格式

下列例子表示了满足本标准要求的PIN。

示例:

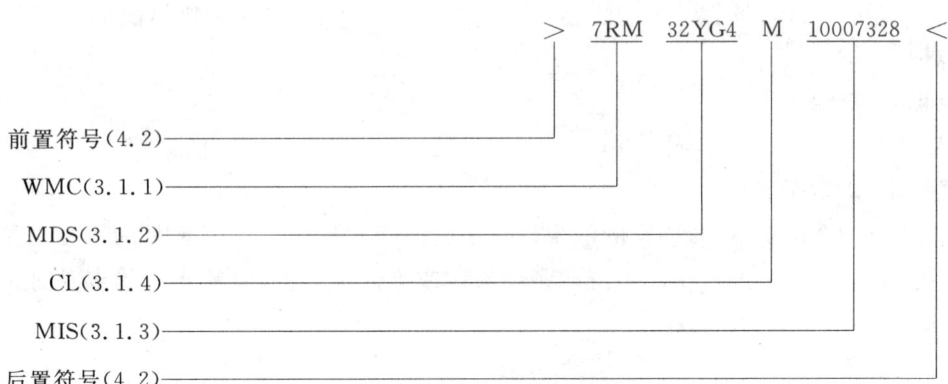

5 产品标签/标牌

5.1 组成

产品标签/标牌(见图1)应至少包含下列信息:

a) 制造商的名称和地址;

b) 按照制造商的规定应该排列的表示机器型号或机器系列或类型(如果有);

c) 完整书写的"产品识别代码"的文字;

d) PIN。

也可包括品牌名称或公司注册商标的标识。图1所示的标签/标牌符合本标准的要求。

产品标签/标牌上的文字应涂上与背景色相对比的颜色。产品标签/标牌的材料应选择可以在产品有效寿命期内都能保持清晰的材料。

产品标签/标牌应制成在不检测或不损毁的情况下很难更换或拆卸的形式。

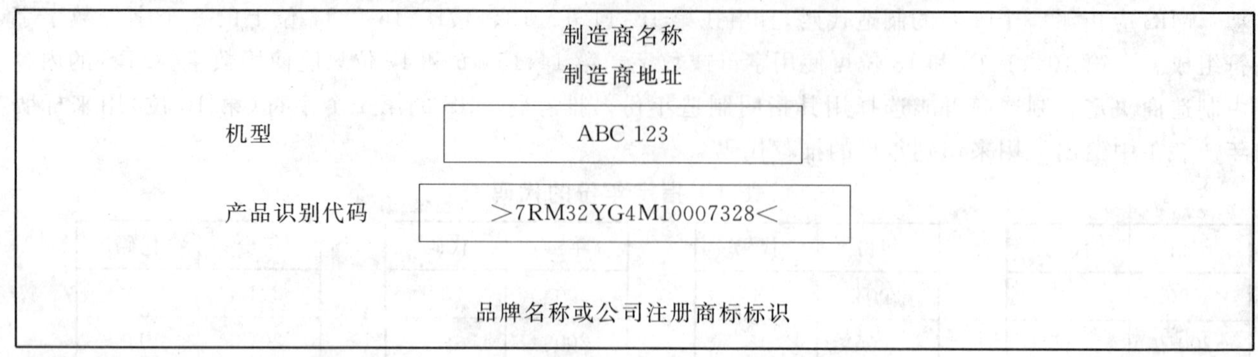

图 1 产品标签/标牌 举例

5.2 位置

产品标签/标牌应置于机器操作期间被损坏或受天气影响的危险性最小的位置。

产品标签/标牌的首选位置是在机器的左侧，位于机架或机器上的坚固结构上，而不用考虑进行更换。该位置应靠近司机进入的显而易见的区域和可触到的位置。

产品标签/标牌在不用移动机器任何部分的情况下都应是可见的，并且在日光下可读。

5.3 固定

产品标签/标牌的固定形式应为在不检测或不损毁的情况下很难更换或拆卸。

6 标记

6.1 主要标记

PIN 应凸印、压印或印刻在机架或其他坚固的结构上而无需顾虑更换，使其清晰可见，处在易于接近的位置并从机器的外部可读到。大型机器，主要标记的首选位置是靠近机器前部的右侧。

6.2 可选标记

6.2.1 产品标签/标牌

按第 5 章的要求。

6.2.2 隐式标记

机器可能会有一个由 PIN 或 PIN 的派生信息组成的隐式标记。该标记是为了在主要标记被毁坏或不可读时用来识别机器。隐式标记不应印刷在操作或维修手册上，只能出示给经认证的执法官员及其他有必要了解基本内容的人员。

隐式标记的位置应是：

a) 难以被意外发现的位置；

b) 用手电或反光镜可以读出；

c) 机器上不易损坏或修理的零件或坚固结构上，和

d) 不需要拆卸、拆开或拆除任何机器的主要部件就可看到(除去轻的护板、护罩等)。

7 PIN 字符的可读性

PIN 字符应以能保持长久的方法凸印、压印、印刻、盖印、激光刻印或打印在产品标签/标牌上。

位于机器结构上的 PIN 字符应按照 6.1 或 6.2.2 的要求为压印、激光刻印或普通刻印。

对于压印的字符，最小深度应为 0.2 mm。

字符的最小高度(数字和字母)应：

a） 标记在产品标签/标牌上的空处的字符不小于 4 mm，和

b） 直接标记在机器结构上的字符不小于 6 mm。

8 参考说明手册

主要标记和产品标签/标牌在机器上出现的位置应在用于操作和维修的说明手册中或同类出版物中显示并描述。

附 录 A
（规范性附录）
WMC 目录的程序

A.1 提出目录

按下列所示启动目录的申请程序：

a) 登录网站：http://standards.iso.org/iso/10261

b) 选择“WMC 列表”（世界制造商代码列表）。查看当前已使用的 WMC 字符列表，并选择一个还未被使用过的字母数字字符；

c) 向网站所给出的地址发送一封电子邮件，并提供下列信息：

1) 所选择的 WMC 字符组；

2) 制造商名称；

3) 完成邮件传送地址；

4) 制造商代理商的名称；

5) 电话号码；

6) 传真号码；

7) 代理商的电子邮件地址；

8) 制造商的互联网域名。

A.2 目录的确认

目录按如下要求由网站管理者确认：

a) 查看并检验提交的信息；

b) 回复以确认 WMC 列表并传送用于计算 CL 的公式和可使用的不用计算的 CL 字母。

30 天之内制造商通知网站管理者有关代理商的任何变化。

制造商与已拥有 WMC 的其他公司合并时，或者两个代码都继续使用，或者使用一个另一个中断。

参 考 文 献

[1] GB 16735—2004 道路车辆 车辆识别代号(VIN)(ISO 3779:1983,MOD)

ICS 53.100
P 97

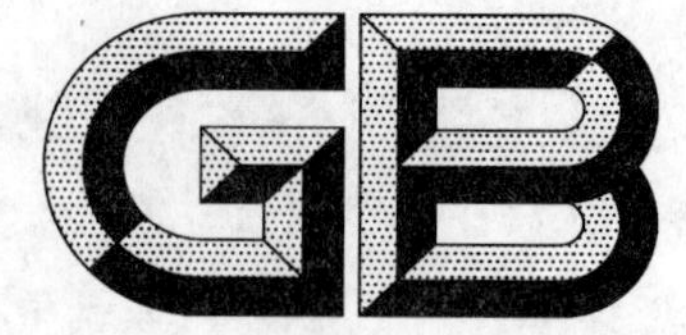

中华人民共和国国家标准

GB/T 25607—2010/ISO 3457:2003

土方机械　防护装置　定义和要求

**Earth-moving machinery—
Guards—Definitions and requirements**

(ISO 3457:2003,IDT)

2010-12-01 发布　　2011-03-01 实施

中华人民共和国国家质量监督检验检疫总局
中国国家标准化管理委员会　发布

前　言

本标准等同采用 ISO 3457:2003《土方机械　防护装置　定义和要求》(英文版)。

本标准等同翻译 ISO 3457:2003。

为了便于使用,本标准还做了一些编辑性修改:

a) “本国际标准”一词改为“本标准”;

b) 删除了国际标准前言;

c) 对 ISO 3457:2003 中引用的国际标准,用已采用为我国的标准代替对应的国际标准。

本标准由中国机械工业联合会提出。

本标准由全国土方机械标准化技术委员会(SAC/TC 334)归口。

本标准起草单位:天津工程机械研究院。

本标准主要起草人:吴红丽。

引 言

本标准规定了防护装置和其他手段防护的性能要求，该装置用于在正常操作和日常维护土方机械时，对无意接触到由机械、流体或热源产生的危险的人员提供保护。包括从危险部件到防护装置的隔开距离与以人体测量数据为基础开口尺寸的关系。

本标准不包括在人员保护上起重要作用的某些因素，例如对操作人员和服务人员的培训、经验和具体操作等。

允许随着机器系统的技术发展和设计的可行性而背离这些要求。按照本标准的规定，基于可行性考虑给出下列三个安全准则：

a) 通过机器设计消除潜在的危险；

b) 若通过设计不可能消除，应提供防护装置以防止接触潜在的安全危险源；

c) 在 a)和 b)都不可行时，应在潜在安全危险处警告。

土方机械　防护装置　定义和要求

1　范围

本标准规定了防护装置和其他防护方式的主要术语、要求和特性，当按制造商规定的用途，对GB/T 8498中定义的土方机械进行操作和日常维修时，避免操作人员接触到由机械、流体或热源产生的危险。

2　规范性引用文件

下列文件中的条款通过本标准的引用而成为本标准的条款。凡是注日期的引用文件，其随后所有的修改单(不包括勘误的内容)或修订版均不适用于本标准，然而，鼓励根据本标准达成协议的各方研究是否可使用这些文件的最新版本。凡是不注日期的引用文件，其最新版本适用于本标准。

GB/T 8420　土方机械　司机的身材尺寸与司机的最小活动空间(GB/T 8420—2000，eqv ISO 3411:1995)

GB/T 8498　土方机械　基本类型　识别、术语和定义(GB/T 8498—2008，ISO 6165:2006，IDT)

GB/T 17300　土方机械　通道装置(GB/T 17300—1998，ISO 2867:1994，IDT)

GB/T 17301　土方机械　操作和维修空间　棱角倒钝(GB/T 17301—1998，idt ISO 12508:1994)

GB 20178　土方机械　安全标志和危险图示　通则(GB 20178—2006，ISO 9244:1995，MOD)

GB/T 21935　土方机械　操纵的舒适区域与可及范围(GB/T 21935—2008，ISO 6682:1986，IDT)

3　术语和定义

下列术语和定义适用于本标准。

3.1

防护装置　guard

单独的或与机器其他零件组合的保护装置，设计并安装使接触存在潜在危险机器零部件的可能性最小。

3.1.1

护栏　barrier guard

为避免接触机器部件或具有类似危险的其他暴露部分，限制人体或人体某部分运动的防护装置。

例如：扶手、车架、覆盖件或围栏。

3.1.2

挡泥板　fender

罩住机器的车轮或履带的防护装置，限制由车轮或履带甩起的物体，且限制操作人员接触运动的部件。

3.1.3

风扇护罩　fan guard

为避免意外接触旋转叶片，覆盖在发动机冷却风扇上的防护结构。

3.1.4

隔热罩　thermal guard

避免人体与机器发热部件接触的防护装置，也可用于提供受热零件与易燃物之间的热障。

3.1.5

软管护罩　hose guard

软管发生破裂有害液体喷溅时，提供保护的防护装置。

3.2

距离防护　distance guarding

由防护结构(包括开口)和距离(安全距离)及身体部分相关挤压点之间的间隔(最小间隙)的组合，使意外接触到危险部件的可能性最小的保护措施，该距离(安全距离)为防护装置和部件之间的距离。

3.3

日常维修　routine maintenance

由制造商推荐的维持机器正常性能的日常维修活动。

例如：润滑、加燃油、调节、预防性维修、清洗和检查。

4　一般要求

4.1　如果运动部件、发热件或容纳液体部件存在重大伤害危险，这种危险应通过设计、防护、安全距离定位或警告方式提出。机器部件为执行其预期的功能必须暴露时，应提供正确操作或使用允许范围的防护。在机器制造商的规定操作条件下防护不能消除危险时，应按照 GB 20178 的规定提供适当的安全警告。

4.2　防护装置应用通用的闭锁装置或其他有效方法安装在机器上。通道入口和防护装置应在日常或定期维修、检查或清洗时打开。

——应易于打开和关闭；

——用铰链、绳索或其他适当的方法应能保持牢固；

——可保持关闭，需要时打开；

——如果防护装置需要拆除且超过 20 kg，应提供手动控制或提升点或两者兼有。

4.3　维修时需要打开防护装置使棱角和棱边(见 GB/T 17301)及突出部分有空间，且在预期气候与操作条件下有足够的强度实现预期用途。

4.4　每种防护装置(软管护罩除外)应有足够的刚性，以避免偏转到危险部件里，并应避免在以下负载下直径为 125 mm 的圆周范围内产生有害的永久变形：

a)　如果人能触摸到防护装置——接触点应能承受 250 N 的力；

b)　如果人能够向下或倾斜倚靠防护装置——接触点应能承受 500 N 的力；

c)　如果防护装置作为通道装置的台阶或平台——在其表面的任何位置应能承受 2 000 N 的力(见 GB/T 17300)。

4.5　旋转轴产生的危险应通过护栏、防护距离或警告方式防护。

5　护栏

5.1　安全距离是由危险零部件到护栏的距离，其测量是从人能接近的最近点位置到该危险部件。见第 10 章。

5.2　操作中限制司机可视性的护栏，例如滑移转向装载机的侧面防护，开口尺寸不应大于 40 mm×80 mm 或相当的开口面积。

6　挡泥板

6.1　对于没有安装司机室的机器，如果存在司机意外接触到运动的车轮或履带而造成伤害的危险时，应提供挡泥板。制造商应给出可选确定最小危险的距离。

6.2 如果车轮或履带抛起的物体，存在使司机受伤害或破坏重要信息显示装置的危险时，应提供挡泥板。保护区域应包括 GB/T 8420 中定义的司机活动空间。

6.3 若安装挡泥板，覆盖件的长度与宽度的确定按 6.1 和 6.2 的规定，也应考虑一些因素如：司机对车轮或履带必要的可视性、司机活动空间相对车轮或履带的纵向与横向位置、车轮或履带的圆周速度和必要的保护区域。

6.4 作为通道装置一部分的挡泥板应符合 GB/T 17300 的规定。

7 风扇护罩

7.1 当发动机不工作，按照制造商的推荐进行日常维修时，发动机机罩应能满足风扇防护的要求。应给出安全警告标志(见 GB 20178)并包含在操作手册里。

7.2 如果人站立在地面或平台上能触及到发动机冷却风扇，应提供防护以保护人避免意外接触到风扇。从护罩到风扇的距离与防护装置开口尺寸应按照表 1 的规定。

表 1 距离和开口尺寸

护罩至风扇的距离/mm	最大开口宽度/mm
≤90	12
91～140	16
141～165	19
166～190	22
191～320	32

8 隔热罩

8.1 在正常的操作条件下，为防止在操纵位置手可及范围(见 GB/T 21935)内接触到温度>75 ℃的金属表面(油漆或涂层)，应提供隔热罩。

8.2 在通道装置路径中和在通过按制造商建议的日常维修点时，为防止接触热表面应考虑用隔热罩或其他方法。

9 软管护罩

9.1 当软管工作压力大于 5 MPa 或工作温度在 60 ℃以上，并位于司机正常操作位置 1.0 m 以内时，应对软管加以防护，以防止软管突然爆裂直接喷射到司机位置。

9.2 软管护罩包括软管遮盖件，在软管突然破裂时，应有效地阻止、分散或转移流体，以避免直接接触到司机。

注：在机器运行期间不能满足这些要求时，司机室的门或窗能够被打开。

10 距离防护

10.1 基本假定

安全距离(见表 2)基于下列假定得出：

a) 防护结构及其开口形状和位置保持不变；

b) 从人体受限制表面或人体相关部位测量安全距离；

c) 人们可能迫使身体某部位越过防护结构或通过开口企图触及危险区；

d) 基准面是人可在其上正常站立的水平面，该面不一定是地面，如工作平台也可作为基准面；

e) 不能借助凳子或梯子等改变基准面；

f) 不能借助棍棒或工具等延长上肢的自然可及。

10.2 要求

危险零部件如没有独立的防护装置应远离安全距离。开口不能超过从这个零部件到防护装置适当的距离尺寸。

10.3 上伸可及

上伸可及安全距离应为人站立的基准平面以上 2.5 m。

10.4 越过护栏可及

10.4.1 图 1 表示从防护装置到危险部件的距离测定规则。安全距离应在表 2 中给出。在危险区高度，护栏高度或至危险区的水平距离两值在表 2 中给出，应选用较大的距离数值。

10.4.2 越过护栏的最小高度应为 1 m。

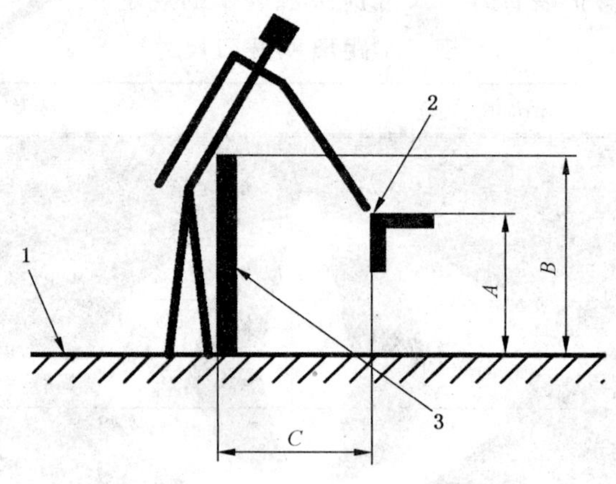

标号：

A——危险区高度；

B——护栏高度；

C——危险区水平距离；

1——基准面；

2——危险区；

3——防护结构。

注：图形改写 ISO 13852:1996 中的图 2。

图 1 防护装置到危险部件距离的测定规则

表 2 向下或侧向安全距离

单位为毫米

危险区高度	护栏高度[a]								
	1 000	1 200	1 400	1 600	1 800	2 000	2 200	2 400	2 500
	至危险区的水平距离								
2 500	—	—	—	—	—	—	—	—	—
2 400	100	100	100	100	100	100	100	100	—
2 200	600	600	500	500	400	350	250	—	—
2 000	1 100	900	700	600	500	350	—	—	—
1 800	1 100	1 000	900	900	600	—	—	—	—

表 2（续） 单位为毫米

危险区高度	护栏高度[a]								
	1 000	1 200	1 400	1 600	1 800	2 000	2 200	2 400	2 500
	至危险区的水平距离								
1 600	1 300	1 000	900	900	500	—	—	—	—
1 400	1 300	1 000	900	800	100	—	—	—	—
1 200	1 400	1 000	900	500	—	—	—	—	—
1 000	1 400	1 000	900	300	—	—	—	—	—
800	1 300	900	600	—	—	—	—	—	—
600	1 200	500	—	—	—	—	—	—	—
400	1 200	300	—	—	—	—	—	—	—
200	1 100	200	—	—	—	—	—	—	—
0	1 100	200	—	—	—	—	—	—	—

注：改写 ISO 13852:1996[1] 中表 1 的规定。

[a] 防护高度小于 1 000 mm 的不包括在内，因其不能有效地限制身体运动。

10.5 护栏周围或向下可及

10.5.1 考虑到与其他障碍物的间隙或距离，人在护栏周围的可及范围在表 3 中给出。对于开口 >120 mm 的，安全距离应符合表 2 的规定。

10.5.2 在考虑护栏向下可及时，手指、手和手臂可及的安全距离尺寸应符合表 3 和表 4 的规定。

10.6 通过开口可及

10.6.1 风扇护罩

见第 7 章。

10.6.2 槽型、方形或圆形开口

到达通过的安全距离见表 4。开口尺寸 e 应符合方形开口边长、圆形开口直径和槽型开口最窄部分尺寸。开口尺寸超过 120 mm 时，安全距离应符合表 2 的规定。

10.6.3 不规则开口

不规则开口的安全距离、尺寸：

a） 最小圆形开口的直径；

b） 最小方形开口的边长；

c） 能完全嵌入不规则开口的最窄槽型开口的宽度(见图 2)。

根据表 3 或表 4 选择相应的三项安全距离。应选用三值中最短的安全距离。

10.7 挤压

避免人体部分受挤压的安全距离(最小间隙)应符合表 5 的规定。

表 3 可及安全距离的范围

单位为毫米

运动限制	安全距离 d_s	图 示
只在肩部和腋窝运动受限制	≥850	≤120[a] d_s 1
臂被支承至肘部	≥550	≤120[a] ≥300 d_s 1
臂被支承至腕部	≥230	≤120[a] ≥620 d_s 1
臂和手被支承至指关节	≥130	≤120[a] ≥720 d_s 1 1——臂的运动范围。
注：改写 ISO 13852:1996 中表 3 的规定。		
[a] 圆形开口的直径或方形开口的边长或槽形开口的宽度。		

表 4 通过可及安全距离

单位为毫米

身体部分	图示	开口 e	安全距离 d_s		
			槽形	方形	圆形
指尖		$e \leqslant 4$	$\geqslant 2$	$\geqslant 2$	$\geqslant 2$
		$4 < e \leqslant 6$	$\geqslant 10$	$\geqslant 5$	$\geqslant 5$
指至指关节 或 手		$6 < e \leqslant 8$	$\geqslant 20$	$\geqslant 15$	$\geqslant 5$
		$8 < e \leqslant 10$	$\geqslant 80$	$\geqslant 25$	$\geqslant 20$
		$10 < e \leqslant 12$	$\geqslant 100$	$\geqslant 80$	$\geqslant 80$
		$12 < e \leqslant 20$	$\geqslant 120$	$\geqslant 120$	$\geqslant 120$
		$20 < e \leqslant 30$	$\geqslant 850$[a]	$\geqslant 120$	$\geqslant 120$
臂至肩关节		$30 < e \leqslant 40$	$\geqslant 850$	$\geqslant 200$	$\geqslant 120$
		$40 < e \leqslant 120$	$\geqslant 850$	$\geqslant 850$	$\geqslant 850$

注：改写 ISO 13854:1996 中表 4 的要求。

[a] 如果槽形开口长度≤65 mm，大拇指将受到阻滞，安全距离可减小到 200 mm。

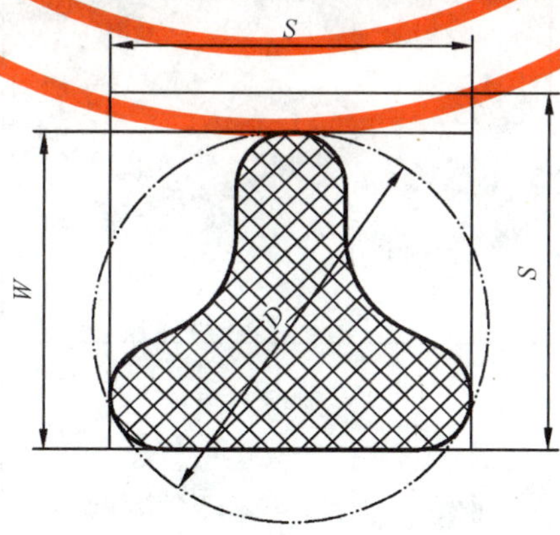

标号：

S——长；

W——宽；

D——直径。

图 2 不规则开口示意图

表 5 挤压最小间隙

身体部分	最小间隙 a/mm	图 示
身体	500	
头部(最小有利位置)	300	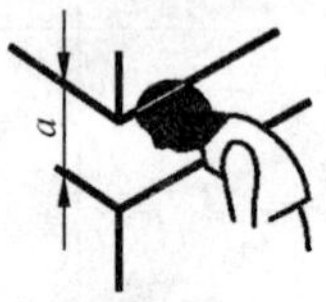
腿	180	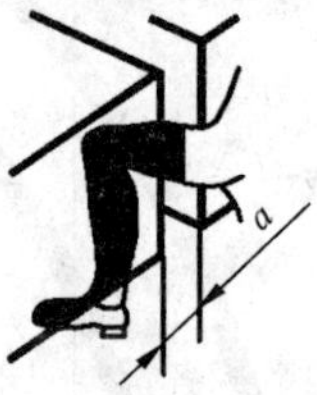
脚	120	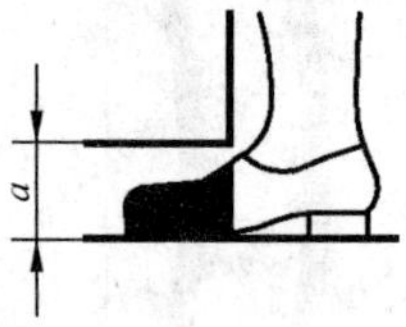
脚趾	50	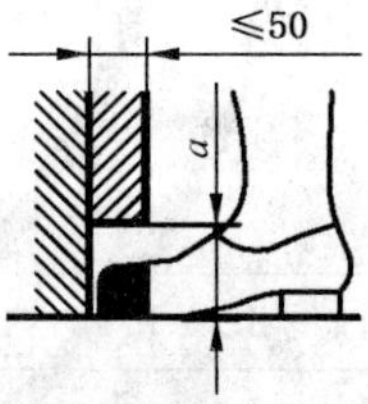
臂	120	
手、手腕或拳	100	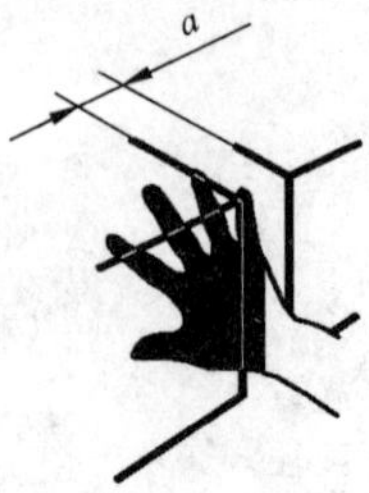

表 5（续）

身体部分	最小间隙 a/mm	图　示
手指	25	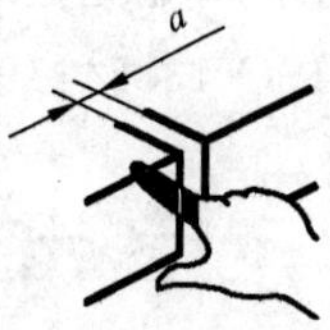
注：改写 ISO 13854:1996[2] 中的表 1。		

参 考 文 献

[1] ISO 13852:1996 机器安全 防止上肢触及危险区的安全距离
[2] ISO 13854:1996 机器安全 避免人体各部位被挤压的最小间隙

ICS 53.100
P 97

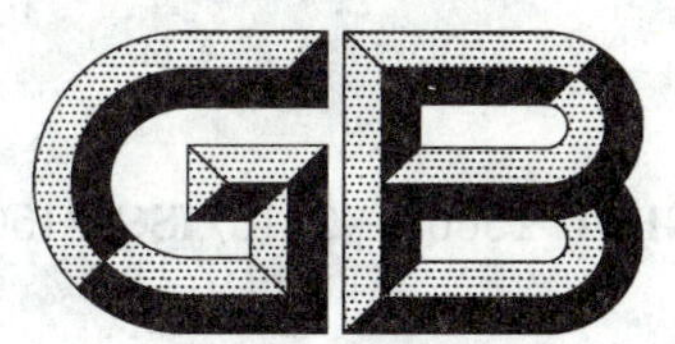

中华人民共和国国家标准

GB/T 25608—2010/ISO 21507:2005

土方机械 非金属燃油箱的性能要求

Earth-moving machinery—
Performance requirements for non-metallic fuel tanks

(ISO 21507:2005,IDT)

2010-12-01 发布 2011-03-01 实施

中华人民共和国国家质量监督检验检疫总局
中国国家标准化管理委员会 发布

前　言

本标准等同采用 ISO 21507:2005《土方机械　非金属燃油箱的性能要求》(英文版)。

本标准等同翻译 ISO 21507:2005。

为便于使用,本标准做了下列编辑性修改:

——“本国际标准”一词改为“本标准”;

——用小数点“.”代替作为小数点的“,”;

——删除了国际标准前言;

——对 ISO 21507:2005 中引用的国际标准,用已采用为我国的标准代替对应的国际标准;

——删除了 5.1.4 中的非国际单位“(3.1 mkg)”。

本标准由中国机械工业联合会提出。

本标准由全国土方机械标准化技术委员会(SAC/TC 334)归口。

本标准起草单位:天津工程机械研究院。

本标准主要起草人:陈树巧。

土方机械　非金属燃油箱的性能要求

1　范围

本标准规定了 GB/T 8498 中定义的土方机械用非金属燃油箱的性能要求。

2　规范性引用文件

下列文件中的条款通过本标准的引用而成为本标准的条款。凡是注日期的引用文件，其随后所有的修改单(不包括勘误的内容)或修订版均不适用于本标准，然而，鼓励根据本标准达成协议的各方研究是否可使用这些文件的最新版本。凡是不注日期的引用文件，其最新版本适用于本标准。

GB/T 8420　土方机械　司机的身材尺寸与司机的最小活动空间(GB/T 8420—2000,eqv ISO 3411:1995)

GB/T 8498　土方机械　基本类型　识别、术语和定义(GB/T 8498—2008,ISO 6165:2006,IDT)

GB/T 16288　塑料制品的标志(GB/T 16288—2008,ISO 11469:2000,MOD)

GB/T 20953　农林拖拉机和机械　驾驶室内饰材料燃烧特性的测定(GB/T 20953—2007,ISO 3795:1989,MOD)

ECE R34:1975　关于机动车防止火灾危险认证的统一规定(由修正案 Amendment 01:1979、Amendment 02:2003 和补充件 Amendment 02/Supplement 01:2004 所修改)

3　术语和定义

下列术语和定义适用于本标准。

3.1

非金属燃油箱　non-metallic fuel tank

由非金属材料制成，固定在机器上用于存贮燃油的密闭箱体。

3.2

司机位置　operator station

司机在机器上控制机器功能的位置空间。

3.3

燃油箱装置　tank installation

包括非金属燃油箱、注油盖和所有连接到箱体的油管及附件的装置。

3.4

机器点燃温度区　machine ignition temperature area

在机器上，通过直接接触或接近，可点燃材料的部件(如发动机)的热表面区域。

4　要求

4.1　防护

燃油箱和连接到燃油箱的油管及附件应由机器机架部分或外部结构进行防护，以避免与机器下部或周围的障碍物接触。无防护的燃油箱部件应通过 5.1.4 规定的冲击性能试验。连接燃油箱的油管及附件应由护罩、护板或固定的位置进行防护。

4.2　耐腐蚀性

燃油箱装置在设计、制造和安装时应使其能经受所接触的任何内部和外部环境的腐蚀。

4.3 安装

燃油箱装置应适应机器的扭转、弯曲运动和振动。在设计和制造中,软管与燃油箱装置刚性件的连接在动态条件下应保持其密封性。

燃油箱应安全固定。在没有被动排油措施时,安装布置或制造时应能确保燃油箱及其注油口或接头的任何泄漏的燃油不流入油箱内。

如果燃油箱装置存贮汽油,在机器设计和安装上应避免由于静电引起的任何点燃危险。

如果燃油箱注油口位于机器的侧面,注油盖盖紧时,凸出部分不应超出机器外轮廓面。

燃油箱宜固定于机器上,它既不能直接接触,也不能位于机器点燃温度区表面的 20 mm 范围以内。如果燃油箱位于机器点燃温度区表面的 20 mm 以内,则燃油箱上应采用一些防护。燃油箱材料耐高温性要满足高于机器点燃温度区的最高表面温度。

4.4 位置限制

燃油箱不应作为司机室的侧面。位于司机活动范围(按 GB/T 8420 的规定)外的燃油箱表面或燃油箱的某部分可靠近司机位置,燃油箱注油口不能位于司机位置处。

4.5 性能要求

在燃油箱加注燃油时,应把任何可能泄漏的燃油与所有机器点燃温度区分离或隔开。

5 试验方法

5.1 燃油箱压力和机械强度试验

5.1.1 机械强度试验

燃油箱装置及标准燃油箱接头、注油口颈和注油盖安装完成后,应进行压力和机械强度试验。燃油箱加注的水至额定容量。试验期间水的温度应为 53 ℃。所有连接燃油箱的接头应封闭。燃油箱应能承受 5 h 内部温度为 53 ℃±2 ℃时的 0.03 MPa 的内部压力。试验期间燃油箱可能会产生永久变形,但不应有渗漏或裂纹。

5.1.2 温度和压力的升高

如果燃油箱预期在高于 5.1.1 规定的压力和温度的条件下应用时,则试验压力和温度应升到可反映机器燃油箱装置的压力和温度的状态。

5.1.3 真空性能试验

如果燃油箱没有避免负压或超压的阀,燃油箱装置及标准燃油箱接头、注油口颈和注油盖安装完成后应进行真空试验。燃油箱应是空的,所有连接燃油箱的接头应封闭。在 53 ℃±2 ℃温度下,真空压力逐渐增加至 0.02 MPa,燃油箱密闭 5 h。试验期间燃油箱可能会产生永久变形,但不应有渗漏或裂纹。

5.1.4 冲击性能试验

燃油箱应注入额定容量的水和乙二醇的混合物或不改变燃油箱材料性能的低冰点的液体,然后在 −40 ℃±2 ℃的温度下应能经受得住冲击试验。

燃油箱固定在试验装置上进行摆锤冲击试验。摆锤侧面应为等边三角形,底面为正方形,顶点和棱之间的过渡圆角半径为 3 mm 的钢制冲击体。摆锤撞击中心应与锥体的重心一致,摆锤旋转轴至摆锤撞击中心应为 1 m。

撞击中心上的摆锤总质量应是 15 kg。摆锤瞬间碰撞的能量不应小于或接近 30 N·m。燃油箱上易损坏部分(即无遮掩部分)的试验应选择放置在最严格的要求下进行,燃油箱上最不牢固的部分或点应是由燃油箱的基础形状和/或燃油箱在机器上的安装位置决定的。试验点或所选的各试验点应在试验报告中标注。

在试验期间燃油箱应被固定在侧面位置或冲击侧面的对面位置。试验结果燃油箱不应有渗漏。制造商可选择在一台燃油箱或在每种不同燃油箱上进行所有冲击试验。

5.2 燃油渗透性试验

5.2.1 试验燃油

渗透性试验应使用制造商推荐的燃油箱用燃油。

5.2.2 试验条件

试验前燃油箱应加入50%额定容量的试验用燃油并储存，不进行密封，在环境温度为40 ℃±2 ℃的环境中放置，直到单位时间的重量损失恒定。

5.2.3 燃油损失

倒空燃油箱后再注入50%额定容量的试验用燃油，将被密封的燃油箱置于试验温度为40 ℃±2 ℃的稳定环境下储存。当燃油箱达到试验温度，压力应调整到大气压力。试验期间，应测定出在试验中由于燃油挥发引起的重量损失。按燃油箱内与试验燃油接触的面积计算，试验时间内燃油损失允许平均每24 h不超过20 g/m^2。渗透性试验能用燃油箱材料样品和完成燃油箱试验的试验条件来完成。

5.3 耐燃油试验

按5.2的规定进行试验后，燃油箱仍应满足5.1规定的要求。

5.4 耐火试验

非金属燃油箱应由符合下列试验要求的材料制成：

a) 燃烧率小于50 mm/min，试验应按GB/T 20953的规定；或

b) 按ECE R34附录5规定的点火试验要求。

5.5 耐高温试验

5.5.1 试验装置

试验装置应符合燃油箱在机器上的安装条件，包括燃油箱通风方式。

5.5.2 试验条件

燃油箱注入50%额定容量20 ℃的水，在95 ℃±2 ℃的环境温度下放置1 h。

5.5.3 性能准则

试验完成后如果燃油箱既没有渗漏，也没有产生严重变形(如接头或配件损坏或失效)，应认为符合要求。

6 标记

燃油箱应根据GB/T 16288的标记方法进行适当的标记。

ICS 53.100
P 97

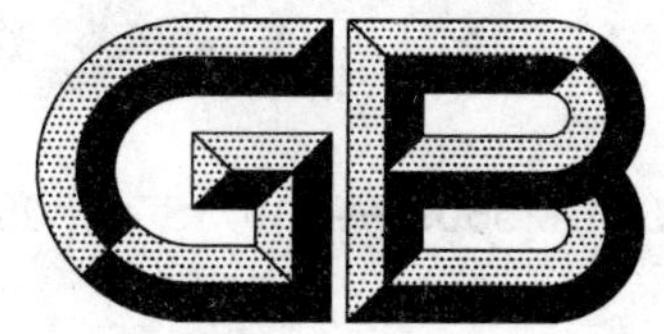

中华人民共和国国家标准

GB/T 25609—2010/ISO 17063:2003

土方机械　步行操纵式机器的制动系统性能要求和试验方法

Earth-moving machinery—Braking systems of pedestrian-controlled machines—Performance requirements and test procedures

(ISO 17063:2003,IDT)

2010-12-01 发布　　2011-03-01 实施

中华人民共和国国家质量监督检验检疫总局
中国国家标准化管理委员会　发布

前　言

本标准等同采用 ISO 17063:2003《土方机械　步行操纵式机器的制动系统　性能要求和试验方法》(英文版)。

本标准等同翻译 ISO 17063:2003。

为便于使用,本标准做了下列编辑性修改:

——“本国际标准”一词改为“本标准”;

——用小数点“.”代替作为小数点的“,”;

——删除了国际标准前言;

——对 ISO 17063:2003 中引用的国际标准,用已采用为我国的标准代替对应的国际标准。

本标准由中国机械工业联合会提出。

本标准由全国土方机械标准化技术委员会(SAC/TC 334)归口。

本标准起草单位:天津工程机械研究院。

本标准主要起草人:陈树巧。

土方机械　步行操纵式机器的制动系统性能要求和试验方法

1　范围

本标准规定了步行操纵式机器的制动系统的最低性能要求和试验方法，以便能够对机器质量大于115 kg、行驶速度小于6 km/h、步行操纵的自行式土方机械的制动性能进行统一的评定。

本标准适用于GB/T 8498定义的土方机械行车制动系统和停车制动系统。

2　规范性引用文件

下列文件中的条款通过本标准的引用而成为本标准的条款。凡是注日期的引用文件，其随后所有的修改单(不包括勘误的内容)或修订版均不适用于本标准，然而，鼓励根据本标准达成协议的各方研究是否可使用这些文件的最新版本。凡是不注日期的引用文件，其最新版本适用于本标准。

GB/T 8498　土方机械　基本类型　识别、术语和定义(GB/T 8498—2008，ISO 6165:2006，IDT)

GB/T 10913　土方机械　行驶速度的测定(GB/T 10913—2005，ISO 6014:1986，MOD)

GB/T 21154　土方机械　整机及其工作装置和部件的质量测量方法(GB/T 21154—2007，ISO 6016:1998，IDT)

3　术语和定义

GB/T 8498确立的以及下列术语和定义适用于本标准。

3.1

步行操纵式机器　pedestrian controlled machine

操纵人员不驾乘在机器上的自行履带式或轮胎式的机器。

3.2

制动系统　braking system

使机器制动和/或停车的零部件的组合，包括制动器(3.3.1)、制动传动系统(3.3.2)和制动操纵机构(3.3.3)。

3.2.1

行车制动系统　service brake

用于将机器制动并停车的主制动系统。

3.2.2

停车制动系统　parking brake

使已制动住的机器保持原地不动状态的系统。

3.3

制动系统零部件

3.3.1

制动器　brake

直接施加一个力来阻止机器运动的装置。

注：例如，制动器可以是摩擦式，电动式、液压式或其他流体形式。

3.3.2

制动传动系统　brake actuation system

位于制动操纵机构(3.3.3)与制动器(3.3.1)之间，并将两者功能连接起来的所有零部件。

3.3.3

制动操纵机构 **brake control**

由司机直接操纵制动系统(3.2)的装置。

3.4

机器质量 **machine mass**

由机器制造商规定的机器最大工作质量。

注：见 GB/T 21154。

3.5

制动距离 **stopping distance**

从制动操纵机构动作开始到完全停车时止，机器在试验道路(3.7)上驶过的距离。

3.6

机器最大水平速度 **maximum machine level surface speed**

机器速度按 GB/T 10913 确定。

3.7

试验道路 **test course**

机器进行试验的路面。

注：见第 5 章。

4 一般要求

4.1 制动系统

步行操纵式机器应装有满足要求的行车制动系统和停车制动系统。

满足 6.1 和 6.2 制动要求的行走驱动系统(包括液压驱动)，可作为制动的方法。

制动系统不应包含如离合器或变速器等的可脱开部件，因为它们会导致制动器失效。对于失效机器进行运动的脱开装置应设置在司机位置的外侧。

4.2 制动操纵机构

制动系统操纵机构应能按制造商规定由司机从正常工作位置处进行操纵。

施加给制动操纵机构的力，手指(轻触手柄和开关)操作不应大于 20 N，手操作不应大于 220 N。

5 试验条件

在进行制动性能试验前，制造商推荐的机器系统应处于正常工作温度。

试验机器应设定在制造商推荐的运输位置处操纵且质量应为机器质量(3.4)。

试验道路应是充分压实的坚硬、干燥的路面，横向坡度不大于 3%，纵向坡度应由进行的试验规定。

在进行性能试验时，应遵守制造商规定的注意事项。

6 试验和性能要求

6.1 行车制动系统

6.1.1 要求

应提供一个在前进和后退两个方向上使机器的运动制动和停车的方法。

6.1.2 试验步骤

6.1.2.1 制动

应以机器最大速度测定前进和后退两个方向的制动距离。当机器配备了独立的离合器和制动器操纵装置时，离合器脱开时制动器应能工作。试验道路应符合第 5 章的要求，纵向坡度不应大于 1%。

6.1.2.2 保持

应将机器停在 25% 的试验坡度上来确定保持性能，或者，如果爬行坡度小于 25%，应是机器在前进和后退两个方向上所能爬升的最大坡度。

停在水平路面上原地不动的机器使用停车制动系统，在机器重心下方施加一个水平方向的拉力，其达到的最小力等效于坡度所产生的力，此方法可作为行车制动系统的另一个试验方法。当坡度为25%时，该等效拉力(单位为N)的数值等于机器质量(单位为kg)的2.38倍。

对于用液压驱动系统作为行车制动的机器，可以用液压动力来阻止爬行。

6.1.3 性能验收

6.1.3.1 制动距离

制动系统应使在前进方向和后退方向上以水平路面最大行驶速度行驶的机器停止。制动距离(单位为m)不应大于测量的最大行驶速度值的0.2倍(单位为km/h)。

6.1.3.2 保持性能

按6.1.2.2进行试验时，行车制动系统应使机器在前进和后退两个方向保持不动。不使用液压动力时的爬行速度不应高于2 m/min。

6.2 停车制动系统

6.2.1 要求

如果不能人工将机器转到20%的坡度上，则应采取方法使机器保持原地不动。停车制动可与行车制动结合使用。

制动以后，该系统不应依靠一种可耗尽的能源。操纵装置应固定在其工作位置上或在能源损失时能自动制动。应减少操纵装置意外松开的可能性。如果行走驱动系统用于停车制动，当发动机熄火并操作操纵装置时，机器不应在试验坡度上移动，除非操纵装置能立即再制动以停止机器。

当使用塞块满足停车制动要求时，应提供机器使用和保存说明书。

6.2.2 试验步骤

停在20%的试验坡度上的机器使用停车制动系统；或选择另一种试验方法，停在水平路面上原地不动的机器使用停车制动系统，在机器重心下方施加一个水平方向的拉力，其达到的最小力等效于20%坡度所产生的力。该等效拉力(单位为N)的数值等于机器质量(单位为kg)的1.92倍。

6.2.3 性能验收

停车制动系统应在发动机熄火和行走驱动处于空挡(如果有)时使机器在前进和后退两个方向上制动住。

7 试验报告

试验报告应包含以下信息：

a) 参考的标准；
b) 机器类型；
c) 试验机器型号和编号；
d) 试验机器的质量；
e) 制造商认可的机器最大质量；
f) 轮胎或履带规格；
g) 制动器类型；
h) 制动系统形式；
i) 试验道路的坡度或施加的力；
j) 所有制动试验的结果；
k) 水平施加到操纵装置的力；
l) 机器最大水平速度；
m) 试验日期；
n) 试验人员的签名；
o) 机器制造商。

ICS 53.100
P 97

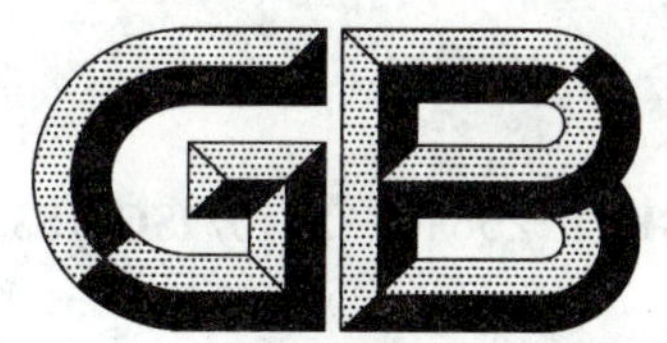

中华人民共和国国家标准

GB/T 25610—2010/ISO 13333:1994

土方机械 自卸车车厢支承装置和司机室倾斜支承装置

Earth-moving machinery—Dumper body support and operator's cab tilt support devices

(ISO 13333:1994,IDT)

2010-12-01 发布 2011-03-01 实施

中华人民共和国国家质量监督检验检疫总局
中国国家标准化管理委员会 发布

前　言

本标准等同采用ISO 13333:1994《土方机械　自卸车车厢支承装置和司机室倾斜支承装置》(英文版)。

本标准等同翻译ISO 13333:1994。

为便于使用,本标准做了下列编辑性修改:

a) “本国际标准”一词改为“本标准”;

b) 用小数点“.”代替作为小数点的“,”;

c) 删除了国际标准前言;

d) 对ISO 13333:1994中引用的国际标准,用已被采用为我国的标准代替对应的国际标准。

本标准由中国机械工业联合会提出。

本标准由全国土方机械标准化技术委员会(SAC/TC 334)归口。

本标准起草单位:天津工程机械研究院。

本标准主要起草人:吴红丽。

土方机械 自卸车车厢支承装置和司机室倾斜支承装置

1 范围

本标准规定了GB/T 8498中定义的土方机械的自卸车车厢、自卸车车厢替代品和司机室的机械支承装置的性能和试验要求，在保养、维修或其他非操作目的时，安装的该举升支承能使自卸车车厢、自卸车车厢替代品和司机室保持在举升或倾斜位置。

本标准还规定了这类自卸车车厢和司机室倾斜支承装置的安装说明、贮存和颜色要求。

2 规范性引用文件

下列文件中的条款通过本标准的引用而成为本标准的条款。凡是注日期的引用文件，其随后所有的修改单(不包括勘误的内容)或修订版均不适用于本标准，然而，鼓励根据本标准达成协议的各方研究是否可使用这些文件的最新版本。凡是不注日期的引用文件，其最新版本适用于本标准。

GB/T 8498 土方机械 基本类型 识别、术语和定义(GB/T 8498—2008,ISO 6165:2006,IDT)

3 术语和定义

下列术语和定义适用于本标准。

3.1

自卸车车厢 dumper body

运输土方或其他松散物料的自卸车的车厢。

3.2

自卸车车厢替代品 dumper body substitute

可用在自卸车车厢位置的装置，例如：箱罐、配备吊钩的单元化运输装置。

3.3

司机室 operator's cab

土方机械上机器操作位置的环境空间。

3.4

机械支承装置 mechanical support device(s)

一个或多个连杆、绳索、支杆或包含连接点和零件的结构，设计用于支承自卸车车厢、自卸车车厢替代品或司机室。

3.5

工作回路压力 working circuit pressure

由泵施加于特定回路的额定压力。

3.6

自卸车车厢质量；自卸车车厢替代品质量；司机室质量

dumper body mass; dumper body substitute mass; operator's cab mass

被装置支承的自卸车车厢、自卸车车厢替代品或司机室的质量。

4 性能要求

自卸车车厢、自卸车车厢替代品和/或司机室的机械支承装置应设计成：

a) 能承受下落力施加的静载荷,即 1.2 倍工作回路压力加上一个相当于作用在支承装置上的空自卸车车厢、自卸车车厢替代品或司机室的质量与任何附件、臂及连杆系质量所引起的力。

b) 对于除了重力以外没有下落力且具有机械锁定的倾翻装置,能承受相当于 2 倍空的自卸车车厢、自卸车车厢替代品或司机室的质量所引起的力。

如在自卸车车厢、自卸车车厢替代品和/或司机室上施加举升力,支承装置不应脱位。每当自卸车车厢、自卸车车厢替代品和/或司机室回到其初始位置时,也应保持其安全功能。

举升力或下落力和质量的确定应参考制造商建议的最大规范。

5 其他要求

5.1 安装

支承装置应安装在机器结构内,使支承装置不会意外的发生移动或脱离。

该装置应独立于所有其他在正常操作和保养下使用的系统。

为了安全而安装该装置时,不应意外移动或脱离该安全支承装置。

建议抬起的自卸车车厢、自卸车车厢替代品和/或司机室位置的选择应为保养和维修操作提供良好的通道。该支承装置应能由一个人安装和操作。

5.2 安装和拆卸说明

在靠近使用点的位置应永久提供安装说明,应清楚地说明:

a) 除非支承装置已安装在其安全保护位置上,变速挡处于中位,否则停留在自卸车车厢、自卸车车厢替代品和/或司机室的下面存在危险。如可能,应对倾斜装置的机械锁定给出说明。

b) 空自卸车车厢、自卸车车厢替代品和/或司机室的保养和维修操作。

操作维修手册还应规定支承装置的尺寸,仅适用于空载的自卸车车厢或空载的自卸车车厢替代品和/或空的司机室。

还应包括支承装置的拆卸说明。

5.3 贮存

支承装置及其必要的零件应以安全的方式永久地保存在机器上。

5.4 颜色

所有机器上的支承装置(附属零件除外)应为红色,如果机器是红色或该装置是一根或几根绳索则支承装置应为黄色。

6 试验

支承装置每个不同的设计要求做一次物理试验校验第 4 章的要求。支承装置应能承受试验且不出现任何永久的结构变形或失效。

ICS 53.100
P 97

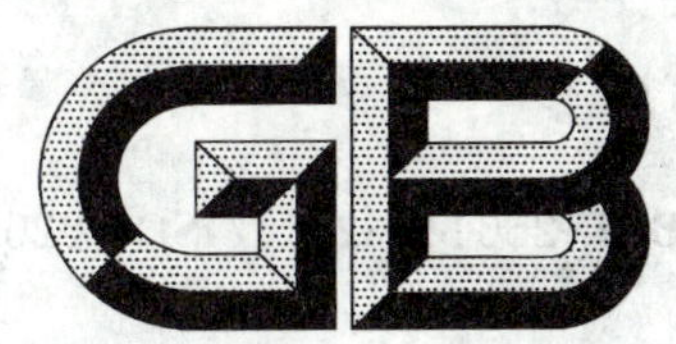

中华人民共和国国家标准

GB/T 25611—2010/ISO 10266:1992

土方机械　机器液体系统作业的坡道极限值测定　静态法

Earth-moving machinery—Determination of slope limits for machine fluid systems operation—Static test method

(ISO 10266:1992,IDT)

2010-12-01 发布　　2011-03-01 实施

中华人民共和国国家质量监督检验检疫总局
中国国家标准化管理委员会　发布

前　言

本标准等同采用ISO 10266:1992《土方机械　机器液体系统作业的坡道极限值测定　静态法》(英文版)。

本标准等同翻译ISO 10266:1992。

为便于使用,本标准做了下列编辑性修改:

——“本国际标准”一词改为“本标准”;

——第5章的内容改为表的形式;

——对ISO 10266:1992中引用的国际标准,用已被采用为我国的标准代替对应的国际标准;

——删除了国际标准前言。

本标准的附录A为规范性附录。

本标准由中国机械工业联合会提出。

本标准由全国土方机械标准化技术委员会(SAC/TC 334)归口。

本标准负责起草单位:天津工程机械研究院、中国龙工控股有限公司。

本标准参加起草单位:广西柳工机械股份有限公司。

本标准主要起草人:吴润才、杨书堤、陈树巧、何周雄。

土方机械　机器液体系统作业的坡道极限值测定　静态法

1　范围

本标准规定了测定土方机械机器液体系统(发动机、传动系统、燃油系统、机油系统等)作业时静态坡道能力的试验室测试方法。土方机械液体系统作业的坡道极限值是评定静态坡道能力的性能参数。

静态坡道能力测试的优先方法是把机器放在倾斜平台上或特制的坡道上。另一个可选择的方法是在测试台架上对整个液体系统进行试验。每一种方法都应具有确保安全的措施。

本标准适用于GB/T 8498中定义的,并安装了标准工作装置的土方机械。

2　规范性引用文件

下列文件中的条款通过本标准的引用而成为本标准的条款。凡是注日期的引用文件,其随后所有的修改单(不包括勘误的内容)或修订版均不适用于本标准,然而,鼓励根据本标准达成协议的各方研究是否可使用这些文件的最新版本。凡是不注日期的引用文件,其最新版本适用于本标准。

GB/T 8498　土方机械　基本类型　识别、术语和定义(GB/T 8498—2008,ISO 6165:2006,IDT)

3　术语和定义

下列术语和定义适用于本标准。

3.1

机器方位　machine orientation

机器在坡道上的纵轴位置(以度表示)。机器的前端处于上坡时为零,其他各位置从零度位置起顺时针方向度量。

3.2

作业平衡温度　stabilized operating temperature

作业期间,液体温度每分钟的变化不超过2 ℃。

3.3

液体系统　fluid system(s)

使用油或水介质的冷却、压力润滑和传动的系统以及燃油系统。

3.4

(机器)静态坡道能力　(machine) static slope capability

在3.5和3.6规定的机器方位上,机器的液体系统能正常作业(液体系统没有任何故障或损坏)的最大坡度,以度(°)表示。

3.5

(机器)纵向静态坡道能力　(machine) longitudinal static slope capability

在性能参数之内,进行静态坡道能力的测定时,机器(即0°和180°的机器方位上)能达到的最大纵向坡度,以度(°)表示。

3.6

(机器)横向静态坡道能力　(machine) lateral static slope capability

在性能参数之内,进行静态坡道能力的测定时,机器(即90°和270°的机器方位上)能达到的最大横向坡度,以度(°)表示。

4 测试设备

4.1 倾斜平台或特制的坡道表面:用于放置机器使之处于所需要的坡度上。

4.2 限制机器的适当设备:用于使坡道上的机器处于安全位置,以防止机器在达到液体系统极限值之前可能出现的倾翻。

4.3 检测监控的适当仪表:用于检测监控各液体系统的压力和温度以及坡道的坡度。

5 测试设备的准确度

测试设备的准确度应符合表1的规定。

表 1

测量参数	准确度
坡道角度	±2%
压力	±2%
温度	±1 ℃
发动机转速	最大值的±2%
机器方位角度	±2°

6 机器准备

6.1 装有滚翻保护结构(ROPS)或能用ROPS的机器,进行试验时应安装ROPS。不能安装ROPS的机器,应考虑特殊的安全措施。试验期间,机器的司机工作位置应乘坐一位司机。

6.2 进行坡道试验时,液体系统的液面应处于制造商规定的最低液面。在作业平衡温度下,检测系统的液面。燃油箱应加足燃油。

6.3 记录液体系统的压力和轮胎气压(轮胎式机器),以确保它们符合制造商的规范要求。

7 坡道能力

7.1 机器置于倾斜平台或特制的坡道上,其纵向和横向方位按3.5和3.6的规定。也可根据液体各系统的设计要求和在机器上的位置,选择其他方位。为确保机器在测试过程中不会倾翻或滑移,应固定住机器。

7.2 发动机在其转速范围内运转,同时各液体系统在其最大的工作范围内,直至各液体系统达到制造商规定的作业范围的平衡温度。

7.3 发动机以最高转速运转,每间隔5 min记录各系统的压力和温度,直至各液体系统达到平衡或超出制造商的推荐值或出现下列情况为止:

a) 任一系统的压力已下降到小于6.3记录压力的90%;

b) 任一系统出现渗漏、噪音、不正常的液体温度或作业性能等现象。

7.4 根据需要,在机器的其他方位和坡道角度重复7.1~7.3的试验,以达到制造商规定的坡道能力。

7.5 在各液体系统的液面最高位置下重复7.1~7.4的试验。

8 判据

机器液体系统坡道能力(按3.4的定义)应符合7.3的规定。

9 试验结果的记录

试验结果按附录A的格式汇总。

附 录 A
（规范性附录）
试验报告的格式

试验机构：________________________ 日期：____________

机器制造商：____________ 型号：____________ 出厂编号：____________

附属装置： 类型：____________ 型号：____________

类型：____________ 型号：____________

类型：____________ 型号：____________

发动机制造商：____________ 型号：____________ 出厂编号：____________

高速空载：____________ r/min 低速空载：____________ r/min

变速器制造商：____________ 型号：____________ 出厂编号：____________

环境温度：____________ ℃

轮胎 位置 尺寸 层级 类型 气压 状态

履带 宽度 轨距 类型 状态

机器方位	0°	90°	180°	270°
坡道能力	(°)	(°)	(°)	(°)
最低液位				
最高液位				

ICS 17.140.20;53.100
P 97

中华人民共和国国家标准

GB/T 25612—2010/ISO 6393:2008
代替 GB/T 16710.2—1996

土方机械　声功率级的测定　定置试验条件

Earth-moving machinery—Determination of sound power level—Stationary test conditions

(ISO 6393:2008,IDT)

2010-12-01 发布　　2011-03-01 实施

中华人民共和国国家质量监督检验检疫总局
中国国家标准化管理委员会　发布

前　言

本标准等同采用 ISO 6393:2008《土方机械　声功率级的测定　定置试验条件》(英文版)。

本标准等同翻译 ISO 6393:2008。

为便于使用,本标准对 ISO 6393:2008 作了下列编辑性修改:

——将“本国际标准”一词改为“本标准”;

——用小数点“.”代替作为小数点的“,”;

——删除国际标准的前言;

——对 ISO 6393:2008 中引用的国际标准,用已采用为我国的标准代替对应的国际标准;

——GB/T 14574—2000 从参考文献中移到第 2 章的规范性引用文件。

本标准是对 GB/T 16710.2—1996《工程机械　定置试验条件下机外辐射噪声的测定》的修订。

本标准与 GB/T 16710.2—1996 相比,主要变化如下:

——标准名称由“工程机械　定置试验条件下机外辐射噪声的测定”改为“土方机械　声功率级的测定　定置试验条件”;

——增加了引言、附录 A、附录 B 和参考文献;

——扩大了标准适用的土方机械类型:

原标准适用机器为 4 类:挖掘机、推土机、装载机、挖掘装载机。

现标准适用机器为 11 类:推土机、装载机、挖掘装载机、挖掘机、自卸车、铲运机、平地机、吊管机、挖沟机、回填压实机、压路机。

——增加了有关机器发动机或液压系统风扇转速的内容;

——对试验环境中的气候条件增加了要求;

——增加了当试验机器的基本长度 l 大于 8 m 时,对半球面半径的规定;

——对 A 计权声功率级的计算,当半球面半径为 16 m 时,修改为 $10\ \lg\left(\frac{S}{S_0}\right)=32.1\ \text{dB}$;

——增加了声发射值和不确定度的标示。

本标准代替 GB/T 16710.2—1996。

本标准的附录 A 和附录 B 为规范性附录。

本标准由中国机械工业联合会提出。

本标准由全国土方机械标准化技术委员会(SAC/TC 334)归口。

本标准负责起草单位:天津工程机械研究院。

本标准参加起草单位:中国一拖集团有限公司。

本标准主要起草人:阎堃、郭志强、任越光。

本标准所代替标准的历次版本发布情况为:

——GB/T 16710.2—1996。

引　言

本标准是 GB/T 8498 定义的土方机械的专用试验规程。

本标准的专用试验规程规定了具体的试验程序，可使在定置试验条件下，以可重复的工况测定声功率发射。制造商的产品应装配有附属装置(铲斗、推土铲等)，这些附属装置是机器在实际使用中最有可能的配置。

本标准能用于测定机器是否符合噪声限值，也可用于降噪研究的评价。

GB/T 25613《土方机械　司机位置发射声压级的测定　定置试验条件》为另一个补充试验规程，此专用试验规程用于测定在定置试验条件下由土方机械发射噪声的司机位置处的 A 计权声压级。

GB/T 25614《土方机械　声功率级的测定　动态试验条件》和 GB/T 25615《土方机械　司机位置发射声压级的测定　动态试验条件》分别规定了在动态试验条件下，对环境发射噪声和司机位置处噪声的相应测量方法。

土方机械 声功率级的测定 定置试验条件

1 范围

本标准规定了在机器定置不动、发动机以额定转速空负荷运转的条件下，土方机械对环境发射噪声A计权声功率级的测定方法。

本标准适用于GB/T 8498定义的以及附录A规定的土方机械。

2 规范性引用文件

下列文件中的条款通过本标准的引用而成为本标准的条款。凡是注日期的引用文件，其随后所有的修改单(不包括勘误的内容)或修订版均不适用于本标准，然而，鼓励根据本标准达成协议的各方研究是否可使用这些文件的最新版本。凡是不注日期的引用文件，其最新版本适用于本标准。

GB/T 3767—1996 声学 声压法测定噪声源声功率级 反射面上方近似自由场的工程法(eqv ISO 3744:1994)

GB/T 8498 土方机械 基本类型 识别、术语和定义(GB/T 8498—2008,ISO 6165:2006,IDT)

GB/T 14574—2000 声学 机器和设备噪声发射值的标示和验证(eqv ISO 4871:1996)

GB/T 16936 土方机械 发动机净功率试验规范(GB/T 16936—2007,ISO 9249:1997,MOD)

IEC 61672-1:2002 电声学 声级计 第1部分:规范

3 术语和定义

GB/T 3767和GB/T 8498确立的以及下列术语和定义适用于本标准。

3.1

时间平均A计权声压级 time-averaged A-weighted sound pressure level

$L_{pA,T}$

在整个测量时间T内，按能量平均得出的A计权声压级。

3.2

A计权声功率级 A-weighted sound power level

L_{WA}

在测量表面上，按能量平均的时间平均A计权声压级得到的量。

3.3

基本长度 basic length

l

用于定义测量半球面半径的长度。

注：附录A确定了基本长度l的尺寸。

3.4 机器中心点

3.4.1

机器中心点 machine centre point

〈不带上部回转结构的机器〉在机器纵向中心线上，基本长度l的中点。

3.4.2

机器中心点　machine centre point

〈带上部回转结构的机器〉上部结构回转的中心。

3.5　风扇转速

3.5.1

风扇最大工作转速　maximum working speed of the fan

在最恶劣的工况下，风扇提供给机器最大冷却性能时的转速。

3.5.2

带无级变速的风扇传动　fan drive with continuous variable fan speed

根据热负荷需要的冷却性能，可使风扇转速在整个可调范围内无级降到最低的风扇传动。

4　仪器

仪器应能按第8章的规定进行测量。采集数据的仪器系统应优先选用符合IEC 61672:2002中1型要求的积分平均声级计。

5　试验环境

5.1　总则

试验环境要求采用GB/T 3767—1996第4章和附录A的规定，补充要求见5.2～5.5。

湿度、气温、气压、振动和杂散磁场应在仪器制造商规定的范围内。

5.2　试验场地和环境修正值 K_{2A}

对于混凝土或非孔状沥青之类的硬反射面[5.3.1a)和b)]组成的试验场地测量地面，并且从声源至测量半球面半径的3倍距离内声反射体可以忽略时，则可以假定环境修正值 K_{2A} 的绝对值小于或等于0.5 dB，因此可以忽略不计。

对于全砂试验场地[5.3.1c)]，环境修正值 K_{2A} 应加以测定并用于声功率的计算。

5.3　试验场地

5.3.1　总则

允许采用5.3.2、5.3.3和5.3.4叙述的以下三种试验场地的测量地面：

a)　硬反射面(混凝土或非孔状沥青地面)；

b)　硬反射面与砂的复合地面；

c)　全砂地面。

5.3.2描述的硬反射面可以用于所有机器的定置测量。

5.3.3描述的硬反射面和砂的复合地面可以用于带凸块的压路机以及回填压实机。

5.3.3描述的硬反射面和砂的复合地面或5.3.4描述的全砂地面，可以用来测量除履带式挖掘机之外的履带式机器，只要能满足：

——根据GB/T 3767—1996附录A确定的环境修正值 K_{2A} 小于2.0 dB；

——对于5.3.4描述的全砂地面，当 K_{2A} 大于0.5 dB时，环境修正值应计入声功率的计算。

5.3.2　硬反射面

以传声器对地面的垂直投影为边界的试验区由混凝土或非孔状沥青组成。

5.3.3　硬反射面和砂的复合地面

机器的试验场地由粒径小于等于2 mm的湿砂构成，砂层的最小深度为0.3 m。如果0.3 m深度能被履带穿透，可相应增加砂层深度。机器和传声器之间的地面应为5.3.2规定的硬反射面。

可用的最小尺寸的复合场地只在砂路一侧有硬反射面。在这种情况下，在机器的一侧使用三个传声器进行一组测量。然后将机器掉头180°，在机器的另一侧进行另一组测量。

5.3.4　全砂地面

砂子应按 5.3.3 的规定。

5.4　背景噪声修正系数 K_{1A}

应符合 GB/T 3767 规定的背景噪声要求。背景噪声的修正按 GB/T 3767—1996 的 8.3 规定。

5.5　气候条件

在下列条件下，不能进行噪声测量：

a)　降雨、降雪及冰雹天气；

b)　地面有积雪时；

c)　温度低于－10 ℃或高于＋35 ℃时；

d)　风速超过 8 m/s。

注：当风速超过 1 m/s 时，使用传声器风挡，进行标定时允许对风挡使用的影响进行适当的补偿。

6　时间平均 A 计权声压级的测量

6.1　测量面尺寸

试验用的测量面为一半球面。半球面的半径应由附录 A 规定的机器基本长度 l 确定。该基本长度包括主机，但不包括推土板、铲斗之类的主要附属装置和动臂。

半球面的半径应为：

——4 m，当试验机器的基本长度 l 小于 1.5 m 时；

——10 m，当试验机器的基本长度 l 大于或等于 1.5 m，但小于 4 m 时；

——16 m，当试验机器的基本长度 l 大于或等于 4 m，但小于 8 m 时；

——最小半径的顺序为 16 m、18 m、20 m……，当试验机器的基本长度 l 大于 8 m，并且半球面半径超过试验机器特性声源尺寸 d_0 两倍时。

注：GB/T 3767 规定了特性声源尺寸 d_0，且机器长度 l 等于 l_1。

6.2　半球测量面上的传声器位置

应采用 6 个测量位置。传声器位置及其坐标值见图 1 和表 1。

单位为米

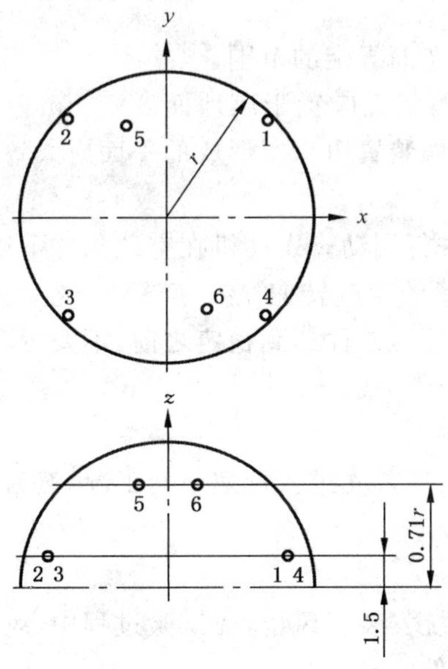

标号：

1～6——传声器位置；

r——半球面半径。

图 1　半球面上的传声器布置

表 1 传声器位置坐标值

传声器位置	x/r	y/r	z
1	0.7	0.7	1.5 m
2	−0.7	0.7	1.5 m
3	−0.7	−0.7	1.5 m
4	0.7	−0.7	1.5 m
5	−0.27	0.65	0.71r
6	0.27	−0.65	0.71r

6.3 机器的定位

6.3.1 不带上部回转结构的机器

机器的中心点应大约在半球面中心点(图 1 中 x 轴与 y 轴的交点)的垂线上方。机器的前方应面向传声器位置 1 和位置 4。基本长度 l(见附录 A)的中点为机器定位用的中心点。

6.3.2 带上部回转结构的机器

机器的中心点应大约在半球面中心点(图 1 中 x 轴与 y 轴的交点)的垂线上方。机器的前方应面向传声器位置 1 和位置 4。上部结构的回转中心为机器定位用的中心点。

6.4 测量时间

在稳定工况下,每个测点每次读数的总测量时间应在 15 s～30 s 范围内。

7 机器的配置和运转

7.1 总则

7.1.1 安全和操作

试验中,应遵守有关安全的规定和制造商的操作说明。

7.1.2 机器的配置

机器应装有制造商规定的工作装置和附属装置。发动机和液压系统应预热至机器制造商规定的正常运转条件。

所有的液体系统应加注至制造商规定的范围。

机器放置在试验场地上,附属装置应置于离地面 300 mm±50 mm 高度处,若最大放置高度小于 250 mm,则置于最大高度处。附属装置边缘所形成的平面应大致平行于地面(运输位置)。

7.1.3 机器的运转条件

机器定置不动,并用制动器进行制动。发动机在空载条件下以制造商规定的转速运转,这个转速为 GB/T 16936 规定的发动机净功率的相应转速。变速器处于空挡位置,辅助装置或主要附属装置不运转。在影响运转温度的周围主要环境条件达到稳定之前,不要测取数据。在整个试验过程中,司机应保持对机器的控制。

7.2 发动机转速

在每次读取数据之前,发动机应首先进入低速空转工况,然后转速提高到制造商规定稳定空载状态下的额定转速。

7.3 风扇转速

如果机器的发动机或液压系统安装有风扇,在试验过程中,风扇应工作。风扇的转速应符合由机器制造商声明和设定的以下工作条件。

a) 直接与发动机连接的风扇传动:
   如果风扇传动直接连接在发动机和/或液压工作装置上(例如通过皮带驱动),在试验过程中,风扇应工作。

b) 有几个不同转速的风扇传动:

如果风扇能以几个不同的转速运转,试验按以下进行:

——在风扇最大工作转速下进行,或者

——首先风扇调整到零转速进行试验,然后风扇调整到最大工作转速进行试验。结合两次的试验结果,按式(1)计算的时间平均 A 计权声压级 $L_{pA,T}$ 作为试验结果:

$$L_{pA,T}=10\ \lg(0.3\times10^{0.1L_{pA,0\%}}+0.7\times10^{0.1L_{pA,100\%}})\mathrm{dB} \quad\cdots\cdots(1)$$

式中:

$L_{pA,0\%}$——风扇转速为零时,时间平均 A 计权声压级;

$L_{pA,100\%}$——风扇转速为最大时,时间平均 A 计权声压级。

c) 带无级变速的风扇传动:

风扇无级变速运转时,试验应按 7.3b)进行,或者按制造商设定的不低于最高工作转速 70%的风扇转速下进行。

d) 机器装有一个以上风扇:

所有风扇应按 a)、b)或 c)中的规定运转。

8 A 计权声功率级的确定

8.1 测量程序

按 GB/T 3767 确定 A 计权声功率级。

按第 7 章规定的运转条件,至少应进行三组测量。

8.2 A 计权声功率级的计算

由式(2)计算机器的 A 计权声功率级 L_{WA},单位为分贝(dB):

$$L_{WA}=\overline{L_{pA,T}}-K_{1A}-K_{2A}+10\ \lg\left(\frac{S}{S_0}\right)\mathrm{dB} \quad\cdots\cdots(2)$$

式中:

$\overline{L_{pA,T}}$——在测量面上,时间平均 A 计权声压级的能量平均值,单位为分贝(dB),按式(3)计算:

$$\overline{L_{pA,T}}=10\ \lg\left[\frac{1}{N}\sum_{i=1}^{N}10^{0.1L_{pA,i}}\right]\mathrm{dB} \quad\cdots\cdots(3)$$

式中:

$L_{pA,i}$——从传声器位置 i 测得的时间平均 A 计权声压级,单位为分贝(dB)(基准声压:20 μPa);

N——传声器位置总数($N=6$);

K_{1A}——背景噪声修正值(见 5.4);

K_{2A}——环境修正值(见 5.2 和 5.3.1);

S——半球测量面的面积,单位平方米(m^2),$S=2\pi r^2$;

$S_0=1\ \mathrm{m}^2$;

半径为 4 m 时,$10\ \lg\left(\frac{S}{S_0}\right)=20.0$ dB;半径为 10 m 时,$10\ \lg\left(\frac{S}{S_0}\right)=28.0$ dB;半径为 16 m 时,$10\ \lg\left(\frac{S}{S_0}\right)=32.1$ dB。

所有中间计算结果(例如声压级和面积计算等)应保留到小数点后一位。

8.3 测量结果的确定

从各传声器位置得到的三组数据计算出三个 A 计权声功率级值(见 8.1)。

如果得到的三个值中有两个值彼此之间相差不超过 1 dB,不必再进行测量;否则,应继续测量,直至有两个值彼此之间相差不超过 1 dB。用彼此相差不超过 1 dB 的两个较高值的算术平均值作为报告值。

9 记录的信息

按本标准所作的所有试验应收集和记录以下信息：

a) 试验机器

——机器制造商；

——机器型号；

——机器系列号；

——风扇传动系统类型，采用的试验方法(按7.3的a)、b)或c)的规定)，包括相应系统的最大风扇转速和试验中每个风扇使用的转速；

——机器的配置，包括主要工作装置和附属装置，以及制造商规定的发动机转速，发动机按GB/T 16936的净功率时相对应的转速；

——按GB/T 16936规定的发动机在相应转速下的净功率，单位为千瓦(kW)。

b) 声学环境

——所用的试验场地和试验场地测量地面类型的说明，包括表明机器位置的草图；

——试验场地的气温、气压、相对湿度和风速。

c) 仪器

——声学测量使用的仪器，包括仪器名称、型号、编号和制造商；

——仪器系统的校准方法；

——声校准器的校准日期和校准地点。

d) 声学数据

——传声器位置；

——按8.1进行每次测量时，传声器位置处的时间平均A计权声压级；

——每个传声器位置处背景噪声的时间平均A计权声压级；

——按8.2计算的测量面上的时间平均A计权声压级；

——按8.2计算的、8.3确定的A计权声功率级的最终值。

10 报告的信息

10.1 信息

报告应给出以下信息：

a) 机器的制造商、型号、系列号、标定转速下发动机净功率(单位为kW，按GB/T 16936规定)，机器的配置，包括主要附属装置，以及测试所用试验场地的地面类型；

b) 按8.3确定的A计权声功率级，圆整至最接近的整数(尾数<0.5时，圆整到较小的整数，尾数≥0.5时，圆整到较大的整数)；

c) 制造商规定的发动机转速，发动机按GB/T 16936的净功率时相对应的转速；

d) 风扇传动系统类型，按7.3的a)、b)或c)规定的试验方法，包括相应系统的最大风扇转速和每个风扇在试验中使用的转速；

e) 燃油箱的油位；适用时，包括洒水箱的水位以及填充厢。

10.2 声发射值和不确定度的标示

在某些商品市场上，实行规范性附录B所列出的附加要求。如果涉及到声发射值和不确定度的标示，应根据附录B作出标示。

附　录　A
（规范性附录）
基本长度 l 及机器补充说明

A.1　推土机

A.1.1　履带式推土机

见图 A.1。

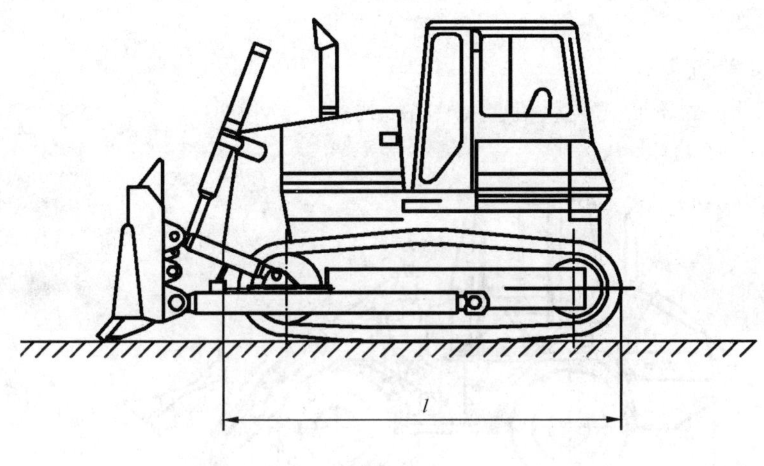

图 A.1

A.1.2　轮胎式推土机

见图 A.2。

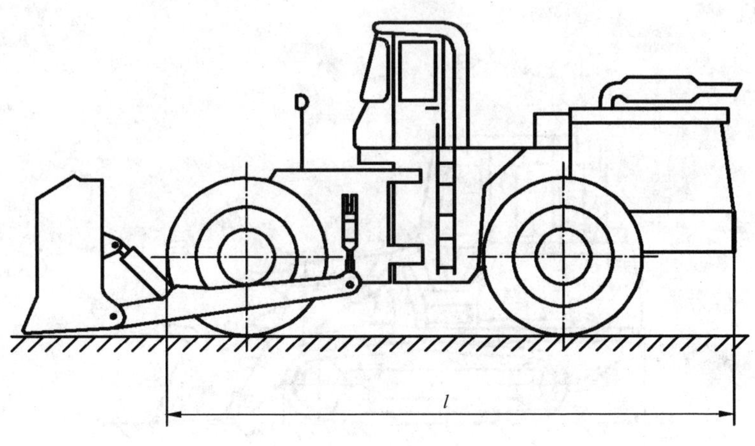

图 A.2

A.2　装载机

A.2.1　轮胎式装载机

工作质量＞4 500 kg 的轮胎式装载机。见图 A.3。

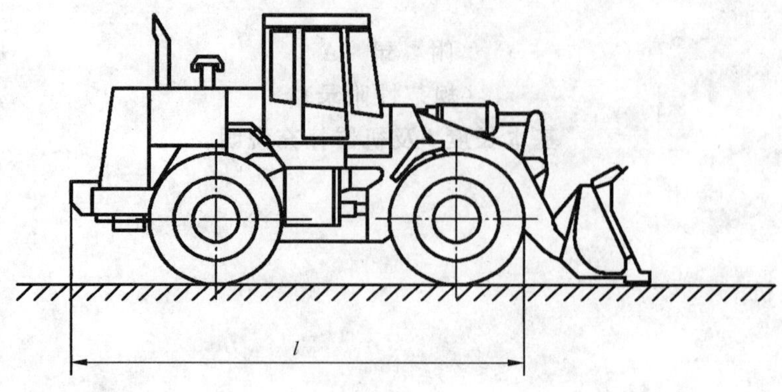

图 A.3

A.2.2 小型轮胎式装载机

工作质量≤4 500 kg 的轮胎式装载机。见图 A.4。

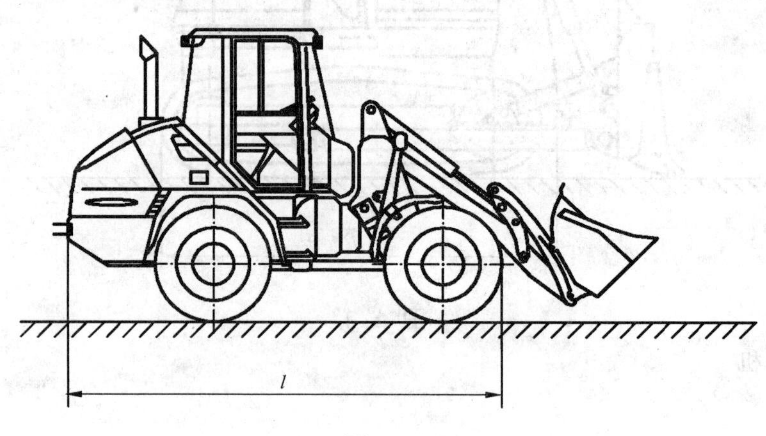

图 A.4

A.2.3 履带式装载机

见图 A.5。

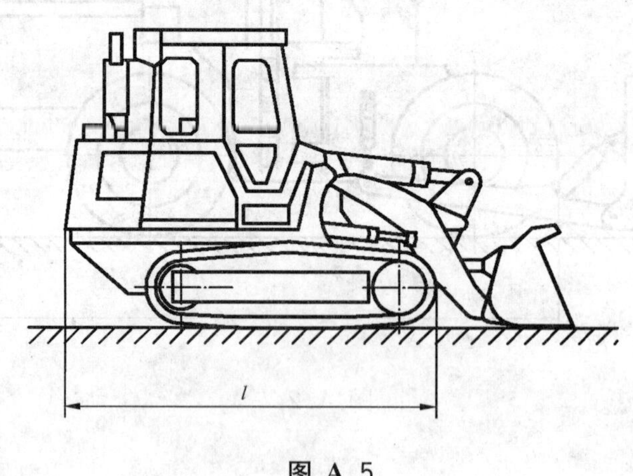

图 A.5

A.2.4 滑移转向装载机

见图 A.6。

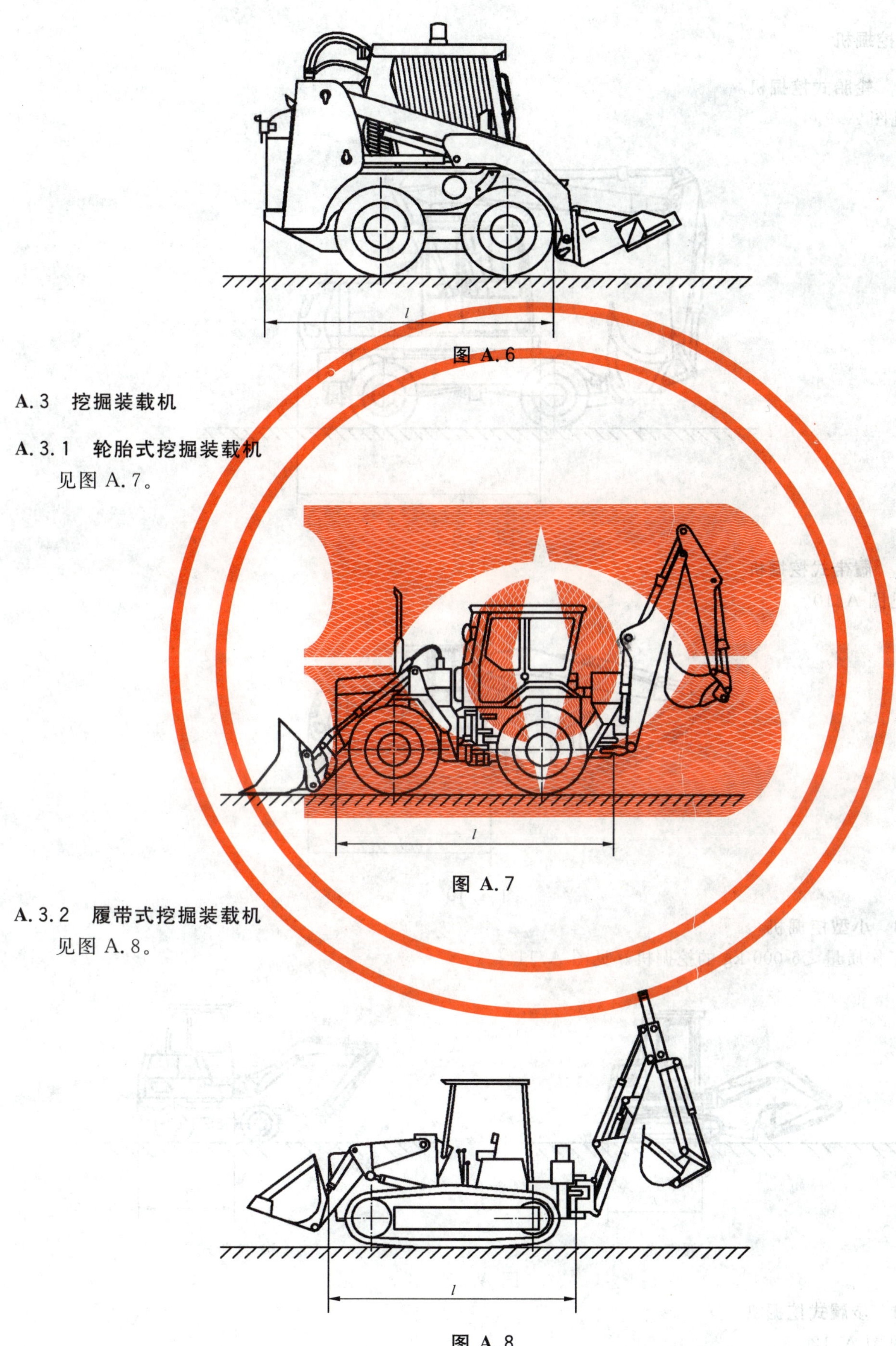

图 A.6

A.3 挖掘装载机

A.3.1 轮胎式挖掘装载机

见图 A.7。

图 A.7

A.3.2 履带式挖掘装载机

见图 A.8。

图 A.8

A.4 挖掘机

A.4.1 轮胎式挖掘机

见图 A.9。

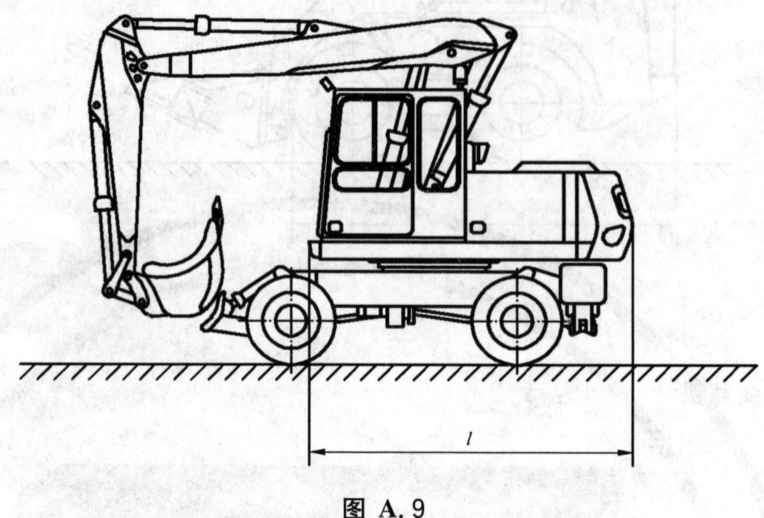

图 A.9

A.4.2 履带式挖掘机

见图 A.10。

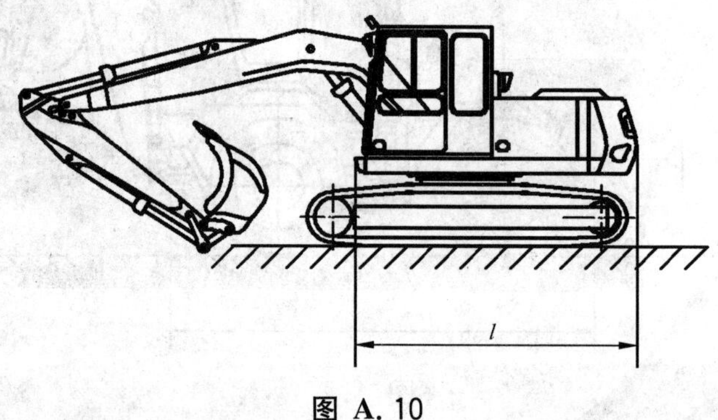

图 A.10

A.4.3 小型挖掘机

工作质量≤6 000 kg 的挖掘机。见图 A.11。

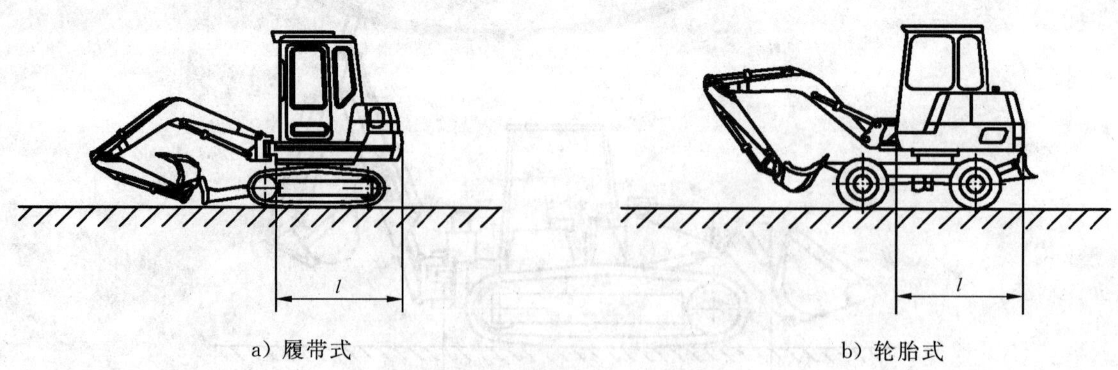

a) 履带式　　　　b) 轮胎式

图 A.11

A.4.4 步履式挖掘机

见图 A.12。

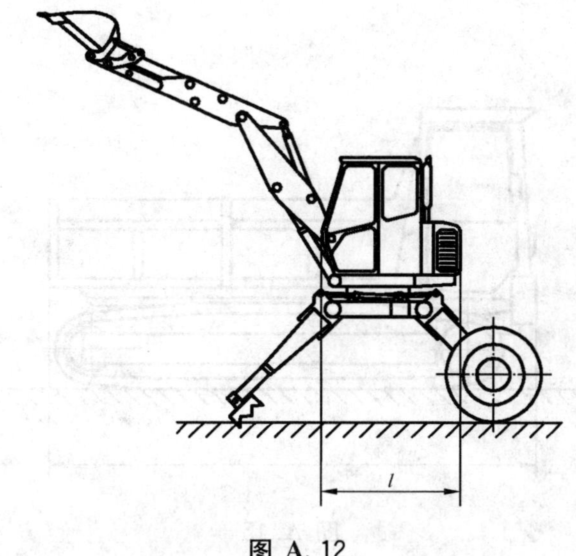

图 A.12

A.5 自卸车

A.5.1 轮胎式刚性车架自卸车

见图 A.13。

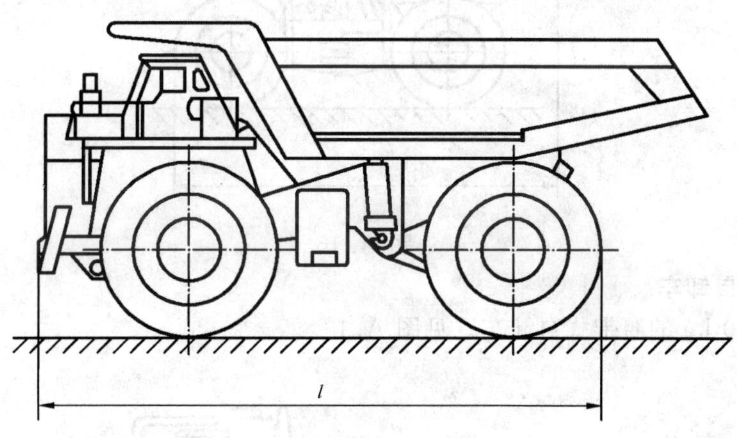

图 A.13

A.5.2 铰接车架自卸车

见图 A.14。

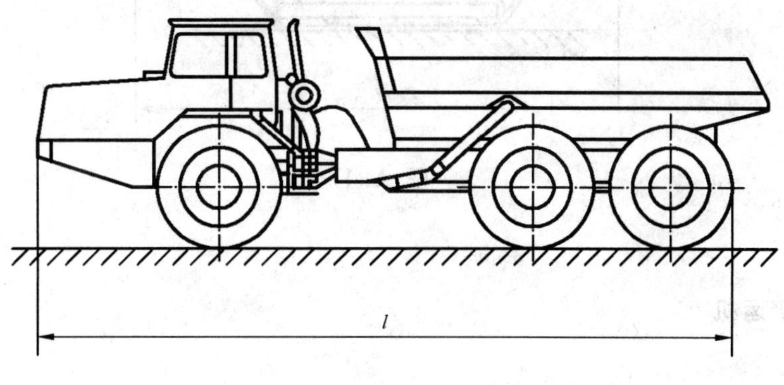

图 A.14

A.5.3 履带式自卸车

见图 A.15。

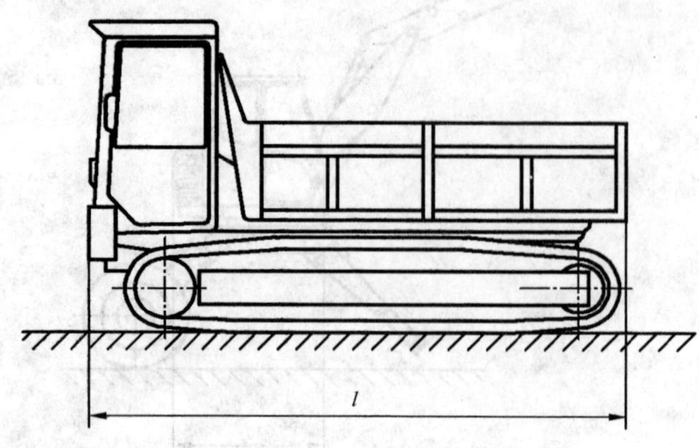

图 A.15

A.5.4 小型轮胎式自卸车

工作质量≤4 500 kg 的轮胎式自卸车。见图 A.16。

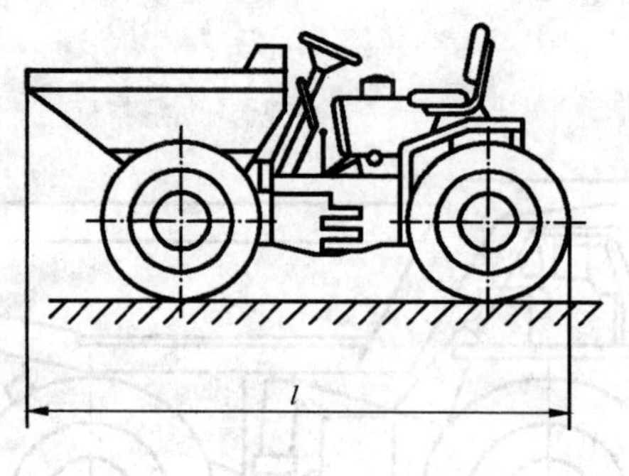

图 A.16

A.5.5 小型履带式自卸车

工作质量≤4 500 kg 的履带式自卸车。见图 A.17。

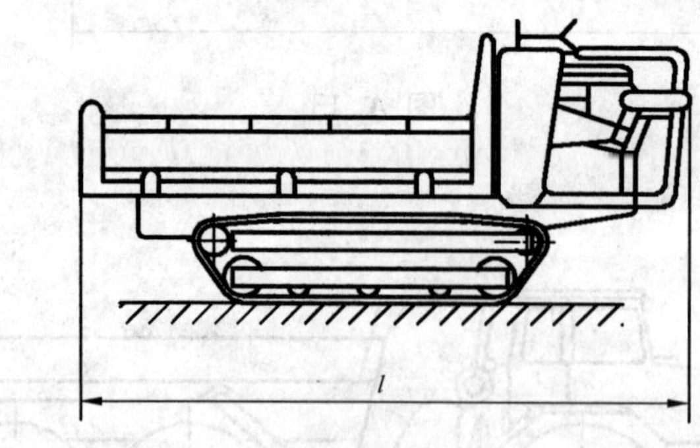

图 A.17

A.6 铲运机

A.6.1 单发动机铲运机

见图 A.18。

图 A.18

A.6.2 双发动机铲运机

A.6.2.1 机器定位和测量

将铲运机的每一台发动机(图 A.19 中长度 l_1 和 l_2)作为机器的一个独立部分按 6.3.1 的规定进行定位。各距离的中点用作于铲运机的每个发动机的定位。测量应按连续的两个步骤进行,不进行噪声测量的另一台发动机应停止工作。

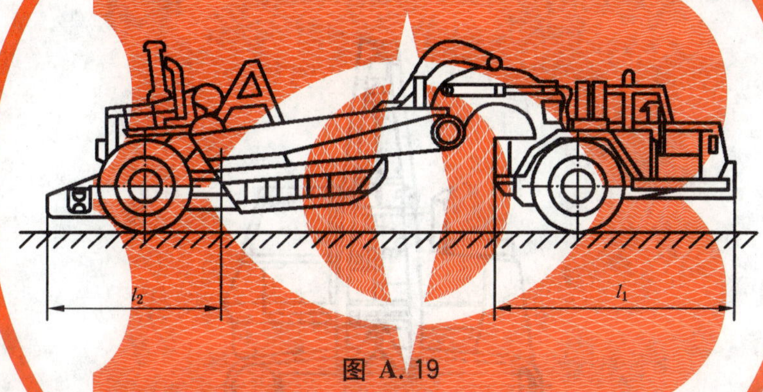

图 A.19

A.6.2.2 双发动机的合成时间平均 A 计权声功率级的计算

用式(A.1)计算合成时间平均 A 计权声功率级 $L_{pA,T}$,两台发动机独立测量,用 dB 表示。

$$L_{pA,T}=10\ \lg(10^{0.1L_{pA,1}}+10^{0.1L_{pA,2}})\ \text{dB} \qquad \text{(A.1)}$$

式中:

$L_{pA,1}$——第一台发动机的测量结果;

$L_{pA,2}$——第二台发动机的测量结果。

A.6.3 履带式铲运机

见图 A.20。

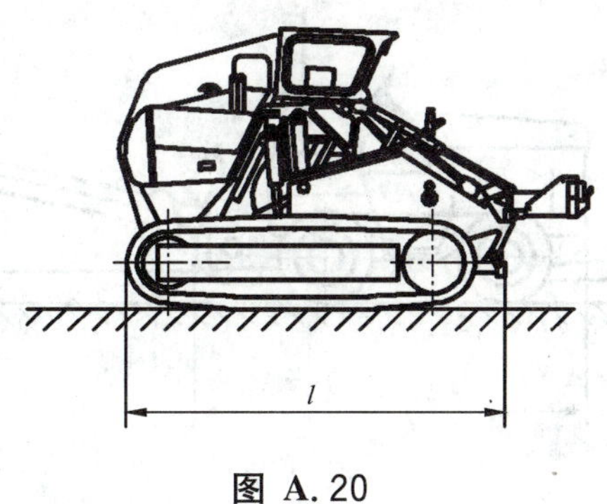

图 A.20

A.7 平地机

见图 A.21。

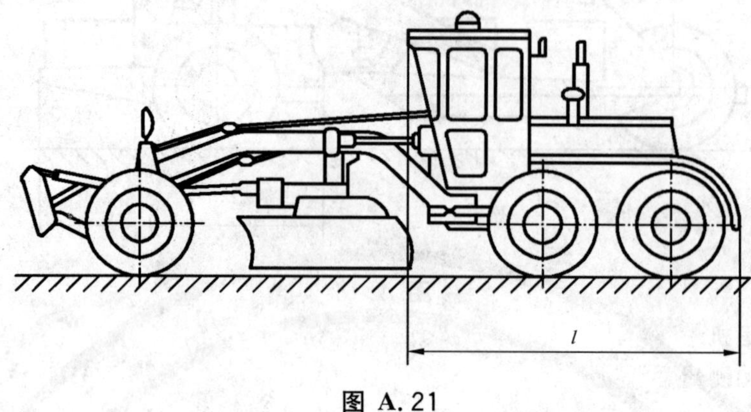

图 A.21

A.8 吊管机

见图 A.22。

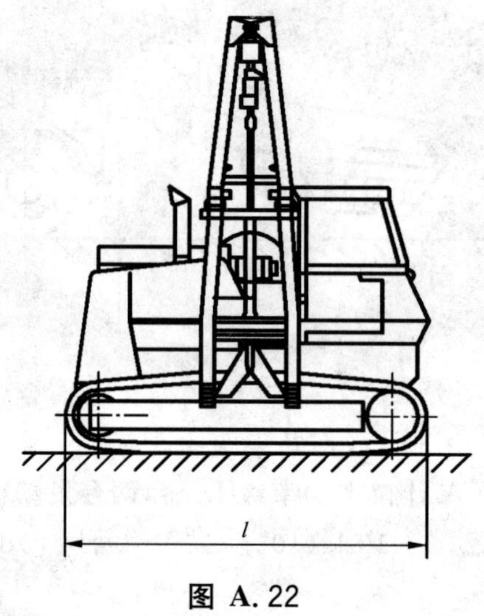

图 A.22

A.9 挖沟机

A.9.1 驾乘式轮胎挖沟机

见图 A.23。

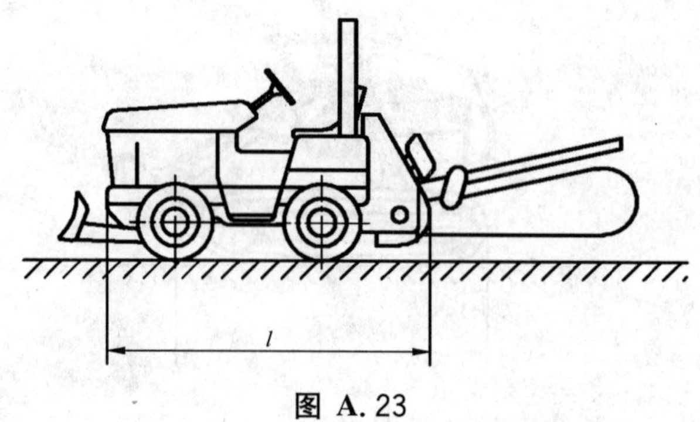

图 A.23

A.9.2 驾乘式履带挖沟机

见图 A.24。

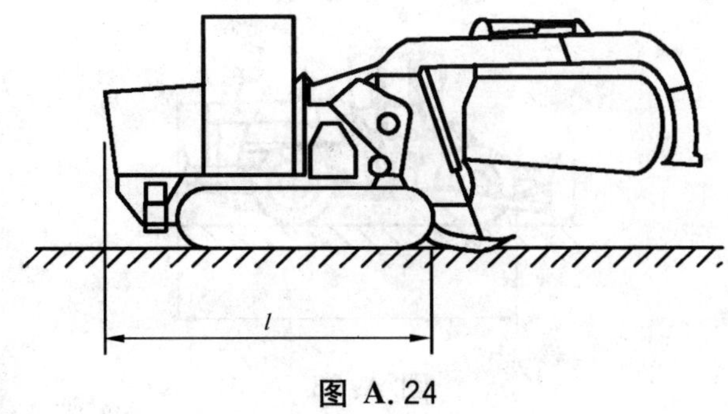

图 A.24

A.9.3 步行操纵式挖沟机

见图 A.25。

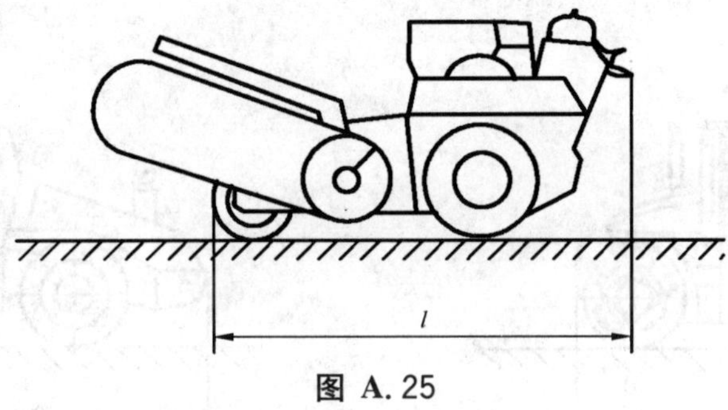

图 A.25

A.9.4 盘式挖沟机

见图 A.26。

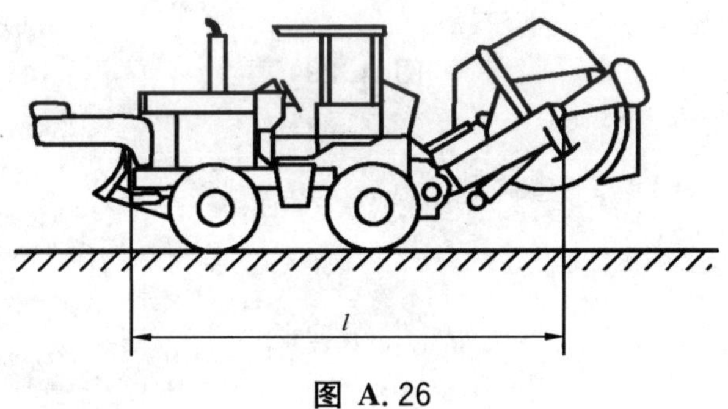

图 A.26

A.10 回填压实机

A.10.1 配备装载工作装置的回填压实机

见图 A.27。

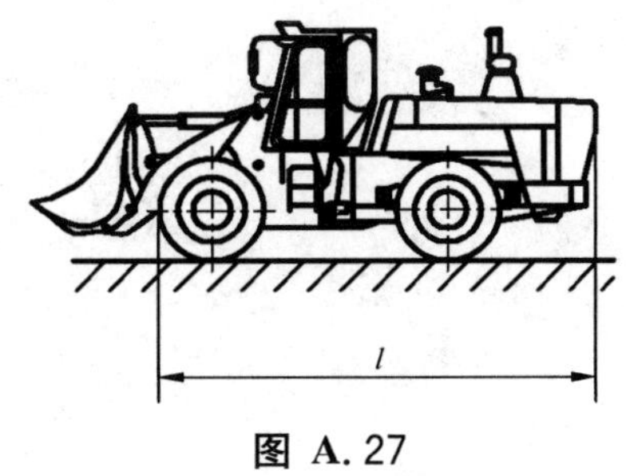

图 A.27

A.10.2 配备推土工作装置的回填压实机

见图 A.28。

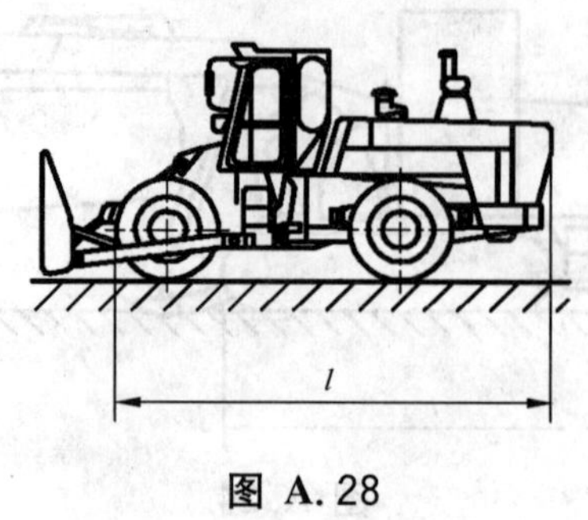

图 A.28

A.11 压路机

见图 A.29。

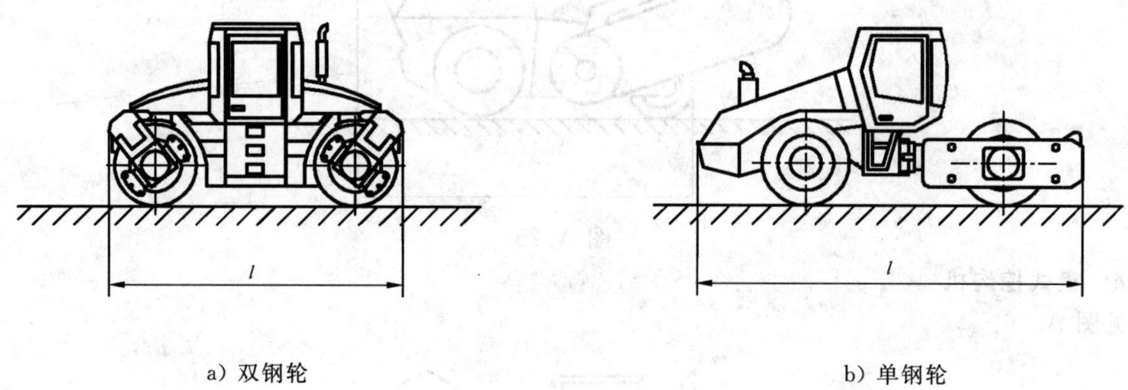

a) 双钢轮　　b) 单钢轮

图 A.29

附　录　B
（规范性附录）
声发射值和不确定度的标示

如果要对声发射值和不确定度作出标示(例如为符合法规要求),应遵循以下规定。

在确定 A 计权声功率级时,应考虑测量的不确定度以及在系列机器情况下由于产量变化产生的不确定度。

根据 GB/T 3767—1996 的表 2,所测 A 计权声功率级可再现性的标准偏差最大值为 1.5 dB。GB/T 14574—2000 的 3.21 定义了再现性标准偏差(对同一声源在不同时间、不同条件下,重复应用同一个噪声发射测量方法)。

GB/T 14574—2000 的附录 A 给出了噪声发射值的标示准则。

如 GB/T 14574—2000 的 B.2 或其他可以采用的标示方法所示,A 计权声功率级和相应的不确定度应各自作出标示(双值噪声发射标示值)。

注 1：现有经验趋于表明,A 计权声功率级的再现性标准偏差数值在 0.5 dB～0.8 dB 之间。

注 2：经验已证明,GB/T 14574—2000 的 3.24 定义的参考标准偏差 σ_M(土方机械的每个族都要规定,并考虑每一类机器的批量)远低于 GB/T 14574—2000 表 A.1 给出的标准偏差 σ_M 的估计值。根据现有的可靠数据,土方机械的 A 计权声功率级的参考标准偏差 σ_M 很可能近似于 1.0 dB。

注 3：注 1 和注 2 给出的信息是基于符合欧盟法规(例如 2000/14/EC 指令)的实践经验。

参 考 文 献

［1］ GB/T 25613—2010 土方机械 司机位置发射声压级的测定 定置试验条件(ISO 6394:2008,IDT)

［2］ GB/T 25614—2010 土方机械 声功率级的测定 动态试验条件(ISO 6395:2008,IDT)

［3］ GB/T 25615—2010 土方机械 司机位置发射声压级的测定 动态试验条件(ISO 6396:2008,IDT)

［4］ 2000/14/EC指令 欧洲议会和欧洲联盟关于使各成员国有关户外用设备在环境中排放噪声的法律趋于一致的指令

ICS 17.140.20;53.100
P 97

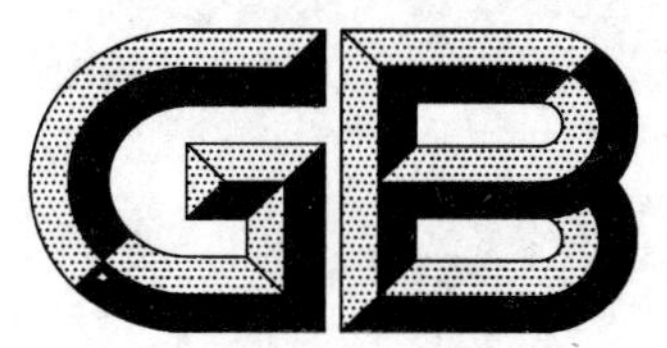

中华人民共和国国家标准

GB/T 25613—2010/ISO 6394:2008
代替 GB/T 16710.3—1996

土方机械 司机位置发射声压级的测定 定置试验条件

Earth-moving machinery—Determination of emission sound pressure level at operator's position—Stationary test conditions

(ISO 6394:2008,IDT)

2010-12-01 发布 2011-03-01 实施

中华人民共和国国家质量监督检验检疫总局
中国国家标准化管理委员会 发布

前　言

本标准等同采用 ISO 6394:2008《土方机械　司机位置发射声压级的测定　定置试验条件》(英文版)。

本标准等同翻译 ISO 6394:2008。

为便于使用,本标准对 ISO 6394:2008 作了下列编辑性修改:

——将“本国际标准”一词改为“本标准”;

——用小数点“.”代替作为小数的“,”;

——删除国际标准的前言;

——对 ISO 6394:2008 中引用的国际标准,用已采用为我国的标准代替对应的国际标准;

——GB/T 14574—2000 和 GB/T 17248.1—2000 从参考文献中移到第 2 章的规范性引用文件。

本标准是对 GB/T 16710.3—1996《工程机械　定置试验条件下司机位置处噪声的测定》的修订。

本标准与 GB/T 16710.3—1996 相比,主要变化如下:

——标准名称由“工程机械　定置试验条件下司机位置处噪声的测定”改为“土方机械　司机位置发射声压级的测定　定置试验条件”;

——增加了引言、附录 A 和参考文献;

——扩大了标准适用的土方机械类型:

原标准适用机器为 4 类:挖掘机、推土机、装载机、挖掘装载机。

现标准适用机器为 11 类:推土机、装载机、挖掘装载机、挖掘机、自卸车、铲运机、平地机、吊管机、挖沟机、回填压实机、压路机。

——对司机状态,现标准按驾乘式机器和步行操纵的机器分别进行了规定;

——修改了空调和/或增压换气系统在测试时采用的工作速度挡位;

——记录的信息和报告的信息中,增加了风扇转速等内容;

——增加了声发射值和不确定度的标示。

本标准代替 GB/T 16710.3—1996。

本标准的附录 A 为规范性附录。

本标准由中国机械工业联合会提出。

本标准由全国土方机械标准化技术委员会(SAC/TC 334)归口。

本标准负责起草单位:天津工程机械研究院。

本标准参加起草单位:中国一拖集团有限公司。

本标准主要起草人:吴润才、刘耀、任越光。

本标准所代替标准的历次版本发布情况为:

——GB/T 16710.3—1996。

引　言

本标准是GB/T 8498定义的土方机械的专用试验规程。它是GB/T 17248.2的扩充，GB/T 17248.2包含多种类型的机器和设备的通用要求。

本标准的专用试验规程规定了具体的试验程序，可使在定置试验条件下，以可重复的工况测定司机位置的平均时间A计权声压级。制造商的产品应装配有附属装置（铲斗、推土铲等），这些附属装置是机器在实际使用中最有可能的配置。

本标准能用于测定机器是否符合噪声限值，也可用于降噪研究的评价。

GB/T 25612《土方机械　声功率级的测定　定置试验条件》为另一个补充试验规程，此专用试验规程用于测定在定置试验条件下由土方机械发射噪声的A计权声功率级。

GB/T 25614《土方机械　声功率级的测定　动态试验条件》和GB/T 25615《土方机械　司机位置发射声压级的测定　动态试验条件》分别规定了在动态试验条件下，对环境发射噪声和司机位置处噪声的相应测量方法。

土方机械
司机位置发射声压级的测定
定置试验条件

1 范围

本标准规定了在机器定置不动、发动机以额定转速空负荷运转的条件下，土方机械司机位置的时间平均A计权发射声压级的测定方法。

本标准适用于GB/T 8498定义的以及GB/T 25612—2010《土方机械 声功率级的测定 定置试验条件》附录A规定的土方机械。

2 规范性引用文件

下列文件中的条款通过本标准的引用而成为本标准的条款。凡是注日期的引用文件，其随后所有的修改单(不包括勘误的内容)或修订版均不适用于本标准，然而，鼓励根据本标准达成协议的各方研究是否可使用这些文件的最新版本。凡是不注日期的引用文件，其最新版本适用于本标准。

GB/T 8420 土方机械 司机的身材尺寸与司机的最小活动空间(GB/T 8420—2000，eqv ISO 3411:1995)

GB/T 8498 土方机械 基本类型 识别、术语和定义(GB/T 8498—2008，ISO 6165:2006，IDT)

GB/T 14574—2000 声学 机器和设备噪声发射值的标示和验证(eqv ISO 4871:1996)

GB/T 16936 土方机械 发动机净功率试验规范(GB/T 16936—2007，ISO 9249:1997，MOD)

GB/T 17248.1—2000 声学 机器和设备发射的噪声 测定工作位置和其他指定位置发射声压级的基础标准使用导则(eqv ISO 11200:1995)

GB/T 17248.2 声学 机器和设备发射的噪声 工作位置和其他指定位置发射声压级的测量 一个反射面上方近似自由场的工程法(GB/T 17248.2—1999，eqv ISO 11201:1995)

GB/T 25612—2010 土方机械 声功率级的测定 定置试验条件(ISO 6393:2008，IDT)

IEC 61672-1 电声学 声级计 第1部分:规范

3 术语和定义

GB/T 17248.2和GB/T 8498确立的以及下列术语和定义适用于本标准。

3.1

时间平均A计权声压级 time-averaged A-weighted sound pressure level

$L_{pA,T}$

在整个测量时间T内，按能量平均得出的A计权声压级。

4 仪器

仪器应能按第8章的规定进行测量。采集数据的仪器系统应优先选用符合IEC 61672-1中1级要求的积分平均声级计。

5 试验环境

本标准采用GB/T 25612《土方机械 声功率级的测定 定置试验条件》规定的试验环境。

6 时间平均A计权声压级的测量

6.1 司机身材

司机的身材应在GB/T 8420定义的矮小身材和高大身材之间,也见6.2.2.2。

6.2 司机状态

6.2.1 驾乘式机器

6.2.1.1 司机位置

在噪声测量过程中,司机应在驾驶位置,观测人员不能靠近司机室或在司机室内。司机不能穿异常的吸声衣服,也不能戴帽子和围巾(安全防护头盔或用于支撑传声器的头盔和支架除外),这些衣物会影响噪声测量。

6.2.1.2 座椅调节

座椅应置于或尽量接近其水平调节和垂直调节的中位,座椅悬挂装置应按司机的体重进行调节。

6.2.2 步行操纵的机器

6.2.2.1 司机位置

在噪声测量过程中,司机应在制造商规定的常用工作位置,观测人员不能靠近司机。司机不能穿异常的吸声衣服,也不能戴帽子和围巾(安全防护头盔或用于支撑传声器的头盔和支架除外),这些衣物可能会影响噪声测量。

6.2.2.2 站姿司机

站姿司机的身高应为1 715 mm±50 mm。

6.3 传声器

6.3.1 传声器朝向

传声器应置于水平方向,其参考方向(制造商规定的方向)应指向操作位置处人员通常看到的方向。

6.3.2 传声器位置

传声器应位于距司机头部中间平面200 mm±20 mm,并与眼睛成一线,朝向司机头部的时间平均A计权声压级最高的一侧。

6.3.3 传声器安装

传声器能方便地安装在支架上或司机的头盔或肩带上。

6.3.4 传声器防振

应注意使传声器与可能影响测量的振动隔离。如果测量过程移动传声器,应注意避免产生声学噪声(如传声器摩擦司机衣服产生的噪声)或电噪声(如由于软电缆),这些噪声会干扰测量。

6.3.5 传声器反射噪声的预防

6.3.5.1 应注意将影响传声器测量的反射噪声减少到最小。6.3.5.2和6.3.5.3给出的建议措施将减小反射噪声的影响。

6.3.5.2 传声器位置确定后,在测量过程中应保持其各个方向上偏离该定位的位置公差为±50 mm。

6.3.5.3 在测量过程中,传声器应放在距司机头部一侧至少100 mm和司机肩部衣服以上至少50 mm的位置上。

6.4 机器的定位

机器应定置于测试场地的中心。

6.5 测量时间

在稳定运行工况下,每次读数的总测量时间应在15 s~30 s的范围内。

7 机器的配置和运转,司机位置的规定

7.1 机器的配置和运转

机器的配置和运转应按 GB/T 25612—2010《土方机械 声功率级的测定 定置试验条件》第 7 章的规定。

7.2 机器有司机室时司机位置的规定

7.2.1 装有空调和/或增压换气系统的司机室

应在门、窗关闭以及空调和/或换气系统运转的状态下进行测量。如果空调和/或增压换气系统的工作速度多于一个,并且在四挡(包括四挡)以下,工作速度应采用第二挡;对于工作速度多于四挡的系统,应采用第三挡;对于无级变速的系统,应采用中间速度。

如果空调和/或换气系统有封闭空气循环和外部空气循环两种控制,应使用外部空气循环控制。

7.2.2 既无空调也无增压换气系统的司机室

应在门、窗关闭时进行测量,然后打开门、窗重复测量。取两组数据中的较高值作为报告值。

8 声学测量

8.1 测量程序

司机位置处时间平均 A 计权发射声压级应按 GB/T 17248.2 的规定进行测定。

至少应进行三次测量。为满足 8.2 的要求,可能需要补充测量。

8.2 测量结果的确定

如果得到的三个 A 计权测量值中有两个相差不超过 1 dB 时,不必再进行测量;否则,应继续测量,直至有两个值彼此之间相差不超过 1 dB。用彼此相差不超过 1 dB 的两个较高值的算术平均值作为报告值。

9 记录的信息

应记录以下信息:

a) 试验机器

——机器制造商;

——机器型号;

——机器系列号;

——风扇传动系统类型,采用的试验方法[按 GB/T 25612—2010《土方机械 声功率级的测定 定置试验条件》中 7.3 的 a)、b) 或 c) 的规定],以及相应系统的最大风扇转速和试验中每个风扇的转速;

——机器的配置,包括主要工作装置和附属装置,以及制造商规定的发动机转速,发动机按 GB/T 16936 的净功率时相对应的转速;

——对带有司机室的机器,按 7.2 的规定所采用的配置及风扇速度设定;

——按 GB/T 16936 规定的发动机在相应转速下的净功率,单位为千瓦(kW)。

b) 声学环境

——所用的试验场地和试验场地测量地面类型的说明,包括表明机器位置的草图;

——试验场地的气温、气压、相对湿度和风速。

c) 仪器

——声学测量使用的仪器,包括仪器名称、型号、编号和制造商;

——仪器系统的校准方法;

——声校准器的校准日期和校准地点。

d) 声学数据

——传声器相对于司机耳部的位置，以及是否存在可能影响司机噪声暴露的物体(如安全防护头盔)；

——按8.1进行每次测量时，传声器位置处的时间平均A计权声压级；

——传声器位置处背景噪声的时间平均A计权声压级；

——按8.2确定的司机位置处时间平均A计权发射声压级的最终值。

10 报告的信息

10.1 信息

报告应给出以下信息：

a) 机器的制造商、型号、系列号、发动机净功率(单位为kW，按GB/T 16936规定)及相应转速，机器的配置，包括主要附属装置，以及测试所用试验场地的地面类型；

b) 按8.2确定的司机位置处时间平均A计权发射声压级，圆整至最接近的整数(尾数＜0.5时，圆整到较小的整数，尾数≥0.5时，圆整到较大的整数)；

c) 制造商规定的发动机转速，按GB/T 16936规定的发动机净功率相对应的转速；

d) 风扇传动系统类型，按GB/T 25612—2010《土方机械　声功率级的测定　定置试验条件》中7.3的a)、b)或c)规定的试验方法，包括相应系统的最大风扇转速和每个风扇在试验中使用的转速；

e) 空调和/或增压换气系统的配置。

10.2 声发射值和不确定度的标示

在某些商品市场上，实行规范性附录A所列出的附加要求。如果涉及到声发射值和不确定度的标示，应根据附录A进行标示。

附 录 A
（规范性附录）
声发射值和不确定度的标示

如果要对声发射值和不确定度作出标示（例如为符合法规要求），应遵循以下规定。

在确定司机位置处时间平均A计权发射声压级时，应考虑测量的不确定度以及在系列机器情况下由于产量变化产生的不确定度。

根据GB/T 17248.2（也可见GB/T 17248.1—2000的表1），所测司机位置处时间平均A计权发射声压级可再现性的标准偏差最大值为2.5 dB。GB/T 14574—2000的3.21定义了再现性标准偏差（对同一声源在不同时间、不同条件下，重复应用同一个噪声发射测量方法）。

GB/T 14574—2000的附录A给出了噪声发射值的标示准则。

如GB/T 14574—2000的B.2或其他可以采用的标示方法所示，时间平均A计权发射声压级和相应的不确定度应各自作出标示（双值噪声发射标示值）。

参 考 文 献

[1] GB/T 25614—2010 土方机械 声功率级的测定 动态试验条件(ISO 6395:2008,IDT)

[2] GB/T 25615—2010 土方机械 司机位置发射声压级的测定 动态试验条件(ISO 6396:2008,IDT)

ICS 17.140.20;53.100
P 97

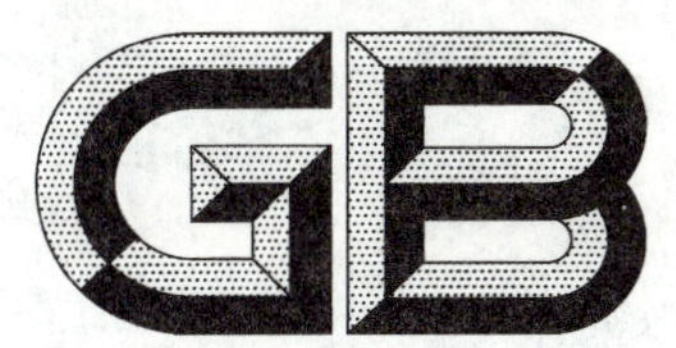

中华人民共和国国家标准

GB/T 25614—2010/ISO 6395:2008
代替 GB/T 16710.4—1996

土方机械　声功率级的测定 动态试验条件

Earth-moving machinery—Determination of sound power level—Dynamic test conditions

(ISO 6395:2008,IDT)

2010-12-01 发布　　2011-03-01 实施

中华人民共和国国家质量监督检验检疫总局
中国国家标准化管理委员会　发布

前　　言

本标准等同采用 ISO 6395:2008《土方机械　声功率级的测定　动态试验条件》(英文版)。

本标准等同翻译 ISO 6395:2008。

为便于使用,本标准对 ISO 6395:2008 作了下列编辑性修改:

——将“本国际标准”一词改为“本标准”;

——用小数点“.”代替作为小数点的“,”;

——删除国际标准的前言;

——对 ISO 6395:2008 中引用的国际标准,用已采用为我国的标准代替对应的国际标准;

——GB/T 14574—2000 从参考文献中移到第 2 章的规范性引用文件。

本标准是对 GB/T 16710.4—1996《工程机械　动态试验条件下机外辐射噪声的测定》的修订。

本标准与 GB/T 16710.4—1996 相比,主要变化如下:

——标准名称由“工程机械　动态试验条件下机外辐射噪声的测定”改为“土方机械　声功率级的测定　动态试验条件”;

——增加了引言、附录 A、附录 F～附录 L、附录 N 和参考文献;

——扩大了标准适用的土方机械类型:

原标准适用机器为 4 类:挖掘机、推土机、装载机、挖掘装载机。

现标准适用机器为 11 类:推土机、装载机、挖掘装载机、挖掘机、自卸车、铲运机、平地机、吊管机、挖沟机、回填压实机、压路机。

——增加了有关机器发动机或液压系统风扇转速的内容;

——对试验环境中的气候条件增加了要求;

——增加了当试验机器的基本长度 l 大于 8 m 时,对半球面半径的规定;

——对 A 计权声功率级的计算,当半球面半径为 16 m 时,修改为 $10\ \lg\left(\frac{S}{S_0}\right)=32.1\ \text{dB}$;

——在第 7 章中增加了有关“机器行驶工况的操作”的内容;

——增加了声发射值和不确定度的标示。

本标准代替 GB/T 16710.4—1996。

本标准的附录 A～附录 L 和附录 N 为规范性附录,附录 M 为资料性附录。

本标准由中国机械工业联合会提出。

本标准由全国土方机械标准化技术委员会(SAC/TC 334)归口。

本标准负责起草单位:天津工程机械研究院、三一重机有限公司。

本标准参加起草单位:中国一拖集团有限公司。

本标准主要起草人:阎堃、戴晴华、任越光、刘汉华。

本标准所代替标准的历次版本发布情况为:

——GB/T 16710.4—1996。

引 言

本标准是GB/T 8498定义的土方机械的专用试验规程。

本标准采用模拟的动态试验条件代替实际的作业循环试验条件。模拟动态试验条件提供具有可重复性和代表性的噪声发射数据,而实际的作业循环试验条件很复杂且难于再现。

本标准的专用试验规程规定了具体的试验程序,可使在动态试验条件下,以可重复的工况测定声功率发射。制造商的产品应装配有附属装置(铲斗、推土铲等),这些附属装置是机器在实际使用中最有可能的配置。

本标准能用于测定机器是否符合噪声限值,也可用于降噪研究的评价。

GB/T 25615《土方机械　司机位置发射声压级的测定　动态试验条件》为另一个补充试验规程,此专用试验规程用于测定在动态试验条件下土方机械司机位置处的发射A计权声压级。

GB/T 25612《土方机械　声功率级的测定　定置试验条件》和GB/T 25613《土方机械　司机位置发射声压级的测定　定置试验条件》分别规定了在定置试验条件下,对环境发射噪声和司机位置处噪声的相应测试方法。

土方机械　声功率级的测定
动态试验条件

1　范围

本标准规定了在机器动态试验条件的运转状态下，土方机械对环境发射噪声的A计权声功率级的测定方法。

本标准适用于GB/T 8498定义的以及附录A规定的土方机械。

2　规范性引用文件

下列文件中的条款通过本标准的引用而成为本标准的条款。凡是注日期的引用文件，其随后所有的修改单(不包括勘误的内容)或修订版均不适用于本标准，然而，鼓励根据本标准达成协议的各方研究是否可使用这些文件的最新版本。凡是不注日期的引用文件，其最新版本适用于本标准。

GB/T 3767—1996　声学　声压法测定噪声源声功率级　反射面上方近似自由场的工程法(eqv ISO 3744:1994)

GB/T 8498　土方机械　基本类型　识别、术语和定义(GB/T 8498—2008,ISO 6165:2006,IDT)

GB/T 14574—2000　声学　机器和设备噪声发射值的标示和验证(eqv ISO 4871:1996)

GB/T 16936　土方机械　发动机净功率试验规范(GB/T 16936—2007,ISO 9249:1997,MOD)

GB/T 25612—2010　土方机械　声功率级的测定　定置试验条件(ISO 6393:2008,IDT)

IEC 61672-1:2002　电声学　声级计　第1部分:规范

3　术语和定义

GB/T 3767和GB/T 8498确立的以及下列术语和定义适用于本标准。

3.1

时间平均A计权声压级　time-averaged A-weighted sound pressure level

$L_{pA,T}$

在整个测量时间 T 内，按能量平均得出的A计权声压级。

3.2

A计权声功率级　A-weighted sound power level

L_{WA}

在测量表面上，按能量平均的时间平均A计权声压级得到的量。

3.3

基本长度　basic length

l

用于定义测量半球面半径的长度。

注：附录A确定了基本长度 l 的尺寸。

3.4　**机器中心点**

3.4.1

机器中心点　machine centre point

〈不带上部回转结构的机器〉在机器纵向中心线上，基本长度 l 的中点。

3.4.2

机器中心点 machine centre point

〈带上部回转结构的机器〉上部结构回转的中心。

3.5 风扇转速

3.5.1

风扇最大工作转速 maximum working speed of the fan

在最恶劣的工况下，风扇提供给机器最大冷却性能时的转速。

3.5.2

带无级变速的风扇传动 fan drive with continuous variable fan speed

根据热负荷需要的冷却性能，可使风扇转速在整个可调范围内无级降到最低的风扇传动。

4 仪器

仪器应能按第8章的规定进行测量。采集数据的仪器系统应优先选用符合 IEC 61672-1:2002 中1级要求的积分平均声级计。

5 试验环境

5.1 总则

试验环境要求采用 GB/T 3767—1996 第4章和附录A的规定，补充要求见5.2～5.5。

湿度、气温、气压、振动和杂散磁场应在仪器制造商规定的范围内。

5.2 试验场地和环境修正值 K_{2A}

对于混凝土或非孔状沥青之类的硬反射面[5.3.1a)和b)]组成的试验场地测量地面，并且从声源至测量半球面半径的3倍距离内声反射体可以忽略时，则可以假定环境修正值 K_{2A} 的绝对值小于或等于0.5 dB，因此可以忽略不计。这时 K_{2A} 等于0 dB。

对于全砂试验场地[5.3.1c)]，环境修正值 K_{2A} 应加以测定并用于声功率的计算。

5.3 试验场地

5.3.1 总则

允许采用5.3.2、5.3.3和5.3.4叙述的以下三种试验场地的测量地面：

a) 硬反射面（混凝土或非孔状沥青地面）；

b) 硬反射面与砂的复合地面；

c) 全砂地面。

5.3.2 描述的硬反射面可以用于下列试验：

——橡胶轮胎式机器，所有作业模式；

——挖掘机，所有作业模式；

——履带式装载机，静液压作业模式；

——压路机，所有作业模式。

5.3.3 描述的硬反射面和砂的复合地面可以用于带凸块的压路机以及回填压实机。

5.3.3 描述的硬反射面和砂的复合地面或5.3.4描述的全砂地面，可以用来测量行驶中的履带式机器（例如履带式推土机、履带式装载机、履带式自卸车等）和静液压作业模式，只要能满足：

——根据 GB/T 3767—1996 附录A确定的环境修正值 K_{2A} 小于2.0 dB，

——对于5.3.4描述的全砂地面，当 K_{2A} 大于0.5 dB时，环境修正值应计入声功率的计算。

5.3.2 硬反射面

以传声器对地面的垂直投影为边界的试验区由混凝土或非孔状沥青组成。

5.3.3 硬反射面和砂的复合地面

机器的试验场地由粒径小于等于2 mm的湿砂构成，砂层的最小深度为0.3 m。如果0.3 m深度能被履带穿透，可相应增加砂层深度。机器和传声器之间的地面应为5.3.2规定的硬反射面。

可用的最小尺寸的复合场地只在砂路一侧有硬反射面。在这种情况下，机器向前行驶两次，但对三个传声器的每一个位置来说，分别位于机器的两侧方向。倒退行驶工况亦可按同样方式完成。

5.3.4 全砂地面

砂子应按5.3.3的规定。

5.4 背景噪声修正系数 K_{1A}

应符合GB/T 3767—1996规定的背景噪声要求。背景噪声的修正按GB/T 3767—1996的8.3规定。

5.5 气候条件

在下列条件下，不能进行噪声测量：

a) 降雨、降雪及冰雹天气；

b) 地面有积雪时；

c) 温度低于−10 ℃或高于+35 ℃时；

d) 风速超过8 m/s。

注：当风速超过1 m/s时，应使用传声器风挡，进行标定时允许对风挡使用的影响进行适当的补偿。

6 时间平均A计权声压级的测量

6.1 测量面尺寸

试验用的测量面为一半球面。半球面的半径应由附录A规定的机器基本长度 l 确定。

半球面的半径应为：

——4 m，当试验机器的基本长度 l 小于1.5 m时；

——10 m，当试验机器的基本长度 l 大于或等于1.5 m，但小于4 m时；

——16 m，当试验机器的基本长度 l 大于或等于4 m，但小于8 m时；

——最小半径的顺序为16 m、18 m、20 m……，当试验机器的基本长度 l 大于8 m，并且半球面半径超过试验机器特性声源尺寸 d_0 两倍时。

注：GB/T 3767—1996规定了特性声源尺寸 d_0，且机器长度 l 等于 l_1。

6.2 半球测量面上的传声器位置

应采用6个测量位置。传声器位置及其坐标值见图1和表1。

单位为米

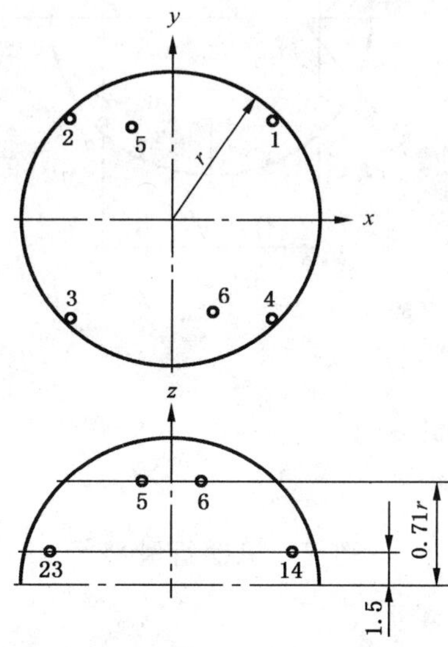

标号：

1～6——传声器位置；

r——半球面半径。

图1 半球面上的传声器布置

表1 传声器位置坐标值

传声器位置	x/r	y/r	z
1	0.7	0.7	1.5 m
2	−0.7	0.7	1.5 m
3	−0.7	−0.7	1.5 m
4	0.7	−0.7	1.5 m
5	−0.27	0.65	0.71r
6	0.27	−0.65	0.71r

6.3 机器的定位

按照机器的类型,有以下测量工况:

——行驶工况;

——定置作业循环工况;或者

——行驶工况和定置作业循环工况的组合。

附录B~附录L规定了机器的操作和定位。

6.3.1 行驶工况

机器的行驶路径如图2所示。机器行驶路径的中心线为x轴,且机器的纵轴应与该轴重合。

行驶路径的长度为A至B,它等于1.4倍的半球面半径。机器前进行驶时应由A至B,后退行驶时应由B至A。

6.3.2 定置作业循环工况

机器纵轴与x轴重合,机器的前端应朝向B点,机器中心点应近似位于图2中半球面中心点C的垂线上方。附录B~附录L规定了机器的运行和定位。

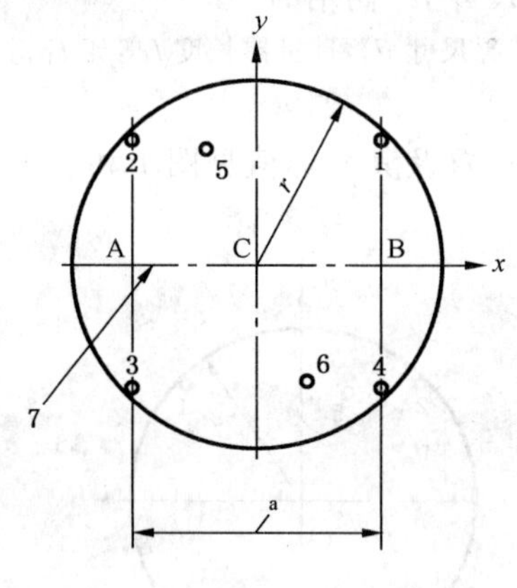

标号:

1~6——传声器位置;

7——行驶路径的中心线;

A、B和C——行驶路径点;

r——半球面半径;

a——噪声测量区=1.4r。

图2 机器行驶路径

7 机器的配置和运行

7.1 总则

7.1.1 安全和操作

试验中,应遵守有关安全的规定和制造商的操作说明。

试验中,所有的信号装置应停止工作,例如前进报警喇叭或倒退报警器。

7.1.2 机器的配置

机器应装有制造商规定的工作装置和附属装置。发动机和液压系统应预热至机器制造商规定的正常运行条件。

所有的液体系统应加注至制造商规定的范围。

7.2 发动机转速

发动机的转速应调整至制造商规定的空载最高转速。

7.3 风扇转速

如果机器的发动机或液压系统安装有风扇,在试验过程中,风扇应工作。风扇的转速应符合由机器制造商声明和设定的以下工作条件。

a) 直接与发动机连接的风扇传动:

如果风扇传动直接连接在发动机和/或液压工作装置上(例如通过皮带驱动),在试验过程中,风扇应工作。

b) 有几个不同转速的风扇传动:

如果风扇能以几个不同的转速运转,试验按以下进行:

——在风扇最大工作转速下进行,或者

——首先风扇调整到零转速进行试验,然后风扇调整到最大工作转速进行试验。结合两次的试验结果,按式(1)计算的时间平均 A 计权声压级 $L_{pA,T}$ 作为试验结果:

$$L_{pA,T}=10\lg(0.3\times 10^{0.1L_{pA,0\%}}+0.7\times 10^{0.1L_{pA,100\%}})\text{dB} \quad\cdots\cdots\cdots\cdots\cdots(1)$$

式中:

$L_{pA,0\%}$——风扇转速为零时,时间平均 A 计权声压级;

$L_{pA,100\%}$——风扇转速为最大时,时间平均 A 计权声压级。

c) 带无级变速的风扇传动:

风扇无级变速运转时,试验应按 7.3b)进行,或者按制造商设定的不低于最高工作转速 70%的风扇转速下进行。

d) 机器装有一个以上风扇:

所有风扇应按 a)、b)或 c)中的规定运转。

7.4 机器行驶工况的操作

机器行驶路径应按 6.3.1 的规定和图 2 所示。对于履带式机器,行驶路面应为砂路面;对橡胶轮胎式机器,行驶路面为 5.3.2 规定的硬反射面。机器的操作应按附录 B～附录 L 的规定。

机器行驶时工作装置和附属装置应置于较低的运输位置,即在行驶道路上部(300±50)mm。机器应在最大油门位置(高速空转)下,以稳定的前进与倒退速度行驶。对于驾乘式机器,履带式和钢轮式机器前进行驶的速度应接近但不超过 4 km/h,橡胶轮胎式机器前进行驶的速度应接近但不超过 8 km/h。倒退行驶时,不管速度如何,应采用相应的挡位。对大多数机械,挡位为前进 1 档和倒退 1 档。静液压驱动的机器,由于很难将其行驶速度控制在精确值,履带式和钢轮式机器的速度应在 3.5 km/h～4 km/h 范围内,橡胶轮胎式机器的速度应在 7 km/h～8 km/h 范围内。

对于步行操纵的机器,前进速度不应超过 6 km/h,后退速度不应超过 2.5 km/h。

本运行工况在半球面内两个方向连续进行,除非另有规定,工作装置和附属装置并不动作。如果最低挡的速度超过规定速度,仍应使发动机在最大油门(高速空转)下运转。对于发动机在最大油门(高速空转)下的静液压驱动的机器,行驶速度应调整到以上规定的速度。仅当机器中心点运行到图 2 中行驶路径 AB 之间时才进行声压级测量。

当机器行驶通过试验道路时,为保持机器的行驶路径在试验道路中心线上,司机应做出转向修正。

三个单次的向前与向后循环需按 8.1 的规定进行。

8 A计权声功率级的确定

8.1 测量程序

按 GB/T 3767—1996 确定 A 计权声功率级。

对附录 B～附录 L 定义的每类特定机器族的每种工况，所有传声器位置的时间平均 A 计权声压级（最好同时测量）应至少测量三次。

从上述的测量结果中，按 8.2 计算每类特定机器族组合作业循环（见附录 B～附录 L）的声功率级（至少 3 个）。

为满足 8.3 的要求，可能要补充作业循环测量。附录 M 给出了噪声测量的指南。

8.2 A计权声功率级的计算

由式(2)计算机器的 A 计权声功率级 L_{WA}，单位为分贝(dB)：

$$L_{WA} = \overline{L_{pA,T}} - K_{1A} - K_{2A} + 10\ \lg\left(\frac{S}{S_0}\right) \text{dB} \quad \cdots\cdots(2)$$

式中：

$\overline{L_{pA,T}}$——在测量面上，时间平均 A 计权声压级的能量平均值，单位为分贝（dB）（基准声压：20 μPa），按式(3)计算：

$$\overline{L_{pA,T}} = 10\ \lg\left[\frac{1}{N}\sum_{i=1}^{N}10^{0.1L_{pA,i}}\right] \text{dB} \quad \cdots\cdots(3)$$

式中：

$L_{pA,i}$——从传声器位置 i 测得的时间平均 A 计权声压级，单位为分贝(dB)（基准声压：20 μPa）；

N——传声器位置总数($N=6$)；

K_{1A}——背景噪声修正值（见 5.4）；

K_{2A}——环境修正值（见 5.2 和 5.3.1）；

S——半球测量面的面积，单位为平方米(m^2)，$S=2\pi r^2$；

$S_0=1\ m^2$；

半径为 4 m 时，$10\ \lg\left(\frac{S}{S_0}\right)=20.0$ dB；半径为 10 m 时，$10\ \lg\left(\frac{S}{S_0}\right)=28.0$ dB；半径为 16 m 时，$10\ \lg\left(\frac{S}{S_0}\right)=32.1$ dB。

所有中间计算结果（例如声压级和面积计算等）应保留到小数点后一位。

8.3 测量结果的确定

从各传声器位置得到的三组数据计算出三个 A 计权声功率级值（见 8.1）。

如果得到的三个值中有两个值彼此之间相差不超过 1 dB，不必再进行测量；否则，应继续测量，直至有两个值彼此之间相差不超过 1 dB。用彼此相差不超过 1 dB 的两个较高值的算术平均值作为报告值。

9 记录的信息

按本标准所作的所有试验应收集和记录以下信息：

a) 试验机器

——机器制造商；

——机器型号；

——机器系列号；

——风扇传动系统类型，采用的试验方法（按 7.3 的 a)、b)或 c) 的规定），包括相应系统的最大风扇转速和试验中每个风扇使用的转速；

——机器的配置，包括主要工作装置和附属装置，最大油门（高速空转）下发动机转速，风扇转速和传动比或控制设置；

——按 GB/T 16936 规定的发动机在相应转速下的净功率，单位为千瓦（kW）。

b） 声学环境

——所用的试验场地和试验场地测量地面类型的说明，包括表明机器位置的草图；

——试验场地的气温、气压、相对湿度和风速。

c） 仪器

——声学测量使用的仪器，包括仪器名称、型号、编号和制造商；

——仪器系统的校准方法；

——仪器的校准日期和校准地点。

d） 声学数据

——传声器位置；

——按 8.1 进行每次测量时，传声器位置处的时间平均 A 计权声压级；

——每个传声器位置处背景噪声的 A 计权声压级；

——对于附录 B～附录 L 每种作业循环，按 8.2 计算的测量面上的时间平均 A 计权声压级；

——按 8.2 计算的、8.3 确定的 A 计权声功率级的最终值。

10 报告的信息

10.1 信息

报告应给出以下信息：

a） 机器的制造商、型号、系列号、标定转速下发动机净功率（单位为 kW，按 GB/T 16936 规定），机器的配置，包括主要附属装置，以及测试所用试验场地的地面类型；

b） 按 8.3 确定的 A 计权声功率级，圆整至最接近的整数（尾数＜0.5 时，圆整到较小的整数，尾数≥0.5 时，圆整到较大的整数）；

c） 机器定置和变速器空挡下，在最大无载油门位置（高速空转）下的发动机转速；

d） 风扇传动系统类型，按 7.3 的 a）、b）或 c）规定的试验方法，包括相应系统的最大风扇转速和每个风扇在试验中使用的转速；

e） 燃油箱的油位；适用时，包括洒水箱的水位以及填充厢。

10.2 声发射值和不确定度的标示

在某些商品市场上，实行规范性附录 N 所列出的附加要求。如果涉及到声发射值和不确定度的标示，应根据附录 N 作出标示。

附 录 A
（规范性附录）
基本长度 l 及机器补充说明

A.1 推土机

A.1.1 履带式推土机

见图 A.1。

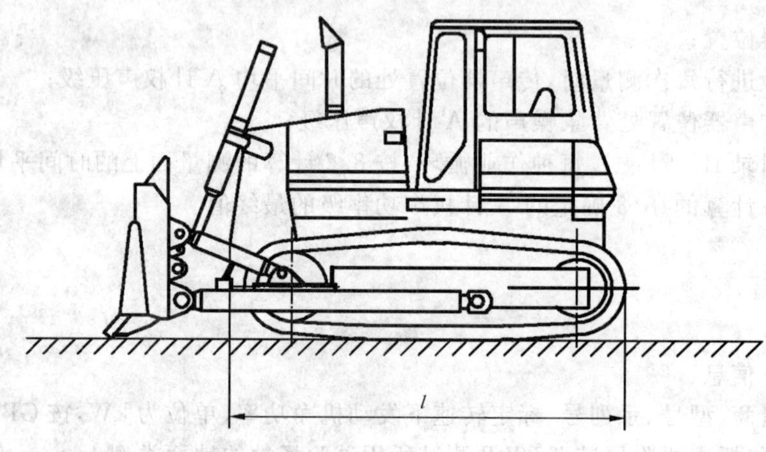

图 A.1

A.1.2 轮胎式推土机

见图 A.2。

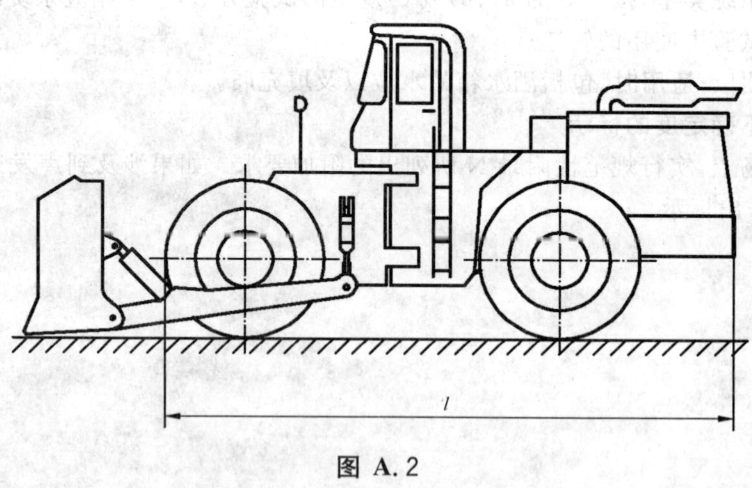

图 A.2

A.2 装载机

A.2.1 轮胎式装载机

工作质量＞4 500 kg 的轮胎式装载机。见图 A.3。

图 A.3

A.2.2 小型轮胎式装载机

工作质量≤4 500 kg 的轮胎式装载机。见图 A.4。

图 A.4

A.2.3 履带式装载机

见图 A.5。

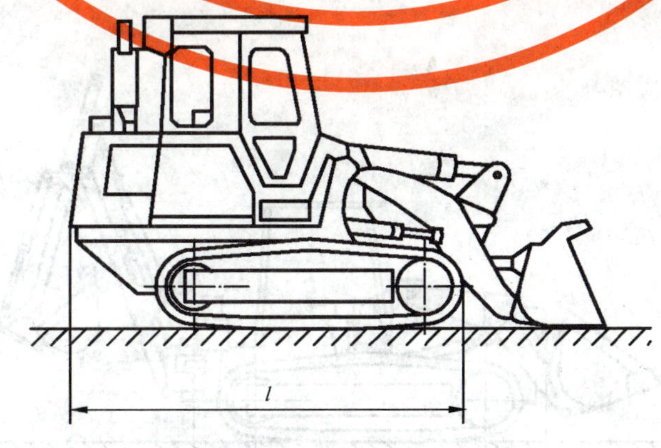

图 A.5

A.2.4 滑移转向装载机

见图 A.6。

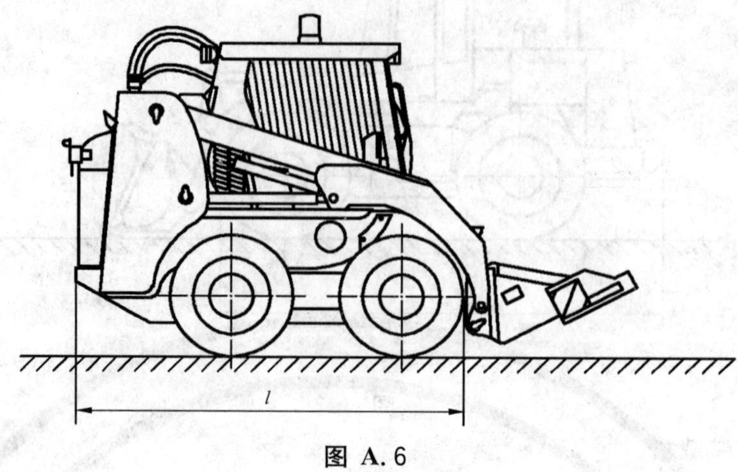

图 A.6

A.3 挖掘装载机

A.3.1 轮胎式挖掘装载机

见图 A.7。

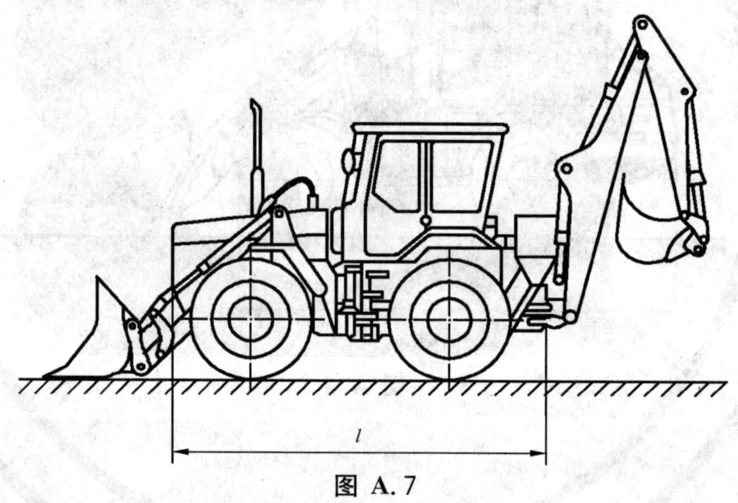

图 A.7

A.3.2 履带式挖掘装载机

见图 A.8。

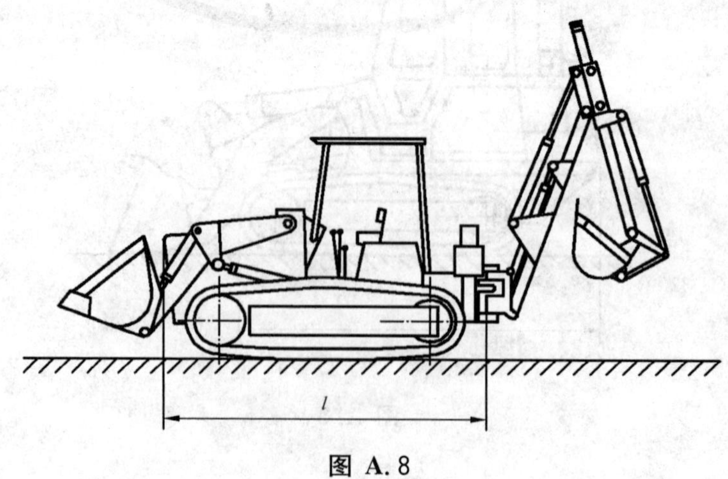

图 A.8

A.4 挖掘机

A.4.1 轮胎式挖掘机

见图 A.9。

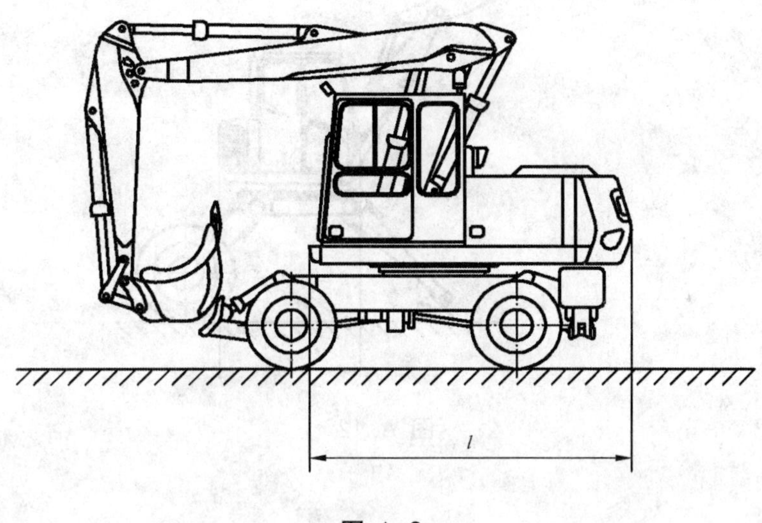

图 A.9

A.4.2 履带式挖掘机

见图 A.10。

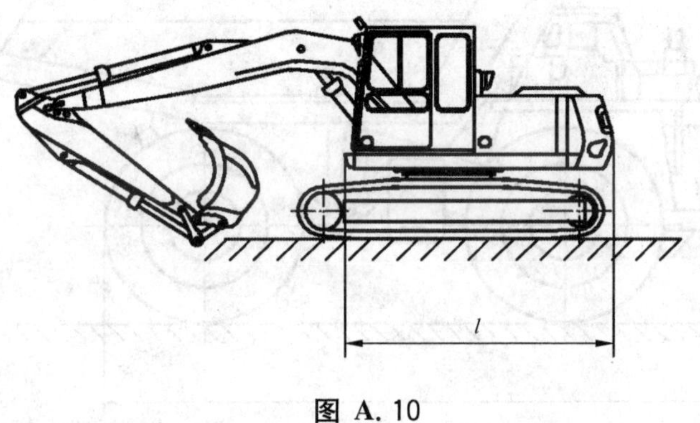

图 A.10

A.4.3 小型挖掘机

工作质量≤6 000 kg 的挖掘机。见图 A.11。

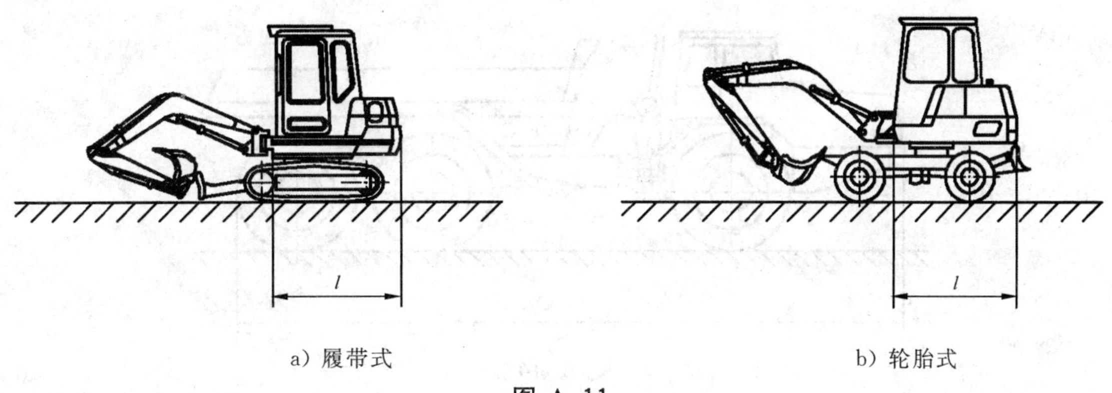

a) 履带式　　b) 轮胎式

图 A.11

A.4.4 步履式挖掘机

见图 A.12。

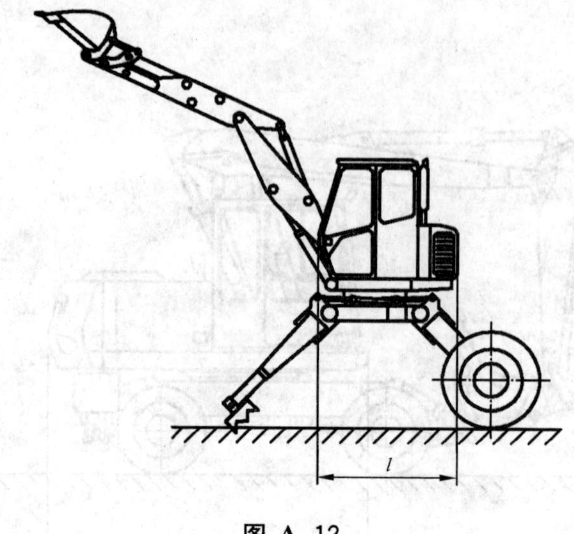

图 A.12

A.5 自卸车

A.5.1 轮胎式刚性车架自卸车

见图 A.13。

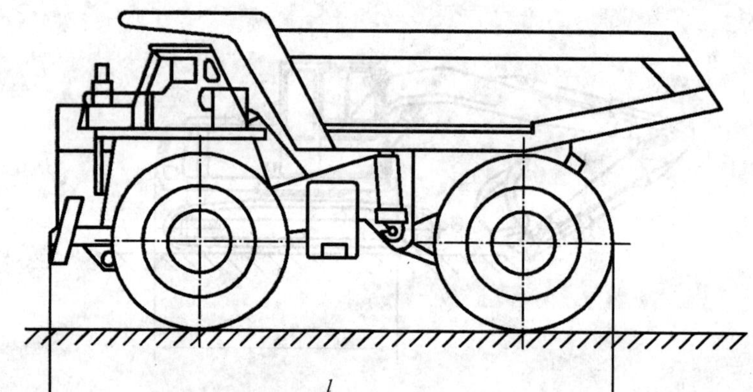

图 A.13

A.5.2 铰接车架自卸车

见图 A.14。

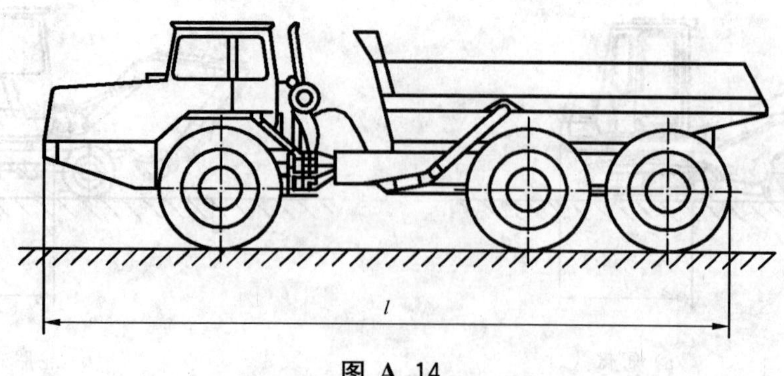

图 A.14

A.5.3 履带式自卸车

见图 A.15。

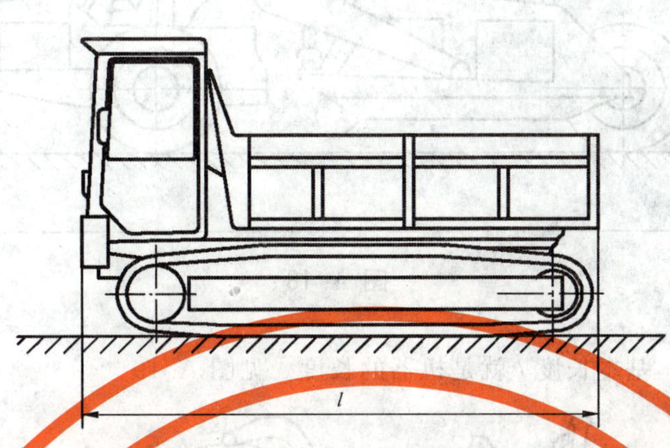

图 A.15

A.5.4 小型轮胎式自卸车

工作质量≤4 500 kg 的轮胎式自卸车。见图 A.16。

图 A.16

A.5.5 小型履带式自卸车

工作质量≤4 500 kg 的履带式自卸车。见图 A.17。

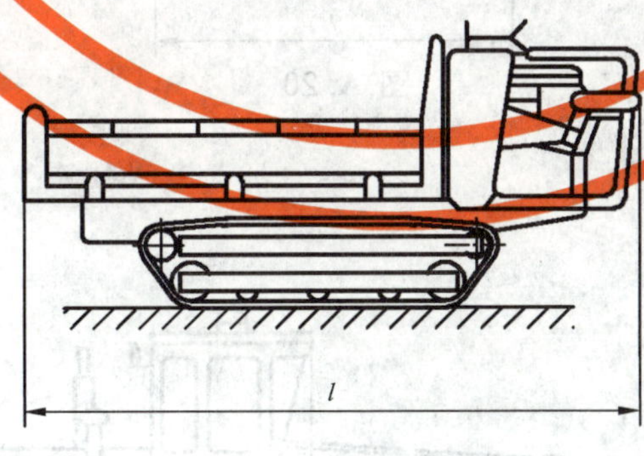

图 A.17

A.6 铲运机

A.6.1 单发动机铲运机

对于单发动机铲运机，基本长度 l 就是机器的长度。见图 A.18。

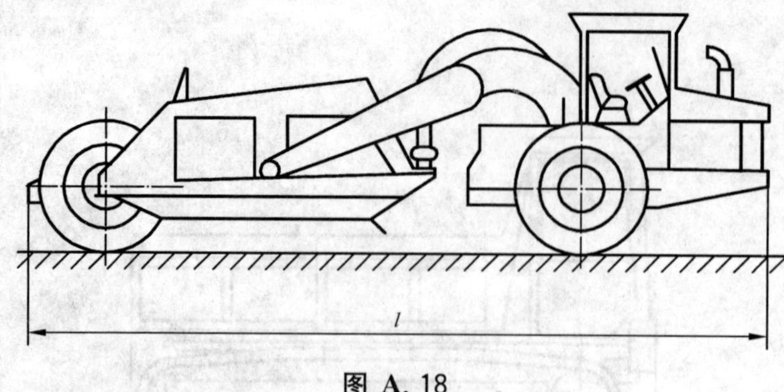

图 A.18

A.6.2 双发动机铲运机

对于双发动机铲运机，基本长度 l 就是机器的长度。见图 A.19。

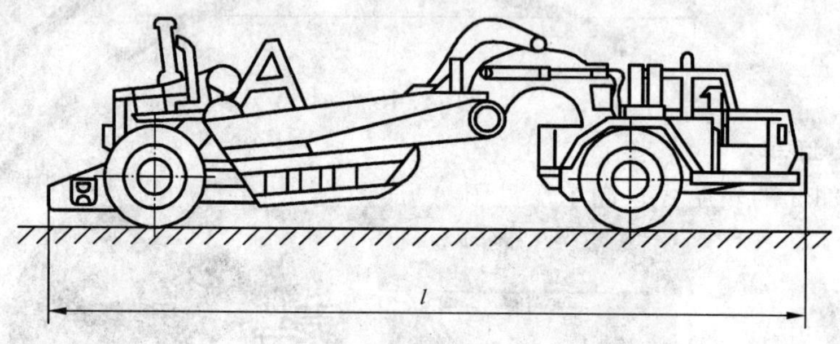

图 A.19

A.6.3 履带式铲运机

见图 A.20。

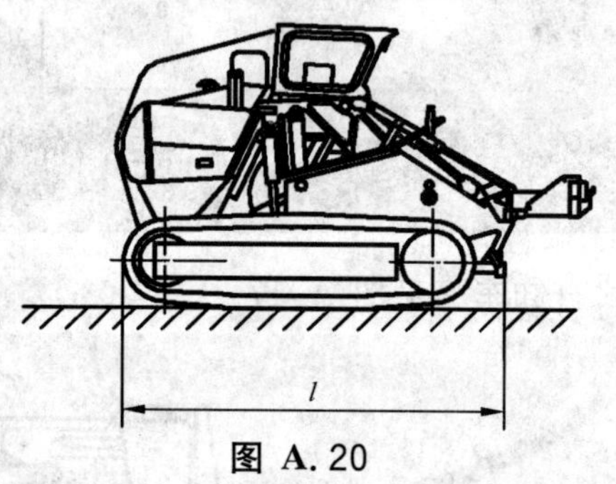

图 A.20

A.7 平地机

见图 A.21。

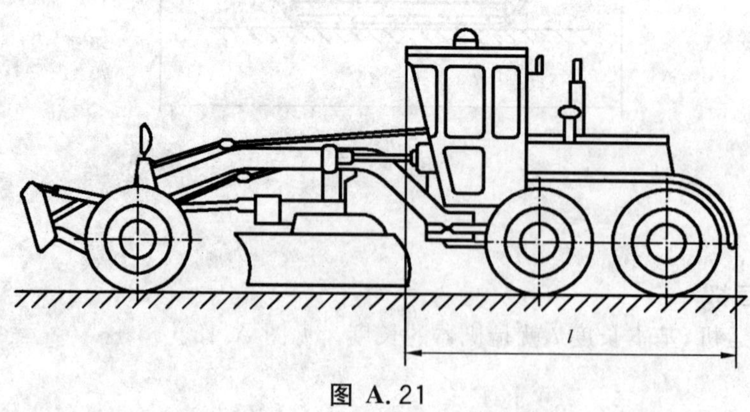

图 A.21

A.8 吊管机

见图 A.22。

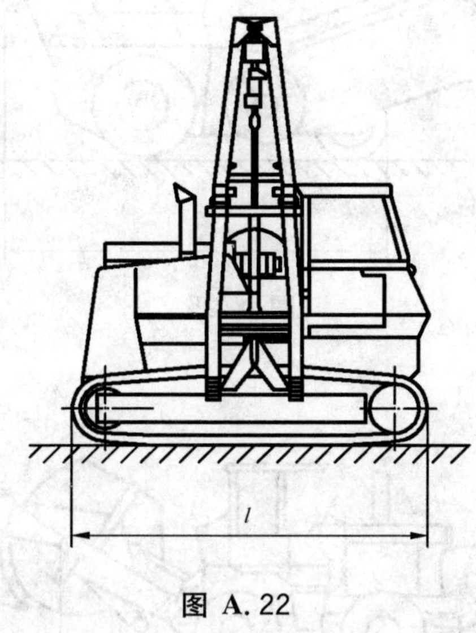

图 A.22

A.9 挖沟机

A.9.1 驾乘式轮胎挖沟机

见图 A.23。

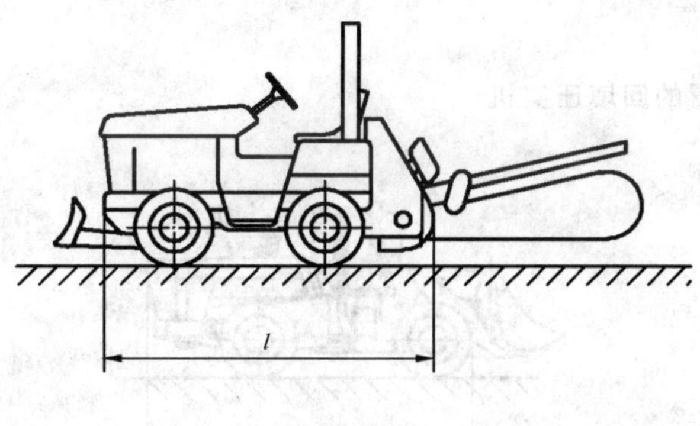

图 A.23

A.9.2 驾乘式履带挖沟机

见图 A.24。

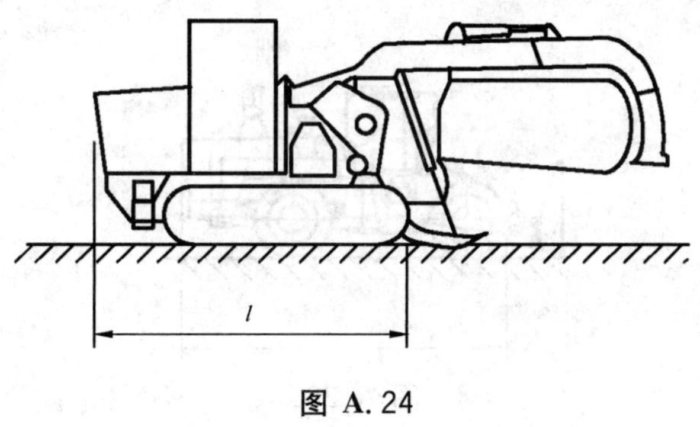

图 A.24

A.9.3 步行操纵式挖沟机

见图 A.25。

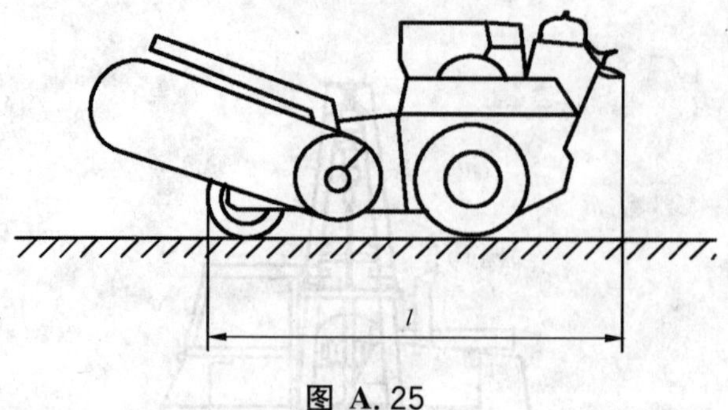

图 A.25

A.9.4 盘式挖沟机

见图 A.26。

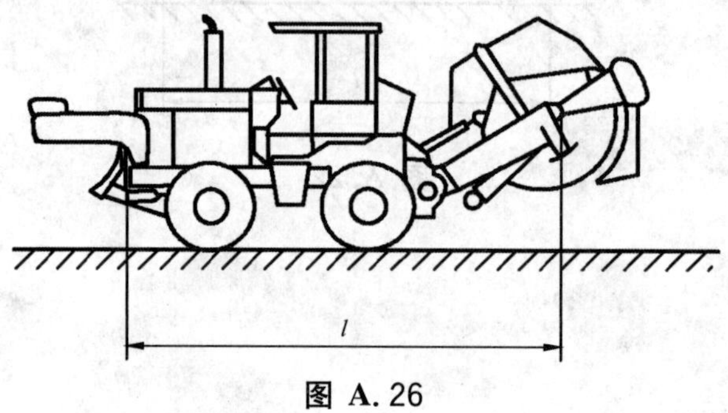

图 A.26

A.10 回填压实机

A.10.1 配备装载工作装置的回填压实机

见图 A.27。

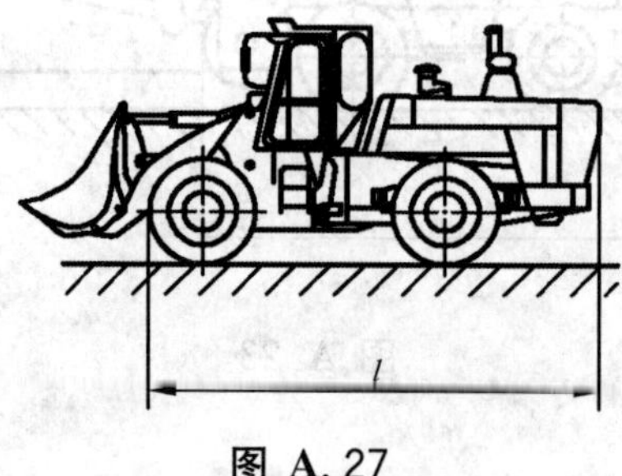

图 A.27

A.10.2 配备推土工作装置的回填压实机

见图 A.28。

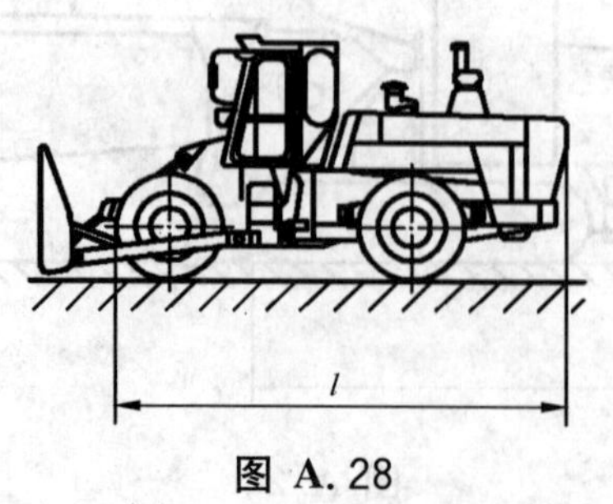

图 A.28

A.11 压路机

见图 A.29。

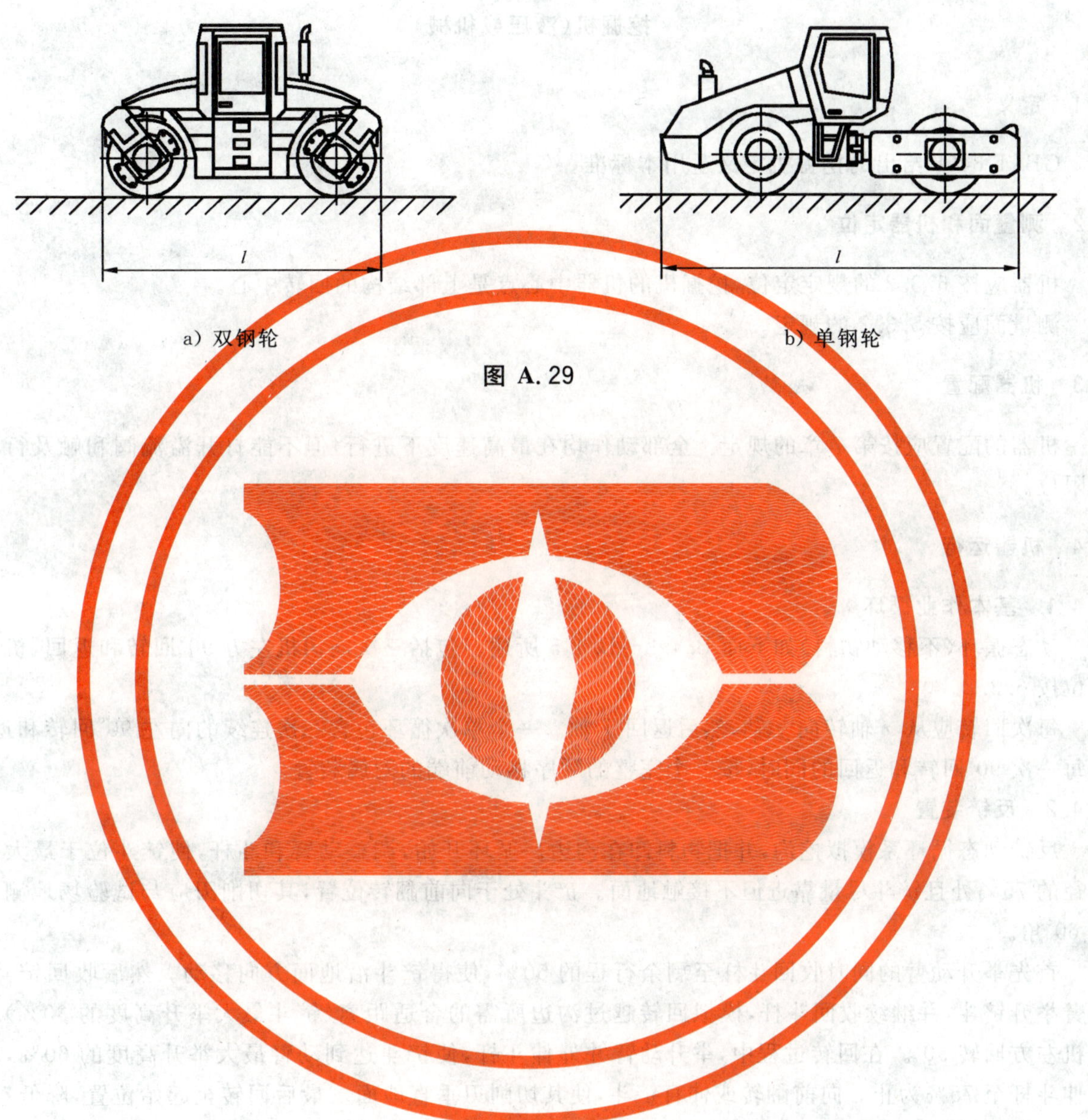

a) 双钢轮　　b) 单钢轮

图 A.29

附　录　B
（规范性附录）
挖掘机（液压或机械）

B.1　定义

GB/T 8498 给出的挖掘机定义适用本标准。

B.2　测量面和机器定位

机器应按 6.3.2 的规定定位，挖掘机的机器中心点是上部结构的回转中心。

测量面应按 5.3.2 的规定。

B.3　机器配置

机器的配置应按第 7 章的规定。全部动作均在最高速度下进行，但不能打开溢流阀和触及行程末端限位。

B.4　机器运行

B.4.1　基本作业循环

动态循环（不移动物料）如下面 B.4.2～B.4.5 所述。包括三次向司机左方 90°回转和返回，机器的定位按 6.3.2。

每次回转应从 x 轴转向 y 轴，然后返回 x 轴。一个单次循环包含三次连续的向左 90°回转和返回，在每一次 90°回转和返回的同时，按一个完整的顺序移动前端的附属装置。

B.4.2　反铲装置

反铲动态循环系模拟挖沟，并把物料卸在沟边。循环开始，调整动臂和斗杆，使铲斗位于最大挖掘半径的 75％处且铲斗尽量靠近但不接触地面。铲斗处于向前翻转位置，其切削刃应与试验场地测量面成 60°角。

首先举升动臂的同时收回斗杆至剩余行程的 50％，使得铲斗沿地面方向移动。然后收回铲斗，用动臂举升铲斗，并继续收回斗杆，模拟回转越过沟边所需的合适距离（铲斗最大举升高度的 30％）。向司机左方回转 90°。在回转过程中，举升动臂并外伸斗杆，使铲斗达到动臂最大举升高度的 60％，然后外伸斗杆至 75％为止。向前翻转或伸直铲斗，使其切削刃垂直地面。最后回转至起始位置，降低动臂，收回铲斗。

为完成单个动态循环，连续两次以上重复上述程序。

B.4.3　正铲装置

正铲作业循环模拟高墙面的挖掘。循环开始时，铲斗切削刃与地面平行，铲斗位于 75％的回收位置，离地面 0.5 m。

首先外伸铲斗至行程的 75％，同时保持铲斗的原有方向。随后收斗，并举升至最大举升高度的 75％，并且斗杆外伸至 75％。向司机左方回转 90°，在回转结束时打开铲斗卸料机构。再回转至起始位置，使铲斗至 75％的回收位置和地面上方 0.5 m。

为完成单个动态循环，连续两次以上重复上述程序。

B.4.4　抓斗装置

抓斗作业循环系模拟低坑的挖掘。循环开始时，开启抓斗并使它位于试验场地上方 0.5 m。

首先关闭抓斗，然后提升抓斗至最大举升高度的一半，向司机左方回转 90°，打开抓斗，反向回转并降低抓斗至起始位置。

为完成单个动态循环，连续两次以上重复上述程序。

对小型挖掘机，抓斗高度尽量靠近地面但不接触地面。

B.4.5 拉铲装置

拉铲作业循环是模拟沟渠的分层挖掘，并把物料倾卸在沟旁。在循环时间内，动臂处于 40°角位置。铲斗垂直悬吊在动臂末端下方，离试验地面 0.5 m，拉索未触及地面。

首先回收铲斗使其尽量靠近机器，并保持离地面 0.5 m 的距离。铲斗回收后向司机左方回转 90°，同时打开铲斗卸料，并回收铲斗至起始位置。

为完成单个动态循环，连续两次以上重复上述程序。

附　录　C
（规范性附录）
推　土　机

C.1　定义

GB/T 8498 给出的推土机定义适用本标准。

C.2　测量面和机器定位

机器应按 6.3.1 的规定定位。

轮胎式推土机测量面应按 5.3.2 的规定，履带式推土机测量面应按 5.3.3 或 5.3.4 的规定。

C.3　机器配置

机器的配置应按第 7 章的规定。

C.4　机器运行

C.4.1　运行模式

机器的运行模式应按第 7 章的规定。

C.4.2　前进和倒退组合的行驶作业循环的计算

由于前进和倒退行驶工况是两种性质不同的工况，每个行驶方向上的时间和声压级均作为单独数据测量。合成循环的时间平均 A 计权声压级 $L_{pA,T}$，单位为分贝(dB)，按式(C.1)计算：

$$L_{pA,T}=10\lg\frac{1}{T_1+T_2}(T_1\times 10^{0.1L_{pA,1}}+T_2\times 10^{0.1L_{pA,2}})\,\mathrm{dB} \qquad (C.1)$$

式中：

T_1——在规定的行驶路径上，前进行驶工况下的时间间隔；

T_2——在规定的行驶路径上，倒退行驶工况下的时间间隔；

$L_{pA,1}$、$L_{pA,2}$——在 T_1 和 T_2 时间间隔内测定的量。

附 录 D
（规范性附录）
装 载 机

D.1 定义

GB/T 8498 给出的装载机定义适用本标准。

D.2 测量面和机器定位

机器行驶工况下按 6.3.1 的规定定位，定置作业循环工况按 6.3.2 的规定定位。

轮胎式装载机测量面应按 5.3.2 的规定，履带式装载机测量面应按 5.3.3 或 5.3.4 的规定。

D.3 机器配置

机器的配置应按第 7 章的规定。

全部动作均在最高速度下进行，但不能打开溢流阀和触及行程末端限位。

D.4 机器运行

D.4.1 总则

动态循环是行驶工况和定置作业循环工况的组合。

D.4.2 行驶工况

D.4.2.1 运行模式

机器的运行模式应按第 7 章的规定。

D.4.2.2 行驶工况的计算

由于前进和倒退行驶工况是两种性质不同的工况，每个行驶方向上的时间和声压级均作为单独数据测量。合成行驶循环的时间平均 A 计权声压级 $L_{pA,3}$，单位为分贝(dB)，按式(D.1)计算。

$$L_{pA,3} = 10\ \lg \frac{1}{T_1 + T_2}(T_1 \times 10^{0.1L_{pA,1}} + T_2 \times 10^{0.1L_{pA,2}})\text{dB} \qquad \text{(D.1)}$$

式中：

T_1——在规定的行驶路径上，前进行驶工况下的时间间隔；

T_2——在规定的行驶路径上，倒退行驶工况下的时间间隔；

$L_{pA,1}$、$L_{pA,2}$——在 T_1 和 T_2 时间间隔内测定的量。

D.4.3 定置作业循环工况

发动机在最大油门位置(高速空转)下运转，变速器处于空挡，举升铲斗从运输位置到最大提升高度的 75%位置，然后回到运输位置，共进行三次。这一系列动作被认为是静液压模式下的单个循环。

D.4.4 行驶工况和定置作业循环工况的合成计算

合成行驶工况和定置作业循环工况的时间平均 A 计权声压级 $L_{pA,T}$，单位为分贝(dB)，按式(D.2)计算：

$$L_{pA,T} = 10\ \lg(0.5 \times 10^{0.1L_{pA,3}} + 0.5 \times 10^{0.1L_{pA,4}})\text{dB} \qquad \text{(D.2)}$$

式中：

$L_{pA,3}$——在规定的行驶路径上，行驶工况下测定的量；

$L_{pA,4}$——在定置作业循环下测定的量。

附 录 E
（规范性附录）
挖掘装载机

E.1 定义

GB/T 8498 给出的挖掘装载机定义适用本标准。

E.2 测量面和机器定位

机器行驶工况下按 6.3.1 的规定定位，定置作业循环工况按 6.3.2 的规定定位。

轮胎式挖掘装载机测量面应按 5.3.2 的规定，履带式挖掘装载机测量面应按 5.3.3 或 5.3.4 的规定。

E.3 机器配置

机器的配置应按第 7 章的规定。对于反铲操作，发动机转速按机器制造商的规定设置。

全部动作均在最高速度下进行，但不能打开溢流阀和触及行程末端限位。

E.4 机器运行

E.4.1 总则

对于机器的装载部分，动态循环是行驶工况和定置作业循环工况的组合，而对于机器的反铲部分，动态循环是作业循环工况的组合。

E.4.2 装载部分—行驶工况和定置作业循环工况

按 D.4 规定的程序运行装载机模式，反铲铲斗处于运输位置。

E.4.3 反铲—作业循环工况

按 B.4.1 和 B.4.2 规定的程序运行反铲模式，只是以 45°角代替条款中的 90°角。

E.4.4 反铲与装载合成循环的计算

反铲与装载合成循环的时间平均 A 计权声压级 $L_{pA,T}$，单位为分贝(dB)，按式(E.1)计算：

$$L_{pA,T}=10\lg(0.8\times10^{0.1L_{pA,B}}+0.2\times10^{0.1L_{pA,L}})\text{dB} \qquad \cdots\cdots(\text{E.1})$$

式中：

$L_{pA,B}$——反铲作业循环工况测定的量，

$L_{pA,L}$——装载部分作业(行驶工况和定置作业循环工况)测定的量。

附 录 F
（规范性附录）
自 卸 车

F.1 定义

GB/T 8498 给出的自卸车定义适用本标准。

F.2 测量面和机器定位

机器行驶工况按 6.3.1 的规定定位，定置作业循环工况按 6.3.2 的规定定位。

轮胎式自卸车测量面应按 5.3.2 的规定，履带式自卸车测量面应按 5.3.3 或 5.3.4 的规定。

F.3 机器配置

机器的配置应按第 7 章的规定。

全部动作均在最高速度下进行，但不能打开溢流阀和触及行程末端限位。

F.4 机器运行

F.4.1 总则

动态循环是行驶工况和定置作业循环工况的组合。

F.4.2 行驶工况

仅在前进行驶工况下进行测量。

行驶速度按 7.4 的规定。如果行驶速度不能达到 7.4 的要求，使用第 1 挡的最高车速。

F.4.3 定置作业循环工况

发动机在最大油门位置（高速空转）下运转，变速器处于空挡。自卸车车厢从运输位置举升至 75% 的最大卸载位置，然后返回运输位置，共进行三次。这一系列动作被认为是定置作业循环工况的单个循环。如果发动机动力不用于倾卸车厢，发动机应在最小油门位置（低速空转），变速器处于空挡。测量应在不倾卸车厢下进行，观测时间为 15 s。

F.4.4 定置低速空转工况

发动机应在稳定的空负荷，油门处于最小位置（低速空转）条件下运转。变速器处于空挡。全部测量时间为 15 s～30 s。这一系列动作被认为是定置低速空转工况的单个循环。

F.4.5 行驶工况、定置作业循环和定置低速空转工况合成循环的计算

行驶工况、定置作业循环和定置低速空转工况合成循环的时间平均 A 计权声压级 $L_{pA,T}$，单位为分贝（dB），按式（F.1）计算：

$$L_{pA,T}=10\ \lg(0.8\times 10^{0.1L_{pA,1}}+0.05\times 10^{0.1L_{pA,2}}+0.15\times 10^{0.1L_{pA,3}})\text{dB} \quad \cdots\cdots(\text{F.1})$$

式中：

$L_{pA,1}$——行驶工况下测定的量；

$L_{pA,2}$——自卸车在定置作业循环工况下测定的量；

$L_{pA,3}$——自卸车在定置低速空转工况下测定的量。

附 录 G
（规范性附录）
平 地 机

G.1 定义

GB/T 8498 给出的平地机定义适用本标准。

G.2 测量面和机器定位

机器应按 6.3.2 的规定定位。
测量面应按 5.3.2 的规定。

G.3 机器配置

机器的配置应按第 7 章的规定。

G.4 机器运行

仅在前进行驶工况下进行测量。
行驶速度应按第 7 章的规定。

附 录 H
（规范性附录）
回填压实机

H.1 定义

GB/T 8498 给出的回填压实机定义适用本标准。

H.2 测量面和机器定位

机器应按 6.3.2 的规定定位。

测量面应按 5.3.2 或 5.3.3 的规定。

H.3 机器配置

机器的配置应按第 7 章的规定。

为简化操作程序，回填压实机的试验可安装橡胶轮胎，以便能在硬反射面上进行试验。如果机器试验安装的是钢轮，应采用 5.3.3 或 5.3.4 规定的测量面。

H.4 机器运行

H.4.1 总则

机器的工况应按第 7 章的规定。

如果行驶速度不能达到 7.4 的要求，使用第 1 挡的最高车速。

H.4.2 行驶工况的计算

由于前进和倒退行驶工况是两种性质不同的工况，每个行驶方向上的时间和声压级均作为单独数据测量。合成循环的时间平均 A 计权声压级 $L_{pA,T}$，单位为分贝(dB)，按式(H.1)计算：

$$L_{pA,T}=10\ \lg\frac{1}{T_1+T_2}(T_1\times10^{0.1L_{pA,1}}+T_2\times10^{0.1L_{pA,2}})\text{dB} \quad\cdots\cdots(\text{H.1})$$

式中：

T_1——在规定的行驶路径上，前进行驶工况下的时间间隔；

T_2——在规定的行驶路径上，倒退行驶工况下的时间间隔；

$L_{pA,1}$、$L_{pA,2}$——在 T_1 和 T_2 时间间隔内测定的量。

附 录 I
（规范性附录）
挖 沟 机

I.1 定义

GB/T 8498 给出的挖沟机定义适用本标准。

I.2 测量面和机器定位

机器应按 6.3.1 的规定定位。

测量面应按 5.3.2 的规定。

I.3 机器配置

机器的配置应按第 7 章的规定。

链式挖沟机的动臂应处于水平位置。

轮盘应尽量接近地面。

I.4 机器运行

I.4.1 链式挖沟机定置作业循环工况

用于转动挖沟链的机械传动装置应卸下挖沟链，以推荐的最大工作转速运转。

全部测量时间为 15 s～30 s。这一系列动作被认为是单个循环。

I.4.2 盘式挖沟机定置作业循环工况

轮盘应在推荐的最大工作转速下空负荷运转。

全部测量时间为 15 s～30 s。这一系列动作被认为是单个循环。

附 录 J
（规范性附录）
铲 运 机

J.1 定义

GB/T 8498 给出的铲运机定义适用本标准。

J.2 测量面和机器定位

机器行驶工况下按 6.3.1 的规定定位，定置作业循环工况按 6.3.2 的规定定位。

轮胎式铲运机测量面应按 5.3.2 的规定，履带式铲运机测量面应按 5.3.3 或 5.3.4 的规定。

J.3 机器配置

机器的配置应按第 7 章的规定。

全部动作均在最高速度下进行，但不能打开溢流阀和触及行程末端限位。

J.4 机器运行

J.4.1 总则

动态循环是行驶工况和定置作业循环工况的组合。

J.4.2 行驶工况

机器的运行应符合 6.3.1 的规定，但仅进行前进行驶工况。

对于双发动机铲运机，机器应在两个发动机均以最大油门转速（高速空转）下运行。

J.4.3 铲运机定置作业循环工况

J.4.3.1 无升运装置的铲运机

发动机在最大油门位置（高速空转）下运转，变速器处于空挡。

卸土板应不触及终端限位装置，从后部位置移向前部位置，然后返回后部位置，共进行三次。

这一系列动作被认为是定置作业循环工况的单个循环。

J.4.3.2 带升运装置的铲运机

发动机在最大油门位置（高速空转）下运转，变速器处于空挡。

升运装置应以其最高速度的 50%运行。

全部测量时间为 15 s～30 s。这一系列动作被认为是定置作业循环工况的单个循环。

J.4.4 行驶工况和定置作业循环工况的合成计算

合成行驶工况和定置作业循环工况的时间平均 A 计权声压级 $L_{pA,T}$，单位为分贝（dB），按式（J.1）计算：

$$L_{pA,T} = 10\ \lg(0.9 \times 10^{0.1L_{pA,3}} + 0.1 \times 10^{0.1L_{pA,4}})\,\mathrm{dB} \qquad (\mathrm{J.1})$$

式中：

$L_{pA,3}$——行驶工况下测定的量；

$L_{pA,4}$——在定置作业循环下测定的量。

附 录 K
（规范性附录）
吊 管 机

K.1 定义

GB/T 8498 给出的吊管机定义适用本标准。

K.2 测量面和机器定位

机器按 6.3.2 的规定定位。

轮胎式吊管机测量面应按 5.3.2 的规定，履带式吊管机测量面应按 5.3.3 或 5.3.4 的规定。

K.3 机器配置

机器的配置应按第 7 章的规定。

K.4 机器运行

K.4.1 总则

吊管机的动态循环仅是定置作业循环工况，该工况是吊管机的典型应用工况。

K.4.2 起重臂工况

起重臂应不触及末端限位装置，从最低允许位置至最大提升位置提升三次。这一系列动作被认为是单个循环。重复三次，以满足 8.1 规定的三个作业循环的要求。

K.4.3 吊钩移动工况

起重臂应在最大提升位置，吊索速度应为低挡的最大值。

吊钩应不触及末端限位装置，从尽量接近地面的位置至最大提升高度提升三次。这一系列动作被认为是单个循环。重复三次，以满足 8.1 规定的三个作业循环的要求。

K.4.4 低速空转工况

发动机应在稳定的空负荷，油门处于最小位置（低速空转）条件下运转。变速器处于空挡。全部测量时间为 15 s～30 s。

这一系列动作被认为是定置低速空转工况的单个循环。

K.4.5 定置作业循环工况合成的计算

定置作业循环工况合成的时间平均 A 计权声压级 $L_{pA,T}$，单位为分贝（dB），按式（K.1）计算：

$$L_{pA,T}=10\lg(0.2\times10^{0.1L_{pA,1}}+0.2\times10^{0.1L_{pA,2}}+0.6\times10^{0.1L_{pA,3}})\text{dB} \qquad (K.1)$$

式中：

$L_{pA,1}$——起重臂工况下测定的量；

$L_{pA,2}$——吊钩工况下测定的量；

$L_{pA,3}$——低速空转工况下测定的量。

附 录 N
(规范性附录)
声发射值和不确定度的标示

如果要对声发射值和不确定度作出标示(例如为符合法规要求),应遵循以下规定。

在确定A计权声功率级时,应考虑测量的不确定度以及在系列机器情况下由于产量变化产生的不确定度。

根据GB/T 3767—1996的表2,所测A计权声功率级可再现性的标准偏差最大值为1.5 dB。GB/T 14574—2000的3.2.1定义了再现性标准偏差(对同一声源在不同时间、不同条件下,重复应用同一个噪声发射测量方法)。

GB/T 14574—2000的附录A给出了噪声发射值的标示准则。

正如GB/T 14574—2000的B.2或其他可以采用的标示方法所示,A计权声功率级和相应的不确定度应各自作出标示(双值噪声发射标示值)。

注1:现有经验趋于表明,A计权声功率级的再现性标准偏差数值在0.5 dB~0.8 dB之间。

注2:经验已证明,GB/T 14574—2000的3.24定义的参考标准偏差σ_M(土方机械的每个族都要规定,并考虑每一类机器的批量)远低于GB/T 14574—2000表A.1给出的标准偏差σ_M的估计值。根据现有的可靠数据,土方机械的A计权声功率级的参考标准偏差σ_M很可能近似于1.0 dB。

注3:注1和注2给出的信息是基于符合欧盟法规(例如2000/14/EC指令)的实践经验。

参 考 文 献

［1］ GB/T 25613—2010 土方机械 司机位置发射声压级的测定 定置试验条件(ISO 6394:2008,IDT)

［2］ GB/T 25614—2010 土方机械 司机位置发射声压级的测定 动态试验条件(ISO 6396:2008,IDT)

［3］ 2000/14/EC 指令 欧洲议会和欧洲联盟关于使各成员国有关户外用设备在环境中排放噪声的法律趋于一致的指令

ICS 17.140.20;53.100
P 97

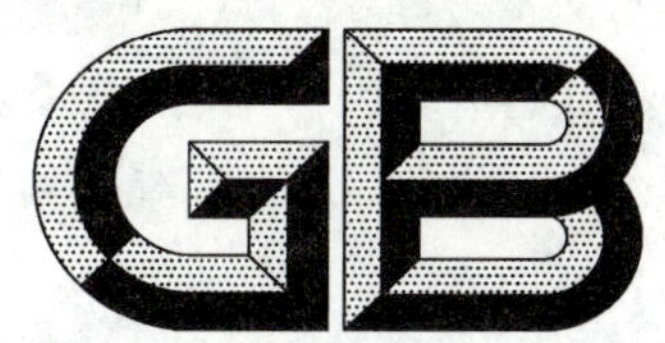

中华人民共和国国家标准

GB/T 25615—2010/ISO 6396:2008
代替 GB/T 16710.5—1996

土方机械 司机位置发射声压级的测定 动态试验条件

Earth-moving machinery—Determination of emission sound pressure level at operator's position—Dynamic test conditions

(ISO 6396:2008,IDT)

2010-12-01 发布　　2011-03-01 实施

中华人民共和国国家质量监督检验检疫总局
中国国家标准化管理委员会　发布

前　言

本标准等同采用 ISO 6396:2008《土方机械　司机位置发射声压级的测定　动态试验条件》(英文版)。

本标准等同翻译 ISO 6396:2008。

为便于使用,本标准对 ISO 6396:2008 作了下列编辑性修改:

——将“本国际标准”一词改为“本标准”;

——用小数点“.”代替作为小数点的“,”;

——删除国际标准的前言;

——对 ISO 6396:2008 中引用的国际标准,用已采用为我国的标准代替对应的国际标准;

——GB/T 14574—2000 和 GB/T 17248.1—2000 从参考文献中移到第 2 章的规范性引用文件。

本标准是对 GB/T 16710.5—1996《工程机械　动态试验条件下司机位置处噪声的测定》的修订。

本标准与 GB/T 16710.5—1996 相比,主要变化如下:

——标准名称由“工程机械　动态试验条件下司机位置处噪声的测定”改为“土方机械　司机位置发射声压级的测定　动态试验条件”;

——增加了引言、附录 A 和参考文献;

——扩大了标准适用的土方机械类型:

原标准适用机器为 4 类:挖掘机、推土机、装载机、挖掘装载机。

现标准适用机器为 11 类:推土机、装载机、挖掘装载机、挖掘机、自卸车、铲运机、平地机、吊管机、挖沟机、回填压实机、压路机。

——对司机状态,现标准按驾乘式机器和步行操纵的机器分别进行了规定;

——修改了空调和/或增压换气系统在测试时采用的工作速度挡位;

——记录的信息和报告的信息中,增加了风扇转速等内容;

——增加了声发射值和不确定度的标示。

本标准代替 GB/T 16710.5—1996。

本标准的附录 A 为规范性附录。

本标准由中国机械工业联合会提出。

本标准由全国土方机械标准化技术委员会(SAC/TC 334)归口。

本标准负责起草单位:天津工程机械研究院。

本标准参加起草单位:中国一拖集团有限公司。

本标准主要起草人:吴润才、任越光、栾新立。

本标准所代替标准的历次版本发布情况为:

——GB/T 16710.5—1996。

引　言

本标准是GB/T 8498定义的土方机械的专用试验规程。

本标准采用模拟的动态试验条件代替实际的作业循环试验条件。模拟动态试验条件提供具有可重复性和代表性的噪声发射数据，而实际的作业循环试验条件很复杂且难于再现。

本标准的专用试验规程规定了具体的试验程序，可使在动态试验条件下，以可重复的工况测定司机位置的平均时间A计权声压级。制造商的产品应装配有附属装置（铲斗、推土铲等），这些附属装置是机器在实际使用中最有可能的配置。

本标准能用于测定机器是否符合噪声限值，也可用于降噪研究的评价。

GB/T 25614《土方机械　声功率级的测定　动态试验条件》为另一个补充试验规程，此专用试验规程用于测定在动态试验条件下由土方机械发射噪声的A计权声功率级。

GB/T 25612《土方机械　声功率级的测定　定置试验条件》和GB/T 25613《土方机械　司机位置发射声压级的测定　定置试验条件》分别规定了在定置试验条件下，对环境发射噪声和司机位置处噪声的相应测试方法。

土方机械
司机位置发射声压级的测定
动态试验条件

1 范围

本标准规定了在机器动态试验条件的运行状态下，土方机械司机位置的时间平均 A 计权发射声压级的测定方法。

本标准适用于 GB/T 8498 定义的以及 GB/T 25614—2010《土方机械 声功率级的测定 动态试验条件》附录 A 规定的土方机械。

2 规范性引用文件

下列文件中的条款通过本标准的引用而成为本标准的条款。凡是注日期的引用文件，其随后所有的修改单(不包括勘误的内容)或修订版均不适用于本标准，然而，鼓励根据本标准达成协议的各方研究是否可使用这些文件的最新版本。凡是不注日期的引用文件，其最新版本适用于本标准。

GB/T 8420 土方机械 司机的身材尺寸与司机的最小活动空间(GB/T 8420—2000，eqv ISO 3411:1995)

GB/T 8498 土方机械 基本类型 识别、术语和定义(GB/T 8498—2008，ISO 6165:2006，IDT)

GB/T 14574—2000 声学 机器和设备噪声发射值的标示和验证(eqv ISO 4871:1996)

GB/T 16936 土方机械 发动机净功率试验规范(GB/T 16936—2007，ISO 9249:1997，MOD)

GB/T 17248.1—2000 声学 机器和设备发射的噪声 测定工作位置和其他指定位置发射声压级的基础标准使用导则(eqv ISO 11200:1995)

GB/T 17248.2 声学 机器和设备发射的噪声 工作位置和其他指定位置发射声压级的测量 一个反射面上方近似自由场的工程法(GB/T 17248.2—1999，eqv ISO 11201:1995)

GB/T 25614—2010 土方机械 声功率级的测定 动态试验条件(ISO 6395:2008，IDT)

IEC 61672-1 电声学 声级计 第 1 部分：规范

3 术语和定义

GB/T 17248.2 和 GB/T 8498 确立的以及下列术语和定义适用于本标准。

3.1

时间平均 A 计权声压级 time-averaged A-weighted sound pressure level

$L_{pA,T}$

在整个测量时间 T 内，按能量平均得出的 A 计权声压级。

4 仪器

仪器应能按第 8 章的规定进行测量。采集数据的仪器系统应优先选用符合 IEC 61672-1 中 1 级要求的积分平均声级计。

5 试验环境

本标准采用 GB/T 25614《土方机械 声功率级的测定 动态试验条件》规定的试验环境。

6 时间平均 A 计权声压级的测量

6.1 司机身材

司机的身材应在 GB/T 8420 定义的矮小身材和高大身材之间,也见 6.2.2.2。

6.2 司机状态

6.2.1 驾乘式机器

6.2.1.1 司机位置

在噪声测量过程中,司机应在驾驶位置,观测人员不能靠近司机室或在司机室内。司机不能穿异常的吸声衣服,也不能戴帽子和围巾(安全防护头盔或用于支撑传声器的头盔和支架除外),这些衣物会影响噪声测量。

6.2.1.2 座椅调节

座椅应置于或尽量接近其水平调节和垂直调节的中位,座椅悬挂装置应按司机的体重进行调节。

6.2.2 步行操纵的机器

6.2.2.1 司机位置

在噪声测量过程中,司机应在制造商规定的常用工作位置,观测人员不能靠近司机。司机不能穿异常的吸声衣服,也不能戴帽子和围巾(安全防护头盔或用于支撑传声器的头盔和支架除外),这些衣物可能会影响噪声测量。

6.2.2.2 站姿司机

站姿司机的身高应为 1 715 mm±50 mm。

6.3 传声器

6.3.1 传声器朝向

传声器应置于水平方向,其参考方向(制造商规定的方向)应指向操作位置处人员通常看到的方向。

6.3.2 传声器位置

作为预测声压级数据的测点,传声器应位于距司机头部中间平面 200 mm±20 mm,与眼睛成一线,并置于司机头部的左侧和右侧,预测时的机器为定置状态,发动机以最大油门运转(高速空转)。用两侧中产生噪声读数最大的一侧作为动态检测;如果两侧初始声压级检测相同,就用右侧作为动态检测。

6.3.3 传声器安装

传声器能方便地安装在支架上或司机的头盔或肩带上。

6.3.4 传声器防振

应注意使传声器与可能影响测量的振动隔离。如果测量过程移动传声器,应注意避免产生声学噪声(如传声器摩擦司机衣服产生的噪声)或电噪声(如由于软电缆),这些噪声会干扰测量。

6.3.5 传声器反射噪声的预防

6.3.5.1 应注意将影响传声器测量的反射噪声减少到最小。6.3.5.2 和 6.3.5.3 给出的建议措施将减小反射噪声的影响。

6.3.5.2 传声器位置确定后,在测量过程中应保持其各个方向上偏离该定位的位置公差为±50 mm。

6.3.5.3 在测量过程中,传声器应放在距司机头部一侧至少 100 mm 和司机肩部衣服以上至少50 mm 的位置上。

7 机器的配置和运行,司机位置的规定

7.1 机器的配置和运行

机器的配置和运行应按 GB/T 25614—2010《土方机械　声功率级的测定　动态试验条件》第 7 章的规定。

根据机器的类型，有以下测量工况：

——行驶工况；

——定置作业循环工况；

——行驶工况/定置作业循环工况的组合。

机器的定位和机器行驶距离应按 GB/T 25614—2010《土方机械　声功率级的测定　动态试验条件》中 6.1 和 6.3 的规定；机器的运行和行驶道路应按 GB/T 25614—2010《土方机械　声功率级的测定　动态试验条件》附录 B～附录 L 的规定。

7.2　机器有司机室时司机位置的规定

7.2.1　装有空调和/或增压换气系统的司机室

应在门、窗关闭以及空调和/或换气系统运转的状态下进行测量。如果空调和/或增压换气系统的工作速度多于一个，并且在四挡(包括四挡)以下，工作速度应采用第二挡；对于工作速度多于四挡的系统，应采用第三挡；对于无级变速的系统，应采用中间速度。

如果空调和/或换气系统有封闭空气循环和外部空气循环两种控制，应使用外部空气循环控制。

7.2.2　既无空调也无增压换气系统的司机室

应在门、窗关闭时进行测量，然后打开门、窗重复测量。取两组数据中的较高值作为报告值。

8　声学测量

8.1　测量程序

司机位置处时间平均 A 计权发射声压级应按 GB/T 17248.2 的规定进行测定。

对 GB/T 25614—2010《土方机械　声功率级的测定　动态试验条件》附录 B～附录 L 规定的特定机器的每种作业工况，传声器位置处的时间平均 A 计权发射声压级至少应测量三次。

根据上述测量结果，按 GB/T 17248.2 的规定计算特定机器的组合作业循环(见 GB/T 25614—2010《土方机械　声功率级的测定　动态试验条件》附录 B～附录 L)的发射声压级(至少三次)。

为满足 8.2 的要求，可能要补充作业循环的测量。

8.2　测量结果的确定

如果得到的三个 A 计权测量值中有两个相差不超过 1 dB 时，不必再进行测量；否则，应继续测量，直至有两个值彼此之间相差不超过 1 dB。用彼此相差不超过 1 dB 的两个较高值的算术平均值作为报告值。

9　记录的信息

应记录以下信息：

a)　试验机器

——机器制造商；

——机器型号；

——机器系列号；

——风扇传动系统类型，采用的试验方法[按 GB/T 25614—2010《土方机械　声功率级的测定　动态试验条件》中 7.3 的 a)、b)或 c)的规定]，以及相应系统的最大风扇转速和试验中每个风扇的转速；

——机器的配置，包括主要工作装置和附属装置，以及最大油门位置(高速空转)发动机转速和传动比或操纵装置设置；

——对于带有司机室的机器，按 7.2 的规定所采用的配置及风扇速度设定。

——按 GB/T 16936 规定的发动机在相应转速下的净功率，单位为千瓦(kW)。

b) 声学环境

——所用的试验场地和试验场地测量地面类型的说明，包括表明机器位置的草图；

——试验场地的气温、气压、相对湿度和风速。

c) 仪器

——声学测量使用的仪器，包括仪器名称、型号、编号和制造商；

——仪器系统的校准方法；

——声校准器的校准日期和校准地点。

d) 声学数据

——传声器相对于司机耳部的位置，以及是否存在可能影响司机噪声暴露的物体（如安全防护头盔）；

——按 8.1 进行每次测量时，传声器位置处的时间平均 A 计权声压级；

——传声器位置处背景噪声的时间平均 A 计权声压级；

——按 8.2 确定的司机位置处时间平均 A 计权发射声压级的最终值。

10 报告的信息

10.1 信息

报告应给出以下信息：

a) 机器的制造商、型号、系列号、标定转速下发动机净功率（单位为 kW，按 GB/T 16936 规定），机器的配置，包括主要附属装置，以及测试所用试验场地的地面类型；

b) 根据机器对司机位置的配置，按 8.2 确定的司机位置处时间平均 A 计权发射声压级，圆整至最接近的整数（尾数＜0.5 时，圆整到较小的整数，尾数≥0.5 时，圆整到较大的整数）；

c) 机器定置、变速器空挡时，发动机在最大油门位置（高速空转）时的转速；

d) 风扇传动系统类型，按 GB/T 25614—2010《土方机械　声功率级的测定　动态试验条件》中 7.3 的 a)、b)或 c)规定的试验方法，包括相应系统的最大风扇转速和每个风扇在试验中使用的转速；

e) 对于带有司机室的机器，按 7.2 的规定所采用的配置及风扇速度设定。

10.2 声发射值和不确定度的标示

在某些商品市场上，实行规范性附录 A 所列出的附加要求。如果涉及到声发射值和不确定度的标示，应根据附录 A 进行标示。

附 录 A
（规范性附录）
声发射值和不确定度的标示

如果要对声发射值和不确定度作出标示（例如为符合法规要求），应遵循以下规定。

在确定司机位置处时间平均A计权发射声压级时，应考虑测量的不确定度以及在系列机器情况下由于产量变化产生的不确定度。

根据GB/T 17248.2（也可见GB/T 17248.1—2000的表1），所测司机位置处时间平均A计权发射声压级可再现性的标准偏差最大值为2.5 dB。GB/T 14574—2000的3.21定义了再现性标准偏差（对同一声源在不同时间、不同条件下，重复应用同一个噪声发射测量方法）。

GB/T 14574—2000的附录A给出了噪声发射值的标示准则。

如GB/T 14574—2000的B.2或其他可以采用的标示方法所示，时间平均A计权发射声压级和相应的不确定度应各自作出标示（双值噪声发射标示值）。

参 考 文 献

[1] GB/T 25612—2010 土方机械 声功率级的测定 定置试验条件(ISO 6393:2008,IDT)
[2] GB/T 25613—2010 土方机械 司机位置发射声压级的测定 定置试验条件(ISO 6394:2008,IDT)

ICS 53.100
P 97

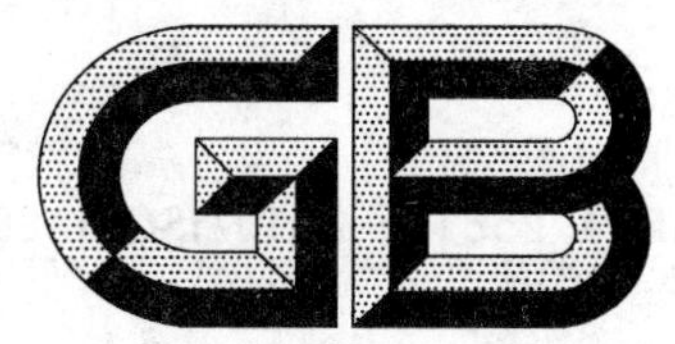

中华人民共和国国家标准

GB/T 25616—2010/ISO 11862:1993

土方机械　辅助起动装置的电连接件

Earth-moving machinery—Auxiliary starting aid electrical connector

(ISO 11862:1993,IDT)

2010-12-01 发布　　　　2011-03-01 实施

中华人民共和国国家质量监督检验检疫总局
中国国家标准化管理委员会　发布

前　言

本标准等同采用 ISO 11862:1993《土方机械　辅助起动装置的电连接件》(英文版)。

本标准等同翻译 ISO 11862:1993。

为便于使用,本标准做了下列编辑性修改:

——“本国际标准”一词改为“本标准”;

——用小数点“.”代替作为小数点的“,”;

——图 3 的脚注编号形式“1)”改为“a”;

——对 ISO 11862:1993 中引用的国际标准,用已采用为我国的标准代替对应的国际标准;

——删除了国际标准前言。

本标准由中国机械工业联合会提出。

本标准由全国土方机械标准化技术委员会(SAC/TC 334)归口。

本标准负责起草单位:天津工程机械研究院。

本标准参加起草单位:三一重工股份有限公司。

本标准主要起草人:吴润才、陈树巧、杨军。

土方机械 辅助起动装置的电连接件

1 范围

本标准规定了插头和插座的图形、尺寸、设计，它们必须能完全配合，以满足不同构造的电连接件(为 GB/T 8498 定义的土方机械提供辅助起动电路的连接件)的可交互式使用的要求。本标准对有正确的极性、标准电路编码及短路保护的通用连接装置做了规定，并可用于电路电压范围相同的其他机械、车辆或机动设备。

2 规范性引用文件

下列文件中的条款通过本标准的引用而成为本标准的条款。凡是注日期的引用文件，其随后所有的修改单(不包括勘误的内容)或修订版均不适用于本标准，然而，鼓励根据本标准达成协议的各方研究是否可使用这些文件的最新版本。凡是不注日期的引用文件，其最新版本适用于本标准。

GB/T 3956—2008 电缆的导体(IEC 60228:2004,IDT)

GB/T 5013.4—2008 额定电压 450/750 V 及以下橡皮绝缘电缆 第 4 部分：软线和软电缆(IEC 60245-4:2004,IDT)

GB/T 8498 土方机械 基本类型 识别、术语和定义(GB/T 8498—2008,ISO 6165:2006,IDT)

GB/T 13539.1 低压熔断器 第 1 部分：基本要求(GB/T 13539.1—2008,IEC 60269-1:2006,IDT)

GB/T 22353 土方机械 电线和电缆 识别和标记通则(GB/T 22353—2008,ISO 9247:1990,IDT)

3 一般要求

3.1 插座总成

插座总成应按图 1 所示，并应永久地安装在机器上。插座总成具有阳端子[见图 3b)]，这种结构能保证与插头匹配时极性正确。

3.2 插头总成

插头总成应按图 2 所示，它起到了从某一机器到另一机器[见图 2a)]或从外接电源(如电池)到机器[见图 2b)]的辅助起动的作用。插头具有阴端子[见图 3a)]并与 3.1 的插座总成相配合。

4 构造

4.1 材料

连接件体由玻璃纤维增强尼龙或其他相同或更好的可模制的阻燃绝缘材料构成；连接部分应镀覆，以确保低腐蚀和低电阻。

4.2 端子

端子应符合图 3 的要求，为确保机械和电气安全，模制前应采用焊接或其他适当方法使之永久地与电缆端相连。

4.3 电缆

通用的承载电缆标称截面为 50 mm^2、70 mm^2 或 95 mm^2，并符合 GB/T 3956—2008 第 5 种的规定。插座电缆和插头电缆应符合 GB/T 5013.4—2008 的型号 60245 IEC 66(YCW)。插头电缆尤其应使用软电缆。

所有电缆应足够长，并有适当的终端与机器内、机器之间或任何辅助电源的相应点相连。

应确保所有连接的电缆安全可靠，并将电缆防护在机器内部免受损坏。

4.4 熔断器

熔断器应符合 GB/T 13539.1 的要求。

4.5 电缆标记

电缆的颜色或数字标记应符合 GB/T 22353，并按本标准的图 1 和图 2 所示排列，以保证连接装配标记的连续性。

5 机器插座的位置

插座应固定在机器的内侧，接线端子部位向外突出，通过机器一侧的安装孔(见图 1)进行固定，使插座暴露部分用图 4 所示的覆盖件保护起来，避免外部损坏。

为了安全起见，插座应位于封闭盒内，此位置还应便于与辅助起动电缆相连，并应根据实际情况尽量接近机器起动马达，因此需要确定连接电缆的最小长度。

机器制造商应提供标签说明电气系统插座电压。

单位为毫米

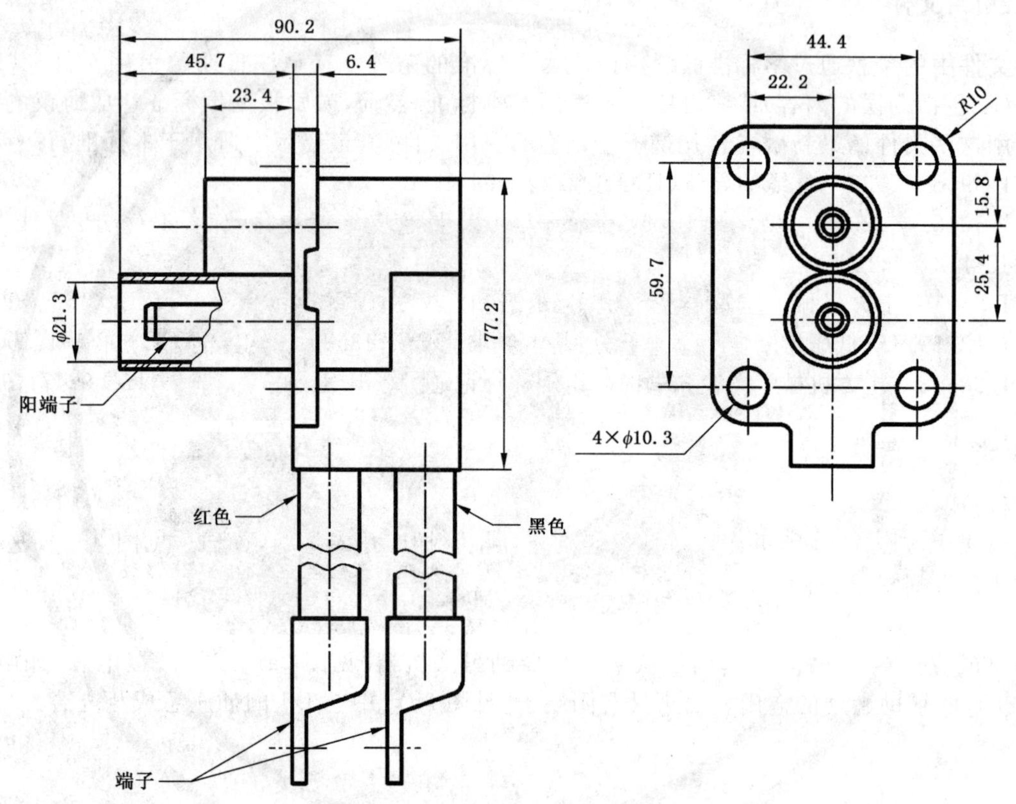

a) 插座总成

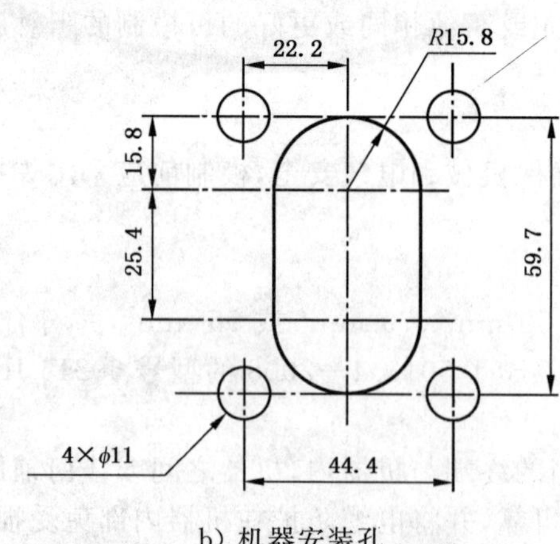

b) 机器安装孔

图 1 插座总成和机器装配

单位为毫米

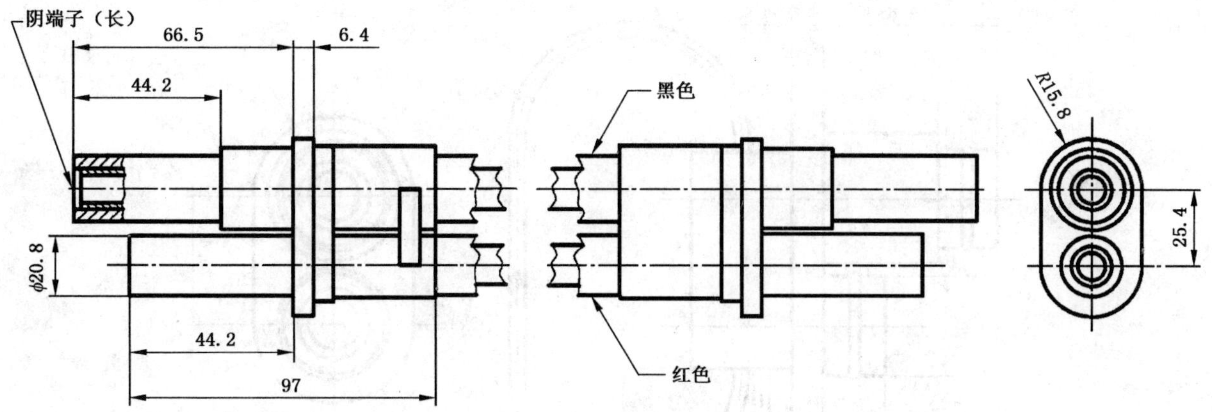

a）机器到机器

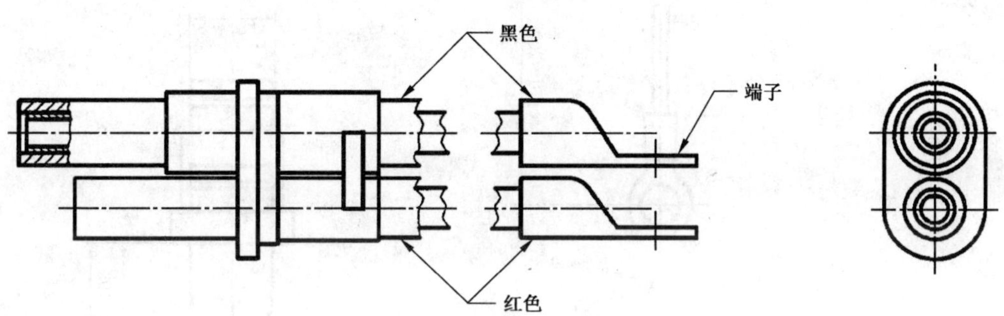

b）机器到电池套管

图 2　插头总成

单位为毫米

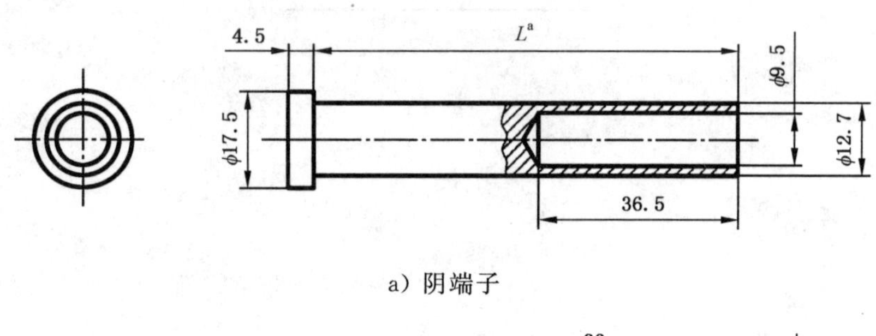

a）阴端子

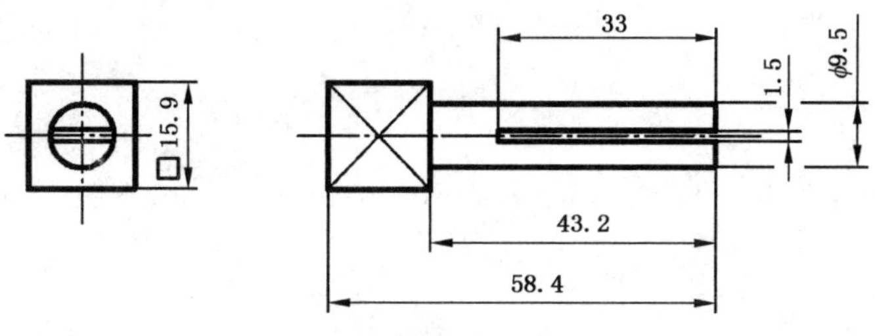

b）阳端子

[a] L＝短端子(红色线)46.8 mm

L＝长端子(黑色线)66.3 mm

图 3　端子

单位为毫米

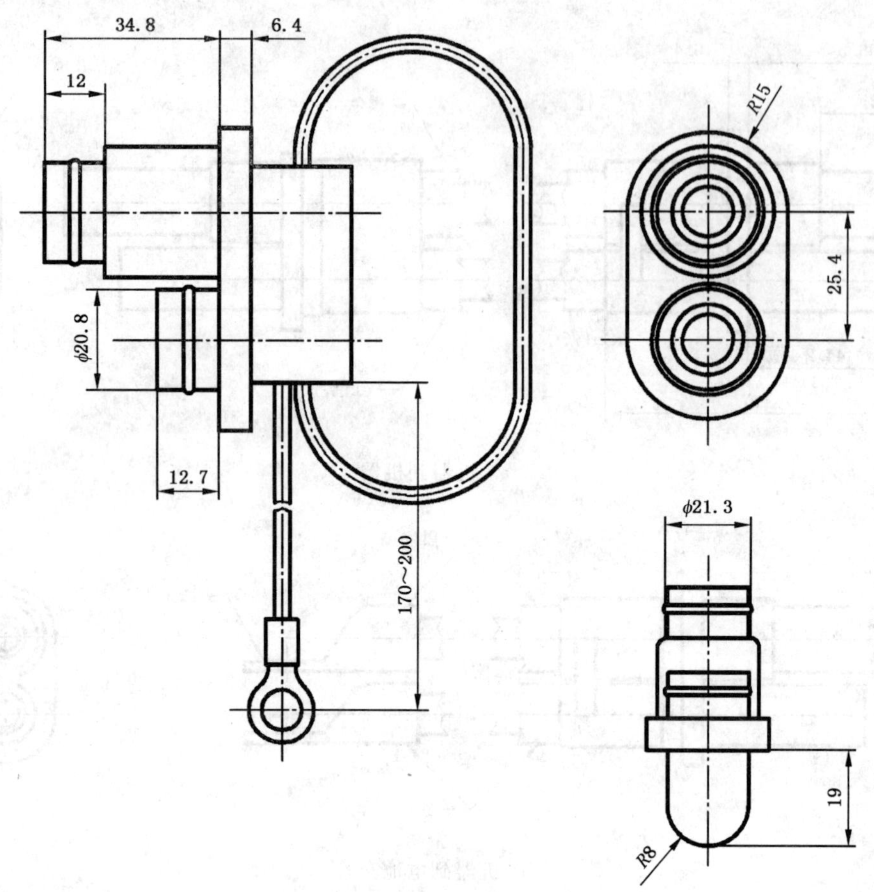

图 4 覆盖件

ICS 53.100
P 97

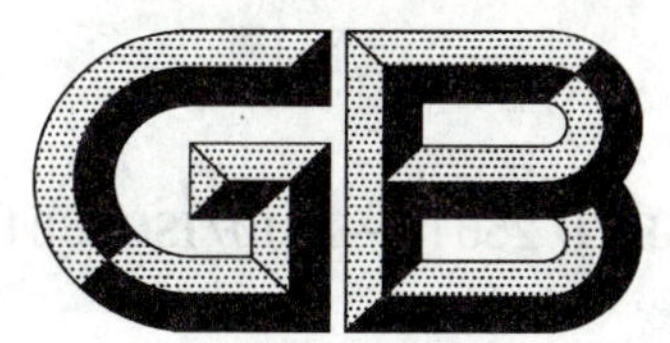

中华人民共和国国家标准

GB/T 25617—2010/ISO 6011:2003

土方机械 机器操作的可视显示装置

Earth-moving machinery—Visual display of machine operation

(ISO 6011:2003,IDT)

2010-12-01 发布 2011-03-01 实施

中华人民共和国国家质量监督检验检疫总局
中国国家标准化管理委员会 发布

前　言

本标准等同采用国际标准 ISO 6011:2003《土方机械　机器操作的可视显示装置》(英文版)。

本标准等同翻译 ISO 6011:2003。

为了便于使用,本标准还做了一些编辑性修改:

——“本国际标准”一词改为“本标准”;

——对 ISO 6011:2003 中引用的国际标准,用已采用为我国的标准代替对应的国际标准;

——3.2 中的术语名称与 ISO 5006:2006 进行了统一;

——删除了国际标准的前言。

本标准由中国机械工业联合会提出。

本标准由全国土方机械标准化技术委员会(SAC/TC 334)归口。

本标准起草单位:天津工程机械研究院。

本标准主要起草人:阎堃。

土方机械 机器操作的可视显示装置

1 范围

本标准规定了坐姿司机看到的由土方机械可视显示装置所呈现的有关机器操作功能的信息。

本标准适用 GB/T 8498 中定义的土方机械。

2 规范性引用文件

下列文件中的条款通过本标准的引用而成为本标准的条款。凡是注日期的引用文件,其随后所有的修改单(不包括勘误的内容)或修订版均不适用于本标准,然而,鼓励根据本标准达成协议的各方研究是否可使用这些文件的最新版本。凡是不注日期的引用文件,其最新版本适用于本标准。

GB/T 8498 土方机械 基本类型 识别、术语和定义(GB/T 8498—2008,ISO 6165:2006,IDT)

GB/T 8593.1 土方机械 司机操纵和其他显示符号 第1部分:通用符号(GB/T 8593.1—1998,eqv ISO 6405-1:1991)

ISO 5006:2006 土方机械 司机视野 试验方法和性能准则

3 术语和定义

下列术语和定义适用于本标准。

3.1

可视显示装置 visual display

给司机提供有关规定的机器功能和操作特性的可读信息的装置。

示例:仪表盘、仪表、液晶显示装置、发光二极管。

3.2

视野A区 sector of vision A

SV

ISO 5006 中定义的从眼睛位置确定的几何形状。

注:该区域被定义为沿着机器纵轴前方,以相交在眼睛位置的与纵轴向右和向左各23°的平面,纵轴向上15°的平面,纵轴向下40°的平面为边界。

4 可视显示装置位置

4.1 可视显示装置

可视显示装置应易于辨识,并应对机器的连续操作标识出相关联的信息。

当机器开动时,与司机有关的可视显示装置应位于司机视野A区内,如表1中指出的R-SV(要求在视野A区内)。当被监控的功能不能处于正常操作范围时(例如:发动机超速或制动蓄能器压力低),警示灯或声响报警器用于引导司机注意这些显示装置,此时机器纵向轴线向左或向右的平面可以从23°增加到60°。

4.2 其他可视显示装置

其他可视显示装置可位于视野A区外,但从司机坐姿位置应是易读的。

5 可视显示装置信息

可视显示装置应提供表1中标记R(必要的)或R-SV所指定的标识信息。可视显示装置可提供

表1中给出的标记○(可选的)所指定的标识信息。

注：若信息对给定的机器不适用，则不采用；例如：履带式液压挖掘机制动器存储能量压力，这是由于其制动力是通过关闭液压驱动马达处的液压管路获得的。

表1 可视显示装置信息

显示的信息	履带式和轮胎式装载机	推土机	平地机	铲运机	压路机/回填压实机	挖掘机	自卸车	挖沟机	挖掘装载机	滑移转向装载机
机器速度(行驶速度≥20 km/h的机器)	○	○	R-SV	R-SV	○	○	R-SV	○	○	○
发动机转速	○	○	○	R-SV	○	○	R-SV	○	○	○
发动机机油压力	R	R	R	R	R	R	R	R	R	R
发动机冷却液温度	R	R	R	R	R	R	R	R	R	R
发动机燃油油位	○	○	○	○	○	○	○	○	○	○
充电系统电压/电流	R	R	R	R	R	R	R	R	R	R
变矩器油压	○	○	○	○	○	○	○	○	○	○
变矩器油温	R	R	R	R	R	○	R	○	R	○
变速器油压	○	○	○	○	○	○	○	○	○	○
变速器油温	○	○	○	○	○	○	○	○	○	○
制动蓄能器压力	R	R	R-SV	R-SV	R	R	R-SV	○	R	○
液压油压力	○	○	○	○	○	○	○	○	○	○
液压油温度	○	○	○	○	○	○	○	○	○	○
工作小时	○	○	○	○	○	○	○	○	○	○

注1：土方机械类型见GB/T 8498。

注2：R—必要的；R-SV—要求在视野A区内；○—可选的。

6 可视显示装置特性

6.1 字符

可视显示装置应提供足够大尺寸的字符或标记，以使坐姿司机方便读取。

若可视显示装置所显示的是一个范围，可用刻度将其分成若干区域。刻度的数量应和所要求的精度相匹配。

6.2 标识

所有可视显示装置应通过适用的方法进行标识。为了标识其功能和所显示功能的单位或读数，可视显示装置可用GB/T 8593.1规定的符号。

6.3 照明

可视显示装置应为夜间观察提供充足的照明，并在日照条件下有充足的亮度进行观察。适当地防护可减少阳光直射对可视显示装置的影响。

7 可视显示装置颜色级别

7.1 颜色

背景、标识符号、标签、刻度和模拟指针颜色的选择应提供易于观察的高对比度。

7.2 突出的颜色

可视显示装置应根据功能使用相应的突出颜色。

7.2.1 绿色

在可视显示装置上，显示功能中的绿色用于表示正常的工作范围。

7.2.2 红色

在可视显示装置上，显示功能中的红色表示异常的操作。红色指示是用来使司机采取正确操作，包括停止显示装置中所显示的操作功能。

7.2.3 黄色

黄色可用于介于绿色与红色之间的区域，若适用，黄色也可用于提供更多的详细信息，或用来在显示装置上通知司机方便时采取行动。